矿山救援队应急救援人员培训教材

兼职矿山救援队队员

应急管理部信息研究院　组织编写
宁尚根　黄翔宇　　　　主编

应急管理出版社
·北京·

图书在版编目（CIP）数据

兼职矿山救援队队员/应急管理部信息研究院组织编写；宁尚根，黄翔宇主编．－－北京：应急管理出版社，2025

矿山救援队应急救援人员培训教材

ISBN 978-7-5237-0260-4

Ⅰ.①兼… Ⅱ.①应… ②宁… ③黄… Ⅲ.①矿山救护—技术培训—教材 Ⅳ.①TD77

中国国家版本馆 CIP 数据核字（2024）第 007657 号

兼职矿山救援队队员（矿山救援队应急救援人员培训教材）

组织编写	应急管理部信息研究院
主　　编	宁尚根　黄翔宇
责任编辑	赵金园
责任校对	赵　盼
封面设计	解雅欣

出版发行	应急管理出版社（北京市朝阳区芍药居 35 号　100029）
电　　话	010-84657898（总编室）　010-84657880（读者服务部）
网　　址	www.cciph.com.cn
印　　刷	海森印刷（天津）有限公司
经　　销	全国新华书店
开　　本	787mm×1092mm $^{1}/_{16}$　印张　$18\frac{3}{4}$　字数　438 千字
版　　次	2025 年 3 月第 1 版　2025 年 3 月第 1 次印刷
社内编号	20231448　　　　　定价　62.00 元

版权所有　违者必究

本书如有缺页、倒页、脱页等质量问题，本社负责调换，电话:010-84657880

编委会

主　　编　宁尚根　黄翔宇

副 主 编（按姓氏笔画排序）

　　　　　马　赞　王成帅　亢卓然　邓阳春　田文兵
　　　　　冯　江　宁昭曦　武　帅　林　琳　周　维
　　　　　徐晓波　郭　凯　郭战平　韩荣振　暴　雨

参编人员（按姓氏笔画排序）

　　　　　于永剑　王　斌　王　媛　方小勇　卢圣强
　　　　　卢晓曼　叶　波　宁洪进　光辛亥　乔　明
　　　　　刘光林　刘汝凯　闫俊丽　李兰友　李成国
　　　　　李明艳　杨传森　张　蓉　张广华　张昌进
　　　　　张宗平　宝金海　孟宪江　郝庆谟　郝清旺
　　　　　柳瑞琴　姜　强　高二虎　郭　芬　郭磊磊
　　　　　唐小芸　隗茂海　霍军伟　魏锦波

主　　审　李刚业　尤红利

前　言

为适应矿山救援培训工作的需要，应急管理出版社组织矿山应急救援方面的专家、教师、矿山救援队应急救援人员和工程技术人员等，编写了矿山救援队应急救援人员培训教材《兼职矿山救援队队员》。

本书在编写过程中认真贯彻落实"安全第一、预防为主、综合治理"的方针，以人为本，坚持人民至上、生命至上，贯彻科学施救原则，遵循《矿山救援规程》，紧扣《矿山救援培训大纲及考核规范》，在继承的基础上发扬，在总结的基础上创新。从救援规范到组织管理，从救援措施到应急预案，从专业知识到救援决策，从理论技术到装备管理，认真总结和吸取矿山救援工作经验和教训，旨在帮助矿山救援队员牢固树立"生命至上、科学救援"的理念，熟练掌握救援知识和技能，从而达到快速、安全、有效处置矿山生产安全事故，保护矿山从业人员和应急救援人员生命安全的目的。

本书全面吸收、融汇了新的救援理念和技术，内容朴实，理念先进，措施规范，具有较强的系统性、专业性、指导性和实用性。本书的出版填补了矿山兼职救援队培训教材的空白。

本书包括矿山救援规程与规范、矿山救援行动计划与安全措施、矿井通风理论与灾变通风技术、矿山事故抢险与救灾技术、矿山事故隐患排查与治理、自我防护技术、应急救援心理、矿山救援技术操作、矿山救援装备（仪器）使用与操作训练、矿山医疗急救等十章内容。同时，为便于教师授课和学员课后复习，本书编写采用章、节、目的叙述形式，并附有复习题，微信扫描二维码可以进行随机答题。为增加学习的趣味性，部分章节还配有视频资料，读者可通过微信扫描书中的二维码免费获取。

本书是兼职矿山救援队队员和矿山生产一线班组长的培训教材，同时可供矿山安全培训机构和有关院校师生，矿山企业安全生产管理人员、技术人员，以及应急管理部门相关人员参考。

本书编写过程中借鉴了国家矿山安全监察局山东局印发的《山东煤矿兼

职救护队建设与监督检查办法（试行）》和《山东煤矿兼职救护队标准化定级管理办法（试行）》，同时也得到众多单位和专家的支持和帮助，在此，表示衷心的感谢。

　　由于时间紧迫及水平所限，书中难免有疏漏和不足之处，敬请读者批评指正并提出宝贵意见，以便修订再版时予以完善。

题库

目 录

第一章 矿山救援规程与规范 ··· 1
  第一节 矿山救援规程 ··· 1
  第二节 矿山救护队标准化定级管理办法 ·· 7

第二章 矿山救援行动计划与安全措施 ··· 9
  第一节 闻警出动与返回基地 ·· 9
  第二节 灾区行动基本要求 ·· 10
  第三节 灾区探察 ·· 12
  第四节 救援程序 ·· 14

第三章 矿井通风理论与灾变通风技术 ··· 27
  第一节 矿井通风理论 ··· 27
  第二节 矿井反风技术 ··· 37
  第三节 矿井调改风技术 ·· 45
  第四节 矿井灾变通风技术 ·· 48
  第五节 矿井智能通风技术 ·· 55

第四章 矿山事故抢险与救灾技术 ·· 59
  第一节 矿山水灾事故抢险与救灾技术 ··· 59
  第二节 矿山火灾事故抢险与救灾技术 ··· 67
  第三节 瓦斯燃烧与瓦斯爆炸事故抢险与救灾技术 ·· 81
  第四节 矿山煤与瓦斯突出事故抢险与救灾技术 ·· 91
  第五节 矿山煤尘爆炸事故抢险与救灾技术 ··· 104
  第六节 矿井顶板及冲击地压事故处理技术 ··· 108
  第七节 矿山爆破事故抢险与救灾技术 ··· 113
  第八节 矿山提升运输事故抢险与救灾技术 ··· 115
  第九节 矿井供电事故及救灾技术 ·· 119
  第十节 矿井通风事故及救灾技术 ·· 122

第五章 矿山事故隐患排查与治理 ·· 125
  第一节 矿山事故隐患的分级、分类及特点 ··· 125

第二节　隐患排查方法、内容与治理技术 …………………………………… 128

第六章　自我防护技术 …………………………………………………………… 139
　　第一节　矿山救援队自身伤亡原因及影响因素分析 ……………………… 139
　　第二节　违章指挥及预防措施 ……………………………………………… 142
　　第三节　违章作业及预防措施 ……………………………………………… 144
　　第四节　自身伤亡及预防措施 ……………………………………………… 146

第七章　应急救援心理 …………………………………………………………… 148
　　第一节　心理应激基本理论 ………………………………………………… 148
　　第二节　矿山救援队心理训练 ……………………………………………… 150
　　第三节　心理素质培养 ……………………………………………………… 154

第八章　矿山救援技术操作 ……………………………………………………… 157
　　第一节　挂风障 ……………………………………………………………… 157
　　第二节　构筑木板密闭 ……………………………………………………… 158
　　第三节　架设木棚 …………………………………………………………… 159
　　第四节　建造砖密闭 ………………………………………………………… 161
　　第五节　安装局部通风机和接风筒 ………………………………………… 161
　　第六节　水管连接 …………………………………………………………… 162
　　第七节　矿山救援常用技术操作及演练 …………………………………… 163

第九章　矿山救援装备（仪器）使用与操作训练 ……………………………… 166
　　第一节　呼吸舱式正压氧气呼吸器 ………………………………………… 166
　　第二节　气囊式正压氧气呼吸器 …………………………………………… 175
　　第三节　呼吸器校验仪 ……………………………………………………… 185
　　第四节　MZS-30型自动苏生器 …………………………………………… 188
　　第五节　AZY45型压缩氧自救器 ………………………………………… 193
　　第六节　光干涉甲烷测定器 ………………………………………………… 195
　　第七节　AQJ-50型多种气体采样器 ……………………………………… 202
　　第八节　便携式甲烷检测报警仪 …………………………………………… 205
　　第九节　CTH1000便携式一氧化碳测定仪 ……………………………… 209
　　第十节　救援通信装备 ……………………………………………………… 212
　　第十一节　其他装备 ………………………………………………………… 218

第十章　矿山医疗急救 …………………………………………………………… 236
　　第一节　医疗急救基本知识 ………………………………………………… 236
　　第二节　医疗急救技术 ……………………………………………………… 238

第三节　自救互救与避灾方法…………………………………………………… 257

附录1　山东煤矿兼职救护队建设与监督检查办法（试行）……………………… 263
附录2　山东煤矿兼职救护队标准化定级管理办法（试行）……………………… 274
参考文献……………………………………………………………………………… 288

第一章　矿山救援规程与规范

《矿山救援规程》和《矿山救护队标准化考核规范》是矿山安全生产应急救援工作的理论基础，是矿山救援（护）队伍建设、发展的依据，是应急救援人员开展学习、训练、救援等一切工作的标准，是党中央、国务院对应急救援工作的支持和重要部署。《矿山救援规程》和《矿山救护队标准化考核规范》的制定和实施有助于从整体上提高矿山救援队伍的战斗力，促进矿山救援队伍管理体系、体制、机制的不断完善，促使矿山救援工作逐步实现规范化管理、科学化管理、制度化管理，有力地支撑了矿山应急救援工作安全、快速、有效的实施。

第一节　矿山救援规程

一、《矿山救护规程》的形成与历史沿革

1956 年，煤炭工业部颁布了《矿山救护队规程》和《矿山救护队战斗条例》。

1963 年，煤炭工业部组织修订了《矿山救护队战斗条例》。

1978 年，煤炭工业部颁发了《矿山救护队工作条例》和《矿山救护队战斗准备标准和检查办法》。

1987 年，煤炭工业部颁发了《煤矿救护规程》《军事化矿山救护队战斗条例》和《军事化矿山救护队管理办法》。

1992 年 11 月 7 日，中华人民共和国主席令第 65 号公布《矿山安全法》，对矿山救护队的建立和应急救援工作作出了规定。

1995 年，煤炭工业部组织对《煤矿救护规程》《军事化矿山救护队战斗条例》和《军事化矿山救护队管理办法》三个文件进行修订合并，形成《煤矿救护规程》(1995 年版)。

2002 年，颁布实施的《安全生产法》对各级政府制定应急救援预案、建立应急救援体系和企业建立应急救援组织、配备应急救援装备作出明确规定。

2004 年，国家安全生产监督管理局（国家煤矿安全监察局）颁发了《矿山救援工作指导意见》。

2005 年，国家安全生产监督管理总局颁布了《矿山救护队资质认定管理规定》(于 2015 年 7 月 1 日废止) 和《矿山救护队培训管理暂行规定》。

2007 年 10 月 22 日，国家安全生产监督管理总局以第 20 号公告批准了《矿山救护规程》(AQ 1008—2007)，并明确自 2008 年 1 月 1 日起施行。

2024 年 5 月 8 日，中华人民共和国应急管理部以第 16 号令发布《矿山救援规程》，明确自 2024 年 7 月 1 日起施行。

上述法律法规的制定和实施不仅为推进矿山应急救援事业的发展奠定了法律基础，并且对强化矿山救援队伍建设、提高应急救援能力发挥了重大作用。

二、《矿山救护规程》修订的必要性

一是适应新时代提升矿山救援能力的需要。《矿山救护规程》是矿山事故灾害应急救援工作的基本规范，自2007年发布以来已经17年。进入新时代，党中央、国务院对加强应急救援能力建设提出了新理念、新要求，科技进步和应急产业发展推动救援技术装备达到了新水平，近年来事故救援实践形成了一些更加科学的救援措施，有必要对现行规定作出相应改进，以适应当前和今后一个时期矿山救援工作需要。

二是加强和规范矿山救援工作的需要。《矿山救护规程》作为行业标准，在规范矿山救援工作、保护矿山职工生命安全、减少事故损失等方面发挥了积极作用，但也存在偏重于技术性要求、矿山救援管理工作弱化、权威性不高、矿山企业和有关单位不够重视等问题，为进一步加强矿山救援工作，有必要将《规程》从行业标准上升为部门规章管理，以更好发挥其作用。

三是完善应急救援法律法规体系的需要。《中华人民共和国安全生产法》《中华人民共和国矿山安全法》和《生产安全事故应急条例》《煤矿安全生产条例》等法律法规对应急救援工作作了原则性规定，需要制定一部涵盖矿山救援各方面工作、细化落实和准确执行上位法有关规定的部门规章，为矿山救援工作提供基本、全面的制度遵循。

三、《矿山救护规程》主要修改内容

《矿山救援规程》与《矿山救护规程》（AQ 1008—2007）相比，主要修改内容如下：

一是践行"两个至上"的应急救援理念。明确矿山救援工作应当以人为本，坚持人民至上、生命至上，贯彻科学施救原则，全力以赴抢救遇险人员，确保应急救援人员安全，防范次生灾害事故，避免或减少事故对环境造成的危害。

二是强化矿山企业应急救援工作责任。规定矿山企业应当建立健全应急值守、信息报告等规章制度，编制应急救援预案、组织应急救援演练、储备应急救援装备物资，对从业人员进行应急教育和培训，全力做好矿山救援及相关工作。矿山企业主要负责人对本单位的矿山救援工作全面负责。

三是加强矿山救援队伍建设管理。规定矿山救援队应当加强标准化建设，并明确标准化建设的主要内容。提出矿山救援队应当加强思想政治、职业作风和救援文化建设，强化职责使命教育，进一步规范队伍日常管理、建立24小时值班制度等要求。

四是加强现场指挥和救援保障。规定矿山救援队参加矿山救援工作，带队指挥员应当参与制定应急救援方案，在现场指挥部的统一调度指挥下具体负责指挥矿山救援队的救援行动，遇到危及应急救援人员生命安全的突发情况时有权带队撤出危险区域。提出了救援保障基本要求，鼓励队伍加强自我保障能力。

五是补充矿山事故救援方法和安全措施。新增冲击地压事故、矿井提升运输事故救援方法和行动原则，对救援联络信号和大口径救生钻孔措施进行规定。补充矿山救援队参加排放瓦斯、启封火区等安全技术工作以及封闭火区的安全措施，露天矿边坡坍塌事故救援相关规定，采用手机定位、车辆探测、无人机等技术和设备进行人员搜救和安全监测预警。

六是加强矿山救援队经费保障和应急救援人员职业保障。为保障矿山救援队持续、健康发展，进一步明确关于矿山救援队建设运行经费保障和应急救援人员职业保障方面的规定。

七是调整优化矿山救援基本装备配备要求。增加了技术成熟、先进适用的便携式气体分析化验设备、生命探测仪、泥沙泵、高压排水软管等新装备，删除了技术落后、适用性差的负压氧气呼吸器、高压脉冲灭火装置、爆炸三角形测定仪等老装备，鼓励采用新技术、新装备。

四、《矿山救援规程》框架情况

《矿山救援规程》包括10章和附录，共172条和11个附录，主要内容如下：

第一章总则，主要明确目的、依据和适用范围，提出矿山救援工作理念、指导原则，规定矿山企业应急救援工作责任、矿山救援队建设基本要求等。

第二章矿山救援队伍，第三章救援装备与设施，第四章救援培训与训练，规定了矿山应急救援准备相关工作，主要包括矿山救援队的组织与任务、建设与管理、救援装备与设施、救援培训与训练的基本内容及要求等。

第五章矿山救援一般规定，第六章救援方法和行动原则，第七章现场急救，提出了矿山事故应急救援的相关规定。第五章对矿山事故先期处置、救援队接警出动、救援指挥、救援保障、灾区行动基本要求、灾区探察等方面作出规定。第六章对煤矿九大类事故的救援方法和行动原则作出规定。第七章对应急救援人员应当掌握的现场急救知识和急救措施作出规定。

第八章预防性安全检查和安全技术工作，规定了救援队为矿山企业提供安全技术服务、加强应急准备和开展安全风险防范的相关要求，包括开展预防性安全检查和参加各种安全技术工作的主要内容和基本要求。

第九章经费和职业保障，明确了矿山救援队建设运行经费保障和应急救援人员职业保障相关规定。

第十章附则，明确了《矿山救援规程》专业用语的含义，规定了规程的实施时间。

附录，列出了《矿山救援规程》部分条款规定的技术装备基本要求。

五、《矿山救援规程》关于煤矿兼职救援队的要求

1. 兼职矿山救援队的组建要求

（1）兼职矿山救援队（以下统称兼职救援队）是由矿山生产一线班组长、业务骨干、工程技术人员和管理人员兼职组成，参与处置本单位生产安全事故的兼职应急救援队伍。

（2）兼职救援队应当坚持"加强准备、严格训练、主动预防、积极抢救"的工作原则。

（3）《矿山救援规程》第五条规定，矿山企业应当建立专职矿山救援队；规模较小、不具备建立专职矿山救援队条件的，应当建立兼职矿山救援队，并与邻近的专职矿山救援

队签订应急救援协议。专职矿山救援队至服务矿山的行车时间一般不超过 30 min。

（4）《煤矿安全规程》第六百七十六条规定，所有煤矿必须有矿山救护队为其服务。井工煤矿企业应当设立矿山救护队，不具备设立矿山救护队条件的煤矿企业，所属煤矿应当设立兼职救援队，并与就近的救护队签订救护协议；否则，不得生产。矿山救护队到达服务煤矿的时间应当不超过 30 min。

第六百七十九条规定，班组长应当具备兼职救护队员的知识和能力，能够在发生险情后第一时间组织作业人员自救互救和安全避险。

2. 兼职救援队建设和管理的要求

（1）根据矿井生产规模、自然条件和灾害情况确定队伍规模，一般不少于 2 个小队，每个小队不少于 9 人。

（2）应急救援人员主要由矿山生产一线班组长、业务骨干、工程技术人员和管理人员等兼职担任。

（3）设正、副队长和装备仪器管理人员，确保救援装备处于完好和备用状态。

（4）队伍直属矿长领导，业务上接受矿总工程师（技术负责人）和专职矿山救援队的指导。

3. 兼职救援队的主要任务

（1）参与矿山生产安全事故初期控制和处置，救助遇险人员。
（2）协助专职矿山救援队参与矿山救援工作。
（3）协助专职矿山救援队参与矿山预防性安全检查和安全技术工作。
（4）参与矿山从业人员自救互救和应急知识宣传教育，参加矿山应急救援演练。

4. 救援装备与设施

（1）兼职救援队应当配备处置矿山生产安全事故的基本装备（表 1-1、表 1-2），并根据应急救援工作实际需要配备其他必要的救援装备。

表 1-1 兼职救援队基本装备

类别	装备名称	要求及说明	单位	数量
通信器材	灾区电话	防爆，双向音频实时通信	套	1
个体防护	4 h 氧气呼吸器	正压	台	1
	2 h 氧气呼吸器	或者 4 h 氧气呼吸器，正压	台	1
	自救器	隔绝式，额定防护时间 ≥ 30 min	台	20
	自动苏生器	便携式	台	2
灭火器材	干粉灭火器	8 kg	台	10
	风障	面积 ≥ 4 m×4 m，棉质	块	2
检测仪器	氧气呼吸器校验仪	检测校验氧气呼吸器性能和技术参数	台	2
	多种气体检定器	配备 CO、O_2、H_2S、H_2 检定管各 30 支	台	2

表 1-1（续）

类 别	装备名称	要求及说明	单位	数量
检测仪器	瓦斯检定器	量程为 10%、100% 的各 1 台（金属非金属矿山救援队可不配备）	台	2
	便携式氧气检测仪	数字显示，带报警功能	台	1
	温度计	0～100 ℃	支	2
工具备品	引路线	阻燃、防静电、抗拉	m	1000
	采气样工具	包括球胆 4 个	套	1
	氧气充填泵	氧气充填室配备	台	1
	氧气瓶	容积 40 L，压力≥10 MPa	个	5
		氧气呼吸器配套气瓶	个	20
		自动苏生器配套气瓶	个	2
	救生索	长 30 m，抗拉强度≥3000 kg	条	1
	担架	含 1 副负压担架，铝合金管、棉质	副	2
	保温毯	棉质	条	2
	绝缘手套		副	1
	刀锯	锯头≥400 mm	把	1
	防爆工具	锤、斧、镐、锹、钎、起钉器等	套	1
	电工工具	钳子、电工刀、活扳手、螺丝刀、测电笔等	套	1
药剂	氢氧化钙	满足《隔绝式氧气呼吸器和自救器用氢氧化钙技术条件》要求	t	0.5

表 1-2 矿山救援队应急救援人员个人基本装备

类 别	装备名称	要求及说明	单位	数量
个体防护	4 h 氧气呼吸器	正压	台	1
	自救器	隔绝式，额定防护时间≥30 min	台	1
	救援防护服	反光标志和防静电、阻燃等性能符合国家和行业相关标准	套	1
	胶靴	防砸、防刺穿、防静电/绝缘	双	1
	毛巾	棉质	条	1
	安全帽	阻燃、抗冲击、侧向刚性、防静电/绝缘	顶	1
	矿灯	本质安全型，配灯带	盏	1

表1-2（续）

类　别	装备名称	要求及说明	单位	数量
装备工具	手表（计时器）	机械式，副小队长及以上指挥员配备	块	1
	手套	布手套、线手套、防割刺手套各1副	副	3
	背包	装救援防护服，棉质或者其他防静电布料	个	1
	联络绳	长2 m	根	1
	氧气呼吸器工具	氧气呼吸器配套使用	套	1
	记录工具	记录笔、本、粉笔各1个	套	1

（2）矿山救援队应当定期检查在用和库存救援装备的状况及数量，做到账、物、卡"三相符"，并及时进行报废、更新和备品备件补充。

（3）兼职救援队应当设置值班室、学习室、装备室、修理室、装备器材库、氧气充填室和训练设施等。

5. 救援培训与训练

矿山企业应当对从业人员进行应急教育和培训，保证从业人员具备必要的应急知识，掌握自救互救、安全避险技能和事故应急措施。矿山救援队应急救援人员应当接受应急救援知识和技能培训，经培训合格后方可参加矿山救援工作。

兼职救援队应急救援人员的岗位培训不少于45天（180学时），每年至少复训一次，每次不少于14天（60学时）。

兼职救援队应当每半年至少进行1次矿山生产安全事故先期处置和遇险人员救助演练，每季度至少进行1次佩用氧气呼吸器的训练，时间不少于3 h。

矿山救援培训应当包括下列主要内容：

（1）矿山安全生产与应急救援相关法律、法规、规章、标准和有关文件。
（2）矿山救援队伍的组织与管理。
（3）矿井通风安全基础理论与灾变通风技术。
（4）应急救援基础知识、基本技能、心理素质。
（5）矿山救援装备、仪器的使用与管理。
（6）矿山生产安全事故及灾害应急救援技术和方法。
（7）矿山生产安全事故及灾害遇险人员的现场急救、自救互救、应急避险、自我防护、心理疏导。
（8）矿山企业预防性安全检查、安全技术工作、隐患排查与治理和应急救援预案编制。
（9）典型事故灾害应急救援案例研究分析。
（10）应急管理与应急救援其他相关内容。

第二节 矿山救护队标准化定级管理办法

一、制定背景

矿山救护队作为应对处置各类矿山灾害事故的专业队主力军，是国家应急管理体系建设的重要组成部分。起草制定《定级办法》，主要是出于两个方面的考虑。

（一）全面规范矿山救护队标准化等级评定工作的需要。2021年12月，应急管理部第5号公告发布修订后的《矿山救护队标准化考核规范》（AQ/T 1009，以下简称《考核规范》）。《考核规范》作为行业安全标准，主要体现考核标准及评分办法，仅原则性提出"应当按规定定期组织开展标准化考核工作"、"标准化考核实行动态管理，标准化考核等级按规定对社会公布"等要求，对如何组织考核定级、公布定级结果、实施动态管理，以及各级标准化定级管理部门的职责等未予明确。目前并无这方面的专门规定，需要及时出台《定级办法》，作为《考核规范》配套文件，推动矿山救护队标准化定级工作全面落实。

（二）加强矿山救护队伍管理提升应急救援能力的需要。矿山救护队开展标准化建设，已有30多年的历史。实践证明，矿山救护队标准化建设是一项重要的经常性基础性工作，是在"大安全、大应急"框架下，实现队伍"一专多能"的重要工作抓手，开展标准化定级工作对于加强队伍建设管理，不断提升队伍科学化、规范化管理水平和应急救援能力具有重要作用。及时出台《定级办法》，可以指导各地深入有效组织矿山救护队开展标准化建设，推动全国矿山救护队伍高质量发展。

二、制定过程

起草《定级办法》前，广泛征求了各省级矿山救援管理机构的意见建议。经多次修改完善形成《定级办法（征求意见稿）》后，按《应急管理部规范性文件管理办法》要求先后征求了各省（区、市）应急管理厅（局）、国家矿山安全监察局各省级局，国家矿山安全监察局，应急管理部有关司局，中国安全生产协会，有关矿山企业和矿山救护队的意见建议，并在应急管理部官方网站面向社会公开征求了意见。2022年12月5日，经应急管理部部务会议审议通过。

三、主要内容

《定级办法》主要从组织管理、定级流程、监督管理等五个方面作出规定，明确矿山救护队标准化定级工作的组织领导、定级程序、检查抽查、动态管理等，目的在于加强矿山救护队标准化定级工作的组织领导，坚持战斗力标准，严格定级程序，加强矿山救护队全面建设，为矿山企业安全生产提供有力的应急救援保障。《定级办法》共分5章15条，主要内容如下：

第一章为总则，共3条。主要明确制定《定级办法》，是为了进一步规范矿山救护队标准化定级工作，全面提高矿山救护队整体建设水平和综合应急救援能力，安全、快速、高效处置矿山生产安全事故，明确制定《定级办法》的依据是《考核规范》，适用全国矿山救护队开展标准化定级工作。

第二章为组织管理，共5条。主要是明确各级标准化定级管理部门的职责和定级组织形式；明确矿山救护队标准化定级实行分级负责，一级矿山救护队标准化定级由省级标准化定级管理部门组织审核、应急管理部矿山救援中心组织考核定级，二、三级矿山救护队标准化定级由省级标准化定级管理部门审核并组织考核定级，队伍的等级有效期均为三年；明确矿山救护队伍开展自评的时间要求及依托单位应将队伍标准化纳入企业标准化一并布置考核（事业单位及其他性质矿山救护队应纳入本单位绩效考核）；明确各省级标准化定级管理部门应加强矿山救护队标准化定级工作的组织领导，建立专家库，保障工作经费。

第三章为定级流程，共2条。主要是明确矿山救护队标准化定级应按照"自评申报、审核、评定、公示、公告"五个环节推进，并明确了各个环节工作落实的具体要求；明确了各省级标准化定级管理部门该项工作开展情况报送相关事宜。

第四章为监督管理，共3条。主要是明确各级标准化定级管理部门的监督管理职责和工作要求。应急管理部矿山救援中心重点对一级矿山救护队标准化等级运行情况进行检查抽查，同时对各省级标准化定级管理部门组织矿山救护队标准化定级工作开展情况进行检查指导；明确各省级标准化定级管理部门负责对辖区内矿山救护队进行动态管理，队伍等级有效期内要全程跟进检查矿山救护队等级运行情况，对存在严重问题的矿山救护队，应坚持战斗力标准，重新组织考核定级等内容。

第五章为附则，共2条。主要是明确各省级标准化定级管理部门应根据《定级办法》制定实施细则，兼职矿山救护队也可参照《定级办法》加强考核管理；明确了《定级办法》的解释部门及实施时间。

各级标准化定级管理部门要认真落实《定级办法》要求，坚持原则，严格标准，通过标准化定级工作不断提升矿山救护队的整体建设水平，为矿山企业安全生产提供有力的应急救援保障。

第二章　矿山救援行动计划与安全措施

矿山救援队作为救援方案的主要执行者，在行动前必须制定队伍自身的行动计划及安全措施，从而提高救援效率，最大限度地降低救援人员伤亡的风险。制定行动计划及安全措施时必须在把握瓦斯、火、煤尘、水和顶板等灾害事故规律的基础上，严格遵守《煤矿安全规程》《矿山救援规程》等相关规定，减少行动盲目性，提高救援过程的安全性，确保灾变事故能正常有效地得到处理。

第一节　闻警出动与返回基地

一、专职矿山救援队

1. 闻警出动

（1）值班员接到救援通知后，首先按响预警铃，记录发生事故单位和事故时间、地点、类别、可能遇险人数及通知人姓名、单位、联系电话，随后立即发出警报，并向值班指挥员报告。

（2）值班小队在预警铃响后立即开始出动准备，在警报发出后 1 min 内出动，不需乘车的，出动时间不得超过 2 min。

（3）处置矿井生产安全事故，待机小队随同值班小队出动。

（4）值班员记录出动小队编号及人数、带队指挥员、出动时间、携带装备等情况，并向矿山救援队主要负责人报告。

（5）及时向所在地应急管理部门和矿山安全监察机构报告出动情况。

2. 到达现场

矿山救援队到达事故地点后，应当立即了解事故情况，领取救援任务，做好救援准备，按照现场指挥部命令和应急救援方案及矿山救援队行动方案，实施灾区探察和抢险救援。

3. 返回基地

矿山救援队完成救援任务后，经现场指挥部同意，可以返回驻地。返回驻地后，应急救援人员应当立即对救援装备、器材进行检查和维护，使之恢复到完好和备用状态。

二、兼职矿山救援队

1. 矿山企业先期处置

（1）矿山发生生产安全事故后，涉险区域人员应当视现场情况，在安全条件下积极抢救人员和控制灾情，并立即上报；不具备条件的，应当立即撤离至安全地点。井下涉险人员在撤离时应当根据需要使用自救器，在撤离受阻的情况下紧急避险待救。矿山企业带班领导和涉险区域的区、队、班组长等应当组织人员抢救、撤离和避险。

（2）矿山值班调度员接到事故报告后，应当立即采取应急措施，通知涉险区域人员撤离险区，报告矿山企业负责人，通知矿山救援队、医疗急救机构和本企业有关人员等到现场救援。矿山企业负责人应当迅速采取有效措施组织抢救，并按照国家有关规定立即如实报告事故情况。

2. 闻警出动

（1）兼职矿山救援队成员应保持通信联络畅通。接到事故通知时，按规定记录事故内容，包括：事故地点、类别、时间、可能遇险人数、通知人姓名及联系电话，并立即通知兼职救援队，迅速参加救援。

（2）兼职矿山救援队每天必须保持至少6名兼职救援队成员处于应急状态，确保接警后，携带氧气呼吸器等所需救援装备在30 min内集合完毕，按照调度室或救援指挥部命令，参加应急救援工作。

3. 到达现场

（1）地面待命的兼职矿山救援小队接警后，根据事故类别带齐救援装备（参照《矿山救援规程》矿山救援小队进入灾区探察时所携带的基本装备配备标准），统一穿防护服，迅速集合。队长清点人数，通报事故情况，简单布置任务，正确进行战前检查（包括氧气呼吸器自检和互检），救援队携带装备到达井下救援。

（2）在井下各个区队班组岗点工作的兼职救援队员，听到语音广播，接警后，在安全条件下积极抢救人员和控制灾情，组织人员抢救、撤离和避险。

4. 返回基地

兼职矿山救援队完成救援任务后，经现场指挥部同意，可以返回井下基地或地面基地。返回基地后，应急救援人员应当立即对救援装备、器材进行检查和维护，使之恢复到完好和备用状态。

第二节　灾区行动基本要求

为确保救援小队进入灾区进行探察和作业的安全，矿山救援队必须遵守在灾区行动的基本要求。

一、进入灾区的人数和携带装备的规定

（1）救援小队进入矿井灾区探察或者救援，应急救援人员不得少于6人，应当携带灾区探察基本装备及其他必要装备。

（2）应急救援人员应当在入井前检查氧气呼吸器是否完好，其个人防护氧气呼吸器、备用氧气呼吸器及备用氧气瓶的氧气压力均不得低于18 MPa。

如果不能确认井筒、井底车场或者巷道内有无有毒有害气体，应急救援人员应当在入井前或者进入巷道前佩用氧气呼吸器。

（3）小队必须携带全面罩氧气呼吸器1台和氧气压力不低于18 MPa的备用氧气瓶2

个（如配用正压氧气呼吸器，建议在备用氧气瓶上安装氧气补给器，当工作过程中呼吸器发生故障时，能够通过吸气软管直接向面罩供气），以及氧气呼吸器检修工具和装有备件的备件袋。

二、佩戴氧气呼吸器的规定

如果不能确认井筒和井底车场有无有害气体，应在地面将氧气呼吸器佩戴好。在任何情况下，禁止不佩戴氧气呼吸器的救援小队下井。

（1）应急救援人员在井下待命或者休息时，应当选择在井下基地或者具有新鲜风流的安全地点。如需脱下氧气呼吸器，必须经现场带队指挥员同意，并就近置于安全地点，确保有突发情况时能够及时佩用。

（2）应急救援人员应当注意观察氧气呼吸器的氧气压力，在返回到井下基地时应当至少保留 5 MPa 压力的氧气余量。在倾角小于 15°的巷道行进时，应当将允许消耗氧气量的二分之一用于前进途中、二分之一用于返回途中；在倾角大于或者等于 15°的巷道中行进时，应当将允许消耗氧气量的三分之二用于上行途中、三分之一用于下行途中。

三、在灾区使用音响信号和手势联络的规定

1. 在灾区内行动的音响信号
（1）一声表示停止工作或者停止前进。
（2）二声表示离开危险区。
（3）三声表示前进或者工作。
（4）四声表示返回。
（5）连续不断声音表示请求援助或者集合。

2. 在竖井和倾斜巷道使用绞车的音响信号
（1）一声表示停止。
（2）二声表示上升。
（3）三声表示下降。
（4）四声表示慢上。
（5）五声表示慢下。

3. 应急救援人员在灾区报告氧气压力的手势
（1）伸出拳头表示 10 MPa。
（2）伸出五指表示 5 MPa。
（3）伸出一指表示 1 MPa。
（4）手势要放在灯头前表示。

四、灾区内行动的规定

1. 矿山救援队在致人窒息或者有毒有害气体积存的灾区执行任务时的规定
（1）随时检测有毒有害气体、氧气浓度和风量，观测风向和其他变化。
（2）小队长每间隔不超过 20 min 组织应急救援人员检查并报告 1 次氧气呼吸器氧气

压力，根据最低的氧气压力确定返回时间。

（3）应急救援人员必须在彼此可见或者可听到信号的范围内行动，严禁单独行动；如果该灾区地点距离新鲜风流处较近，并且救援小队全体人员在该地点无法同时开展救援，现场带队指挥员可派不少于2名队员进入该地点作业，并保持联系。

2. 矿山救援队在致人窒息或者有毒有害气体积存的灾区抢救遇险人员时的规定

（1）引导或者运送遇险人员时，为遇险人员佩用全面罩正压氧气呼吸器或者自救器。

（2）对受伤、窒息或者中毒人员进行必要急救处理，并送至安全地点。

（3）处理和搬运伤员时，防止伤员拉扯氧气呼吸器软管或者面罩。

（4）抢救长时间被困遇险人员，请专业医护人员配合，运送时采取护目措施，避免灯光和井口外光线直射遇险人员眼睛。

（5）有多名遇险人员待救的，按照"先重后轻、先易后难"的顺序抢救；无法一次全部救出的，为待救遇险人员佩用全面罩正压氧气呼吸器或者自救器。

3. 重返灾区时的规定

应急救援人员在灾区工作1个氧气呼吸器班后，应当至少休息8 h；只有在后续矿山救援队未到达且急需抢救人员时，方可根据体质情况，在氧气呼吸器补充氧气、更换药品和降温冷却材料并校验合格后重新进入灾区投入救援工作。

4. 灾区内行动的其他规定

（1）在高温、浓烟、塌冒、爆炸和水淹等灾区，无须抢救人员的，矿山救援队不得进入；因抢救人员需要进入时，应当采取安全保障措施。

（2）应急救援人员出现身体不适或者氧气呼吸器发生故障难以排除时，救援小队全体人员应当立即撤到安全地点，并报告现场指挥部。

（3）矿山救援队在完成救援任务撤出灾区时，应当将携带的救援装备带出灾区。

第三节 灾区探察

一、灾区探察的任务

灾区探察的主要任务是探明事故类别、波及范围、破坏程度、遇险人员数量和位置、矿井通风、巷道支护等情况，检测灾区氧气和有毒有害气体浓度、矿尘、温度、风向、风速等。

二、灾区探察准备

矿山救援队在进行灾区探察前，应当了解矿井巷道布置等基本情况，确认灾区是否切断电源，明确探察任务、具体计划和注意事项，制定遇有撤退路线被堵等突发情况的应急措施，检查氧气呼吸器和所需装备仪器，做好充分准备。

三、灾区探察要求

（1）探察小队与待机小队保持通信联系，在需要待机小队抢救人员时，调派其他小队作为待机小队。

(2) 首先将探察小队派往可能存在遇险人员最多的地点，灾区范围大或者巷道复杂的，可以组织多个小队分区段探察。

(3) 探察小队在遭遇危险情况或者通信中断时立即回撤，待机小队在探察小队遇险、通信中断或者未按预定时间返回时立即进入救援。

(4) 进入灾区时，小队长在队前，副小队长在队后，返回时相反；搜救遇险人员时，小队队形与巷道中线斜交前进。

(5) 探察小队携带救生索等必要装备，行进时注意暗井、溜煤眼、淤泥和巷道支护等情况，视线不清或者水深时使用探险棍探测前进，队员之间用联络绳联结。

(6) 明确探察小队人员分工，分别检查通风、气体浓度、温度和顶板等情况并记录，探察过的巷道要签字留名做好标记，并绘制探察路线示意图，在图纸上标记探察结果。

(7) 探察过程中发现遇险人员立即抢救，将其护送至安全地点，无法一次救出遇险人员时，立即通知待机小队进入救援，带队指挥员根据实际情况决定是否安排队伍继续实施灾区探察。

(8) 在发现遇险人员地点做出标记，检测气体浓度，并在图纸上标明遇险人员位置及状态，对遇难人员逐一编号。

(9) 探察小队行进中在巷道交叉口设置明显标记，完成任务后按计划路线或者原路返回。

(10) 探察结束后，现场带队指挥员应当立即向布置任务的指挥员汇报探察结果。

四、探察时的注意事项及经验教训

1. 注意事项

(1) 探察前，要做好人力和物力准备。

(2) 在紧急救人的情况下，应把小队派往遇险人员最多的地点。

(3) 在探察过程中，如有1名队员身体不适或氧气呼吸器发生故障难以排除时，全小队应立即撤出，由待机队进入。

(4) 前进中因冒顶受阻，应视扒开通道的时间决定是否另选通路。如果是唯一通道，应立即进行处理，不得延误时间。

2. 经验教训

探察工作涉及的面比较广，可能遇到各种各样复杂的问题，探察的内容要与事故的性质及抢险救灾指挥部的命令有关，并没有固定的格式和套路。因此，要熟悉掌握探察技巧，灵活运用；特别是遇到突发性问题时，一定要沉着冷静，机敏果断。在探察中，由于不仔细、不冷静，很可能造成严重的后果，应当引起救援人员的高度重视。下面举几个例子，说明在灾区工作的慎重性和小队长的作用。

(1) 小队组织不严密。按照规定，救援队进入灾区工作或探察时，小队长在前，副小队长在后，队员按顺序进入。返回时，与此相反。但在实际工作中，有些小队疏忽此规定，造成了伤亡事故。例如：某矿救援队，在处理该矿井下事故时，小队进入窒息区连接管路，人员撤出时，因组织不严密，把2名队员丢在灾区。这2名队员发现情况后，精神紧张，慌忙往外跑，结果碰掉口具，中毒死亡。

(2) 无探察探险装备。救援队进入灾区探察时，必须携带探险绳等必要的装备。若烟雾大视线不清，可用探险棍探测前进，队员之间要用联络绳联结。但在实际工作中，有些队员没有按规定执行，导致自身伤亡事故的发生。例如：某矿区救援中队，在启封火区时，队员怕费事，没带探险绳，6名队员从工作地点返回井下基地时，由于高温、水蒸气大而迷失方向，其中5人因中暑而口具脱落，造成一氧化碳中毒死亡。

（3）随意脱掉氧气呼吸器。在处理事故及探察探险时，由于佩用呼吸器时间较长，气囊内温度偏高，特别是处理火灾事故时，环境温度高，烟雾大，有随意脱掉氧气呼吸器的现象；还有从灾区撤出的人员麻痹大意，还没到新风区，在不检查有害气体含量的情况下，便脱下呼吸器，当发生突发事故时已措手不及。例如：某煤矿救援队配合井下工作面液压支架后方灭火工作，有5名救援队员在工作面绕道处休息，摘下氧气呼吸器放在一旁，结果工作面发生了瓦斯爆炸，5人均死亡。

（4）通过或摘掉口具讲话。在窒息区通过口具讲话或摘掉口具讲话，是矿山救援队较普遍存在的一个问题。多年来，通过或摘掉口具讲话造成自身伤亡的事故时有发生。例如：某矿救援队，在处理瓦斯煤尘爆炸事故时，一名队员摔倒中毒，副大队长发现后，惊慌中脱掉口具大喊："快拿2 h呼吸器"，接着也发生了中毒，在抢救副大队长的时候，1名小队长慌乱中摔倒中毒，结果造成了副大队长和小队长死亡。

（5）不带或未佩用氧气呼吸器。不带氧气呼吸器，冒险进入灾区进行救援工作，造成自身伤亡的教训是非常深刻的。例如：某矿救援队，在处理煤矿井下火灾时，进入灾区探察，不检查有害气体的含量，不佩用氧气呼吸器，同时，还把未带自救器的煤矿工人一同领进灾区，结果造成4名救援人员和2名矿工死亡。

（6）单独行动。在窒息区工作时，无论何种情况，都不准许救援人员单独行动。例如：某矿救援队，在该矿火区打密闭时，1名救援队员感到很热，有队员要他休息一会儿，这名队员就单独返回井下基地。路过一段淤泥巷道时，被铁轨绊倒，口具脱落，造成一氧化碳中毒，经抢救无效死亡。

（7）碰掉鼻夹或口具。目前，我国矿山救援队所配用的氧气呼吸器，主要是口具鼻夹式。多年来队员佩戴呼吸器在灾区工作时，由于不慎碰掉鼻夹或口具，造成自身伤亡的事故不断发生。

（8）仪器故障。氧气呼吸器是救援人员的第二生命，平时应按规定进行检查和维护保养，进入灾区前，要进行认真的战前检查，只有这样，才能减少和避免氧气呼吸器在窒息区工作中发生意外。

总之，从以上事故分析可以看出，很多自身伤亡事故是可以避免的。自身伤亡事故多数都因小队长管理不严格，或在探察中违章作业、违章指挥等造成的。

第四节　救援程序

一、矿井火灾事故救援程序

（一）火灾救援规定

矿山救援队在矿井火灾事故救援过程中，应当指定专人检测瓦斯等易燃易爆气体和矿尘，观测灾区气体和风流变化，当甲烷浓度超过2%并且继续上升，风量突然发生较大变化，或者风流出现逆转征兆时，应当立即撤到安全地点，采取措施排除危险，采用保障安全的灭火方法。

1. 矿山救援队参加矿井火灾事故救援时应当了解的情况

（1）火灾类型、发火时间、火源位置、火势及烟雾大小、波及范围、遇险人员分布和矿井安全避险系统情况。

（2）灾区有毒有害气体、温度、通风系统状态、风流方向、风量大小和矿尘爆炸性。

（3）顶板、巷道围岩和支护状况。

（4）灾区供电状况。

（5）灾区供水管路和消防器材的实际状况及数量。

（6）矿井火灾事故专项应急预案及其实施状况。

2. 首先到达事故矿井的矿山救援队，救援力量的分派原则

（1）进风井井口建筑物发生火灾，派一个小队处置火灾，另一个小队到井下抢救人员和扑灭井底车场可能发生的火灾。

（2）井筒或者井底车场发生火灾，派一个小队灭火，另一个小队到受火灾威胁区域抢救人员。

（3）矿井进风侧的硐室、石门、平巷、下山或者上山发生火灾，火烟可能威胁到其他地点时，派一个小队灭火，另一个小队进入灾区抢救人员。

（4）采区巷道、硐室或者工作面发生火灾，派一个小队从最短的路线进入回风侧抢救人员，另一个小队从进风侧抢救人员和灭火。

（5）回风井井口建筑物、回风井筒或者回风井底车场及其毗连的巷道发生火灾，派一个小队灭火，另一个小队抢救人员。

3. 矿山救援队在高温、浓烟环境下开展救援工作时应当遵守的规定

（1）井下巷道内温度超过 30 ℃ 的，控制佩用氧气呼吸器持续作业时间；温度超过 40 ℃ 的，不得佩用氧气呼吸器作业，抢救人员时严格限制持续作业时间。

（2）采取降温措施，改善工作环境，井下基地配备含 0.75% 食盐的温开水。

（3）高温巷道内空气升温梯度达到每分钟 0.5～1 ℃ 时，小队返回井下基地，并及时报告基地指挥员。

（4）严禁进入烟雾弥漫至能见度小于 1 m 的巷道。

（5）发现应急救援人员身体异常的，小队返回井下基地并通知待机小队。

（二）火灾救援原则

1. 处置矿井火灾时，矿井通风调控应当遵守的原则

（1）控制火势和烟雾蔓延，防止火灾扩大。

（2）防止引起瓦斯或者矿尘爆炸，防止火风压引起风流逆转。

（3）保障应急救援人员安全，并有利于抢救遇险人员。

（4）创造有利的灭火条件。

2. 采取局部反风、全矿井反风、风流短路、停止通风或者减少风量等措施时的注意事项

采取局部反风、全矿井反风、风流短路、停止通风或者减少风量等措施时，应当防止瓦斯等易燃易爆气体积聚到爆炸浓度引起爆炸，防止发生风流紊乱，保障应急救援人员安全。采取反风或者风流短路措施前，必须将原进风侧人员或者受影响区域内人员撤到安全地点。不论采用何种方法，都应满足以下要求：

（1）不使瓦斯聚积、煤尘飞扬，造成爆炸。

（2）不危及井下人员的安全。

（3）不使火源蔓延到瓦斯聚积的地方，也不使超限的瓦斯通过火源。

（4）有助于阻止火灾扩大，压制火势，创造接近火源的条件。

（5）防止再生火源的发生和火烟的逆退。

（6）防止火风压的形成，造成风流逆转。

3. 不同地点发生火灾时的风流控制

（1）总回风流中发生火灾时的风流控制。在总回风流中发生火灾时，只有保证正常风流方向，才能将烟气排出井外。当火势较大，瓦斯涌出量较小，为了减弱火势，可以采取减少风量的措施。

（2）上行风流中发生火灾时的风流控制。首先在向火源供风的风路中建密闭，或关闭此风路中已有的防火门，并要选择出一条畅通的风路让火烟自由排出矿井。密闭应建在与火源之间再没有可能逆转的旁侧风流的地方，当不能满足此条件时，则应先在旁侧风流建密闭，然后再建上述密闭，以防止密闭区内火灾气体发生爆炸。

（3）下行风流中发生火灾时的风流控制：

① 改变某些风流方向，变下行风流火灾为上行风流火灾。

② 必须在下行风流的条件下进行灭火时，为保证主干风流不逆转，应在密闭某些旁侧风流之后，再在主干风流中设置密闭。建造密闭后，应考虑到漏风处很有可能逆着风流方向向外渗出火烟，为避免火灾气体扩大毒化井下区域，可把靠近火源的一条旁侧风流不密闭，并使其通过较大的风量，将漏出的烟气冲淡排出。

（4）火灾发生在分支风流中的风流控制。应保持通风机原来的工作状况，特别在抢救人员、灭火阶段，不能减少通风机风量，更不能进行停风。在下行风流中发生火灾时，为保持主干风流不逆转，应增大通风机的风压。为了防止因风量过大而烧毁电动机，可在保持风流正常流向的情况下，适当增加有关风路的风阻值。

4. 扑灭矿井火灾的行动原则

（1）通常采取控制风速、调节风量、减少回风道风阻或设置水幕洒水等措施限制火风压。同时要注意防止因风速过大造成煤尘飞扬，而引起的爆炸。

（2）在处理火灾事故的过程中，要十分注意顶板的变化，以防止因燃烧造成支架损坏，造成顶板垮落伤人，或是顶板垮落后造成风流方向、风量变化，而引起灾区一系列不利于安全抢救的连锁反应。

（3）矿井火灾初起阶段，应根据现场的实际情况，积极组织人力、物力、控制火势，用水、砂子、黄土、干粉、泡沫等直接灭火。

（4）采用挖除火源灭火措施时，应先将火源附近的巷道加强支护，以免燃烧的煤和矸石下落，截断救援人员的回路。

（5）扑灭瓦斯燃烧火灾时，可采用岩粉、砂子和泡沫、干粉、惰气灭火，并注意防止采用震动性的灭火手段。灭火时，多台灭火机要沿瓦斯的整个燃烧线一起喷射。

（6）火灾范围较大，火势发展很快，人员难以接近火源时，应采用高倍数泡沫灭火机和惰气发生装置等大型灭火装置直接灭火。

（7）在人力物力不足或直接灭火法无效时，为防止火势发展，应采取隔绝灭火和综合灭火措施。

（三）灭火方法的选择

矿山救援队应当根据矿井火灾的实际情况选择灭火方法，条件具备的应当采用直接灭火方法。直接灭火时，应当设专人观测进风侧风向、风量和气体浓度变化，分析风流紊乱的可能性及撤退通道的安全性，必要时采取控风措施；应当监测回风侧瓦斯和一氧化碳等气体浓度变化，观察烟雾变化情况，分析灭火效果和爆炸危险性，发现危险迹象及时撤离。

（1）用水灭火时，应当具备下列条件：火源明确，水源、人力和物力充足，回风道畅通，甲烷浓度不超过2%。

（2）用水或者注浆灭火应当遵守下列规定：

① 从进风侧进行灭火，并采取防止溃水措施，同时将回风侧人员撤出。

② 为控制火势，可以采取设置水幕、清除可燃物等措施。

③ 从火焰外围喷洒并逐步移向火源中心，不得将水流直接对准火焰中心。

④ 灭火过程中保持足够的风量和回风道畅通，使水蒸气直接排入回风道。

⑤ 向火源大量灌水或者从上部灌浆时，不得靠近火源地点作业；用水快速淹没火区时，火区密闭附近及其下方区域不得有人。

（3）扑灭电气火灾，应当首先切断电源。在切断电源前，必须使用不导电的灭火器材进行灭火。

（4）扑灭瓦斯燃烧引起的火灾时，可采用干粉、惰性气体、泡沫灭火，不得随意改变风量，防止事故扩大。

（5）下列情况下，应当采用隔绝灭火或者综合灭火方法：一是缺乏灭火器材；二是火源点不明确、火区范围大、难以接近火源；三是直接灭火无效或者对灭火人员危险性较大。采用隔绝灭火方法应当遵守下列规定：一是在保证安全的情况下，合理确定封闭火区范围；二是封闭火区时，首先建造临时密闭，经观测风向、风量、烟雾和气体分析，确认无爆炸危险后，再建造永久密闭或者防爆密闭。

（四）火区封闭

1. 封闭火区的规定

（1）多条巷道需要封闭的，先封闭支巷，后封闭主巷。

（2）火区主要进风巷和回风巷中的密闭留有通风孔，其他密闭可以不留通风孔。

（3）选择进风巷和回风巷同时封闭的，在两处密闭上预留通风孔，封堵通风孔时统一指挥、密切配合，以最快速度同时封堵，完成密闭工作后迅速撤至安全地点。

（4）封闭有爆炸危险火区时，先采取注入惰性气体等抑爆措施，后在安全位置构筑进、回风密闭。

（5）封闭火区过程中，设专人检测风流和气体变化，发现瓦斯等易燃易爆气体浓度迅速增加时，所有人员立即撤到安全地点，并向现场指挥部报告。

2. 建造火区密闭的规定

（1）密闭墙的位置选择在围岩稳定、无破碎带、无裂隙和巷道断面较小的地点，距巷道交叉口不小于 10 m。

（2）拆除或者断开管路、金属网、电缆和轨道等金属导体。

（3）密闭墙留设观测孔、措施孔和放水孔。

3. 火区封闭的方法

进行火区封闭过程中，火区内的温度、风量、风压和氧气、瓦斯、二氧化碳等含量不断发生变化，情况复杂，瞬息万变，危险甚大。在多风路的火区建造密闭时，应更根据火区范围，火势大小，瓦斯涌出量等情况来决定封闭顺序。

（1）先封进风后封回风（先进后回）。

优点：迅速减少火区流向回风侧的烟流量，使火势减弱，为建造回风侧密闭创造安全条件。

缺点：进风侧构筑密闭将导致火区内风流压力急剧降低。如图 2-1 中 A 线所示，A 线开始急剧下降系因进风密闭风阻所致。火区大气压力降低，与回风端负压值相近，造成火区内瓦斯涌出量增大。特别是可能从通往采空区及高瓦斯积存区的旧巷或裂隙中"抽吸"大量瓦斯。并因进风侧封闭隔断机械风压的影响，使自然风压起主要作用，引起风流紊乱流动，致使涌入火区瓦斯与风流充分混合并流入着火带，引起瓦斯爆炸或二次爆炸事故。

（2）先封回风后封进风（先回后进）。

优点：燃烧生成物二氧化碳等惰性气体可反转流回火区，可能使火区大气惰化，且有助于灭火。如图 2-1 中 B 线所示，火区内大气气压升高，减小火区内瓦斯涌出量，同时对相连采空区或高瓦斯积存区内瓦斯涌入火区有一定阻隔作用。

缺点：回风侧构筑密闭艰苦、危险；在上述阻隔作用下，火区巷道瓦斯涌出量仍较大，致使截断风流前，瓦斯浓度上升速度快，氧浓度下降慢，火区中易形成爆炸性气体，可能早于燃烧产生的惰性气体流入火源而引起爆炸。

（3）进回风侧同时封闭（同时封闭）。

优点：火区封闭时间短，能迅速切断供氧条件；密闭完全封闭前还可保持火区通风，使火区不易达到爆炸危险程度。如图 2-1 中 C 线所示，我国煤矿火区封闭较多采用"同时封闭"的方式。

主要进回风巷道的密闭同时封闭，必须在建造密闭时预留门孔，以保证门孔封堵前的火区通风。封堵门孔时，必须统一指挥，保证按预定时间同时封闭。在同时封闭过程中注入 CO_2 或 N_2 等惰性气体有利于保证火区封闭的安全。

综上所述，在多风路的火区建造密闭时，应根据火区范围、火势大小、瓦斯涌出量及火区内是否有瓦斯积聚区和采空区等情况来决定封闭顺序。"先回后进"给回风侧构筑密闭带来很大困难，在瓦斯涌出量大的火区爆炸危险性大，一般不宜采用，仅在火势不大、

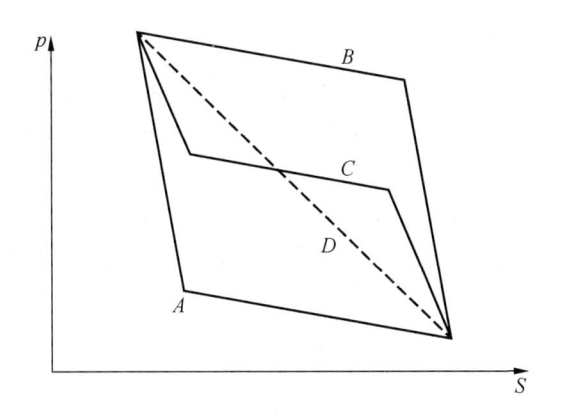

A—先进后回；B—先回后进；C—同时封闭；D—未封闭时

图 2-1 不同封闭顺序的压力坡线

温度不高、无瓦斯存在时为截断火源蔓延时采用。"先进后回"对回风侧构筑密闭减少火烟影响有利，国内外均有采用，但瓦斯爆炸危险性仍然较大，不宜在火区内与采空区或高瓦斯积聚区相连的情况下采用。"同时封闭"安全性较高，但应注意保证封闭的同时性。

4. 封闭火区的注意事项

（1）在保证安全的情况下，尽量缩小封闭范围。

（2）首先建筑临时密闭墙，然后建造永久密闭墙。

（3）在有爆炸危险时，应先用砂、土袋、石膏设置防爆墙，在防爆墙的掩护下建立永久密闭墙。

（4）在建筑密闭过程中，必须设专人检查瓦斯、一氧化碳、煤尘等及风流变化。如瓦斯上升到 2% 或有爆炸危险的瓦斯向火区移动时，应将人员撤到安全地点。

（5）应遵循封闭范围尽可能小，密闭墙数量尽可能少，入风侧密闭墙距离火源近和有利于施工快速的原则。

（6）密闭墙与火源之间严禁有旁侧风路，以免火区封闭后风流逆转，造成火区气体爆炸。

5. 火区封闭后的规定

（1）所有人员立即撤出危险区；进入检查或者加固密闭墙在 24 h 后进行，火区条件复杂的，酌情延长时间。

（2）火区密闭被爆炸破坏的，严禁派矿山救援队探察或者恢复密闭；只有在采取惰化火区等措施、经检测无爆炸危险后方可作业，否则，在距火区较远的安全地点建造密闭。

（3）条件允许的，可以采取均压灭火措施。

（4）定期检测和分析密闭内的气体成分及浓度、温度、内外空气压差和密闭漏风情况，发现火区有异常变化时，采取措施及时处置。

（五）火灾救援处置措施

1. 处置井口、井筒火灾应当采取的措施

（1）处置进风井口建筑物火灾，应当采取防止火灾气体及火焰侵入井下的措施，可以立即反风或者关闭井口防火门；不能反风的，根据矿井实际情况决定是否停止主要通风机。同时，采取措施进行灭火。

（2）处置正在开凿井筒的井口建筑物火灾，通往遇险人员作业地点的通道被火切断时，可以利用原有的铁风筒及各类适合供风的管路设施向遇险人员送风，同时采取措施进行灭火。

（3）处置进风井筒火灾，为防止火灾气体侵入井下巷道，可以采取反风或者停止主要通风机运转的措施。

（4）处置回风井筒火灾，应当保持原有风流方向，为防止火势增大，可以适当减少风量。

2. 处置井底车场火灾应当采取的措施

（1）进风井井底车场和毗连硐室发生火灾，进行反风或者风流短路，防止火灾气体侵入工作区。

（2）回风井井底车场发生火灾，保持正常风流方向，可以适当减少风量。

（3）直接灭火和阻止火灾蔓延。

（4）为防止混凝土支架和砌碹巷道上面木垛燃烧，可在碹上打眼或者破碹，安设水幕或者灌注防灭火材料。

（5）保护可能受到火灾危及的井筒、爆炸物品库、变电所和水泵房等关键地点。

3. 处置井下硐室火灾应当采取的措施

（1）着火硐室位于矿井总进风道的，进行反风或者风流短路。

（2）着火硐室位于矿井一翼或者采区总进风流所经两巷道连接处的，在安全的前提下进行风流短路，条件具备时也可以局部反风。

（3）爆炸物品库着火的，在安全的前提下先将雷管和导爆索运出，后将其他爆炸材料运出；因危险不能运出时，关闭防火门，人员撤至安全地点。

（4）绞车房着火的，将连接的矿车固定，防止烧断钢丝绳，造成跑车伤人。

（5）蓄电池机车充电硐室着火的，切断电源，停止充电，加强通风并及时运出蓄电池。

（6）硐室无防火门的，挂风障控制入风，积极灭火。

4. 处置井下巷道火灾应当采取的措施

（1）倾斜上行风流巷道发生火灾，保持正常风流方向，可以适当减少风量，防止与着火巷道并联的巷道发生风流逆转。

（2）倾斜下行风流巷道发生火灾，防止发生风流逆转，不得在着火巷道由上向下接近火源灭火，可以利用平行下山和联络巷接近火源灭火。

（3）在倾斜巷道从下向上灭火时，防止冒落岩石和燃烧物掉落伤人。

（4）矿井或者一翼总进风道中的平巷、石门或者其他水平巷道发生火灾，根据具体情况采取反风、风流短路或者正常通风，采取风流短路时防止风流紊乱。

(5) 架线式电机车巷道发生火灾，先切断电源，并将线路接地，接地点在可见范围内。

(6) 带式输送机运输巷道发生火灾，先停止输送机，关闭电源，后进行灭火。

5. 处置独头巷道火灾应当采取的措施

(1) 矿山救援队到达现场后，保持局部通风机通风原状，即风机停止运转的不要开启，风机开启的不要停止，进行探察后再采取处置措施。

(2) 水平独头巷道迎头发生火灾，且甲烷浓度不超过2%的，在通风的前提下直接灭火，灭火后检查和处置阴燃火点，防止复燃。

(3) 水平独头巷道中段发生火灾，灭火时注意火源以里巷道内瓦斯情况，防止积聚的瓦斯经过火点，情况不明的，在安全地点进行封闭。

(4) 倾斜独头巷道迎头发生火灾，且甲烷浓度不超过2%时，在加强通风的情况下可以直接灭火；甲烷浓度超过2%时，应急救援人员立即撤离，并在安全地点进行封闭。

(5) 倾斜独头巷道中段发生火灾，不得直接灭火，在安全地点进行封闭。

(6) 局部通风机已经停止运转，且无须抢救人员的，无论火源位于何处，均在安全地点进行封闭，不得进入直接灭火。

6. 处置回采工作面火灾应当采取下列措施

(1) 工作面着火，在进风侧进行灭火；在进风侧灭火难以奏效的，可以进行局部反风，从反风后的进风侧灭火，并在回风侧设置水幕。

(2) 工作面进风巷着火，为抢救人员和控制火势，可以进行局部反风或者减少风量，减少风量时防止灾区缺氧和瓦斯等有毒有害气体积聚。

(3) 工作面回风巷着火，防止采空区瓦斯涌出和积聚造成瓦斯爆炸。

(4) 急倾斜工作面着火，不得在火源上方或者火源下方直接灭火，防止水蒸气或者火区塌落物伤人；有条件的可以从侧面利用保护台板或者保护盖接近火源灭火。

(5) 工作面有爆炸危险时，应急救援人员立即撤到安全地点，禁止直接灭火。

7. 采空区或者巷道冒落带发生火灾应当采取的措施

采空区或者巷道冒落带发生火灾，应当保持通风系统稳定，检查与火区相连的通道，防止瓦斯涌入火区。

二、瓦斯、矿尘爆炸事故救援程序

矿山救援队参加瓦斯、矿尘爆炸事故救援，应当全面探察灾区遇险人员数量及分布地点、有毒有害气体、巷道破坏程度、是否存在火源等情况。

为排除爆炸产生的有毒有害气体和抢救人员，应当在探察确认无火源的前提下，尽快恢复通风。如果有毒有害气体严重威胁爆源下风侧人员，在上风侧人员已经撤离的情况下，可以采取反风措施，反风后矿山救援队进入原下风侧引导人员撤离灾区。

爆炸产生火灾时，矿山救援队应当同时进行抢救人员和灭火，并采取措施防止再次发生爆炸。

1. 首先到达事故矿井的矿山救援队，救援力量的分派原则

(1) 井筒、井底车场或者石门发生爆炸，在确定没有火源、无爆炸危险后，派一个

小队抢救人员，另一个小队恢复通风，通风设施损坏暂时无法恢复的，全部进行抢救人员。

（2）采掘工作面发生爆炸，派一个小队沿回风侧、另一个小队沿进风侧进入抢救人员，在此期间通风系统维持原状。

2. 矿山救援队参加瓦斯、矿尘爆炸事故救援应当遵守的规定

（1）切断灾区电源，并派专人值守。

（2）检查灾区内有毒有害气体浓度、温度和通风设施情况，发现有再次爆炸危险时，立即撤至安全地点。

（3）进入灾区行动防止碰撞、摩擦等产生火花。

（4）灾区巷道较长、有毒有害气体浓度较大、支架损坏严重的，在确认没有火源的情况下，先恢复通风、维护支架，确保应急救援人员安全。

（5）已封闭采空区发生爆炸，严禁派人进入灾区进行恢复密闭工作，采取注入惰性气体和远距离封闭等措施。

三、煤与瓦斯突出事故救援程序

发生煤与瓦斯突出事故后，矿山企业应当立即对灾区采取停电和撤人措施，在按规定排出瓦斯后，方可恢复送电。

（1）矿山救援队应当探察遇险人员数量及分布地点、通风系统及设施破坏程度、突出的位置、突出物堆积状态、巷道堵塞程度、瓦斯浓度和波及范围等情况，发现火源立即扑灭。

（2）采掘工作面发生煤与瓦斯突出事故，矿山救援队应当派一个小队从回风侧、另一个小队从进风侧进入事故地点抢救人员。

（3）矿山救援队发现遇险人员应当立即抢救，为其佩用全面罩正压氧气呼吸器或者自救器，引导、护送遇险人员撤离灾区。遇险人员被困灾区时，应当利用压风、供水管路或者施工钻孔等为其输送新鲜空气，并组织力量清理堵塞物或者开掘绕道抢救人员。在有突出危险的煤层中掘进绕道抢救人员时，应当采取防突措施。

（4）处置煤与瓦斯突出事故，不得停风或者反风，防止风流紊乱扩大灾情。通风系统和通风设施被破坏的，应当设置临时风障、风门和安装局部通风机恢复通风。

（5）突出造成风流逆转时，应当在进风侧设置风障，清理回风侧的堵塞物，使风流尽快恢复正常。

（6）突出引起火灾时，应当采用综合灭火或者惰性气体灭火。突出引起回风井口瓦斯燃烧的，应当采取控制风量的措施。

（7）排放灾区瓦斯时，应当撤出排放混合风流经过巷道的所有人员，以最短路线将瓦斯引入回风道。回风井口 50 m 范围内不得有火源，并设专人监视。

（8）清理突出的煤矸时，应当采取防止煤尘飞扬、冒顶片帮、瓦斯超限及再次发生突出的安全保障措施。

（9）处置煤（岩）与二氧化碳突出事故，可以参照处置煤与瓦斯突出事故的相关规定执行，并且应当加大灾区风量。

四、矿井透水事故救援程序

（1）矿山救援队参加矿井透水事故救援，应当了解灾区情况和水源、透水点、事故前人员分布、矿井有生存条件的地点及进入该地点的通道等情况，分析计算被困人员所在空间体积及空间内氧气、二氧化碳、瓦斯等气体浓度，估算被困人员维持生存时间。

（2）矿山救援队应当探察遇险人员位置，涌水通道、水量及水流动线路，巷道及水泵设施受水淹程度，巷道破坏及堵塞情况，瓦斯、二氧化碳、硫化氢等有毒有害气体情况和通风状况等。

（3）采掘工作面发生透水，矿山救援队应当首先进入下部水平抢救人员，再进入上部水平抢救人员。

（4）被困人员所在地点高于透水后水位的，可以利用打钻等方法供给新鲜空气、饮料和食物，建立通信联系；被困人员所在地点低于透水后水位的，不得打钻，防止钻孔泄压扩大灾情。

（5）矿井涌水量超过排水能力，全矿或者水平有被淹危险时，在下部水平人员救出后，可以向下部水平或者采空区放水；下部水平人员尚未撤出，主要排水设备受到被淹威胁时，可以构筑临时防水墙，封堵泵房口和通往下部水平的巷道。

（6）矿山救援队参加矿井透水事故救援应当遵守的规定：
① 透水威胁水泵安全时，在人员撤至安全地点后，保护泵房不被水淹。
② 应急救援人员经过巷道有被淹危险时，立即返回井下基地。
③ 排水过程中保持通风，加强有毒有害气体检测，防止有毒有害气体涌出造成危害。
④ 排水后进行探察或者抢救人员时，注意观察巷道情况，防止冒顶和底板塌陷。
⑤ 通过局部积水巷道时，采用探险棍探测前进；水深过膝，无须抢救人员的，不得涉水进入灾区。

（7）矿山救援队处置上山巷道透水应当注意的事项：
① 检查并加固巷道支护，防止二次透水、积水和淤泥冲击。
② 透水点下方不具备存储水和沉积物有效空间的，将人员撤至安全地点。
③ 保证人员通信联系和撤离路线安全畅通。

五、冒顶片帮、冲击地压事故救援程序

（1）矿山救援队参加冒顶片帮事故救援，应当了解事故发生原因、巷道顶板特性、事故前人员分布位置和压风管路设置等情况，指定专人检查氧气和瓦斯等有毒有害气体浓度、监测巷道涌水量、观察周围巷道顶板和支护情况，保障应急救援人员作业安全和撤离路线安全畅通。

（2）矿井通风系统遭到破坏的，应当迅速恢复通风；周围巷道和支护遭到破坏的，应当进行加固处理。当瓦斯等有毒有害气体威胁救援作业安全或者可能再次发生冒顶片帮时，应急救援人员应当迅速撤至安全地点，采取措施消除威胁。

（3）矿山救援队搜救遇险人员时，可以采用呼喊、敲击或者采用探测仪器判断被困人员位置、与被困人员联系。应急救援人员和被困人员通过敲击发出救援联络信号内容如

下：敲击五声表示寻求联络；敲击四声表示询问被困人员数量（被困人员按实际人数敲击回复）；敲击三声表示收到；敲击二声表示停止。

（4）应急救援人员可以采用掘小巷、掘绕道、使用临时支护通过冒落区或者施工大口径救生钻孔等方式，快速构建救援通道营救遇险人员，同时利用压风管、水管或者钻孔等向被困人员提供新鲜空气、饮料和食物。

（5）应急救援人员清理大块矸石、支柱、支架、金属网、钢梁等冒落物和巷道堵塞物营救被困人员时，在现场安全的情况下，可以使用千斤顶、液压起重器具、液压剪、起重气垫、多功能钳、金属切割机等工具进行处置，使用工具应当注意避免误伤被困人员。

（6）矿山救援队参加冲击地压事故救援应当遵守下列规定：

① 分析再次发生冲击地压灾害的可能性，确定合理的救援方案和路线。

② 迅速恢复灾区通风，恢复独头巷道通风时，按照排放瓦斯的要求进行。

③ 加强巷道支护，保障作业空间安全，防止再次冒顶。

④ 设专人观察顶板及周围支护情况，检查通风、瓦斯和矿尘，防止发生次生事故。

六、矿井提升运输事故救援程序

矿井发生提升运输事故，矿山企业应当根据情况立即停止事故设备运行，必要时切断其供电电源，停止事故影响区域作业，组织抢救遇险人员，采取恢复通风、通信和排水等措施。

（1）矿山救援队应当了解事故发生原因、矿井提升运输系统及设备、遇险人员数量和可能位置以及矿井通风、通信、排水等情况，探察井筒（巷道）破坏程度、提升容器坠落或者运输车辆滑落位置、遇险人员状况以及井筒（巷道）内通风、杂物堆积、氧气和有毒有害气体浓度、积水水位等情况。

（2）矿山救援队在探察搜救过程中，发现遇险人员立即救出至安全地点，对伤员进行止血、包扎和骨折固定等紧急处理后，迅速移交专业医护人员送医院救治；不能立即救出的，在采取技术措施后施救。

（3）应急救援人员在使用起重、破拆、扩张、牵引、切割等工具处置罐笼、人车（矿车）及堆积杂物进行施救时，应当指定专人检查瓦斯等有毒有害气体和氧气浓度、观察井筒和巷道情况，采取防范措施确保作业安全；同时，应当采取措施避免被困人员受到二次伤害。

（4）矿山救援队参加矿井坠罐事故救援应当遵守下列规定：

① 提升人员井筒发生事故，可以选择其他安全出口入井探察搜救。

② 需要使用事故井筒的，清理井口并设专人把守警戒，对井筒、救援提升系统及设备进行安全评估、检查和提升测试，确保提升安全可靠。

③ 当罐笼坠入井底时，可以通过排水通道抢救遇险人员，积水较多的采取排水措施，井底较深的采取局部通风措施，防止人员窒息。

④ 搜救时注意观察井筒上部是否有物品坠落危险，必要时在井筒上部断面安设防护盖板，保障救援安全。

（5）矿山救援队参加矿井卡罐事故救援应当遵守下列规定：

① 清理井架、井口附着物，井口设专人值守警戒，防止救援过程中坠物伤人。
② 有梯子间的井筒，先行探察井筒内有毒有害气体和氧气浓度以及梯子间安全状况，在保证安全的情况下可以通过梯子间向下搜救。
③ 需要通过提升系统及设备进行探察搜救的，在经评估、检查和测试，确保提升系统及设备安全可靠后方可实施。
④ 应急救援人员佩带保险带，所带工具系绳入套防止掉落，配备使用通信工具保持联络。
⑤ 应急救援人员到达卡罐位置，先观察卡罐状况，必要时采取稳定或者加固措施，防止施救时罐笼再次坠落。
⑥ 救援时间较长时，可以通过绳索和吊篮等方式为被困人员输送食物、饮料、相关药品及通信工具，维持被困人员生命体征和情绪稳定。
（6）矿山救援队参加倾斜井巷跑车事故救援应当遵守下列规定：
① 采取紧急制动和固定跑车车辆措施，防止施救时车辆再次滑落。
② 在事故巷道采取设置警戒线、警示灯等警戒措施，并设专人值守，禁止无关车辆和人员通行。
③ 起重、搬移、挪动矿车时，防止车辆侧翻伤人，保护应急救援人员和遇险人员安全。
④ 注意观察事故现场周边设施、设备、巷道的变化情况，防止巷道构件塌落伤人，必要时加固巷道、消除隐患。

七、淤泥、黏土、矿渣、流砂溃决事故救援程序

矿井发生淤泥、黏土、矿渣或者流砂溃决事故，矿山企业应当将下部水平作业人员撤至安全地点。
（1）应急救援人员应当加强有毒有害气体检测，采用呼喊和敲击等方法与被困人员进行联系，采取措施向被困人员输送新鲜空气、饮料和食物，在清理溃决物的同时，采用打钻和掘小巷等方法营救被困人员。
（2）开采急倾斜煤层或者矿体的，在黏土、淤泥、矿渣或者流砂流入下部水平巷道时，应急救援人员应当从上部水平巷道开展救援工作，严禁从下部接近充满溃决物的巷道。
（3）因受条件限制，需从倾斜巷道下部清理淤泥、黏土、矿渣或者流砂时，应当制定专门措施，设置牢固的阻挡设施和有安全退路的躲避硐室，并设专人观察。出现险情时，应急救援人员立即撤离或者进入躲避硐室。溃决物下方没有安全阻挡设施的，严禁进行清理作业。

八、炮烟中毒窒息、炸药爆炸和矸石山事故救援程序

1. 矿山救援队参加炮烟中毒窒息事故救援应当遵守的规定
（1）加强通风，监测有毒有害气体。
（2）独头巷道或者采空区发生炮烟中毒窒息事故，在没有爆炸危险的情况下，采用

局部通风的方式稀释炮烟浓度。

（3）尽快给遇险人员佩用全面罩正压氧气呼吸器或者自救器，给中毒窒息人员供氧并让其静卧保暖，将遇险人员撤离炮烟事故区域，运送至安全地点交医护人员救治。

2. 矿山救援队参加炸药爆炸事故救援应当遵守的规定

（1）了解炸药和雷管数量、放置位置等情况，分析再次爆炸的危险性，制定安全防范措施。

（2）探察爆炸现场人员、有毒有害气体和巷道与硐室坍塌等情况。

（3）抢救遇险人员，运出爆破器材，控制并扑灭火源。

（4）恢复矿井通风系统，排除烟雾。

3. 矿山救援队参加矸石山自燃或者爆炸事故救援应当遵守的规定

（1）查明自燃或者爆炸范围、周围温度和产生气体成分及浓度。

（2）可以采用注入泥浆、飞灰、石灰水、凝胶和泡沫等灭火措施。

（3）直接灭火时，防止水煤气爆炸，避开矸石山垮塌面和开挖暴露面。

（4）清理爆炸产生的高温抛落物时，应急救援人员佩戴手套、防护面罩或者眼镜，穿隔热服，使用工具清理。

（5）设专人观测矸石山状态及变化，发现危险情况立即撤离至安全地点。

九、露天矿坍塌、排土场滑坡和尾矿库溃坝事故救援程序

1. 矿山救援队参加露天矿边坡坍塌或者排土场滑坡事故救援应当遵守的规定

（1）坍塌体（滑体）趋于稳定后，应急救援人员及抢险救援设备从坍塌体（滑体）两侧安全区域实施救援。

（2）采用生命探测仪等器材和观察、听声、呼喊、敲击等方法搜寻被困人员，判断被埋压人员位置。

（3）可以采用人工与机械相结合的方式挖掘搜救被困人员，接近被埋压人员时采用人工挖掘，在施救过程中防止造成二次伤害。

（4）分析事故影响范围，设置警戒区域，安排专人对搜救地点、坍塌体（滑体）和边坡情况进行监测，发现险情迅速组织应急救援人员撤离。

积极采用手机定位、车辆探测、3D建模等技术分析被困人员位置，利用无人机、边坡雷达、位移形变监测等设备加强监测预警。

2. 矿山救援队参加尾矿库溃坝事故救援应当遵守的规定

（1）疏散周边和下游可能受到威胁的人员，设置警戒区域。

（2）用抛填块石、砂袋和打木桩等方法堵塞决堤口，加固尾矿库堤坝，进行水砂分流，实时监测坝体，保障应急救援人员安全。

（3）挖掘搜救过程中避免被困人员受到二次伤害。

（4）尾矿泥沙仍处于流动状态，对下游村庄、企业、交通干线、饮用水源地及其他环境敏感保护目标等形成威胁时，采取拦截、疏导等措施，避免事故扩大。

第三章　矿井通风理论与灾变通风技术

矿井通风是保障矿井安全的最重要技术手段之一，特别是在矿井发生火灾、瓦斯爆炸等事故时，矿井通风系统的合理与否至关重要。灾变时期，容易引起局部风流状态紊乱，甚至造成整个通风系统风流状态的混乱。因此，矿山救护队员必须掌握矿井通风理论与灾变通风技术，才能做好矿山事故应急救援工作。

第一节　矿井通风理论

矿井通风指利用通风动力，将地面的新鲜空气，沿着有通风设施确定的通风路线不断地进入井下各采掘工作面、机电硐室、火药库以及其他用风地点，以满足生产用风的需要，同时将用过的污浊空气不断地排出地面的全过程。

矿井通风的基本任务是：
(1) 向井下各工作场所连续供给适量的新鲜空气。
(2) 稀释并排除井下各种有害气体和浮游粉尘，使有害气体和浮游粉尘符合《煤矿安全规程》的规定。
(3) 为井下创造适宜的气候条件，提供良好的生产环境，保障职工的身体健康和生命安全，为设备的正常运转创造条件。
(4) 提高矿井的抗灾能力。

一、矿井空气

矿井空气是矿井井巷内气体的总称，包括地面进入井下的新鲜空气和井下产生的有毒有害气体、浮尘。矿井空气的主要来源是地面空气，但是地面空气进入井下以后，在其化学成分和物理状态上发生一系列的变化，因而矿井空气与地面空气在性质和成分上均有较大差别。

(一) 矿井空气中有害气体

矿井空气中常见的有毒有害气体主要是瓦斯，除瓦斯（CH_4）外主要有一氧化碳（CO）、硫化氢（H_2S）、二氧化氮（NO_2）、二氧化硫（SO_2）、氨气（NH_3）、氢气（H_2）等。矿井空气中常见有害气体的性质、来源及对人的危害性见表3-1。

表3-1　矿井空气中常见有害气体的性质、来源及对人的危害性

名称	来源	密度	特点	爆炸界限	危害	中毒特征	防治措施	安全浓度
CH_4	煤岩层涌出	0.554	燃烧爆炸	5%~16%，9.5%时爆炸威力大	爆炸事故、窒息死亡		加强通风技术措施12字方针	≤0.5%（采掘进风），1%（采掘地点），0.75%（总回风）

表 3-1（续）

名称	来源	密度	特点	爆炸界限	危害	中毒特征	防治措施	安全浓度
CO	涌出、氧化、爆破、爆炸、火灾	0.967	燃爆极毒	13%~75%，30%时爆炸威力大	爆炸事故、中毒死亡	嘴唇呈桃红色，两颊红色斑点	加强通风技术措施	≤0.0024%
H_2S	涌出、分解、自燃	1.177	燃爆剧毒	4%~46%	爆炸事故、中毒死亡	头痛、呕吐、无力、流唾液鼻涕	加强通风技术措施	≤0.00066%
NO_2	爆破工作	1.588	剧毒		刺激肺部及呼吸系统、中毒死亡	吐黄痰，指甲、头发变黄	加强通风技术措施	≤0.00025%
SO_2	涌出、氧化、爆破、爆炸、火灾	2.212	剧毒		刺激眼睛及呼吸系统、中毒死亡	红眼、咳嗽、流泪、喉痛	加强通风技术措施	≤0.0005%
NH_3	分解、自燃	0.588	有毒		刺激眼睛及皮肤、呼吸系统		加强通风	≤0.004%
H_2	涌出、电解	0.069	燃爆	4%~74%	窒息死亡		加强通风	≤0.5%

注：1. 矿井中所有气体的浓度均按体积的百分比计算。
　　2. 二氧化氮浓度为氮氧化物换算成二氧化氮。

《煤矿安全规程》对井下空气质量及有害气体浓度的要求：
第一百三十五条　井下空气成分必须符合下列要求：
（1）采掘工作面的进风流中，氧气浓度不低于20%，二氧化碳浓度不超过0.5%。
（2）有害气体的浓度不超过表3-2规定。

表 3-2　矿井有害气体最高允许浓度

名　称	最高允许浓度/%	名　称	最高允许浓度/%
一氧化碳 CO	0.0024	硫化氢 H_2S	0.00066
氧化氮（换算成 NO_2）	0.00025	氨 NH_3	0.004
二氧化硫 SO_2	0.0005		

甲烷、二氧化碳和氢气的允许浓度按本规程的有关规定执行。
矿井中所有气体的浓度均按体积百分比计算。
第一百七十一条　矿井总回风巷或者一翼回风巷中甲烷或者二氧化碳浓度超过

0.75%时，必须立即查明原因，进行处理。

第一百七十二条 采区回风巷、采掘工作面回风巷风流中甲烷浓度超过1.0%或者二氧化碳浓度超过1.5%时，必须停止工作，撤出人员，采取措施，进行处理。

第一百七十三条 采掘工作面及其他作业地点风流中甲烷浓度达到1.0%时，必须停止用电钻打眼；爆破地点附近20 m以内风流中甲烷浓度达到1.0%时，严禁爆破。

采掘工作面及其他作业地点风流中、电动机或者其开关安设地点附近20 m以内风流中的甲烷浓度达到1.5%时，必须停止工作，切断电源，撤出人员，进行处理。

采掘工作面及其他巷道内，体积大于0.5 m³的空间内积聚的甲烷浓度达到2.0%时，附近20 m内必须停止工作，撤出人员，切断电源，进行处理。

对因甲烷浓度超过规定被切断电源的电气设备，必须在甲烷浓度降到1.0%以下时，方可通电开动。

第一百七十四条 采掘工作面风流中二氧化碳浓度达到1.5%时，必须停止工作，撤出人员，查明原因，制定措施，进行处理。

第一百七十五条 矿井必须从设计和采掘生产管理上采取措施，防止瓦斯积聚；当发生瓦斯积聚时，必须及时处理。当瓦斯超限达到断电浓度时，班组长、瓦斯检查工、矿调度员有权责令现场作业人员停止作业，停电撤人。

矿井必须有因停电和检修主要通风机停止运转或者通风系统遭到破坏以后恢复通风、排除瓦斯和送电的安全措施。恢复正常通风后，所有受到停风影响的地点，都必须经过通风、瓦斯检查人员检查，证实无危险后，方可恢复工作。所有安装电动机及其开关的地点附近20 m的巷道内，都必须检查瓦斯，只有甲烷浓度符合本规程规定时，方可开启。

临时停工的地点，不得停风；否则必须切断电源，设置栅栏、警标，禁止人员进入，并向矿调度室报告。停工区内甲烷或者二氧化碳浓度达到3.0%或者其他有害气体浓度超过本规程第一百三十五条的规定不能立即处理时，必须在24 h内封闭完毕。

恢复已封闭的停工区或者采掘工作接近这些地点时，必须事先排除其中积聚的瓦斯。排除瓦斯工作必须制定安全技术措施。

严禁在停风或者瓦斯超限的区域内作业。

第一百七十六条 局部通风机因故停止运转，在恢复通风前，必须首先检查瓦斯，只有停风区中最高甲烷浓度不超过1.0%和最高二氧化碳浓度不超过1.5%，且局部通风机及其开关附近10 m以内风流中的甲烷浓度都不超过0.5%时，方可人工开启局部通风机，恢复正常通风。

停风区中甲烷浓度超过1.0%或者二氧化碳浓度超过1.5%，最高甲烷浓度和二氧化碳浓度不超过3.0%时，必须采取安全措施，控制风流排放瓦斯。

停风区中甲烷浓度或者二氧化碳浓度超过3.0%时，必须制定安全排放瓦斯措施，报矿总工程师批准。

在排放瓦斯过程中，排出的瓦斯与全风压风流混合处的甲烷和二氧化碳浓度均不得超过1.5%，且混合风流经过的所有巷道内必须停电撤人，其他地点的停电撤人范围应当在措施中明确规定。只有恢复通风的巷道风流中甲烷浓度不超过1.0%和二氧化碳浓度不超过1.5%时，方可人工恢复局部通风机供风巷道内电气设备的供电和采区回风系统内的供电。

（二）矿井气候条件

矿井气候条件指矿井空气的温度、湿度及风速三者的综合作用状态。这三个参数的不同组合，构成了不同的矿井气候条件。

1. 矿井空气的温度

空气的温度是影响矿内气候条件的主要因素，气温过高，影响人体散热，破坏身体热平衡，使人感到不适；气温过低人体散热过多，容易引起感冒，人体最适宜劳作的温度一般认为是15~20℃。

《煤矿安全规程》对矿井空气温度的相关规定有：

第一百三十七条 进风井口以下的空气温度（干球温度，下同）必须在2℃以上。

第六百五十五条 当采掘工作面空气温度超过26℃、机电设备硐室超过30℃时，必须缩短超温地点工作人员的工作时间，并给予高温保健待遇。

当采掘工作面的空气温度超过30℃、机电设备硐室超过34℃时，必须停止作业。

新建、改扩建矿井设计时，必须进行矿井风温预测计算，超温地点必须有降温设施。

2. 矿井空气的湿度

空气湿度指空气中水蒸气的含量，分为绝对湿度和相对湿度。绝对湿度指每立方米空气中所含水蒸气的量（g/m^3）；相对湿度指空气中所含水蒸气的量与同温度下饱和水蒸气量之间的百分比。矿井空气的湿度一般指相对湿度。相对湿度的大小直接影响水分蒸发的快慢，因此，能影响人体的出汗蒸发和对流散热。人体最适宜的相对湿度一般为50%~60%，但目前大多数矿井中相对湿度较大，高达80%~90%。要控制适宜的湿度是比较困难的，通常可从空气的温度和风速两方面进行调节。

3. 井巷中的风速

风速除对人体散热有着明显影响外，还对矿井有毒有害气体积聚、粉尘飞扬有影响。风速过高或过低都会引起人的不良生理反应。

《煤矿安全规程》对矿井风速的相关规定有：

第一百三十六条 井巷中的风流速度应当符合表3-3要求。

表3-3 井巷中的允许风流速度

井 巷 名 称	允许风速/(m·s^{-1}) 最低	允许风速/(m·s^{-1}) 最高
无提升设备的风井和风硐		15
专为升降物料的井筒		12
风桥		10
升降人员和物料的井筒		8

表3-3（续）

井 巷 名 称	允许风速/(m·s^{-1})	
	最低	最高
主要进、回风巷		8
架线电机车巷道	1.0	8
输送机巷，采区进、回风巷	0.25	6
采煤工作面、掘进中的煤巷和半煤岩巷	0.25	4
掘进中的岩巷	0.15	4
其他通风人行巷道	0.15	

设有梯子间的井筒或者修理中的井筒，风速不得超过8 m/s；梯子间四周经封闭后，井筒中的最高允许风速可以按表3-3规定执行。

无瓦斯涌出的架线电机车巷道中的最低风速可低于表3-3的规定值，但不得低于0.5 m/s。

综合机械化采煤工作面，在采取煤层注水和采煤机喷雾降尘等措施后，其最大风速可高于表3-3的规定值，但不得超过5 m/s。

二、矿井通风系统

矿井通风系统是指风流由入风井进入井下，经过各个用风场所，然后由回风井排出矿井所经过的整个路线，包括矿井通风方式、通风方法、通风网络和通风设施四个方面。矿井通风系统是保证矿井通风安全可靠、经济合理的重要基础。

（一）矿井通风方式

矿井通风方式是对矿井的进风井筒和回风井筒的相对位置而言的。按进、回风井筒的相对位置不同，矿井通风方式分为中央式、对角式、区域式、混合式四大类，其优缺点和适用条件比较见表3-4，通风方式简图如图3-1所示。

表3-4 矿井通风方式的优缺点和适用条件比较表

通风方式	分类	优　点	缺　点	适 用 条 件
中央式	中央并列式	1. 进、回风井均布置在中央工业场地内，地面建筑和供电集中，占地少 2. 进、回风井相距较近，便于贯通，初期投资少，建期短，投产快，护井煤柱留少 3. 矿井反风容易，便于管理	1. 风流在井下的流动路线为折返式，风流路线长，通风阻力大，井底车场附近漏风大 2. 主要通风机位于工业场地内，工业场地受通风机噪声影响和回风风流的污染 3. 投产初期安全出口相距较近，安全性较差	适用于煤层埋藏深，倾角大，瓦斯和自然发火都不严重，井田走向长度小于4 km的矿井；也可用于矿脉走向不太长，或受地形地质条件限制、在两翼不宜开掘风井的冶金矿井

表 3-4（续）

通风方式	分类	优　点	缺　点	适　用　条　件
中央式	中央边界式（或称中央分列式）	1. 通风阻力较小，内部漏风少，有利于对瓦斯和自然发火的管理；安全出口较远，安全性好 2. 工业广场不受噪声的影响及回风风流的污染	1. 风流在井下流动的路线为折返式，当开采到靠近井田走向边界时，风流路线较长，通风阻力较大 2. 增设风井工业场地，占地和压煤较多	适用于煤层埋藏较浅、倾角较小、瓦斯和煤层自然发火较严重、井田走向长度不大的矿井
对角式	两翼对角式	1. 风流路线短，通风阻力小，内部漏风少 2. 矿井总风压较稳定，每翼风阻比较均衡，便于管理和风量调节 3. 安全出口多，抗灾能力强 4. 工业场地不受噪声和回风风流的污染	1. 初期投资大，建井工期长，投产较晚 2. 工业场地分散，管理不便，井筒压煤较多	适用于井型较大、走向大于 4 km、瓦斯与自然发火严重的矿井；或走向较长、产量较大的低瓦斯矿井
对角式	分区对角式	1. 初期投资少，建井工期短，投产快 2. 每个采区有独立的通风路线，互不影响，便于风量调节 3. 通风线路短，风阻小；安全出口多，抗灾能力强	1. 井筒多，占地压煤多，占用设备多 2. 风井风机服务范围小，接替频繁 3. 管理分散，反风困难	适用于煤层埋藏浅，或因地形起伏变化大、无法开掘总回风巷的大型矿井
区域式		1. 每个区域形成各自独立的通风系统，风流路线短，通风阻力小、能力大、漏风少，且互不影响 2. 不仅能利用风井准备采区，缩短建井工期，而且还可以用进风井下料、排矸及升降人员 3. 风路简单，风流易于控制，通风机选型方便	风井、通风设备、工业广场多，管理分散	适用于井田面积大、储量丰富或瓦斯高的大型矿井
混合式		其优点是以上几种方式优点的结合。另外，该方式通风能力大、布置灵活、适应性强	风井、通风设备、工业广场多，管理分散	一般适用于井田范围大、地形地貌及地质条件复杂或瓦斯涌出量大、产量高的大型矿井

（二）矿井通风方法

矿井通风方法指主要通风机对矿井供风的工作方法，按主要通风机的安装位置不同分为抽出式、压入式及抽压混合式通风三种。

1. 抽出式通风

抽出式通风是将矿井主要通风机安设在出风井一侧的地面上，新风经进风井流到井下各用风地点后，污风再通过风机排出地表的一种矿井通风方法（图 3-2）。

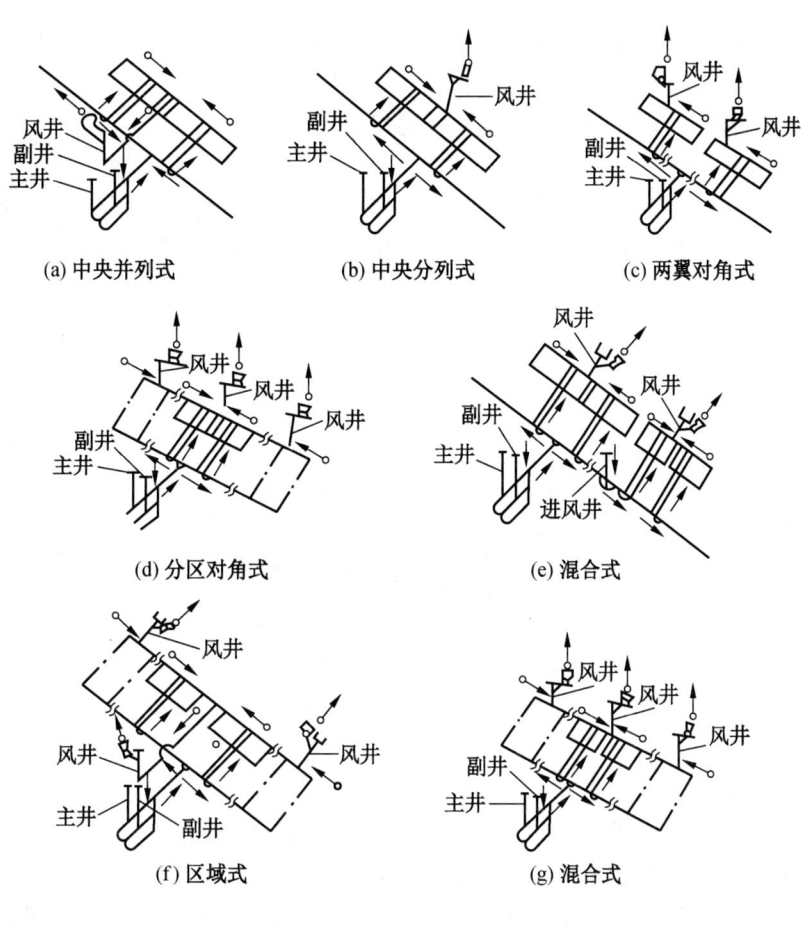

(a) 中央并列式　　(b) 中央分列式　　(c) 两翼对角式

(d) 分区对角式　　(e) 混合式

(f) 区域式　　(g) 混合式

图 3-1　矿井通风方式

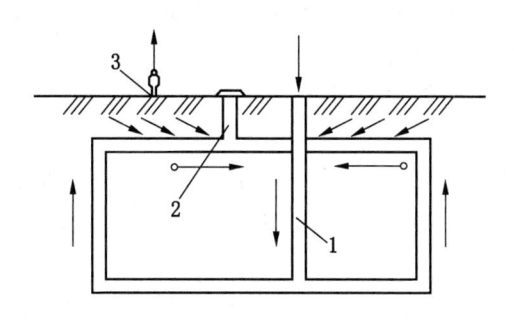

1—进风井；2—回风井；3—风机
图 3-2　抽出式通风

抽出式通风的特点：

（1）在矿井主要通风机的作用下，矿内空气处于低于当地大气压力的负压状态，当矿井与地面间存在漏风通道时，漏风从地面漏入井内。

（2）抽出式通风矿井在主要进风巷无须安设风门，便于运输、行人和通风管理。

(3) 在瓦斯矿井采用抽出式通风，若主要通风机因故停止运转，井下风流压力提高，在短时间内可以防止瓦斯从采空区涌出，相对比较安全。

目前我国大部分矿井一般多采用抽出式通风。

2. 压入式通风

压入式通风是将矿井主要通风机安设在进风井一侧的地面上，新风经主要通风机加压后送入井下各用风地点，污风再经过回风井排出地表的一种矿井通风方法（图3-3）。

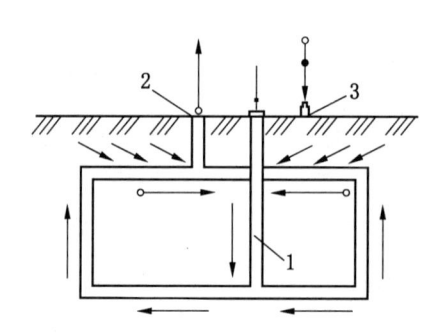

1—进风井；2—回风井；3—风机
图3-3 压入式通风

压入式通风的特点：

(1) 在矿井主要通风机的作用下，矿内空气处于高于当地大气压力的正压状态，当矿井与地面间存在漏风通道时，漏风从井内漏向地面。

(2) 压入式通风矿井中，由于要在矿井的主要进风巷中安装风门，导致运输、行人不便，漏风较大，通风管理工作较困难。

(3) 当矿井主要通风机因故停止运转时，井下风流压力降低，有可能使采空区瓦斯涌出量增加，造成瓦斯积聚，对安全不利。

因此，在瓦斯矿井中一般很少采用压入式通风。

3. 抽压混合式通风

混合式通风是在进风井和回风井一侧都安设矿井主要通风机，新风经压入式主要通风机送入井下，污风经抽出式主要通风机排出井外的一种矿井通风方法。

（三）矿井通风网络

矿井风流按照生产要求流经路线的结构形式，叫作矿井通风网络，简称通风网。矿井通风网络中井巷风流的基本连接形式有串联网络、并联网络和角联网络三种基本形式，见表3-5。仅有串联网络和并联网络组成的通风网称为简单通风网或串并联通风网，有角联通风网络时，则称为角联通风网或复杂通风网。

（四）矿井通风设施

为保证风流按设计路线流动，在通风系统中设置的控制风流构筑物，叫作通风设施。通风设施按其作用可分为三类：引导风流的设施，如风桥、风硐等；隔断风流的设施，如风墙（密闭）、风门、防爆门等；调节控制风量的设施如，风窗、调节风门（窗）等。

表3-5 矿井通风网络

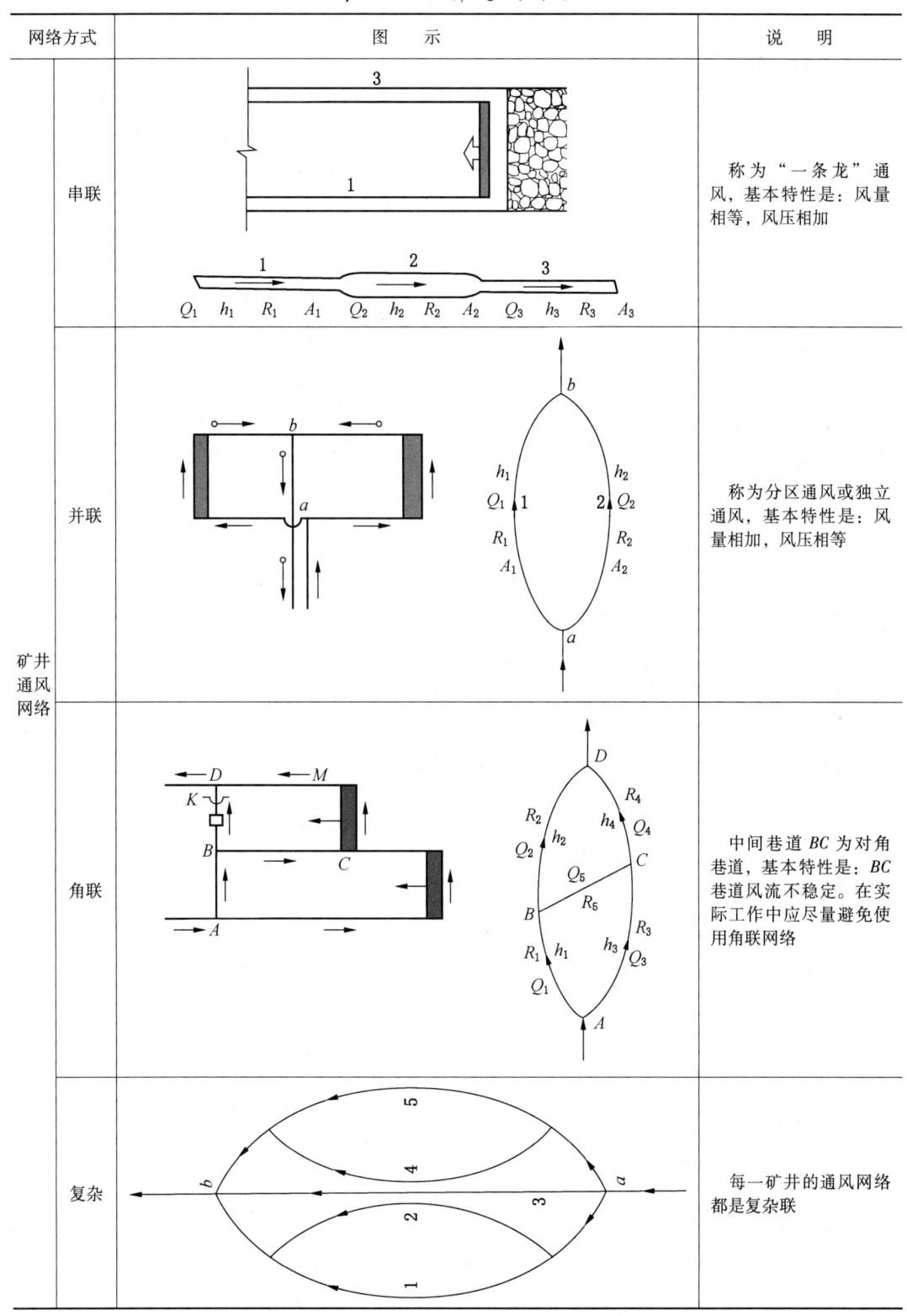

网络方式	图 示	说 明
矿井通风网络 串联		称为"一条龙"通风，基本特性是：风量相等，风压相加
矿井通风网络 并联		称为分区通风或独立通风，基本特性是：风量相加，风压相等
矿井通风网络 角联		中间巷道 BC 为对角巷道，基本特性是：BC 巷道风流不稳定。在实际工作中应尽量避免使用角联网络
矿井通风网络 复杂		每一矿井的通风网络都是复杂联

(1) 风门。风门是巷道中既要通车和行人，又要隔断风流或调节风量的设施，如图3-4所示。风门关闭时，切断风流；启开时行人行车；要设置两道风门，两道风门要闭锁，其间距要符合要求；风门要迎风开启。

(2) 风墙（密闭）。密闭是切断风流和封闭已采完的采区和盲巷的设施，如图3-5所示。按服务年限长短又分为临时密闭和永久密闭两种。临时密闭服务时间短，隔断风流快，砌筑方法简单，速度快。井下常见的临时密闭有帆布密闭、充气密闭、木板密闭等。永久密闭是服务年限两年以上，长期切断风流的密闭。

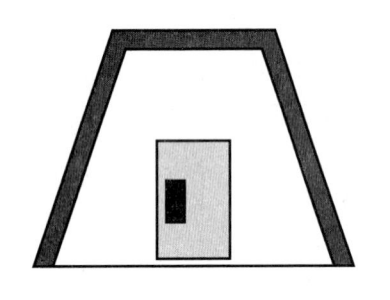

图3-4 风门

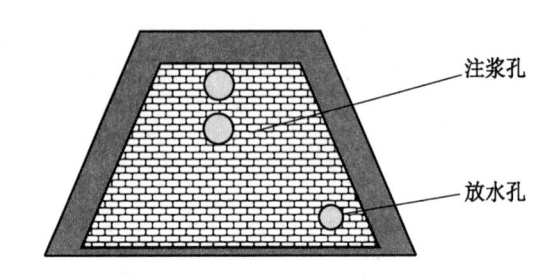

图3-5 密闭

(3) 防爆门。在装有主要通风机的出风井口，必须安装防爆设施，在斜井口设防爆门（图3-6），在立井口设防爆井盖。其作用有两个：一是井下一旦发生瓦斯或煤尘爆炸时，受高压爆炸冲击波的作用，自动打开，保护主要通风机免受毁坏；二是爆炸冲击波过后能自动关闭，迅速恢复矿井通风。在正常情况下防爆门是气密的，以防止风流短路。

(4) 风桥。风桥是将平面交叉的进、回风流隔成立体交叉的一种通风设施。常用的有绕道式风桥、混凝土风桥（图3-7）、铁筒式风桥等。

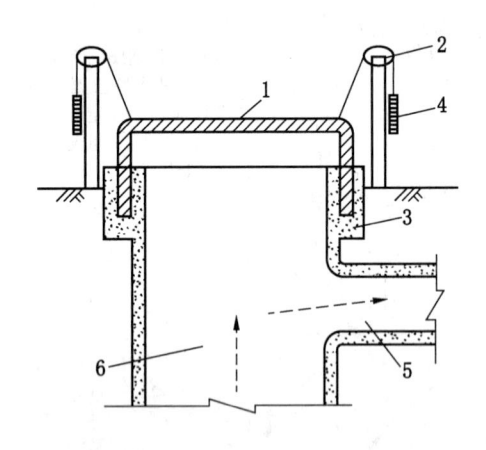

1—防爆门；2—滑轮；3—密封液槽；
4—平衡锤；5—风硐；6—回风立井

图3-6 防爆门

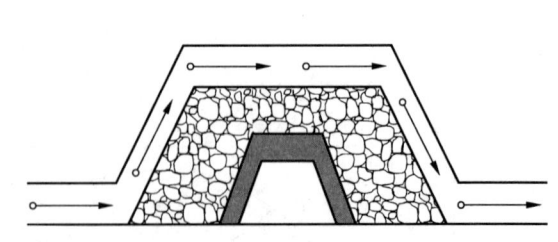

图3-7 混凝土风桥

(5) 风硐。风硐是连接主要通风机和风井的一段巷道,如图 3-6 中的 5。

第二节 矿井反风技术

当矿井在进风井口附近、井筒、井底车场及其附近的进风巷道或硐室发生火灾、瓦斯或煤尘爆炸时,为了限制灾区范围扩大,防止烟流流入人员集中的生产场所,以便进行灾害处理和救援工作,有时需要改变矿井的风流方向,即进行矿井反风。矿井反风是指当井下发生火灾或爆炸事故时,利用预设的反风设施改变火灾烟流方向、限制灾区范围、安全撤退受烟流威胁人员的一种安全技术措施。

改变矿井通风系统正常通风的风流方向叫作反风。用于反风的各种设备设施叫作反风装置。反风装置主要由反风道、闸门和慢速绞车等组成。为了保证矿井的安全生产,矿井必须安装反风装置。

矿井反风的目的是防止灾害事故扩大,有利于灾害事故的处理和救援工作。救灾指挥人员应根据火灾发生的部位、灾情、蔓延情况和实施反风的可能条件,确定采取正确的反风方法和反风方式。

一、反风的条件

是否进行反风,在什么情况下进行反风,何时反风,主要取决于灾害发生的地点、性质及程度。进行反风时,要镇静而果断。平时要重视学习预防、处理事故的预案,做好反风设备设施的检查、维护和定期演习,做到深入细致。

矿井发生火灾事故时,是否进行反风,可参考以下几点:

(1) 在进风井口、进风井筒、井底车场、主要进风大巷(运输大巷)等地点发生火灾爆炸事故时,可进行全矿反风。反风前,有时需紧急提升该地区的人员上井,以抢救采区内的作业人员免遭有害气体侵袭。

(2) 灾变时期一般不能停止主要通风机的运转,因矿井存在自然风压,尤其是因火灾产生的火风压,会使井下风流混乱、反向,大量有害气体充满井下巷道和采区,更容易中毒窒息。

(3) 煤矿的反风经验证明,使用多台主要通风机联合运转的矿井能够实现多风机联合进行反风;同时,为了实现某一区域的反风,也可通过不同的反风方式来达到反风的目的。

(4) 在采区内或回风系统中发生火灾或瓦斯、煤尘爆炸事故时,一般不进行全矿井反风,应该采取风流短路的方法将有害气体排出,以免工作人员遭受伤害。具体的风流短路方法要因地制宜,根据本矿井的巷道布置而定。风流短路的具体措施、人员的避灾路线等要在灾害预防和事故处理计划中有明确的规定。

二、反风技术要求

(1) 矿井反风后,总回风流中,一翼回风流或主回风巷道风流中的瓦斯浓度都不得超过2%。

(2) 生产矿井在每年一次,连续两年的反风演习中,每次演习持续反风的时间应达到2 h，反风后的瓦斯涌出量低于正常通风时的涌出量，而且总回风流中的瓦斯浓度都不得超过2%时，反风率可低于60%，但不应低于40%。

（3）主要通风机反风后，应确保采区风流反向，全矿井总风压不得小于该通风系统的自然风压值。

（4）全矿性反风时，应在全矿井下范围内停电。当矿井涌水量大，停电时间长，可能有淹井危险，而主排水泵房及其上风侧风流中瓦斯浓度低于1%时，可送电排水，但现场必须有救援队检测监护。在进风流内，距泵房20 m必须派人连续检测瓦斯浓度，或设瓦斯自动监测报警装置。

（5）对于有煤炭自燃高温点的矿井、反风风流线路应尽量避免高温点，或使流过高温点附近的风流尽量减少，以免加速自燃发展。

（6）当矿井进风井巷发生火灾时，在进风侧人员完全撤至地面后，方准下令反风。

（7）反风率是检查和衡量反风效果的重要指标，各矿井应根据不同情况，分别计算本矿井通风系统反风率及主要通风机反风率。一般评价矿井反风效果的指标有3个：

① 矿井反风率 η_H：

$$\eta_H = \frac{\sum Q'_H}{\sum Q_H} \times 100\%$$

式中　$\sum Q'_H$——反风时各出风井的风量之和，m^3/min；

　　　$\sum Q_H$——反风前各出风井的风量之和，m^3/min。

② 主要通风机反风率 η_m：

$$\eta_m = \frac{\sum Q'_m}{\sum Q_m} \times 100\%$$

式中　$\sum Q'_m$——反风时主要通风机的风量，m^3/min；

　　　$\sum Q_m$——反风前主要通风机的风量，m^3/min。

③ 采区反风率 η_c：

$$\eta_m = \frac{Q'_c}{Q_c} \times 100\%$$

式中　Q'_c——反风时主要通风机的风量，m^3/min；

　　　Q_c——反风前主要通风机的风量，m^3/min。

（8）反风设备设施由矿长组织有关部门每季度至少检查1次，每年至少进行一次反风演习。

（9）在进行新建或改扩建矿井设计时，必须同时作出反风技术设计，并说明采用的反风方式、反风方法及适用条件（表3-6）。

（10）生产矿井编制灾害预防和处理计划时，必须根据火灾可能发生的地点，对采取的反风方式、反风方法及人员的避灾路线作出明确规定。多进风井和多回风井的矿井，应根据各台主要通风机的服务范围和风网结构特点，经反风试验或计算机模拟，制订出反风技术方案，在灾害预防和处理计划及灾害事故应急预案中作出明确规定。

表3-6 矿井反风的方法、方式及其适用条件

项目	名 称	定 义	适 用 条 件
矿井反风方法	反风道反风	利用主要通风机装置,设置专用反风道和控制风门,使主要通风机的排风口与反风道相连,风流由风硐压入回风道,从而使风流反向的方法,称为反风道反风	离心式主要通风机和轴流式主要通风机都可以采用这种反风方法
	无反风地道反风	利用备用主要通风机机体及其风道作为反风道,实现反风的方法	安装有备用通风机的矿井可以采用
	反转反风	利用主要通风机反转,使风流反向的方法,称为反转反风	轴流式主要通风机采用这种反风方法
矿井反风方式	全矿井反风	全矿井总进风、回风井巷及采区主要进、回风巷风流全面反向的反风方式称为全矿井反风	当矿井在进风井口附近、井筒或井底车场及其附近的进风巷道发生火灾、瓦斯或煤尘爆炸时
	区域性反风	调节一个或几个主要通风机的反风设施,从而实现矿井部分地区的风流反向的反风方式称为区域性反风	在多进风井、多回风井的矿井一翼(或某一独立通风系统)进风大巷发生火灾、瓦斯煤尘爆炸时
	局部反风	主要通风机保持正常运行,通过调整采区内预设风门开关状态,实现采区内工作面或部分巷道风流的反向,把火烟直接引向回风道的反风方式,称为局部反风	当采区内发生火灾、瓦斯煤尘爆炸时

三、矿井反风方式

矿井反风作为处理火灾或爆炸事故的一种措施,使用得当可以有效地防止事故扩大,迅速救援遇难人员和扑灭矿井火灾。就其风流反转的范围来说,可分为全矿井反风、区域性反风及局部反风三大类。全矿井反风时总进和总回风流反向;各回采工作面可能同时反风,也可能处于风流停滞状态。区域性反风可以是某一系统反风,或某一采区反风,或若干个回采工作面反风,其余巷道系统则维持原来风流状态或者停风。局部反风是专指某一工作面或巷道的反风。

(一)全矿井反风

1. 全矿井反风的条件和原则

实现全矿井总进风、回风井巷及采区主要进、回风巷风流全面反向的反风方式称为全矿井反风。当矿井在进风井口附近、井筒或井底车场及其附近的进风巷道发生火灾时,为了防止火灾范围扩大,有利于灾害事故的处理和救援工作,需要采用全矿井反风。全矿井反风都是通过主要通风机的反风来实现的,因此需正确掌握和实施主要通风机反风的条件和原则。

主要通风机反风是用于矿井主要进风段发生火灾时的一项救灾措施。主要通风机反风会引起全矿性通风系统的改变,且风机的特性(反转反风)或矿井总风阻(反风道反风)

都会发生变化，个别通风设施（如风门的开关状态）也会发生改变，风网中的风量分配也会发生很大的变化，所有这些变化都会对矿井的安全状况产生影响，如果考虑不周，将达不到预期目的，因此，主要通风机反风必须在严格的限制条件下，经过全面的网络分析和实际演习，才能付诸实施。

2. 全矿井反风时的操作及安全注意事项

反风应在矿长或总工程师的现场指挥下进行。用反风道反风时要保持通风机正常运转，用地锁将防爆门或防爆盖固定牢固；根据现场指挥的指令操作各风门，改变风流方向，使抽出式通风机风流由通风机压入井下，使压入式通风机风流由通风机抽入大气。

用反转电动机反风时，要做到：

（1）立即依次拉开正在运转的风机的油开关、隔离开关和正转隔离开关，使电机断电，并锁住正转隔离开关，用刹车装置将风机停稳。

（2）用地锁将防爆门（盖）固定牢固。

（3）依次合上反转隔离开关（注意正反转隔离开关严禁同时合上）、下隔离开关和油开关，使风机反转启动。

（4）各风门保持原状不变。

（5）对于导翼固定的通风机直接反转启动通风机；对于导翼可调角度的通风机，则先调整导翼调整器，改变导翼角度，然后再反转启动电机。

反风启动完毕要向反风指挥部汇报。如运转风机因故不能反转启动时，要迅速反转启动备用风机，并相应改变风门状态。反风期间，每隔 8 min 记录一次运转情况，并随时向反风负责人汇报设备反风运转情况。接到矿长或总工程师的停止反风命令后，依次拉开油开关、下隔离开关和反转隔离开关，并锁住反转隔离开关，用刹车装置使风机停稳。

反风期间要做好恢复正常通风，正转启动风机的各项准备工作。

（二）区域性反风

在多进风井、多回风井的矿井一翼（或某一独立通风系统）进风大巷或某一采区的进风巷道发生火灾时，调节一个或几个主要通风机的反风设施，而实现矿井部分地区的风流反向的反风方式称为区域性反风。区域性反风又分为矿井的某一翼反风（利用主要通风机反风）和矿井的某一采区或某一区域反风（主要通风机正常运行）。

区域性反风是在采区内部配置一条平时不用而灾变时才使用的反风回路，使采区的主要巷道或工作面处于潜在的角联支路中，利用角联支路风流方向可变的原理，根据需要随时启闭有关的风门，以改变风流方向，实现灾变时期采区主要巷道和工作面风流反向的应急措施。目的是为从采区原先的回风侧灭火救人。

进行区域性反风时，风机的反风风压比正常通风时的风压要小得多，此时，某区段的自然风压占优势时就达不到反风目的。因此，分析时要考虑自然风压的影响。

（三）局部反风

当采区内发生火灾时，主要通风机保持正常运行，通过调整采区内预设风门开关状态，实现采区内部工作面或部分巷道风流的反向，把火烟直接引向回风道的反风方式，称为局部反风。

当采区（或采煤工作面）主要进风道发生火灾时，由于火灾气体将顺风流直接威胁采煤工作面，因此采取局部反风是十分必要的。

1. 采区局部反风系统

采区或工作面进风系统中发生火灾时，为避免烟流及火灾气体随风流窜入人员集中的工作面，此时可启动采区或工作面反风系统，使风流倒流，将烟气排放到采区回风巷或主要回风巷之中，确保工作面安全。

采区反风系统是在矿井主要通风机正常运转，井下主要进、回风大巷保持原有风流方向的前提下，实现采区内部风流反向的。为此，要求在采区设计时，必须从巷道布置上予以考虑。在采区内可配置一些平时不用而只在灾变时才使用的反风联络巷道，将采区内采煤工作面风路置于潜在的角联风路之中。利用角联风路风流方向可变的原理，需要反风时及时启闭位于相邻支路的风门，便可方便地改变采区内工作面风路的风流方向。

与矿井反风相比，采区反风系统反风时具有速度快、操作简单、控制风流容易、便于撤出灾区人员等优点。因此，每个有条件的正规采区在采区设计时，均应布置局部反风系统，即设计局部反风联络道和安装反风风门。采区内设置的反向风门（包括常开、常闭风门），均应采用不燃性材料制作。每组风门均应安设两道风门，以防止漏风。有条件的矿井可采用远距离遥控方式启开或关闭这些风门。

采区局部反风系统应根据采区巷道布置形式，进行合理布置。常见的有如下几种形式：

（1）上山采区局部反风系统，如图3-8所示。采区运输上山进风，轨道上山回风，正常通风时B、C风门打开，A、D风门关闭，新鲜风流由运输大巷经运输上山流入工作面后，乏风回到轨道上山，再进入回风巷。如果火灾发生在图示中运输上山及工作面运输巷的位置（如可燃性输送带火灾等）时，必须立即反风，打开A、D风门，关闭B、C风门，上山及工作面的风流就被调换或反向，烟流就不会进入工作面，而直接排到回风巷之中。

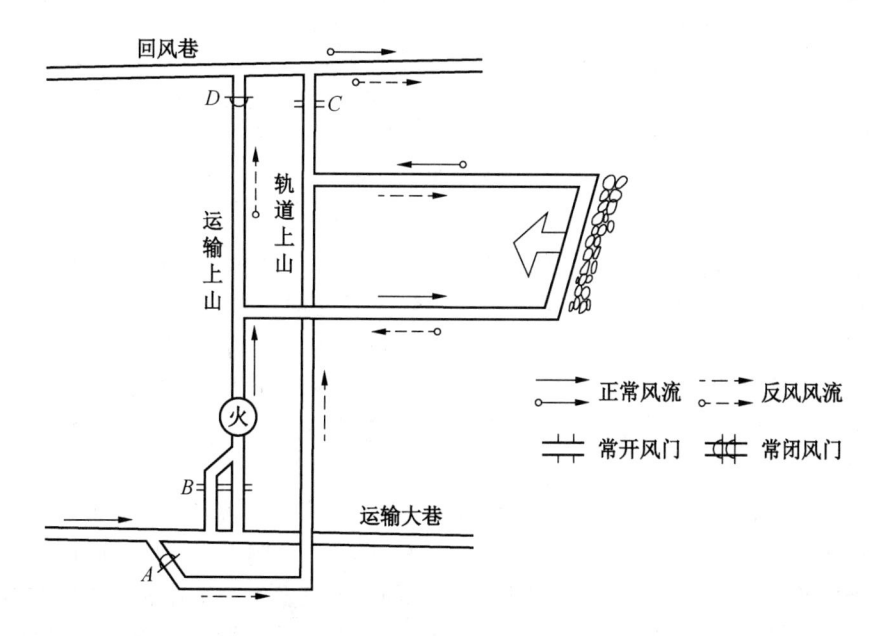

图3-8 上山采区局部反风系统

（2）设专用回风下山的局部反风系统，如图 3-9 所示。正常通风时，打开风门 A，关闭风门 B，新鲜风流由运输大巷流入轨道下山和输送机下山后送到工作面，然后由回风下山流到主要回风巷。当输送机下山发生火灾时，应立即反风，此时可关闭风门 A，打开风门 B，风流由轨道下山经联络巷流入输送机下山，输送机下山回风。

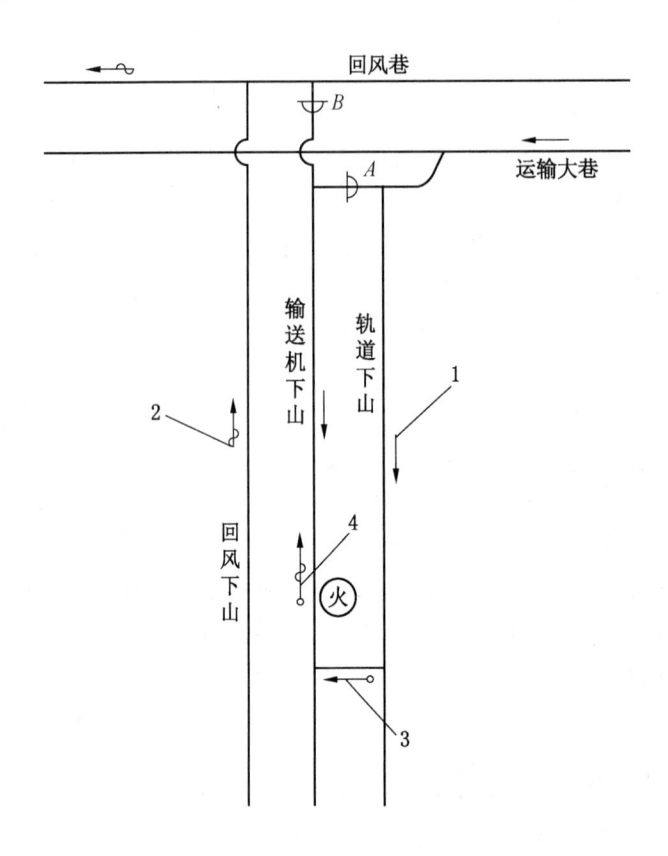

1—正常进风；2—正常回风；3—反风进风；4—反风回风
图 3-9 设专用回风下山的局部反风系统

（3）设联络巷的下山采区局部反风系统，如图 3-10 所示。采区正常通风时，关闭 A、C 风门，打开 B、D 风门，新鲜风流则由运输大巷经输送机下山进入工作面，然后由轨道下山经 B 点流入回风巷。当输送机下山发生火灾时，进行局部反风可打开 A、C 风门，关闭 B、D 风门，新鲜风流由车场流向轨道下山，然后流入工作面，回风流通过输送机下山经 C 点处流入回风巷，不会影响作业场所的正常工作。

2. 回采工作面的局部反风

当工作面正常通风时，工作面的进风顺槽发生火灾，会危害到工作面工人的安全，如图 3-11 所示，正常通风时，B、C 风门打开，A、D 风门关闭，新鲜风流由运输大巷经运输上山流经工作面进入轨道上山，流入回风巷。如果火灾发生在工作面的进风顺槽，为了抢救遇难的工人和扑灭火灾，应打开 A、D 风门，关闭 B、C 风门，改变后的风流由下部车场流入，经轨道上山进入工作面的轨道巷，经工作面进入运输巷，再经运输上山，进入

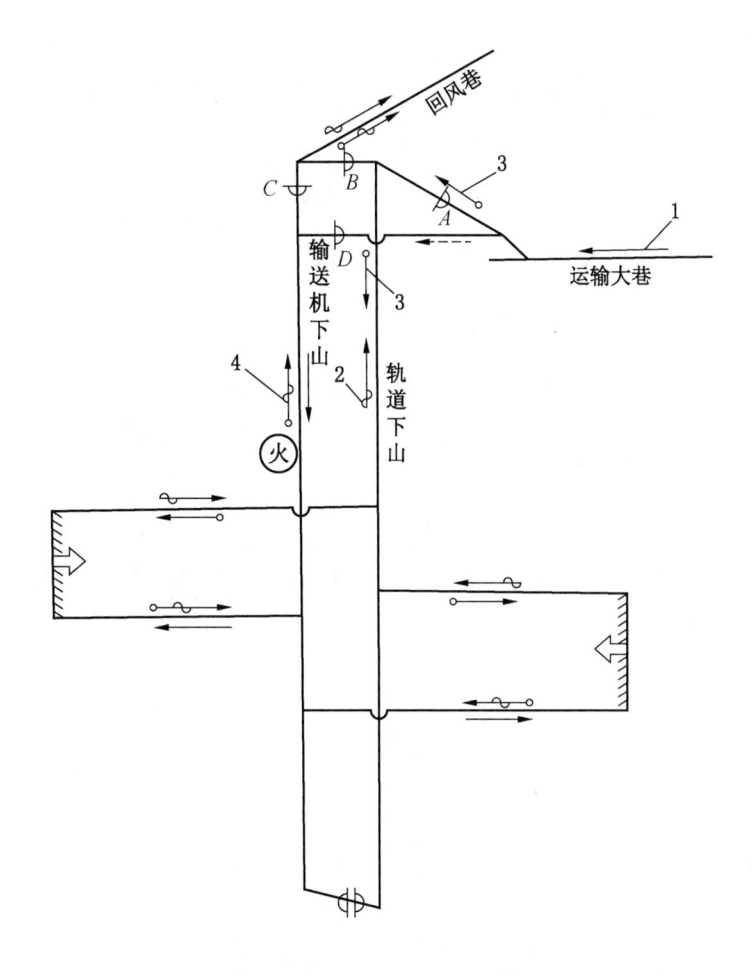

1—正常进风；2—正常回风；3—反风进风；4—反风回风

图3-10 设联络巷的下山采区局部反风系统

回风巷，实现工作面的局部反风。

3. 局部反风系统的要求

采区局部反风系统应符合下列要求：

(1) 采区的局部反风系统，应包括局部反风联络巷道和反风风门，通过调整这些预设的反风风门的开关状态，在主要通风机保持正常运行条件下，实现采区内部巷道和采煤工作面风流方向反向，使火灾烟流直接流入采区回风巷或主要回风巷中，防止侵入采煤工作面。

(2) 采区内设置的反向风门，包括常开风门和常闭风门，均应采用不燃性材料制作。每组风门均应安设两道，以防止漏风。

(3) 采区局部反风系统的反风联络巷和反风风门的布置方式，应根据采区巷道布置形式进行合理布置。

(4) 常开风门在正常生产条件下处于开启状态，一旦需要局部反风时，应关闭之。

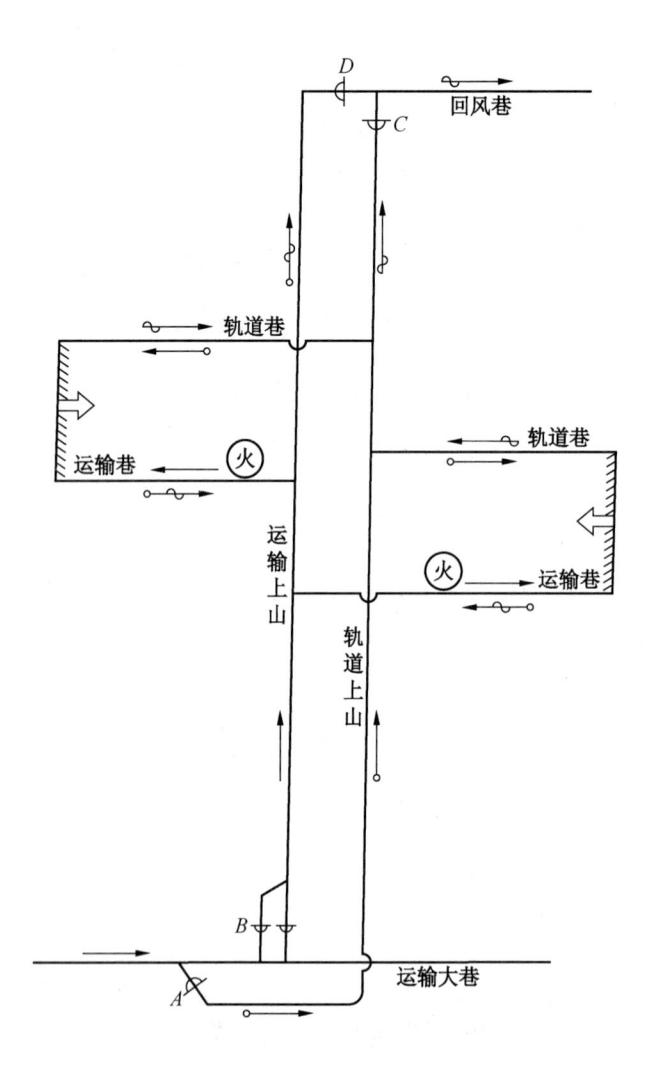

图 3-11 回采工作面的局部反风

常闭风门在正常条件下是处于关闭状态,一旦需要局部反风时,应开启之。

(5) 每个采区应有独立的正常通风系统,同时还要安装好反风设施,以便在必要时形成采区的反风系统。若所有这些通风设施都能远距离操纵,且正、反风流风门的控制能互相闭锁,就能及时而有效地控制风流方向,更有利于提高采区的抗灾能力。

四、反风过程中的注意事项

反风是一种技术性很强的决定,应慎重考虑反风的结果。如果决定反风,应首先撤出原进风系统人员,并通知全体救灾人员。同时设法通知井下人员,并控制入井人员。

(1) 进风井口、井筒、井底车场、主要进风巷和硐室发生火灾时,为抢救井下工作人员,应进行全矿井反风。指挥部下达反风命令前,必须将火源进风侧的人员撤出,并采取阻止火灾蔓延的措施。

(2) 采取风流短路措施时,必须将受影响区域内的人员全部撤出。

(3) 多台主要通风机联合通风的矿井反风时,要保证非事故区域的主要通风机先反风,事故区域的主要通风机后反风。

(4) 由于矿井通风网络的复杂性、火势发展的不均衡性,采用什么方式反风,应视具体情况决定。最好平时做好反风演习工作,通过演习观测瓦斯涌出、煤尘飞扬情况,以判断在火灾时反风后是否有发生爆炸危险。通过演习摸清在什么地点发火时应采用何种反风方式。

(5) 防止粉尘飞扬。反风时,平常贴在巷帮背向风流缝隙里的粉尘被反风流吹出,会增加风流中的粉尘浓度,污染井下环境,影响测风人员的身体健康和安全。因此,反风前有必要全部打开全风压风流中的净化水幕,避免粉尘飞扬。

(6) 井下停电方法。原则上采用逐个地区由里而外的停电方法,但该方法太浪费人力和时间,不符合实际反风的需要,灾变发生时可采用在井上集中切电的方法。

(7) 排放瓦斯。矿井反风最大的隐患是排放瓦斯时发生事故。各掘进工作面恢复通风时,必须先检查瓦斯,只有停风区中最高瓦斯浓度不超过 1.0% 和最高二氧化碳浓度不超过 1.5%,且局部通风机及其开关附近 10 m 以内风流中甲烷浓度都不超过 0.5% 时,掘进队机电队长(或副队长)和电工方可启动局部通风机恢复正常通风。

五、法律法规相关要求

《煤矿安全规程》第一百五十九条规定,生产矿井主要通风机必须装有反风设施,并能在 10 min 内改变巷道中的风流方向;当风流方向改变后,主要通风机的供给风量不应小于正常供风量的 40%。

每季度应当至少检查 1 次反风设施,每年应当进行 1 次反风演习;矿井通风系统有较大变化时,应当进行 1 次反风演习。

六、救援队参加反风演习工作应当遵守的规定

(1) 反风前,应急救援人员佩带氧气呼吸器、携带必要的技术装备在井下指定地点值班,测定反风前后矿井风量和有毒有害气体浓度。

(2) 反风 10 min 后,经测定风量达到正常风量的 40%,瓦斯浓度不超过规定时,及时报告现场指挥机构。

(3) 恢复正常通风后,将测定的风量、检测的有毒有害气体浓度报告现场指挥机构,待通风正常后方可离开工作地点。

第三节 矿井调改风技术

为了确保矿井安全生产和抢险救灾的正常进行,井下各个用风地点的风量必须保质保量,这就要求必须按需要进行风量调节。矿井风量调节的方法多种多样。按其调节的范围可分为矿井总风量调节与局部风量调节。

一、矿井总风量调节

当矿井（或一翼）总风量不足或过剩时，需调节总风量，也就是调整主要通风机的工况点。采取的措施是改变主要通风机的工作特性，或改变矿井风网的总风阻。

1. 改变主要通风机的工作特性

矿井主要通风机是矿井通风的主要动力源。通过改变主要通风机的叶轮转速、轴流式风机叶片安装角度和离心式风机前导器叶片角度等，可以改变通风机的风压特性，从而达到调节通风机所在系统总风量的目的。

2. 改变矿井总风阻值

（1）风硐闸门调节法。如风机风硐内安设有调节闸门，可通过改变闸门的开口大小改变风机的总工作风阻，从而可调节风机的工作风量。对于离心式通风机，由于其功率特性曲线随风量减小而降低，因此，当风量过剩时，用风硐中的闸门增加风阻以降低风量，可减少电耗。对于轴流式通风机，由于其功率特性曲线随风量减小而上升，因此，一般不用增加风阻的方法降低风量。

（2）降低矿井总风阻。当矿井总风量不足时，如果能降低矿井总风阻，则不仅可增大矿井总风量，而且可以降低矿井总阻力。降低矿井总风阻，应降低矿井最大阻力路线上各井巷的风阻，合理安排采掘接替和用风地点配风，尽量缩短最大阻力路线的长度，避免在主要风路上安装调节风窗等。必要时可对总回风巷、采区回风巷进行扩修。

二、局部风量调节

采区内、采区之间和生产水平之间的风量调节，通常称为局部风量调节。局部风量调节方法有增阻调节法、降阻调节法及增能调节法。

1. 增阻调节法

增阻调节法的实质就是以阻力较大的风路的阻力为依据，在阻力小的风路中增加一项局部阻力，使并联区段各条风路的阻力达到平衡，从而保证风量按需供应。

增阻调节法是通过在巷道中安设调节风窗等设施，增大巷道的局部阻力，从而降低与该巷道处于同一通路中的风量，或增大与其关联的通路上的风量。

通常，增加局部阻力的方法是在阻力小的风路上设置调节风窗，通过改变窗口的面积，改变巷道中的局部阻力（需要增加的局部阻力越大，则将风窗的面积调节至越小）。需要注意的是，如在煤巷中布置时，要考虑由于风窗两侧压差引起煤体裂隙漏风而发生自燃的危险性。

增阻调节法的优点是简便易行，是采区内巷道间的主要调节措施；缺点是使矿井的总风阻增加，若风机风压曲线不变，势必造成矿井总风量下降，要想保持总风量不减，就得提高风压，增加通风电力费用。因此，在安排产量和布置巷道时，尽量使网孔中各风路的阻力不要相差太悬殊，以避免在通过风量较大的主要风路中安设调节风门。

2. 降阻调节法

降阻调节法的实质与增阻调节法相反，为了保证风量的按需分配，当两风路的阻力不相等时，就以风路阻力值小的为依据，在阻力较大的风路中设法降低风阻，使网孔中各风路的阻力达到平衡。

降阻调节法是通过在巷道中采取降阻措施,降低巷道的通风阻力,从而增大与该巷道处于同一通路中的风量,或减小与其并联通路上的风量。

降阻调节的措施主要有:扩大巷道断面、降低摩擦阻力系数、清除巷道中的局部阻力物、采用并联风路、缩短风流路线的总长度等。

在生产实际中,对于通过风量大,风阻也大的风硐、回风石门、总回风道等地段,采取扩大断面、改变支护形式等降阻措施。

降阻调节的优点是使矿井总风阻减少。若风机风压曲线不变,调节后,矿井总风量增加。降阻调节多在矿井产量增大、原设计不合理、主要巷道年久失修的情况下,用来降低主要风流中某一段巷道的阻力。

一般,当所需降低的阻力值不大时,应首先考虑减少局部阻力。另外,也可在阻力大的巷道旁侧开掘并联巷道。在一些老矿中,应注意利用废旧巷道供通风用。

3. 增能调节法

增能调节法又称辅助通风机调节法或增压调节法。当采用增阻或降阻方法调节均难达到目的或不经济时,可以在某一分区回路的风阻过大、风量不足的风路上安设辅助通风机,克服该巷道的部分阻力,以提高其风量。

增能调节法是在巷道中安设辅助通风机,以增加巷道通风时的风量。主要有两种方式:一种是带密闭墙的辅助通风机,就是在巷道中构筑密闭,将辅助通风机安设于密闭墙中,巷道中的风流全部通过辅助通风机,这样辅助通风机前后风流不会产生风流循环。但由于密闭阻碍交通,故辅助通风机多设于回风巷或安设在辅助巷道中。另一种是不带密闭墙的辅助通风机调节法,这种方法不需要构筑密闭墙,而是将辅助通风机直接安设在巷道中。该方法虽然简单易行,但容易造成风流循环,在有瓦斯、煤尘爆炸危险的矿山禁止使用。不论采用哪种方式,都必须保证供给辅助通风机房新鲜风流。

三、《煤矿安全规程》相关要求

第一百三十八条 矿井需要的风量应当按下列要求分别计算,并选取其中的最大值:

(一)按井下同时工作的最多人数计算,每人每分钟供给风量不得少于 4 m³。

(二)按采掘工作面、硐室及其他地点实际需要风量的总和进行计算。各地点的实际需要风量,必须使该地点的风流中的甲烷、二氧化碳和其他有害气体的浓度,风速、温度及每人供风量符合本规程的有关规定。

使用煤矿用防爆型柴油动力装置机车运输的矿井,行驶车辆巷道的供风量还应当按同时运行的最多车辆数增加巷道配风量,配风量不小于 4 m³/(min·kW)。

按实际需要计算风量时,应当避免备用风量过大或者过小。煤矿企业应当根据具体条件制定风量计算方法,至少每 5 年修订 1 次。

第一百三十九条 矿井每年安排采掘作业计划时必须核定矿井生产和通风能力,必须按实际供风量核定矿井产量,严禁超通风能力生产。

第一百四十条 矿井必须建立测风制度,每 10 天至少进行 1 次全面测风。对采掘工作面和其他用风地点,应当根据实际需要随时测风,每次测风结果应当记录并写在测风地点的记录牌上。

应当根据测风结果采取措施，进行风量调节。

第一百四十一条 矿井必须有足够数量的通风安全检测仪表。仪表必须由具备相应资质的检验单位进行检验。

第四节 矿井突变通风技术

矿井火灾发展到明火阶段时，可能出现一些特殊现象，这些现象可扰乱矿井的正常通风，可使全矿或局部的风向、风量发生变化，对安全工作威胁很大，对火灾处理造成很大困难。为了防止这些现象的发生或者在这些现象发生后尽量地避免或减少人员伤亡，必须控制风流，在相应的条件下改变风向、风量。

一、火风压

1. 火风压的产生及影响因素

矿井发火的最初阶段，井下风流与烟气都是沿着发火前原有系统流动的。当火势增大，温度升高，空气成分发生变化时，矿内空气获得热能，在通风网络中出现了自然风压增量，称为火风压。在火源处和高温火烟流经的井巷中，由于空气成分改变，气温升高，密度减小，形成自然风压增量，则称为局部火风压。

火风压数值的大小可用下式计算：

$$h_火 = 11.76 \frac{\Delta t}{T}$$

式中　$h_火$——火风压值，Pa；

　　　Δt——发火后巷道内温度的增值，℃；

　　　T——发火后巷道内空气平均绝对温度，K。

由上式可归纳出火风压大小的影响因素：

（1）高温火灾气体流经的井巷始末两端的标高差越大，火风压值越大。在水平巷道内，由于始末两端标高差很小，火风压极微小。当火源位于非水平巷道或高温火烟流经非水平巷道时，火风压值明显地表现出来。

（2）火势越大，温度越高，火风压就越大。火烟温度对火风压值的大小起着重要作用。但在火烟流经井巷的温度高低取决于以下几个因素：

① 燃烧物本身的温度。此温度取决于燃烧物本身的燃烧程度，如煤炭完全燃烧生成二氧化碳时，燃烧温度可达2500℃；煤炭不完全燃烧生成一氧化碳时，约为1400℃。实际上发生火灾的燃烧比较复杂，燃烧的生成物不止一种，一般井下发火处燃烧物体的温度常在1000℃以上。

② 火烟距火源的距离。在火灾烟气从火源处流向出风井的路程上，其温度随着距火源的距离增加而降低。

③ 流经的火烟量。流过井巷的高温火烟量越多，即流速越大，其温度越高，且高温火烟蔓延影响的范围越远。如果将流向火源的风流截断或减少向火源处的供风量，可减少

火源处产生的高温烟气量,从而减少井巷中烟气流量,使井巷中的空气温度降低。

④ 测温点与火源间从旁侧风流中掺入的风量及其温度。在高温火烟流经的途中掺入低温风流,可使火烟温度降低,且掺入风流的温度越低,风量越多,则火烟温度降低数值越大。但必须注意,当火烟温度高于井巷中物体的着火温度时,如果掺入新鲜空气可使火烟气体重新燃烧或使煤、坑木等发生燃烧,而产生再生火源,所以只有当火烟温度低于井巷物体的着火温度时,才允许掺入新鲜风流。

由上述分析可知,在火烟流经途中,要降低火风压值,最可靠的措施是减少供给火源的风量,以减少火烟生成量。当矿内发生火灾时,火源及其烟气温度变化很大,要十分准确地计算火风压值很困难。但根据火风压的影响因素和原有的通风状况,判断由于火风压可能造成风流逆转的风路,以便采取正确的供风措施,避免事故扩大是完全可能的。

2. 火风压对主要通风机工作的影响

矿井通风系统通常都有很多分支。在进风井和回风井之间除了直接经过火源的风路系统外,在其他风路系统上,虽然可能产生火风压,但一般很小。因此,全矿井的总火风压值和通风系统中的风量分配有关。当火灾发生在上行风流中,如果减少主干风流的风量,即可增加旁侧风流的风量,则总火风压值小;相反,如果减少旁侧风流的风量,即可增加主干风流的风量,则总火风压值大。实际上旁侧风流密闭得越多,流经矿井的总风量就越小,但流经火源的风量却越大,所以火风压值越大。

为了使全矿井的火风压值减少到最小,应当把通向火源的风流密闭上,而不是密闭那些温度较低的地方及火烟汇合的旁侧风流。

若发火时风流并没有被密闭,总火风压与矿井主要通风机的风压方向相同时,则相当于两个压源相互串联。

如果曲线 $h_扇$ 表示主要通风机的特性曲线,曲线 $h_火$ 表示火风压的特性曲线,把纵坐标叠加起来以后,即 $h_扇 + h_火$,就可以得到两个压源的合成特性曲线,如图 3-12 所示。

如某矿井的等积孔为 A_1,发火前主要通风机只能在 C 点工作,风压为 h,通过的风量为 Q。发火后,风机与火风压的联合作业点为 D,风机工作点从 C 点移到 E 点。风量自 Q 增至 Q',风压自 $h_扇$ 增至 h',其中 $h' = h'_扇 + h'_火$,此时 $h'_扇$ 为发火后风机的工作风压,而 $h'_火$ 即表示火风压。在风量为 Q' 时,风机的风压 $h'_扇$ 小于 $h_扇$,功率的消耗自 N 增至 N'。

当火灾继续发展,矿井的等积孔为 A_2 大于 A_1 时,主要通风机的风压就会下降到零,甚至是负值。如图 3-12 所示,G 点就是表示主要通风机不但无助于通风,而且还给风流加上了一个阻力。同时主要通风机的风压也要下降,能量消耗增大,这样很可能把离心式风机电动机烧毁。因此,发生火灾时,加强对主要通风机工作状态的观察和管理是非常重要的。

3. 火风压与风流逆转的关系

火风压在上行风流中,如图 3-13a 所示,火源 P 处及高温烟气流经上行风路 $P—F$ 内所产生的火风压 $h_火$ 与主要通风机联合工作状况如图 3-13b 所示,即在主要通风机与火风压 $h_火$ 的闭合路 $ABGEPFHCD$ 的主干风路中,火风压与主要通风机的作用方向一致,主干风路中的风流从进风井流向火源,然后流向出风井。在火风压的影响下,只能使其风量增加,而不能改变其方向。但对从主干风路分出的风路,即在火源前、后将主干风路联

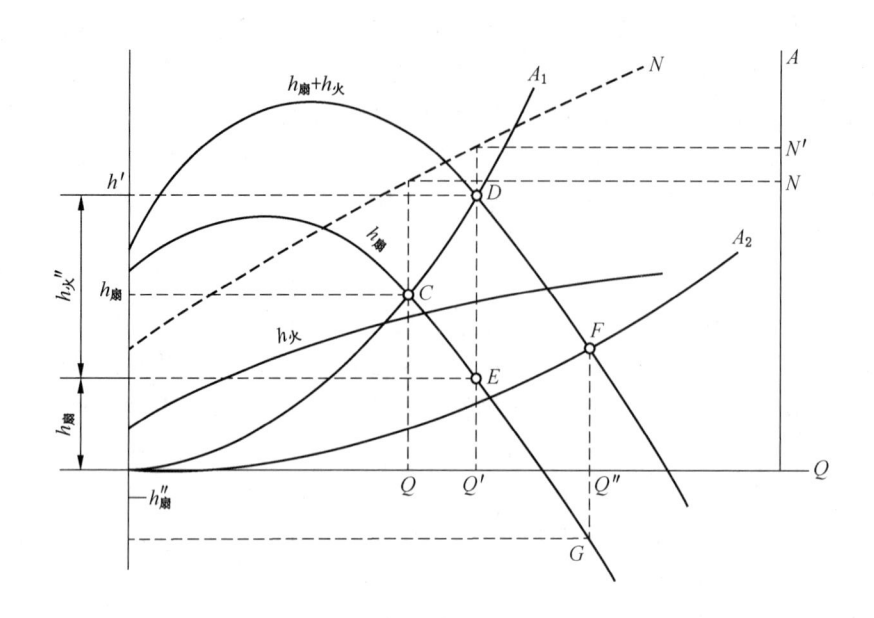

图 3-12 火风压对主要通风机的影响

通的风路（图 3-13 中 EF、GH、BC 等），则火风压与主要通风机风压方向相反。在火风压影响下，这些旁侧风路中的风流不仅风量不同程度地减少，而且随火风压值的增大，可能相继出现无风状态或风流逆转。

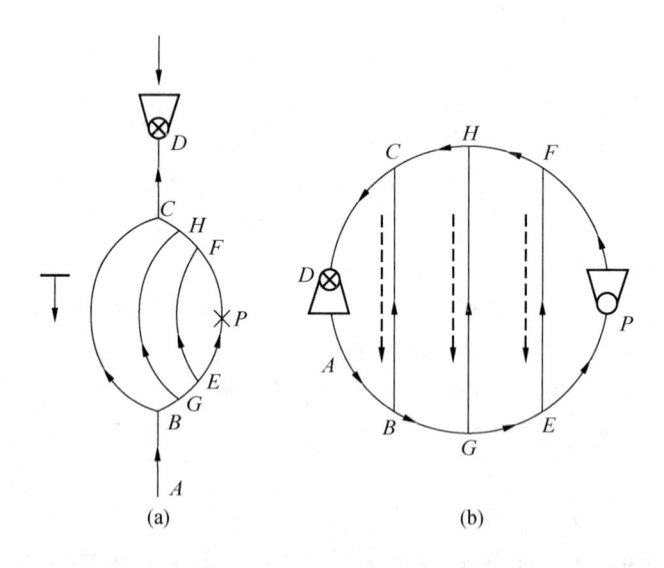

图 3-13 上行风流中火源点 P

火风压发生在下行风路中，如图 3-14 所示，在主要通风机与火风压 $h_火$ 的闭合回路 ABGEPFHCD 的主干风路中，火风压与主要通风机风压的作用相反，主干风路中的风路在火风压的影响下，不仅风量随火风压值的增加而减少，并可能相继出现无风或风流逆转现象。对旁侧风路 GH、EF、BC 来说，火风压与主要通风机的作用方向相同，在火风压的作用下，旁侧风流正向流的风量可能增加，使高温火烟大量流入，在旁侧下行风路中产生了火风压。当旁侧风流中的火风压增至一定程度时，也使旁侧风流逆转。因此，在下行旁侧风路中，也有风流逆转的危险。

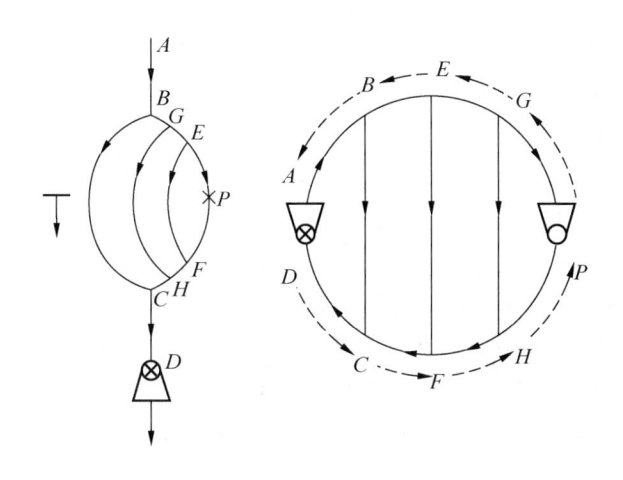

图 3-14 下行风流中火源点 P

由上述分析可得出如下结论：

（1）当矿井主干风路上的主要通风机风压与火风压的作用方向一致时，主干风流将具有完全肯定的方向，不会发生逆转；但所有的旁侧风流可能逆转。

（2）当主干风路上的主要通风机与火风压的作用方向不一致时，主干风路上没有肯定的风向，可正向流、无风或风流逆转。无风时的火风压值称为临界值。当火风压小于临界值时，风流方向不变；当火风压值大于临界值时，风流逆转，但逆转的程度要视火风压值的大小，可能部分逆转，也可能全部逆转。

4. 风流逆转反向的危害性

（1）突然不预期的风流逆转反向，破坏通风系统；

（2）使有毒害的烟气（大量的一氧化碳）侵入新鲜风流中及预期的安全撤退路线中；

（3）使撤退人员迷失安全撤退路线，无法按"灾害事故处理计划"中规定的"安全撤退路线"安全撤出，延误撤出时间，增加中毒伤亡；

（4）造成循环烟流，迷失火源地点，有时不易寻找出发生火灾的火源地点；

（5）循环风流使有害气体和瓦斯浓度增高，增加中毒和引起瓦斯爆炸或二次爆炸的危害；

（6）给遇难人员和抢险救灾、救援、灭火工作都带来很大的危害。

因此，研究火风压和风流逆转反向的问题，对煤矿来说是一项很必要的科学内容，这对预防火灾、发生火灾时如何抢救人员，寻找火源以及迅速采用正确的措施消灭火灾等，都具有重要的积极意义。

5. 控制风流逆转反向的措施

（1）控制火风压，采取积极有效的灭火方法迅速扑灭或控制火灾，减弱火势，防止蔓延扩大，使火风压 H_f 尽快、尽可能减小。

（2）尽可能增加发生火灾风路的风阻 R。一般可在火源进风侧靠近火源附近修筑临时防火密闭，或建立控制风量门，挂风帘等，以控制或切断流向火源的风量，减少氧气供给，减少火烟生成，减弱火风压 H_f。

但要特别注意防止瓦斯积聚，以防引起瓦斯爆炸。当火灾风路中有通往采空区或瓦斯积存区的巷道或裂隙时，更要引起注意，以防止因在火区进风侧打密闭降低火区负压，导致其他地点积存的大量瓦斯涌进火区。

（3）如果火灾发生在分支风流中，应维持矿井风机原来的工作状况，特别是在救人、灭火过程中，不能采取停止主要风机运转，或降低风机压力 H_f 和风量的措施。因此，不能打开风井的防爆门，也不能随便开闭矿井或采区的主要控制风门，防止降低风流风压，防止风流逆转反向。要注意，往往因打开了有关风门而促使了风流逆转反向。

（4）矿井发生火灾时，特别是用风段发生火灾时，为了防止风流逆转反向，除不能采取停止主要风机运转外，也不能在矿井的总进风、总回风，或火灾地区的分区总进、回风的风路中打密闭，否则，会使井下或采区风流混乱，发生局部风流逆转反向，烟火弥漫，井下人员将无法安全撤出。

（5）尽可能利用火源附近的巷道（或旧巷），将烟气直接短路导入总回风巷道中排至地面。

（6）为了增强矿井通风系统的抗灾能力，提高与发挥通风机的效率和作用，增加矿井用风段风流的稳定性，防止火灾时期局部通风网络的风流逆转反向，任何降低主要通风机的风压：如停止风机运转，或打开防爆门形成短路风流等而降低主要通风机的风压时，都会促进和引起井下部分分支风流发生风流减弱，以致发生风流逆转反向。

二、矿井火灾时期风流控制技术

矿井发生火灾时，为了保证井下作业人员安全地撤出，防止火灾烟气到处蔓延和瓦斯爆炸，控制火灾继续扩大，并为灭火创造有利条件，采取正确的控制风流措施极为重要。

（一）矿井火灾时期对通风的基本要求

（1）保护灾区和受威胁区域的人员迅速撤至安全区域或地面。

（2）有利于限制烟流在井巷中发生非控制性蔓延，防止火灾范围扩大。

（3）不得使火源附近瓦斯聚积到爆炸浓度，不许通过火源的风流中瓦斯浓度达到爆炸界限，或使火源蔓延到有瓦斯爆炸危险的区域。

（4）为救援工作创造有利条件。

（二）矿井火灾时期风流控制的一般原则

（1）在火情不明或一时难以确定较好风流控制措施时，应首先维持矿井的正常通风，稳定风流方向，切忌随意调控风流。

（2）发生火灾的分支，在确有把握保证可燃气体、瓦斯和煤尘不发生爆炸的前提下，应尽可能减少供风，以减弱火势和有利于灭火和封闭火区。

（3）处于火源下风侧，并连接着工作地点或进风系统的角联分支，应保证其风向与烟流流向相反，以防烟流蔓延范围扩大。

（4）处于烟流路线上，直接与总回风相连的风量调节分支，应打开其调节风门使风流短路，直接将烟流导入总回风中。

（5）在矿井主进风系统中发生火灾时，应进行全矿性反风。这时通风网络中的调节设施应根据反风后的实际系统状况而定。

（6）在高瓦斯矿井和具有煤尘爆炸危险性的矿井，应保证烟流流经的路线上具有足够的风量，避免造成爆炸条件。

（7）在选择风流控制措施时，主要应考虑打开和设置风门、风窗和密闭墙等，并且一般不宜设在高温烟流流经的井巷内；必要时也可以停开或调节矿井主要通风机，但必须十分慎重。

（8）对采取各种风流控制措施后可能出现的各种后果要全面考虑，如果可能应对各种措施的实施效果事先用计算机进行数值模拟。

（三）救灾时期的风流控制方法

矿井火灾救灾时期的风流的控制可以是全矿范围内的，也可以是区域性的。控制风流的方法可以借助于主要通风机、局部通风机以及通风装置，也可以只使用通风设施，如风门、临时密闭和调节风窗等，或者几种结合起来使用。火灾时常采用的通风技术主要有以下几种。

1. 稳定风流

维持正常通风，稳定风流。这一措施的适用条件是：

（1）火源位于采区内部，烟流已弥漫较大的范围，井下人员分布范围大。

（2）通风网络复杂的高瓦斯矿井，采用其他通风措施有发生瓦斯、煤尘爆炸或使灾情扩大的危险。

（3）火源位于独头掘进巷道内，不能停止局部通风机运转。

（4）火源位于采区或矿井主要回风巷，维持原风向有利于火烟迅速排出。

（5）火灾发生的具体位置、范围、受火灾威胁区域等情况没有完全了解清楚时。

（6）减少向火源供风，抑制火势发展。采用正常通风会使火势扩大，而隔断风流又会使火区瓦斯浓度上升时，应采取减少向火源供风风量的方法通风。但应注意的是，要适当减小风量，不能引起瓦斯爆炸；若火源下风侧有人员未撤出，则不能减风。

2. 局部风流短路

对于中央并列式通风的矿井，火源位于矿井的主要进风系统，若不能及时进行反风或因条件限制不能进行反风时，可将进、回风井之间联络巷中的风门或密闭打开，使大部分烟流短路，直接流入总回风，减少流入采区的烟流，以利人员避难和救护队进行救援。

3. 反风

当井下发火灾时，利用反风设备和设施改变火灾烟流的方向，以使原本处于火源下风侧的人员变为处于火源"上风侧"的新鲜风流中。反风方式按范围可分为全矿井反风、区域性反风和局部反风三种。

（1）全矿井反风。通过主要通风机及其附属设施实现。

（2）区域性反风。在多进、多回的矿井中某一通风系统的进风大巷中发生火灾时，调节一个或几个主要通风机的反风设施，实现矿井部分区域风流反向的反风方式，称为区域性反风。

（3）局部反风。当采区内发生火灾时，主要通风机保持正常运行，调整采区内预设的风门开闭状态，实现采区内部局部风流反向，这种反风方式称为局部反风。

4. 停止主要通风机工作

以下情况下可考虑停止主要通风机工作：

（1）火灾发生在进风井筒或进风井底，因条件限制不能进行反风，又不能让火灾气体短路进入回风时。

（2）独头掘进工作面发火已有较长时间，瓦斯浓度已超过爆炸上限，这时不能再送风。

（3）主要通风机已成为通风阻力时，停止主要通风机时应同时打开回风井的防爆门或防爆井盖，使风流在火风压作用下自动反风。采用这种通风措施时应慎置。

另外，井下机电硐室发生火灾时，通常采用关闭防火门或修筑临时密闭墙等方法隔断风流。

采取控制风流措施时，必须特别注意瓦斯情况，如在瓦斯矿井实行反风或风流短路时，不允许将有危险浓度的瓦斯送入火区；停风措施易使瓦斯集聚到爆性危险浓度，应特别慎重。

多数情况下，发生火灾时应保持矿井正常通风。经验证明，处理火灾时期，如果通风正常，风流能为人们所掌控，则为灭火提供了可靠的保证，同时也对保护井下作业人员的安全有重要作用。

三、矿井火灾风流动态模拟技术在风流控制中的应用

1. 应用的目的

矿井火灾救灾决策时，不仅应了解烟流通路，还应了解烟流在什么时刻经过哪些巷道，风流中风量、风温、风压和有毒有害气体浓度的变化，以及风流逆转的位置、时间和影响范围。这些信息对于编制火灾预防处理计划和实时救灾决策，确定避灾路线或灭火救灾路线具有重要意义。矿井火灾风流动态模拟技术就可以提供上述信息。

（1）风流状态模拟。在火灾发现较早或火势不大、发展不迅速时，由风流动态模拟技术提供的信息，足以帮助决策人员选择由井下各主要工作地点撤至地面的安全避灾路线。在井下人员自某巷道撤退期间，含有危险浓度的烟流不至于入侵该巷。在这种情况下，可以不采用控风措施，矿井风流动态模拟技术提供的决策信息，使决策人员能够根据火灾风流变化状况来选择避灾路线。

（2）控风措施改变风流状态效果的模拟。火灾已迅速发展或火势扩大，根据风流动态模拟结果已无法选择由井下各主要工作地点撤至地面的安全避灾路线时，必须采取控风措施，主动控制火灾风流流向，延缓烟流入侵避灾路线的时间，以便选择安全避灾路线或灭火救灾路线。这时，应用风流动态模拟技术的目的是预先模拟控风措施的作用效果，帮助人们选择较优的控风措施，以作为救灾决策的参考。

2. 确定控风措施的具体步骤

（1）应用定性分析和经验提供待模拟的控风措施。基于矿井防灭火实践的经验和风流控制的定性分析技术（如布德雷克法），对于某矿某一假定可能发生火灾，根据控风目标确定相应控风设施的位置，巷道风阻增减的位置。在救灾过程中，扩巷降阻一般不可能，所以降阻措施限于打开原有风门、保持巷道畅通等易行措施。对于某一特定火灾，在全矿范围内有不同控风方案，可提出多个方案进行效果比较。

（2）以风流模拟程序计算控风措施实施效果。根据各控风方案中有关巷道的风阻增减情况修改数据文件，分别计算控风措施实施之后对风流状态分布的影响。在针对该火灾的所有控风方案已预模拟之后，根据其控风措施实施的难易程度和控风效果，选择相对较优的方案。

（3）将某一特定火灾的特性、相应的较优控风方案和计算的控风效果合为一组数据存入计算机数据库。在实际矿井中，根据易发火地带的分布，预模拟全矿各个易发火地带着火时的控风方案，成组存入计算机，以备救灾时调用。

（4）根据实际矿井火灾的位置和火源燃烧特征，从数据库中选择相似的火灾状况，获得与之对应的控风方案和避灾路线，作为救灾决策建议的控风措施。

（5）通过安全技术教育，使采区干部、技术人员和班组长熟悉本区域易着火地带发生火灾的特征、火警信号、控风措施和避灾路线。发生火情时及时组织实施，提高自救能力。

（6）通过安全技术培训，使救援人员熟悉掌握保护灭火救灾通路安全的技术，提高工作效率。

3. 控风效果动态模拟技术的评价

风流动态模拟技术与定性和经验分析相结合的方法是较为符合当前技术水平的可行救灾控风决策手段，既具有科学性又具有实践应用的可行性，其优点在于以下三方面：

（1）此法基于了解巷道增降阻等控风措施对动态通风系统的影响，形象地反映出风流各状态参数随时间的变化过程，便于用户确定安全避灾或救灾路线，校核控风措施的实施效果，具备较高的可靠性和实践可行性。

（2）此法的大量工作安排在火灾发生前的风流状态预模拟中，有足够的时间对比各控风方案的优劣，用以适应矿井火灾发生时决策的紧迫性。

（3）此法有助于现场技术人员编制具体且行之有效的矿井火灾预防处理计划。

第五节　矿井智能通风技术

一、矿井智能通风系统组成与原理

1. 系统组成

智能通风系统由4部分组成：①监控计算机、网络及软件；②传输接口及传输电缆；③煤矿用风速仪及供电电源；④自动风门风窗、各种传感器、执行器和控制装置。矿井智能通风系统架构如图3-15所示。

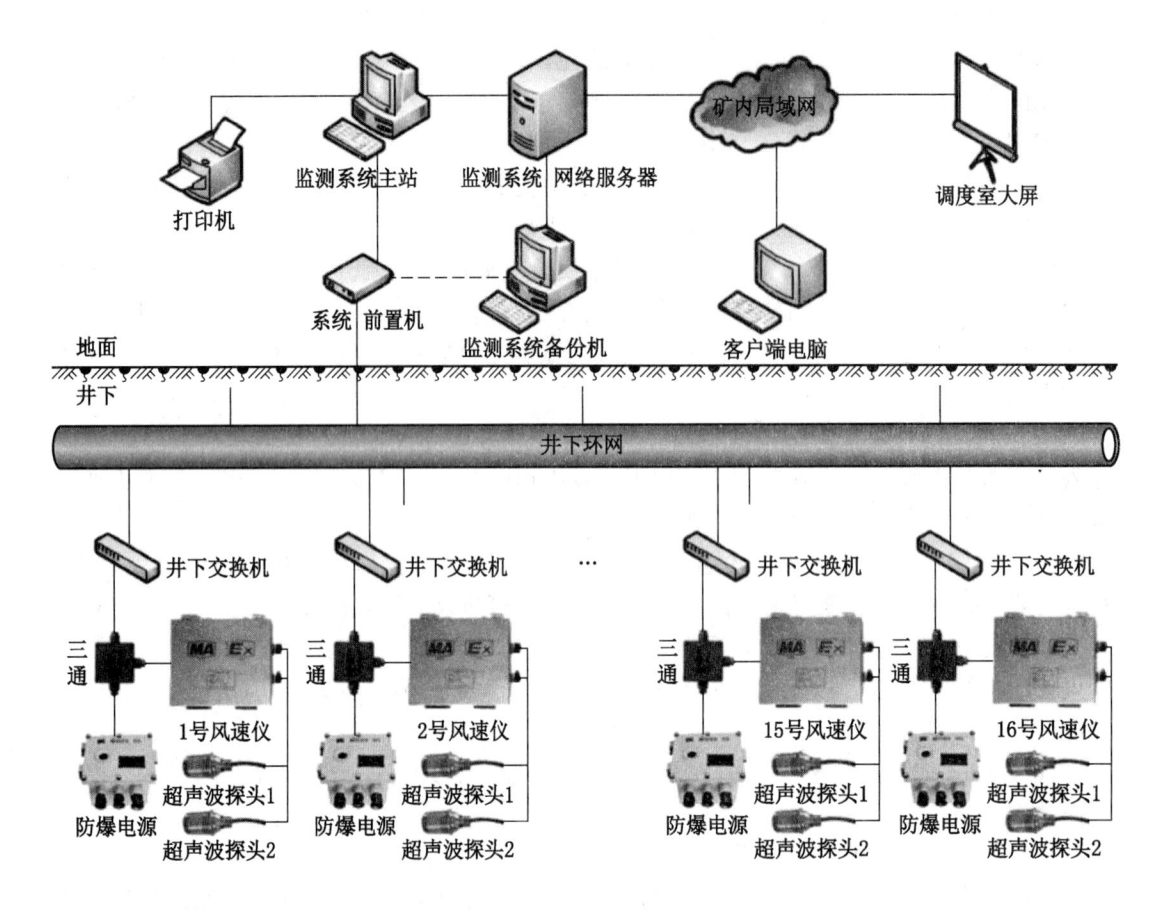

图 3-15　矿井智能通风系统架构

2. 系统原理

矿井智能通风系统是利用矿井监测监控系统、井下人员定位系统、井下高速环网系统等采集的参数，通过系统通风工程技术、人工智能算法、运筹统计算法、流体力学理论等手段，在井下通风网络实时解算的基础上，对风门、风窗和风机功率进行实时动态调整，以达到所需风量自动按照最优方式分配的目的，同时保证井下通风系统的稳定性、可靠性、经济性。智能通风系统可以通过算法确定最优的风门和风窗开闭位置，自动调整主通风机功率及叶片角度、风窗的风阻大小、风门的开闭角度等。智能通风系统具有 RS485 通信接口，可以融入全煤矿智能化管控平台，为建设智能矿山奠定基础。

二、智能通风系统关键技术

1. 通风系统感知技术

通过精确阻力测定和平差计算获得主要井巷和通风设施的风量、风压、摩阻系数、原始风阻和局部风阻等参数，通过风机测定获得主要通风机、局部通风机的准确特性曲线。利用获得的各风机的特性曲线、各风道的风阻和自然风压等，解算各风道风量。采掘工作面及其他用风地点根据环境温度、瓦斯等有害气体、粉尘浓度情况等自动调节工作面风量。根据采煤工作面自然发火各种参数的监测数据，自动调节工作面风量及风压，实现均压通风。

2. 通风设备智能控制

主要通风机、局部通风机鼓励实现在线变频调速；主要通风机应安装精确的风量、风压传感器，局部通风机应安装风筒风速传感器。过车风门、主要行人风门、关键通风节点的风窗应实现人工、自动和半自动开关，并安装人车识别装置、视频监控系统、声光报警器和视频传感器，监测、监视和监控装置应提供远程接口。

3. 智能通风软件系统

将地理信息系统与风机、风门、风窗监控系统，安全环境监测系统，瓦斯抽采监测系统，采掘工作面位置及状态监测系统，以及人员和车辆定位系统进行集成，实现自然配风解算、通风网络实时解算及灾变状态下风流模拟仿真，能够进行通风系统优化、风速传感器和调节设施的优化布置及可控性评价，实现通风系统状态识别和故障诊断、用风点需风量预测及灾变状态下的调风、控风的智能控制。在授权状态下，正常状态矿井风流、风量按照安全高效原则远程调节，灾变时期按照控制灾变及有利救援原则智能控风、调风，并实现三维动态可视化。

4. 智能通风系统功能

（1）主要通风机应具有一键启停、反风、倒机功能；具有运行风机故障自动倒机功能，备用风机定期自检及故障诊断功能。

（2）主要通风机应具有在线监测功能，监测供电参数、运行状态、风量、风压、振动、温度等工况参数，以及风机房配电室温湿度、烟雾等环境参数，具备故障诊断与预警功能。

（3）应具有就地和远程风量给定与调节功能。

（4）主要通风机房、配电室应配置视频图像监视系统、机器人巡视装置。

（5）无人值守通风机房，应设专人巡视，配置门禁系统。

（6）实现防爆门远程状态监测与控制。

（7）煤及半煤巷局部通风机应具有调速功能。

（8）局部通风机应具有故障自动切换功能，当正常工作的局部通风机故障时，备用局部通风机能自动启动，保持局部通风机能正常通风。

（9）应具备远程监测局部通风机运行状态、环境瓦斯浓度和末端风量功能，并具备远程控制功能。

（10）局部通风机地点宜配置视频图像监视装置。

（11）主要风门应实现自动控制并具有远程集中控制功能、配置视频图像监视装置。

（12）应具有远程监测风门状态与报警功能。

（13）主要风窗应具有远程监测与调节控制功能。

（14）应具备矿井各测风点通风参数远程监测功能。

（15）宜采用先进的三维通风模拟技术解算并分析矿井通风网络；根据矿井通风网络参数变化，自动调节通风设施（如风门、风窗等），实现矿井风量的合理分配，并保持通风系统的稳定运行。

5. 超声波风速测量技术

煤矿智能通风系统改变了"点风速"测风方式，采用大距离超声波测风技术测量大巷中"线风速"，采集经过井下巷道截面的平均风速，由风速数据可知井下巷道的"面风速"，大幅避免了传统测风方法下出现的巷道内风速测量值片面、偏差大等现象，提高了精确性。超声波风速仪采用时差超声波测速原理，利用声波在流体中顺流、逆流的时效性不同，相同时间内声波传输距离和速度的关系，可判断出巷道平均风速。超声波风速传感器设置上下2个超声波探头用以采集风速信号，再经过主控板处理计算，得出具体风速，利用井下工业环网或者通信总线传输至井下监控通信分站后再传输至地面。

利用超声波扫描测风方法，通过超声波、遥测感应等技术对所有通风地点风速、压力、温度、相对湿度等参数实时动态精确测定，同时对采煤工作面进回风巷通风断面积进行实时动态测定，测定结果实时传输至智能通风系统，并在各监测点以数显形式显示测定结果。智能通风系统可自动绘制各监测点风速、风量、压力、温度、相对湿度等参数的变化曲线，监测参数超出预设范围，调度中心自动进行语音报警。

第四章 矿山事故抢险与救灾技术

矿山作业环境复杂多变，在生产过程中往往受到瓦斯、矿尘、水、火、顶板等灾害的威胁。灾害事故发生后，如何安全、迅速、有效地抢救人员、保护设备、控制和缩小事故影响范围及其危害程度、防止事故扩大，将事故造成的人员伤亡和财产损失降低到最低，是救灾工作的关键，任何怠慢和失误，都可能造成难以弥补的重大损失。

第一节 矿山水灾事故抢险与救灾技术

一、矿井水灾类型及特点

在矿井生产建设过程中，地面水和地下水都可能通过各种通道涌入矿井中，当涌水量超过了矿井的正常排水能力时，就可能引起矿井水灾。

（一）矿井水灾类型

造成矿井水灾的水源有地表水、地下水和老空水，其中地下水按其储水空隙特征又分为孔隙水、裂隙水和岩溶水等。现根据水源分类，把我国矿井水灾分成若干类型（表4-1），作为防治矿井水灾时的参考。

表4-1 矿井水灾类型

类别		水源	水源进入矿井的途径或方式
地表水水灾		大气降水、地表水体（江、河、湖泊、水库、沟渠、坑塘、池沼、泉水和泥石流）	井口、采空冒裂带、岩溶地面塌陷坑或洞、断层带及煤层顶底板、封孔不良的旧钻孔充水或导水
老空水水灾		古井、小窑、废巷及采空区积水	采掘工作面接近或沟通时，老空水进入巷道或工作面
孔隙水水灾		第三系、第四系松散含水层的孔隙水、流沙水或泥沙等，有时地表水补给	采空冒裂带、地面塌陷坑、断层带及煤层顶底板含水层裂隙、封孔不良的旧钻孔导水
裂隙水水灾		砂岩、砾岩等裂隙含水层的水，常常受到地表水或其他含水层水的补给	采后冒裂带、断层带、采掘巷道揭露顶板或底板砂岩水，以及封孔不良的老钻孔导水
岩溶水水灾	薄层灰岩水水灾	主要为华北石炭二叠纪煤田的太原群薄层灰岩岩溶水（山东省一带为徐家庄灰岩水），并往往得到中奥陶系灰岩水补给	采后冒裂带、断层带及陷落柱，封孔不良的老钻孔，或采掘工作面直接揭露薄层灰岩岩溶裂隙带突水

表4-1（续）

类别		水源	水源进入矿井的途径或方式
岩溶水水灾	厚层灰岩水水灾	煤层间接顶板厚层灰岩含水层，并往往受地表水补给	采后冒裂带、采掘工作面直接揭露或地面岩溶塌陷坑
		煤系或煤层的底板厚层灰岩水（在我国煤矿区主要是华北的中奥陶系厚层（500~600 m）灰岩水和南方晚二叠统阳新灰岩水）对煤矿开采威胁最大，也最严重	采后底鼓裂隙、断层带、构造破碎带、陷落柱或封孔不良的老钻孔和地面岩溶塌陷坑吸收地表水

除此以外，还应考虑以下3方面：

（1）表4-1中矿井水灾类型系指按某一种水源或某一种水源为主命名的。然而，多数矿井水灾往往是由2~3种水源造成的。单一水源的矿井水灾很少。

（2）顶板水或底板水，只反映含水层水与开采煤层所处的相对位置，与水源丰富与否、水灾大小无关。同一含水层水，既可以是上覆煤层的底板水，又同时是下覆煤层的顶板水。例如，峰峰矿区的大青灰岩水，既是小青煤层的底板水，又是大青煤层的顶板水。

（3）断层、旧钻孔、陷落柱等都可能成为地表水或地下水进入矿井的通道（水路），它们可以含水或导水。由它们导水造成的矿井水灾有大有小，其危害或威胁程度决定于通过它们的水的来源是否丰富。

（二）矿井水灾的特点

（1）矿井透水水源主要包括地表水、含水层水、断层水、老空水等。地表水的溃入来势猛，水量大，可能造成淹井，多发生在雨季和极端天气情况。含水层透水来势猛，当含水层范围较小时，持续时间短，易于疏干；当含水层范围大时，则破坏性强，持续时间长。断层水补给充分，来势猛，水量大，持续时间长，不易疏干。老空水是煤矿重要充水水源，以静贮量为主，突水来势猛，破坏性强，但一般持续时间短。老空水常为酸性水，透水后一般伴有有害气体涌出。

（2）井下采掘工作面发生透水之前，一般都有征兆，如巷道壁和煤壁"挂汗"、煤层变冷、出现雾气、淋水加大、出现压力水流、有水声、有特殊气味等。

（3）透水事故易发生在接近老空区、含水层、溶洞、断层破碎带、出水钻孔地点、有水灌浆区，以及与河床、湖泊、水库等相近的地点。掘进工作面是矿井水灾的多发地点。

（4）透水会造成遇险人员被水冲走、淹溺等直接伤害，或造成窒息等间接伤害，也容易因巷道积水堵塞造成遇险人员被困灾区。大量突水还可能冲毁巷道支架，造成巷道破坏和冒顶，使灾区的有毒有害气体浓度升高。

（5）水灾事故发生后，遇险人员可能因避险离开工作地点撤离至较安全位置，在井下分布较广。由于水灾事故受困遇险人员往往具有较大生存空间，且无高温高压环境，有毒有害气体浓度不会迅速增大，相对爆炸、火灾、突出事故，遇险人员具备较大存活可能。

二、矿井水灾防治技术

《煤矿防治水细则》第三条规定，煤矿防治水工作应当坚持预测预报、有疑必探、先探后掘、先治后采的原则，根据不同水文地质条件，采取探、防、堵、疏、排、截、监等综合防治措施。

(1) 探水。"探"主要是指采用超前勘探方法，查明采掘工作面周围水体的具体位置和贮存状态等情况。这为有效地防治矿井水灾做好必要的准备，其在水灾防治措施中居核心地位，起先导作用。

(2) 防水。"防"主要指合理留设各类防隔水煤（岩）柱和修建各类防水闸门或防水闸墙等，防隔水煤（岩）柱一旦确定后，不得随意开采破坏。

(3) 堵水。"堵"主要指注浆封堵具有突水威胁的含水层或导水断层、裂隙和陷落柱等导水通道。

(4) 疏水。"疏"主要指探放老空水和对承压含水层进行疏水降压。

(5) 排水。"排"主要指完善矿井排水系统，排水管路、水泵、水仓和供电系统等必须配套。

(6) 截水。"截"主要指加强地表水（河流、水库、洪水等）的截流治理。

(7) 监测。"监"主要指建立矿井地下水动态监测系统，必要时建立突水监测预警系统，及时掌握地下水的动态变化。

如前所述，我国在矿井水灾防治方面，已有了比较成熟的技术和措施，如疏干降压、注堵水、突水预测和探放水等。煤矿防治水灾方法简介见表4-2。

表4-2 煤矿防治水灾方法简介

分　类	防治主要内容
地表水防治	1. 在河流（含冲沟、小溪管道）的漏水渗水段铺底，修人工河床、渡槽或河流部分地段改道等 2. 在矿区外围修筑防洪泄水管道，在采空区外围挖沟排（截）洪 3. 填堵管道（指对岩溶地面塌陷及采空区塌陷的处理） 4. 建闸设站，排除塌陷积水或防止河水倒灌
井下防水设施	1. 留设防水煤（岩）柱 2. 设置防水闸门及防水闸墙 3. 设排水泵房、水仓、排水管路及排水沟等排水系统
井下探放水	探放老窑水、断层水、陷落柱水、旧钻孔水、含水层水
疏干降压	1. 地表疏干是从地面施工垂直钻孔，安装潜水泵，抽排含水层水 2. 地下疏干：专门疏干矿井、巷道和放水孔；疏干巷道（运输巷道疏干含水层、疏水石门、疏水平硐）；疏水钻孔（井下放水孔疏干、井下吸水孔疏干） 3. 联合疏干：地表疏干与地下疏干同时进行或多井同时疏干同一含水层
突水预测	1. 易于突水的构造部位或地段的预测 2. 采掘前突水预测 3. 采掘过程中突水预测 4. 突水量预测

表 4-2（续）

分　类	防治主要内容
地表水体下采煤安全措施	1. 地表水体下留设安全煤（岩）柱（含断层煤柱） 2. 选择控制采高的采煤方法，加强顶板管理 3. 保持足够的排水能力，即设计的最大排水能力 4. 建立井上、下水文动态观测网、避灾路线、报警系统等 5. 必要时探水掘进
注浆堵水	1. 注浆堵水的一般施工 2. 封堵突水口（点）的注浆：封堵突水巷道的注浆，封堵突水断裂带的注浆，封堵岩溶陷落柱的注浆，巷道布设在厚层灰岩的突水口的注浆 3. 封堵天然隐伏垂向补给通道的注浆 4. 堵水截流帷幕的注浆
酸性水防治	1. 减少酸性水发生的根源：检选、利用造酸矿物，减少地表水渗入量 2. 减少排水量 3. 提高设备的耐酸性能 4. 中和酸性水

三、矿井水灾事故的现场应急处理

1. 矿井水灾事故救援技术要点

（1）了解灾区情况、水源、突水点、事故前人员分布、矿井有生存条件的地点及进入该地点的通道等情况，分析计算被困人员所在空间体积及空间内氧气、二氧化碳、甲烷、硫化氢和二氧化硫浓度，估算被困人员维持生存最短时间。

（2）探测遇险人员位置，涌水通道、水量及水的流动线路，巷道及水泵设施受水淹程度，巷道冲坏及堵塞情况，甲烷、二氧化碳、硫化氢等有害气体情况和通风状况等。

（3）采掘工作面发生水灾，救援队应当首先进入下部水平抢救人员，再进入上部水平抢救人员。

（4）被困人员所在地点高于透水后水位的，可以利用打钻等方法供给新鲜空气、饮料和食物，建立通信联系；被困人员所在地点低于透水后水位的，不得打钻，防止钻孔泄压扩大灾情。

（5）矿井涌水量超过排水能力，全矿或者水平有被淹危险时，在下部水平人员救出后，可以向下部水平或者采空区放水；下部水平人员尚未撤出，主要排水设备受到被淹威胁时，可以用装有黏土或者砂子的麻袋构筑临时防水墙，封堵泵房口和通往下部水平的巷道。

2. 矿井水灾事故救援时应当遵守的规定

（1）水灾威胁水泵安全时，在人员撤往安全地点后，保护泵房不被水淹。

（2）探测灾区和搜救人员经过的巷道有被淹危险时，应立即返回井下基地。

（3）排水过程中保持通风，加强有毒有害气体检测，防止有毒有害气体涌出造成危害。

(4) 排水后进行探测或者抢救人员时，注意观察巷道情况，防止冒顶和底板塌陷。

(5) 通过局部积水巷道时，采用探险杖探察前进。水深过膝，无需抢救人员的，不得进入灾区。

3. 处置上山巷道水灾时的注意事项

(1) 检查并加固巷道支护，防止二次透水、积水和淤泥冲击。

(2) 透水点下方不具备存储水和沉积物有效空间的，将人员撤至安全地点。

(3) 保证人员通信联系和撤离路线安全畅通。

(4) 指定专人检测甲烷、二氧化碳、硫化氢等有毒有害气体浓度。

四、矿井水灾事故遇险人员生存条件分析及救援措施

(一) 矿井水灾事故遇险人员生存条件分析

发生透水事故后，在分析遇险人员生存条件时，要认真分析避难场所的空气质量，并以此估算遇险人员在该空间中能生存的最长时间。一般来讲，在下列空气质量条件下，避险人员就有生存的可能：O_2 浓度 ≥ 10%，CO_2 浓度 ≤ 10%，CO 浓度 ≤ 0.04%，H_2S 浓度 < 0.02%，NO_2 浓度 < 0.01%，SO_2 浓度 < 0.02%。透水后，若避难地点中没有或含很少 CH_4，及其他有害气体，往往只按 O_2 浓度降到 10% 和 CO_2 浓度增到 10% 所需的时间（取两者中最小值）估计人员能生存的最长时间。估算时按避难地点中原有 O_2 浓度为 20%，CO_2 浓度为 1%，平卧不动时每人耗氧量为 0.237 L/min，呼出 CO_2 量为 0.197 L/min 计算。若避难人员年轻、性情急躁，不能安静平卧待救，则每人耗氧量按 0.3~0.4 L/min 计算。

在平卧情况下，避难人员能生存的最长时间可按下式估算：

(1) 按 O_2 浓度降至 10% 时，人员能生存的最长时间 T_1 的计算公式为

$$T_1 = 7.0V/n \tag{4-1}$$

式中　n——同一地点的避难人数，人；

　　　V——避难地点（上山）突水前的体积，m^3；

　　　T_1——O_2 浓度降至 10% 时，人员能生存的最长时间，h。

(2) 按 CO_2 浓度增至 10% 时，人员能生存的最长时间 T_2 的计算公式为

$$T_2 = 7.6V/n \tag{4-2}$$

式中　T_2——CO_2 浓度增至 10% 时，人员能生存的最长时间，h。

救灾时选取 T_1、T_2 中最小者为允许的最长排水时间，否则需采取其他补救措施（如潜水员送氧气、食品）。

(二) 矿井水灾事故救援措施

(1) 矿井发生水灾事故后首先必须了解透水的地点、性质，估计透出水量、静止水位、补给水源，以及对透水地点有联系的地面水体。

(2) 掌握灾区范围、事故前井下人员分布情况、事故后人员可能躲避的地点、躲避地点条件及可能进入躲避地点的通道。

(3) 按照《水灾预防处理计划》中规定人员的撤退路线组织灾区和受威胁区域的人员撤退。

（4）按《水灾预防处理计划》的规定，确定关闭水闸门的顺序，并指派负责人。

（5）按估计的透水量和现有排水设备的能力，实行强制排水，如排水设备能力不足时，积极增设水泵和管路；与此同时，应组织力量堵塞地面可向井下补给水源的裂隙，排除有影响的地面水体和积水，必要时可打钻眼灌注浆液堵水。

（6）如果下水平的人员确已撤出，透水水平的车场水泵硐室有被淹的危险时，可将涌水导入下水平的巷道内；如果车场水泵硐室有被淹的危险，但下水平的人员仍未完全撤出时，则可采用关闭水闸门的措施或在巷道中的适当地点堆积沙袋组成临时水闸墙，保护水泵正常工作，然后再砌筑永久水闸墙。

（7）在排除涌水或抢救人员时，应加强通风，指派专人检查瓦斯，如果积水面下降到接近硐室或车场水平时，要防止瓦斯和其他有毒害气体（CO、SO_2、H_2S 等）突然涌出。

（8）当遇险人员被泥、水、砂堵截在难以接近的地点时，应采取掘小巷或打钻孔的措施给遇险人员供给新鲜空气、饮料或食物；如果遇险人员所在地点低于外部水位时，可打封闭钻孔利用压气管供入压气，以免避难地点气压降低使水位上升，危及遇险人员安全。

（9）在探察、抢救人员、清理巷道的过程中，禁止由下往上进入透水点，防止巷道冒顶、泥沙冲下或二次透水。

（10）在寻找遇险人员时，要细心观察，倾听遇险人员敲击岩壁或管道的声音。

（11）救护队员在处理水灾事故时，不能麻痹大意，必须按进入灾区的有关规定带齐所需的装备，尤其是进入遇险人员躲避的地点时，未经检查不能确认无危险时，不得卸下呼吸器口具。

（12）抢救和运送遇险人员时，必须注意下列问题：

① 救护队员到达遇险人员躲避地点后，经检查确认无火源时，才可打开氧气瓶施放氧气，提高空气中的氧气浓度；禁止未佩戴呼吸器的救援人员到遇险人员躲避的地点，以防止他们消耗氧气而影响遇险人员的安全。

② 在井下发现遇险人员时，禁止使用矿灯光束直射遇险人员的眼睛，以免造成遇险人员失明。

③ 找到遇险人员后，不可立即抬运出井，要注意保护体温，先抬到安全地点由医生进行检查并给予必要的治疗，等适应环境和情绪稳定后，再逐渐地分阶段地运出井外治疗。

④ 在运送遇险人员时，要稳抬轻放，保持平衡，以免震动；通过淤泥巷道时，要铺设木板，以免陷入淤泥中。

五、矿井突水事故案例分析

【案例】河北省开滦（集团）蔚州矿业公司崔家寨矿"7·29"透水事故

2017年7月29日15时50分，河北省开滦（集团）蔚州矿业有限责任公司崔家寨矿发生一起水害事故，造成4人被困，经全力救援，3人生还、1人遇难。事故发生地点为东三1煤北部回风探巷掘进工作面。该巷道于2017年7月20日开始施工，自东三1煤北部探巷向北掘进，事故前已掘进 21 m。巷道断面为矩形，宽 4.6 m、高 3.2 m，煤厚 3.2 m，倾角 7°～10°。采用炮掘工艺、锚网索支护，沿顶板下山掘进，安装有刮板输送机。

（一）事故发生简要经过

2017 年 7 月 29 日 13 时 20 分，该矿巷修队召开中班班前会安排工作。该班是检修班，出勤人员分 2 组，班长共 8 人一组到东三1煤北部回风探巷掘进工作面；机电队长共 8 人检修东三1煤北部探巷和东三1煤北部进风探巷的带式输送机。15 时 20 分，中班人员下井，东三1煤北部回风探巷掘进工作面的工作为扩帮、清理迎头浮煤、补打锚杆。副班长到工作面迎头做准备工作，发现迎头有 15 m 左右的积水，没过了刮板输送机机尾，比平时打眼洒水形成的积水多，向班长进行了汇报。2 人检查后发现不是水管漏水，且上升了 10 cm 左右。15 时 50 分左右，积水处开始冒泡，紧接着开始喷水，水柱瞬间喷到顶板。班长与副班长边喊边往外跑，其他人也一起沿东三1煤北部探巷往东三1煤北部集中带式输送机运输巷跑，途中遇见检修带式输送机的另一组工人，一起跑到东三1煤北部集中带式输送机运输巷局部通风机处，班长清点人数后发现少了 4 人，12 人成功撤离灾区，马上打电话报告了调度室。崔家寨矿"7·29"透水事故示意图如图 4-1 所示。

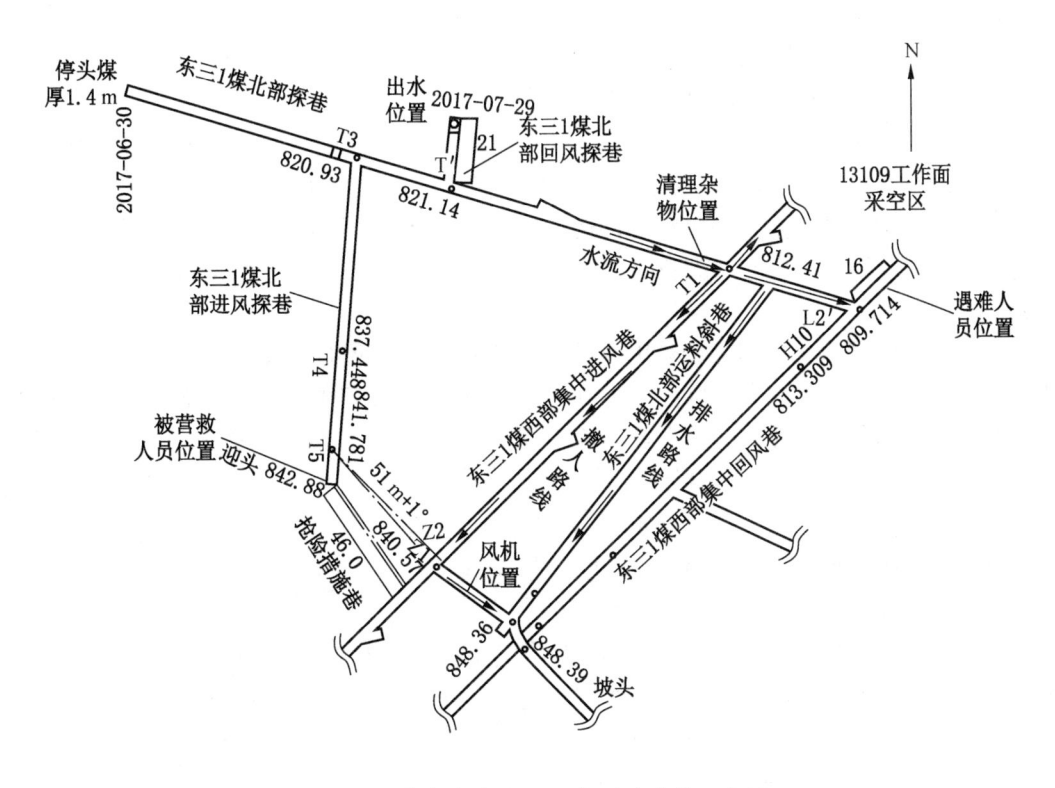

图 4-1 崔家寨矿"7·29"透水事故示意图

（二）事故直接原因

崔家寨矿在掘进东三1煤北部回风探巷前，未查明巷道前方的小煤矿积水老空区；巷道接近积水老空区时，未采取探放水措施，在水压和采动的共同作用下，积水溃破残余煤柱造成透水事故。

（三）应急处置及抢险救援

1. 初步探察

7月29日17时55分左右，救护队先由井下基地向出水及人员遇险位置方向进行探察。发现运料斜巷已断电，运料斜巷下坡约有30 m巷道积水，最深处1.1 m，气体情况正常。3人涉水前行探察，其余3人在坡底待机。继续探察发现运料斜巷风门已被水冲毁，气体含量正常。穿过风门沿北部探巷向西行进10 m，发现巷道被木料与铁支架堵满巷道下部的2/3，电缆杂乱，气体正常，有轻微酸臭味。继续沿巷道空隙向前探察至集中带式输送机运输巷交叉口，发现左帮堵满，涌水水流向北，沿集中带式输送机运输巷向13109工作面采空区方向流去，水深1.0 m，水面宽1.2 m，排水系统被淹，气体正常，敲击水管及呼喊无回音，因无法前进，原路返回。

再次探察由基地向东三1煤北部集中带式输送机运输巷方向，发现联络巷风机正常运转，行至距北部探巷交叉口15 m处，发现淤泥已涌至输送带高度，至带式输送机机尾处，巷道堆满木料，交叉口堵死，矿方正在组织工人进行清理，气体正常。探察完后向指挥部汇报现场情况，并派人在清理地点随时检查有害气体变化。

2. 制定救援方案及进展

指挥部根据现场情况，制定抢险救援方案：

（1）打通生命通道。救援人员由东三1煤北部集中带式输送机运输巷向北部探巷巷口方向清理杂物，争取尽快打通通道，通风区人员负责监测气体，救护队人员负责监护。

（2）加大排水能力。东三1煤北部运料斜巷恢复供电，除斜巷里1台潜水泵排水外，从地面调集2台泵往排水点加大排水能力（排水排至大巷水沟，经水沟自流进入中央水仓）。

（3）钻孔通风供氧。考虑到被困人员所在巷道迎头比透水位置高出约26 m，比东三1煤北部探巷开口位置（老空区水由此溃泄）高出约31 m，被困人员生还的可能性比较大，故在东三1煤北部集中带式输送机运输巷3部带式输送机机头处向被困人员所在的东三1煤北部进风探巷施工钻孔，力争尽快供风供氧。

（4）掘进抢险措施巷。由东三1煤北部集中带式输送机运输巷向被困人员所在巷道迎头掘进抢险措施巷（2 m×2 m），锚网支护（全长46 m），作为另一个生命通道。

按照救援方案，各项措施分头实施。7月29日22时47分井下排水系统建立，开始排水；29日晚开始向北部探巷巷口方向清理杂物，23时33分，井下仅清理了4 m，高度不够，巷道被木头塞满。至30日16时35分，清理26 m，巷道上面有0.6 m空间，巷道里都是大煤矸块；30日2时许开始打钻，11时许第1个钻孔施工完毕，未能打透。14时42分开始施工第2个钻孔，至16时打钻15 m；30日17时6分抢险措施巷开始掘进（由于准备工作环节多，进展较慢）。

3. 现场情况研判与积极搜寻营救

（1）灾区探察。7月30日14时20分，救援指挥部安排救护队入井查看救援情况，要求如果灾区巷道具备进入条件，立即组织人员进入探察。15时15分救护队到达现场。

15时55分，将巷道上方脱落金属网剪除后，对巷道口进行了支护。15时57分，检测迎头CO浓度为25 ppm，CH_4浓度为0.1%，CO_2浓度为0.2%。直径400 mm风筒接至清理工作面，但前方因巷道低矮，未进入探察。

（2）灾区情况研判。在现场指挥救援工作的河北煤矿安监局局长、开滦集团副总经理、河北煤矿安全监察局救援指挥中心主任等组织救援人员分析认为，从顶板情况看，虽然断面小，但顶板锚网索完整不会再次冒顶；从水害情况分析，透水量逐渐减少，水源来自小煤矿采空区，没有补给水源不会再次溃水；从气体分析，虽然CO浓度达25 ppm，但其他气体均在规程范围内，该CO浓度不至于伤害人员。要求救护队员佩戴呼吸器，携带自救器、测氧仪、CO便携仪、H_2S便携仪进入，如果巷道低矮，无法佩戴呼吸器时，可以在携带自救器，不缺氧、H_2S不超限且CO浓度在500 ppm以下的情况下，满足条件时继续搜救。考虑到矿工被困已经达24 h 30 min，为赢得宝贵生存时间，果断命令救护队队长张春玉立即带领队员佩戴呼吸器进入北部探巷搜寻被困人员。

（3）积极搜寻营救。救护队长和副队长随即按要求进入灾区搜救，每前进5 m测定一次O_2、CO、H_2S浓度。从巷口到东三1煤西部集中进风探巷，140 m的巷道平均高度不足1 m，最低处0.4 m，木料、管道、轨道、矸石煤块等交叉堆积，现场搜救条件困难。2人从巷口爬行至50 m时现被水冲出的一大块矸石上写着"救命、救护队救命"的字样，检测O_2浓度为18.4%，CH_4浓度为0.6%，CO浓度为30 ppm，CO_2浓度为0.8%，H_2S浓度为1 ppm。继续前行10 m后巷道变低，佩戴呼吸器无法进入，队长根据现场气体情况果断决定摘掉呼吸器进入，又继续向前爬行80多米，到达被困人员所在的进风探巷巷口，从巷口往迎头方向行进约50 m发现3名被困人员，3人精神状态良好可以自己行走。在救护队员鼓励和监护下，16时57分3人被护送上井。之后，救护队再次进入灾区搜寻遇险人员，对进风探巷全面进行了搜寻，未发现遇险人员。

8月1日2时10分，井下搜寻清理人员在移变水窝处发现1名失踪遇难人员。救护队立即组织一个小队共8人入井，于5时将遇难人员运送升井。

至此，此次抢险救灾任务结束，4名被困人员除1人遇难外，其他3名成功获救。

此次救援中，面对巷道低矮，CO浓度超限的困难和危险，救护队队长指挥冲锋在前，全体救护队员顽强搏，体现了军事化队伍特别能战斗的作风。救护队员沉着冷静，探察结果和分析判断及时、准确；业务熟练，加快了障碍物拆除清理进度；处置果断，及时进入灾区救出被困人员。

第二节 矿山火灾事故抢险与救灾技术

一、矿井火灾概述

矿井火灾是指发生在矿井或煤田范围内威胁安全生产、造成一定资源和经济损失或者人员伤亡的燃烧事故。

（一）矿井火灾的分类

（1）根据引火火源的不同，分为内因火灾和外因火灾两大类。内因火灾是由于煤炭或者其他易燃物质自身氧化蓄热，发生燃烧而引起的火灾。外因火灾是由外部火源（如明火点、爆破、电流短路、摩擦等）引起的火灾。

（2）根据可燃物的不同，分为机电设备火灾、火药燃烧火灾、油料火灾、坑木火灾、瓦斯燃烧火灾、煤炭自燃火灾等。

（3）根据发火地点的不同，分为井筒火灾、巷道火灾、采面火灾、采空区火灾、硐室火灾等。

（4）根据燃烧形式的不同，分为明火火灾、阴燃火灾。

（二）矿井火灾的三要素

引起矿井火灾的基本要素归纳起来有以下3点：

（1）热源。具有一定温度和足够热量的热源才能引起火灾。在矿井中煤的自燃、爆破作业、机械摩擦、电流短路、吸烟、烧焊等，都有可能成为引火的热源。

（2）可燃物。在矿井中，煤本身就是一个大量且普遍存在的可燃物。另外，坑木、各类机电设备、各种油料、炸药等都具有可燃性。可燃物的存在是火灾发生的物质基础。

（3）氧气。燃烧是剧烈的氧化反应。可燃物尽管有热源点燃，但缺乏足够氧气时，燃烧是很难持续的。

（三）矿井火灾的特点

由于煤矿生产的特殊性，矿井火灾表现出以下特点：

（1）井下空间狭小，火灾一旦发生，人员躲避及灭火工作较为困难。

（2）井下火灾往往伴有大量一氧化碳等有毒有害气体产生，并随风蔓延。受灾面积大，伤亡人员多。

（3）发火地点很难接近，灭火时间长，特别是自燃火灾，面积大，隐蔽性强，氧化过程又比较缓慢，发火后长时间不易扑灭，有的火区长达几十年。

（4）井下火灾不仅烧毁大量的煤炭资源和设备，同时为了灭火，往往还要留设大量的隔离煤柱封闭火区。

（5）在有瓦斯和煤尘爆炸危险的矿井中，火灾发生的高温和明火，容易引起爆炸事故。

二、扑灭矿井火灾的方法

通常采用的灭火方法有：直接灭火法、隔绝灭火法和综合灭火法。

（一）直接灭火法

直接灭火法是指对刚发生的火灾或火势不大时，可采用水、砂子、岩粉、化学灭火器等在火源附近直接扑灭火灾或者挖除火源。

1. 用水灭火

适用于火势较小、范围不大，特别是处于发火初始阶段，风流畅通，水蒸气易于排放，巷道支护牢固，火源附近瓦斯浓度低于2%的地方。用水灭火的优点主要表现在：水具有比其他绝大多数灭火剂更大的比热和汽化热。1 kg水可转化为1.73 m^3的水蒸气，吸热2256.7 kJ。直接灭火时，要保证火源附近有充足供水。

用水灭火时的注意事项：

（1）水源和水量要充足。水量或水压不够或者供水管网布置不合理，会直接导致灭火失败，而不得不封闭火区。水量或水压过小不仅无法压制火势，而且少量的水在高温下可以分解成具有爆炸性的氢气和助燃的氧气，适得其反。

（2）用水灭火时，水流应从火源外围逐步移向火源中心。火势旺时不要直接把水喷在火源中心，防止大量蒸汽和炽热煤块抛出伤人，也避免高温火源使水分解成氢气和氧气，造成氢气爆炸。

（3）灭火人员应站在进风侧，并保证正常通风，防止高温烟流或水蒸气伤人。

（4）随时检查火区附近的瓦斯浓度和一氧化碳浓度。

（5）扑灭电气火灾时，应当首先切断电源。在切断电源前，必须使用不导电的灭火器材进行灭火。如用砂子、岩粉和四氯化碳灭火器等进行灭火。如果未断电源，直接用水灭火，水能导电，不仅会造成人员触电，而且火势将会更大，危及救援人员的安全。

（6）不能用水直接扑灭油类火灾。因为油比水轻，而且不易与水混合，一旦用水扑灭油类火灾，油可浮在水的表面继续燃烧并随水流动，不仅达不到灭火目的，反而会扩大火灾面积。

2. 用砂子（或岩粉）灭火

用砂子（或岩粉）灭火，就是把砂子（或岩粉）直接撒在燃烧物体上覆盖火源，将燃烧物与空气隔绝熄灭。此外，干燥的砂子（或岩粉）不导电，并能吸收液体物质，因此可用来扑灭油类或电气火灾。

砂子成本低廉，灭火时操作简便，因此，在机电硐室、材料仓库、爆炸物品库等地方均应设置防火砂箱。

3. 用化学灭火器灭火

这种方法主要是用泡沫灭火器和干粉灭火器扑灭矿井各类型的初期着火，适用于人员可靠近的、火势较小的火源。

目前，煤矿常用的化学灭火器主要是干粉灭火器。矿用干粉灭火器是以磷酸铵盐粉末为主的药剂。磷酸铵盐粉末在高温作用下能进行一系列分解吸热反应，具有扑灭多种火灾的功能。

4. 清除可燃物

挖除固体可燃物就是将着火带及附近已发热或正燃烧的可燃物挖除并运出井外。这是最简单、最彻底的方法，但应注意操作的环境条件，以保证灭火工作安全。挖除固体可燃物的条件是：①火源位于人员可直接到达的地区；②火灾尚处于初始阶段；③火区无瓦斯聚积、无瓦斯和煤尘爆炸危险。

挖除可燃物前要做好准备工作，备足充填、支护和覆盖可燃物的材料，确定可燃物运输和排风路线。在挖除时要随时检查温度、瓦斯浓度并配合用水降温，要注意加固周围巷道。挖出的可燃物应用不燃材料如岩粉、河砂、黄土等覆盖后及时运出井，遗留的空间要用不燃性材料充填。挖除范围要超过可燃物发热区 1~2 m，进入温度不超过 40 ℃ 的地方。

这种灭火方法存在一定危险性，应注意其应用条件，不仅需要周密的组织和及时、持续的行动，正确的安全技术措施和充分的物质准备也是成功的关键。

5. 直接灭火时的控风措施

直接灭火时，控风可保证进行直接灭火人员的安全，使其能安全接近火源或接近火源下风侧，避免救灾人员受到风流逆转、逆退或烟流滚退的威胁；同时，控风也可避免富氧类火灾转变为富燃料类火灾，减少火灾引起瓦斯爆炸的可能和危险。在直接灭火失败或无法进行需要撤离人员时，控制风流可使避灾路线在一定期间不受烟流侵入，使人员安全撤退或保障火区封闭作业的顺利进行。

（1）直接减少着火巷道的供风量。如图4-2所示为8种不能减风、1种可以减风和3种应根据环境条件决定的情况：

① 图4-2a、图4-2d和图4-2e所示情况，应根据环境条件决定是否减风。

② 图4-2b所示情况，上山着火由于火的浮力效应，有增大风量的趋势，减风有助于控制火势，减少对相邻上山的风流逆转影响。

③ 图4-2c和图4-2f所示情况，因下山着火，热风压的浮力效应与风向相反，有减小风量的趋势，减风会使风流更快逆转，所以不能减风。

④ 图4-2g所示情况，减风将增加流向火源烟流中可燃气体浓度，加剧已发生的烟流滚退，威胁直接灭火人员安全甚至可能导致瓦斯爆炸。

⑤ 图4-2h所示情况，在火源下风侧巷道有含黄铁矿的夹层，减风将增加下风侧温度而使含黄铁矿的夹层热分解生成有毒有害气体，加速黄铁矿的氧化反应，生成较多的热量而增加风流温度。

⑥ 图4-2i所示情况，在火源下风侧巷道垮塌，风阻增加情况下再人为减风，将增加转变为富燃料燃烧的可能。

⑦ 图4-2j所示情况，在火源下风侧木支架已燃烧时，减风增加了出现富燃料燃烧的可能。

⑧ 图4-2k所示情况，在火源下风侧已出现若干再生火源（发展为富燃料燃烧），减少风量会增加富余的挥发分气体量，当其流入再生火源时若遇漏风供氧会发生瓦斯爆炸。

⑨ 图4-2l所示情况，火源下风侧有炽热、浓黑的烟流，含二氧化碳10%以上，说明火势已出现转为富燃料燃烧的趋势，而减少风量会增大出现富燃料燃烧的可能性。

（2）直接灭火时风流局部控制。在救灾过程中考虑改变风流的方向、大小和压差时，应仔细分析这些变化对以下四方面的影响：

① 对火源燃烧过程的影响。避免使富氧类火灾发展为富燃料类火灾。

② 对火势蔓延方向和速率的影响。尽可能防止火势向其他巷道蔓延。

③ 对燃烧生成物分布的影响。当有人陷入火区下风侧而具体位置不详时，须引起特别注意，应采用可以避免烟流进入避灾区域的任何方法，如应用布德雷克法进行局部风网调节。

④ 对于矿井其他区域风流分配的影响。在考虑通风变化对火区影响的同时，也应考虑对于矿井其他区域的影响，在高瓦斯矿井或人员正撤离的其他区域更应注意。

（3）烟流滚退的控制。烟流滚退现象出现的快慢、滚退逆行长度、滚退烟流占巷道断面的比例（滚退烟流层的厚度）取决于火势和风速，在风速小的着火带常会出现烟流滚退现象。表4-3所列为不同倾角巷道防止烟流滚退的最小风速。

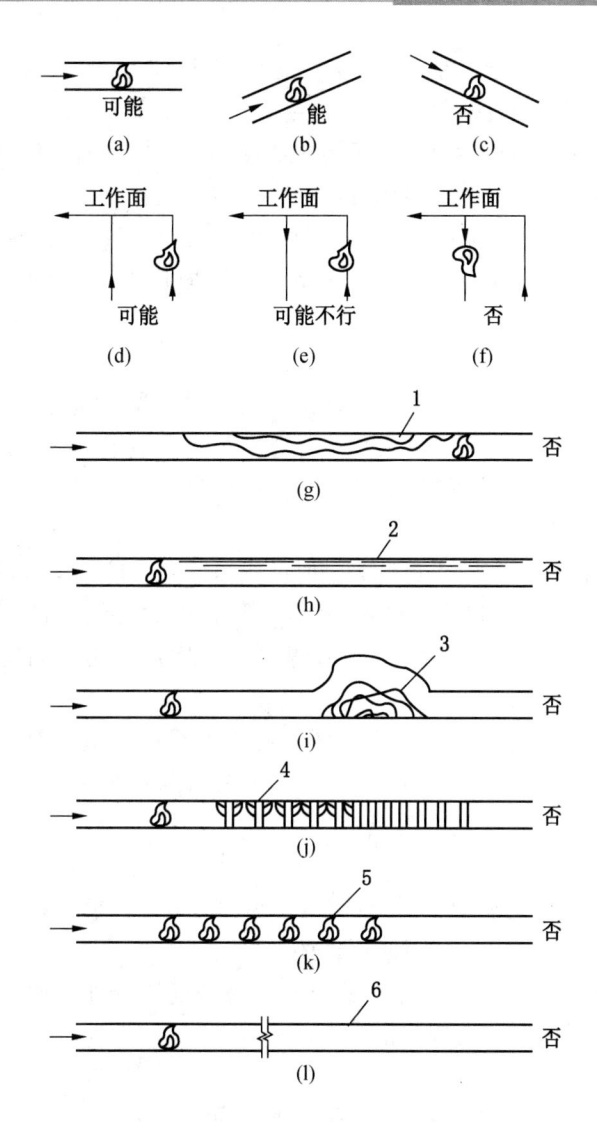

1—炽热烟流；2—含黄铁矿结核；3—冒顶；4—下风侧支架燃烧；5—火源向下风侧蔓延；
6—下风侧出现炽热含焦油的浓黑烟流（$CO_2 > 10\%$）

图 4-2 直接灭火时减风可行性影响

表 4-3 防止烟流滚退的最小风速

巷道高度/m	最小风速/(m·s^{-1})		
	斜度(0°)	斜度1:10(5.7°)	斜度1:5(11.3°)
1.2	1.0	1.22	1.52
1.8	1.23	1.47	1.83
2.4	1.43	1.70	2.13
3.0	1.60	1.90	2.39

着火巷道实际风速越小于最小风速，烟流滚退发生越快，逆向移动长度越长，滚退烟流厚度越大，但一般不会超过断面的一半。在实际风速小于最小风速一半以上时，作业人员甚至跑不过滚退烟流。当实际风速小于最小风速的三分之一时，滚退烟流的厚度可能超过巷道上半部，只是滚退烟流的前锋厚度占一半左右断面。

直接灭火时，可以采取措施控制烟流滚退，但首先应检查巷道顶板是否稳定，因为炽热烟流滚退可能破坏支架和煤（岩）层，引起巷道垮塌和片帮，危及灭火人员的安全。

（二）隔绝灭火法

1. 隔绝灭火的基本方法

隔绝灭火法是在直接灭火法无效时采用的灭火方法，是在通往火区的所有巷道中构筑防火密闭墙，阻止空气进入火区，从而使火势逐渐熄灭。隔绝灭火法是处理大面积内、外因火灾，特别是控制火势发展的有效方法。灭火的效果取决于密闭墙的气密性和密闭空间的大小。

根据防火墙所起的作用不同，可分为临时防火墙、永久防火墙及耐爆防火墙等。

（1）临时防火墙。其作用是暂时切断风流，阻止火势发展，所以应该简便、迅速。

（2）永久防火墙。用于长期封闭火区切断风流。因此，对它的要求是既坚固又密实不漏风，具有较强的耐压性。

（3）耐爆防火墙。在瓦斯矿井封闭火区，可能由于瓦斯积聚而发生瓦斯爆炸，因此应使防火墙具有耐爆性。耐爆防火墙可用砂袋、石膏等材料筑成。

2. 采用隔绝灭火方法应当遵守的规定

（1）合理确定封闭范围。

（2）封闭火区时，首先建造临时密闭，经观测风向、风量、烟雾和气体分析，确认无爆炸危险后，再建造永久密闭或者防爆密闭。

（3）设专人检测风流和气体变化，发现易燃易爆气体浓度迅速增加时，救援人员应立即撤到安全地点，并向现场指挥部报告。

3. 封闭火区应当遵守的规定

（1）多条巷道需要封闭的，先封闭支巷，后封闭主巷。

（2）火区主要进风巷和回风巷中的密闭留有通风孔，其他密闭可以不留通风孔。

（3）选择进风巷和回风巷同时封闭的，在两处密闭上预留通风孔，并保证火区瓦斯浓度不超过2%。封堵通风孔时，实施统一指挥，密切配合，以最短时间同时封堵。

（4）封闭有爆炸危险火区时，先采取注入惰性气体等抑爆措施，后在安全位置构筑进、回风密闭。

（5）封闭火区过程中，设专人检测风流和气体变化，发现瓦斯等易燃易爆气体浓度迅速增加时，所有人员立即撤到安全地点，并向现场指挥部报告。

4. 建造火区密闭应当注意的事项

（1）密闭墙的位置选择在围岩稳定、无破碎带、无裂隙和巷道断面小的地点，距巷道交叉口不小于10 m。

（2）拆除或者断开管路、电缆和轨道等金属导体。

（3）密闭墙留设观测孔、措施孔和放水孔。

5. 火区封闭后应当遵守的规定

(1) 所有人员立即撤出危险区。进入检查或者加固密闭墙在 24 h 后进行，火区条件复杂的，酌情延长时间。

(2) 火区密闭被爆炸破坏的，严禁派救援队探测或者恢复密闭。只有在采取惰化火区措施，经检测无爆炸危险后方可作业，否则，在距火区较远的安全地点建造密闭。

(3) 条件允许的，可以采取均压灭火措施。

(4) 定期检测和分析密闭内的气体成分及浓度、温度、内外空气压差和密闭漏风情况，发现火区有异常变化时，采取措施及时处置。

（三）综合灭火法

综合灭火法是以封闭火区为基础，再采取向火区内灌浆、调节风压和充入惰性气体等措施的灭火方法。

实践证明，单独使用密闭墙封闭火区，熄灭火灾所需时间较长，容易造成煤炭资源的冻结，影响正常生产。如果密闭墙质量不高，漏风严重，将达不到灭火的目的。因此，通常在火区封闭后，借助向火区注入泥浆、惰性气体、凝胶或调节风压等方法，加速火区内火的熄灭。

救援队应当根据矿井火灾的实际情况选择灭火方法，条件具备的，首先采用直接灭火方法。直接灭火时，应当设专人观测进风侧风向、风量和气体浓度变化，分析风流紊乱的可能性及撤退通道的安全性，必要时采取控风措施；应当监测回风侧瓦斯和一氧化碳等气体浓度变化，观察烟雾变化情况，分析灭火效果和爆炸危险性，发现危险迹象及时撤离。特殊情况下应当采用隔绝灭火或者综合灭火方法。

三、火区探察

为了制定出符合实际情况的处理事故计划以及采取正确的救灾措施，必须准确探明火灾的性质、原因、火源位置、烟流范围、遇险遇难人员的数量和所在地，以及通风、瓦斯等情况，为做到"知彼知己"，中队以上指挥员应亲自组织和参加探察工作。

探察工作行动原则：

(1) 在探察前，要做好人力、物力和装备、仪器的准备。

(2) 了解清楚主要探察任务，分工明确。

(3) 仔细研究行进路线及特征，在图纸上标明行动的方向、路线。

(4) 选择基地，设待机小队，确定联络方式。

(5) 明确行动、联络、返回的时间、探察行进方式。进入灾区探察的小队必须按规定的时间返回或保持与基地电话联络。如没有按时返回或通信中断，待机小队应立即进入援救。

(6) 在灾区没有遇险遇难人情况下，主要是探察判定火灾的性质、火源位置、范围、火势大小、温度高低、烟雾弥漫程度、火灾蔓延方向、通往火源的路线、火区巷道情况、通风量、通风设备、现场消防器材、电话通信设备等情况。采取灾区气样并随时把 CH_4、O_2、CO、CO_2 和温度的变化情况报告基地指挥员。

(7) 在探察中发现遇险人员要积极进行抢救或救助，并将他们护送到进风巷道或井下基地，然后再返回继续探察。

（8）探察工作要仔细认真，绘出探察路线及情况示意图，探察结束后，立即向布置任务的指挥员汇报探察结果，以便"有的放矢"确切地制定抢险救灾措施。

（9）进入火区探察时应考虑到如果返回时退路被堵，应采取的措施。

（10）探察过程中遇到遇险者，要了解遇险人员情况，并立即向指挥部报告。

四、火区封闭、管理和启封技术

（一）火区封闭

1. 防火墙构筑前的准备工作

（1）防止爆炸的有关措施。在可能条件下，应移除燃烧的可燃物，特别注意火区内设备中的电池、蓄电池，它们会对将来火区恢复工作的安全造成不利影响。待封闭区域若有大量煤尘存在，应多覆盖岩粉惰化。各种电路，包括信号线、架空线和金属管，都应切断。

（2）封闭区取样。在火区管理和启封火区时，对封闭状况的了解和决策依据来自封闭火区的取样，所以在进回风侧每一座防火墙均应设置取样管。取样管应在防火墙内向火源位置延伸至尽可能近的距离，以减少防火墙附近漏风的影响，减少火源生成气体在进入取样管前的移动过程中，因环境影响造成气体组分、浓度的增减。每一气样至少应该在巷顶、中部和巷底三点提取，以反映封闭区内的空气成分，倾斜巷道尤应如此。为了使取样管尽量接近着火带，可以利用原有风、水铁管，在着火带附近将其锯断作为取样管。管线上要装设隔离阀以防止爆炸经管内传至防火墙以外。

（3）气体监测。

① 火源下风侧直接监测。火源下风侧回风的直接监测容易失误。如前所述，电子型瓦斯检定器在氧浓度低于12%的情况下会产生很大的误差，热风压造成的风流紊乱和不稳定对下风侧的直接监测也有很大影响。所以，应仔细分析因火源下风侧条件复杂多变导致监测结果失真的可能性。

② 主要回风流的监测。在火区主要风流流经的区域，CH_4和CO的监测可以提供较可靠的信息。如果火灾风流流经几条分支，仅在其中一条回风道监测就会造成误判，因为各回风流中烟流的稀释程度不一样。在回风区域监测时，警告发布不能仅根据某一时刻CH_4和CO的浓度，而应结合它们的增加速率综合考虑，用以排除环境对浓度增减的影响。若它们以越来越快的速率连续增加，就应发出撤退命令。

2. 防火墙的建造

防火墙分临时防火墙、半永久防火墙、永久防火墙和耐爆防火墙。为减小防火墙漏风，应采取下列技术措施，提高防火墙构筑质量：

（1）砌筑混凝土防火墙时，在竖直的防火墙面用具有适当强度的塑料硬毛刷代替抹刀刷涂抹面砂浆，可以增加防火墙的严实性和耐久性。特别在防火墙周边与巷壁接触处，用毛刷填塞裂隙比抹刀更为方便，效果更好。

（2）在砂浆中掺入玻璃纤维，可以增强砂浆的胶结强度和黏性，便于涂抹。

（3）防火墙在与巷道接触周边最易出现漏风，为此，分别在巷底、巷帮和巷顶采取一些措施：

① 巷底处理。一种方法是掏槽，向地槽内倒入掺有玻璃纤维的砂浆，形成防火墙墙基，然后，在尚未固结的墙基上砌筑混凝土砖；另一种方法是在要求迅速构筑防火墙的情况下，可以不建墙基，而是将第一层混凝土砖直接砌筑在人工产生裂隙的巷底，把水玻璃（硅酸钠）倒入混凝土砖的中空部分，使水玻璃渗入破裂底板。水玻璃固结后形成屏障，减小了防火墙底部漏风。

② 巷帮处理。与巷底处理相似，首先在两帮掏槽，然后嵌入混凝土砖并用砂浆使之与巷帮胶结，用砂浆塞入防火墙与巷帮的所有空隙，然后在墙面与巷壁的交角处用砂浆糊成弧形封闭带。

③ 巷顶处理。首先用木楔打入防火墙面 2.5 cm，把砂浆用硬毛刷塞入这 2.5 cm 的空隙中，在防火墙面与巷顶的交角内也用砂浆糊成弧形封闭带。若防火墙有几层混凝土砖的厚度，可分层处理。

④ 防火墙内侧周边处理。为进一步减小漏风，可在防火墙内侧留一名作业人员从事抹墙面和处理防火墙周边作业，在墙与巷壁接触缝隙塞入砂浆，使墙内外侧表面和周边都经过抹面和砂浆填塞。

通过上述措施，可以提高防火墙的强度和密实程度。

(二) 火区管理

1. 火区封闭后应当遵守的规定

（1）所有人员立即撤出危险区。进入检查或者加固密闭墙在 24 h 后进行，火区条件复杂的，酌情延长时间。

（2）火区密闭被爆炸破坏的，严禁派救援队探测或者恢复密闭。只有在采取惰化火区措施，经检测无爆炸危险后方可作业，否则，在距火区较远的安全地点建造密闭。

（3）条件允许的，可以采取均压灭火措施。

（4）定期检测和分析密闭内的气体成分及浓度、温度、内外空气压差和密闭漏风情况，发现火区有异常变化时，采取措施及时处置。

2. 火区的日常管理

火区封闭后，虽然可以认为火势已得到了基本控制，但在火区没有彻底熄灭之前，仍应加强火区的管理，直至火区彻底熄灭，为下一步开展火区启封工作提供翔实可靠的第一手资料。火区管理工作包括对火区进行的资料分析、整理，以及对火区的观测检查等工作。

（1）绘制火区位置关系图、建立火区卡片。火区位置关系图应标明所有火区和曾经发火的地点，并注明火区编号、发火时间、地点、气体组分、浓度等。对于每一个火区，都必须建立火区管理卡片。火区管理卡片包括以下内容：

① 火区登记表。火区登记表中应详细记录火区名称、火区编号、发火时间、发火原因、发火时的处理方法及发火造成的损失，并绘制火区位置图。

② 火区灌注灭火材料记录表。火区灌注灭火材料记录表用于详细记录向火区灌注黄泥浆、河砂、粉煤灰、凝胶、惰泡、惰气及其他灭火材料的数量和日期，并说明施工位置、设备和施工过程等情况。

③ 防火墙观测记录表。防火墙观测记录表用于说明防火墙设置地点、材料、尺寸及封闭日期等情况，并详细记录按规定日期观测到的防火墙内气体组分的浓度、防火墙内温度、防火墙出水温度及防火墙内外压差等数据。

火区管理卡片是火区管理的重要技术资料，对做好矿井防灭火工作意义重大。火区管理卡片由煤矿通风管理部门负责填写，并永久保存。

（2）火区检查观测与日常管理。在火区日常管理工作中，防火墙的管理占重要地位，因此必须遵循以下原则：

① 每个防火墙附近必须设有栅栏、提示警标，禁止人员入内，并悬挂说明牌。说明牌上应标明防火墙内外的气体组分、温度、气压差、测定日期和测定人员姓名等。

② 定期测定和分析防火墙内的气体成分和空气温度，定期检查密闭墙外的空气温度、瓦斯浓度、密闭墙内外空气压差及密闭墙墙体。发现封闭不严、有其他缺陷或者火区有异常变化时，必须采取措施及时处理。

③ 所有测定和检查结果都必须记入防火记录本中，矿井做大幅度风量调整时，应当测定密闭墙内的气体成分和空气温度。井下所有永久性密闭墙都应当编号，并在火区位置关系图中注明。

（三）火区启封

1. 火区启封概述

矿井火区封闭之后在加强火区管理的同时，最重要的任务是了解何时及如何启封火区，尽快安全地恢复生产。尽管在火区启封方面已积累多年的经验，但在一些火区启封工作中也曾出现不少错误决策和行动，导致火区复燃和重封闭，甚至造成爆炸和伤亡事故。《煤矿安全规程》第二百七十九条规定，封闭的火区，只有经取样化验证实火已熄灭后，方可启封或者注销。

火区同时具备下列条件时，方可认为火已熄灭：

（1）火区内的空气温度下降到 30 ℃ 以下，或者与火灾发生前该区的日常空气温度相同。

（2）火区内空气中的氧气浓度降到 5.0% 以下。

（3）火区内空气中不含有乙烯、乙炔，一氧化碳浓度在封闭期间内逐渐下降，并稳定在 0.001% 以下。

（4）火区的出水温度低于 25 ℃，或者与火灾发生前该区的日常出水温度相同。

（5）上述 4 项指标持续稳定 1 个月以上。

值得注意的是，由于火区内外环境影响的复杂性，取样点与着火带状态的差异，按上述规定启封火区时，仍应谨慎从事，不能在其他异常情况下死板教条地盲目认定火区已熄灭而大意。

2. 火区状态的分析

（1）火区封闭后，机械通风动力的中断并不能完全停止封闭区内空气流动而经过着火带。这是因为火区内热风压起主导作用，使火区内空气缓慢而紊乱流动。流动状态取决于与热风压有关的参数，如封闭区域范围、巷道连接形式、标高差、炽热燃烧物质的体积、着火带及下风侧岩温等因素。如果风流流动向着火带供氧，并造成炽热烟流再次进入火源，很可能引起爆炸。

（2）封闭区内大气氧浓度低于5.0%时，火焰燃烧将开始逐渐减弱乃至熄灭；氧浓度在1.0%以下时，火焰燃烧完全熄灭。但即使在空气中氧浓度为零的条件下，着火带可燃物的阴燃仍可持续相当长的一段时间，这是启封火区应该特别注意的。其原因是煤层特别是特厚煤层具有很强的吸附氧的能力，而有的煤层含有一定的氧气，足以支持阴燃。因此，火区内大气的含氧浓度并不能完全代表火源燃烧的供氧状况。

（3）在岩温或可燃物阴燃温度超过150℃左右时，若空气中氧浓度大于5.0%可能导致复燃。在可燃物是木材，特别是承受压力的木柱、木垛、木隔墙的情况下，复燃的可能性更大。由于火区内空气温度与着火带阴燃可燃物温度的差异，无法估计着火带阴燃可燃物的温度。可燃物处于阴燃时，在有利的封闭条件下，即使用水淹法灭火，也可能复燃。在火区巷道垮塌、断面减小的情况下，也创造了储热和复燃的有利条件。

（4）由于焦炭对CO的吸附作用，着火带燃烧生成的CO可能为焦炭所吸附。所以，即使大气中CO浓度降为零，也不能就此认定火源燃烧已熄灭。

（5）在盲巷火区或因均压措施杜绝漏风的火区，CO不能散失，即使火源熄灭不再生成CO，CO也长期存在。CO也可能因煤层及木材的缓慢氧化产生，而非因火源燃烧生成。因此，存在CO也并不绝对意味火源尚未熄灭。

（6）在漏风较大的火区，即使CO、CH_4、H_2和CO_2浓度下降，O_2浓度也可能增加。当火区位于地层裂缝较大，特别是煤层之间和浅部采空区附近（距离小于30倍采高），火区空气中O_2浓度不易下降。

（7）火区内煤层瓦斯涌出量大，可能将火区内火源生成的气体挤出，使这些气体浓度下降，但不意味着火源已熄灭。

（8）正确分析封闭区内大气中各种气体浓度的变化趋势，可以提高火区状态分析的可靠性。在启封火区时分析获取的气体浓度变化趋势信息，有助于了解启封时的状态变化，以便及时采取防止事故的措施。

综上所述，由于所测得的火区内大气温度、CO、O_2浓度不能准确反映着火带的燃烧特别是阴燃状况，而着火带的阴燃状况在防火墙外是难以了解的。所以，无法确定可靠的、实践可行的准确指标来判定火源是否熄灭。《煤矿安全规程》所规定的几项指标只能是在实践可行的前提下提供火区启封作业的相对安全保障。在火区启封时，仍需制订安全措施，不能麻痹大意。

3. 启封火区必须遵守的规定

《煤矿安全规程》第二百八十条规定，启封已熄灭的火区前，必须制订安全措施。

启封火区时，应当逐段恢复通风，同时测定回风流中一氧化碳、甲烷浓度和风流温度。发现复燃征兆时，必须立即停止向火区送风，并重新封闭火区。

启封火区和恢复火区初期通风等工作，必须由矿山救护队负责进行，火区回风风流所经过巷道中的人员必须全部撤出。

在启封火区工作完毕后的3天内，每班必须由矿山救护队检查通风工作，并测定水温、空气温度和空气成分。只有在确认火区完全熄灭、通风等情况良好后，方可进行生产工作。

4. 火区启封方法

1) 通风启封火区法

通风启封火区法若应用恰当，是一种最迅速、最方便、最安全也最经济的方法。通风启封法可以用于全矿井地面封闭的火区启封中，因为人员在初期不用下井，可以保证人身安全。但是在井下局部范围的火区启封时，它只能用于火区范围小、着火带附近无顶板大量垮塌、火区内可燃气体浓度低于爆炸界限以下的情况下。通风启封火区法应用不恰当，则会造成火区复燃、火势扩大甚至爆炸事故。

通风启封密闭的步骤简单，启封前预先确定有害气体的排放路线，并撤出路线上的人员。首先打开一个出风侧防火墙（先打开 1 个小孔并逐渐扩大），过一段时间再打开一进风侧防火墙，待有害气体排放一段时间无异常现象，相继打开其余防火墙。进风侧防火墙一般处于火区下部，容易有 CO_2 积存。启封前和启封时要注意检查，防止 CO_2 逆风流流动造成危害。打开进回风防火墙的短期内要采取强力通风，并要求工作人员撤离一段时间，待 1~2 h 后再进入火区进行火区恢复工作。

2) 锁风启封火区法

锁风启封火区法适用于火区范围大、难以确认火源是否完全熄灭，以及高瓦斯涌出的火区防止瓦斯爆炸等情况。锁风启封火区就是沿着原封闭区内的巷道，由外向里向火源逐段移动密闭位置，逐渐缩小火区范围而最后在封闭状况下进入着火带，实现火区全部启封的方法。

(1) 锁风密闭的位置。在主要进风巷侧原防火墙之外 5~6 m 处建立带风门的密闭。救护队员进入后，关闭风门，打开原火区防火墙。在形成的封闭空间中应便于贮存材料，作业人员应能与现场指挥部保持联系。

(2) 锁风法可能存在的危险。由于在打开原防火墙时新鲜空气的进入不可避免地增加原封闭区内大气的氧浓度，因此，锁风操作必须在封闭内氧浓度减少到 2% 以下才能开始。这主要是考虑到形成爆炸性气体的可能。在封闭区若已形成爆炸性气体，人员就应撤退。封闭区内有害气体涌出也可能威胁锁风作业人员，在大气压力降低时更应注意这种危险。为了解火区内大气压力的变化，应监测火区内外压力的变化。区内气压下降预示新鲜空气可能流入；气压上升预示区内有害气体可能流出。现场指挥部应有地面和封闭区内大气压力变化实时测定的数据，以便及时掌握封闭区内和地表大气变化趋势。

(3) 锁风启封火区时的封闭区内大气监测。在进行锁风启封时，应对封闭区内大气状态连续监测，用以出现大量氧气流入封闭区，封闭区内大量有害气体流出，存在爆炸危险情况的预警。救灾人员应根据下列现象来判断爆炸发生的可能性：

① 压力波动。注意密闭内气流是否稳定，若出现"呼吸"现象、风流方向变化频繁，均预警爆炸的可能。

② CO 浓度或 H_2 浓度的连续增加（考虑变化趋势而非仅考虑浓度值）表示火势发展。

③ 在冒顶处烟雾增加，预警复燃的可能。

五、矿井火灾时期的反风

(一) 矿井火灾时期反风方法

矿井火灾时期，由于火灾烟流将进入采掘工作面可能造成重大人员伤亡，因此采取全矿井反风、区域性反风或局部反风等风向控制措施，是确保人员安全，防止灾情扩大的必要措施。

(1) 当火灾发生在矿井井口附近、井筒、井底车场（包括井底车场硐室）和与井底车场直接相通的大巷（中央石门、运输大巷）中时，由于产生的大量有害气体会威胁井下绝大多数人员的安全，此时为了防止灾害扩大，把有害气体以最短线路尽快排出地面，应进行全矿井反风。

(2) 当矿井的某一区域的进风巷（尤其是多风机联合运转的矿井）或某一独立的通风系统进风大巷发生火灾事故时，为防止灾害扩大，可以采取区域性反风措施。

(3) 当采区内部或工作面进风着火，有条件时可进行局部反风。当进风侧不具备灭火条件，需要从回风巷接近火源，或者需在回风侧设水幕时，可进行局部反风。

(二) 反风时注意事项

(1) 反风时必须撤出原进风侧全部人员。
(2) 局部反风前在原进风侧采取防止火灾蔓延的措施。
(3) 利用自然风压或火风压停机反风，但要防止瓦斯聚积。
(4) 多风井通风反风时，所有风机要同时反风，至少是非事故风机先反风，排烟风机绝不能轻易单独反风或停机。
(5) 高瓦斯矿井，反风后要经常检查瓦斯浓度。当有爆炸危险时应停止反风。

(三) 矿井反风的保障

为保障矿井反风实施的安全性和有效性，需注意以下问题：

(1) 遵守《煤矿安全规程》对于矿井反风设施、主要通风机管理必须满足风流反向时间（10 min 内）、反风后主要通风机供风量（不应少于正常供风量的40%）、反风设施检查（至少每季度1次）和反风演习（每年应当进行1次）的规定。

(2) 反风演习应注意井下各区或的供风量变化、瓦斯浓度以及其对火区和采空区气体的影响。矿井反风具体实施时常出现争议，主要原因是担心全矿或局部反风效果不佳，将有可能造成矿井火区内风流流向逆转，导致可燃气体进入火源；可能造成采空区瓦斯、工作面高瓦斯区域（如专用排瓦斯巷、上隅角瓦斯积聚区）瓦斯涌出进入火源引起爆炸。因此，为保证灾变时期的反风决策的正确性，必须在平常反风演习时，注意反风效果以及反风可能造成的上述影响，以便提早采取补救措施。

(3) 注意反风后影响区域人员内通信联系和撤退。反风将对影响区域内人员的安全造成威胁，为减小反风带来的不利影响，提高反风作业的及时性、有效性，必须预先提供充分的反风决策、组织、通信和装备保证。

(4) 加强对井下人员进行反风知识的教育。矿井或局部反风是否成功，很大程度上取决于影响区域内的人员对反风知识及应对措施的了解，必须预先对井下人员进行反风技术知识、程序和安全措施等方面的教育，使影响区域内的人员安全撤退。

(5) 救灾措施执行顺序的重要性。因矿井进风区发生灾害而采取全矿反风等措施时，须注意灾害治理、受影响区人员撤退和救护队下井探察等必要救灾步骤实施顺序的协调。若首先通知人员撤退或直接处理灾害，反风措施将对向原进风区撤退人员或在灾害源上风侧处理灾害人员造成威胁。因此，需同时采取的几种措施，即使都是必要的，也必须预先考虑这几种措施在不同条件下的执行顺序，避免救灾时临时决策的失误。

六、煤矿火灾事故救援处置要点

(1) 电气火灾或火灾危及电气设备、电缆时，应先切断电源。如果电源开关处于瓦斯超限区，则到远离此处上段无爆炸性气体危害的开关处切断电源。

(2) 在没有弄清火灾情况、人员分布、遇险人员状况及灾区通风、瓦斯、支护与设备等条件时，一般只能采用原有通风方式。在遇险人员未撤出灾区时，不能减少灾区风量，必要时要增加风量，以防止出现贫氧和造成瓦斯积聚。

(3) 灭火时不允许大量人员涌入火区。有煤尘爆炸危险时，还必须防止煤尘飞扬。如有瓦斯聚积可能，又无检测手段时，应立即撤出危险区。

(4) 抢救过程中，必须指定专人监测瓦斯、一氧化碳和其他有害气体变化，防止煤尘飞扬，注意风流变化与顶板安全。遇情况恶化，立即撤出灾区，在安全地点待命。

(5) 迅速救出灾区人员，同时进行灭火。救人应首先抢救受轻伤、重伤与遇险待救人员，最后搬运出遇难者遗体。

(6) 火灾初期，火势不大，是采用直接灭火的有利时机。用水灭火必须在有充足的供水条件下进行。灭火时，人站在进风侧，用水枪由火的边缘向中心喷射，回风侧应切断电源，保持畅通。如处于风流不稳定的角联风路或下行风流中，或遇回风受阻使排烟不畅时，都应防止火烟逆转。用水灭火还要防止水煤气爆炸。直接灭火后，应将火源或残留火种挖除。如供水不足，可用灭火器，也可用砂子、黄土等不燃物充填火区，注浆灭火。

(7) 灭火时应以直接灭火方式扑灭火灾，消除火源。如不能直接灭火或直接灭火无效时，则可远距离发射高倍数泡沫，如仍无效果且灾区内已无活人，则可采用封闭方式将火区进风与回风封闭，必要时还可注入惰气。特殊情况下，亦可采用水砂或泥浆充填。在灭火或封闭时，必须采取防止爆炸等安全措施，以免扩大事故。

(8) 如火区范围大，且不易封闭严密，而火区气体无爆炸危险，可采用高位数泡沫远距离喷射。如火区气体有爆炸危险，且灾区人员均已撤出，则可用惰气送入，以加速火区惰化。在特殊情况下，个别矿井或采区只有采用水淹，这种方法对极易自燃的煤层而言，排除积水后，更易复燃。

(9) 当直接灭火无效或火势发展快、温度高、无法接近火源时，则可将火区进、回风道封闭，使封闭区内氧浓度下降，达到惰化火区，促其熄灭的目的。有煤尘自燃威胁的矿井、采区、工作面在设计与施工中均应为迅速封闭火区创造条件。封闭地点的选择、封闭顺序的安排、密闭墙建造的要求以及建造时的安全、隔爆措施，应按《煤矿救援规程》有关规定执行。

(10) 扑灭火灾后，应找出隐蔽火源，清理残留火种，防止复燃与发生爆炸。

第三节 瓦斯燃烧与瓦斯爆炸事故抢险与救灾技术

一、瓦斯燃烧事故抢险与救灾技术

瓦斯燃烧与瓦斯爆炸不同，当瓦斯与氧气的化学反应进行得比较缓慢，没有明显的动力效应时，就是燃烧；如果化学反应进行得十分剧烈并且有显著的动力效应，就是瓦斯爆炸。火灾首先由物质的燃烧开始，然后由小到大酿成灾害。

（一）燃烧的概念

燃烧主要是指可燃物与空气（氧）或其他氧化剂进行化合的一种化学反应，同时伴随着发光和放热。简单的可燃物的燃烧，只有元素和氧的化合。复杂的可燃物的燃烧，先是物质的受热分解，然后发生化学反应。

1. 发生矿井瓦斯燃烧的基本条件

（1）具有一定温度和足够能量的热源。瓦斯煤尘爆炸、爆破、机械摩擦、电气火花、吸烟、烧焊和各种明火等均能引起瓦斯燃烧。

（2）存在一定浓度的瓦斯。

（3）具有新鲜空气。燃烧必须要有足够的新鲜空气。

2. 发生外因火灾引起瓦斯燃烧的原因

（1）存在明火。吸烟、电焊、火焊、喷灯焊及用电炉、大灯泡取暖等都能引燃可燃物而导致瓦斯燃烧。

（2）出现电火。主要是由于电气设备性能不良、管理不善，如电钻、电机、变压器、开关、插销、接线三通、电铃、打点器、电缆等出现损坏、过负荷、短路等，引起电火花，继而引燃瓦斯。

（3）有炮火。由于不按爆破规定和爆破说明书爆破，如放明炮、糊炮、空心炮，以及用动力电源爆破、不装水炮泥、倒掉药卷中的硝烟粉、炮眼深度不够或最小抵抗线不合规定等都会出现炮火，导致引燃可燃物而发火。

（4）瓦斯、煤尘爆炸引起火灾。

（5）机械摩擦及物体碰撞引燃可燃物，进而引起火灾。

（二）矿井井下瓦斯燃烧的危害

（1）发生瓦斯燃烧时，常常会生成大量有毒气体和窒息性烟雾，严重威胁井下人员的生命安全和健康。

（2）在有瓦斯和煤尘爆炸危险的矿井，当发生瓦斯燃烧时，容易引起瓦斯煤尘爆炸，进而扩大灾害的影响范围。

（三）瓦斯燃烧事故救灾技术

（1）发生在有瓦斯缓慢涌出的掘进工作面的瓦斯燃烧事故的处理原则，如图4-3所示。

（2）发生在瓦斯集中喷（涌）出的掘进工作面的瓦斯燃烧事故的处理原则，如图4-4所示。

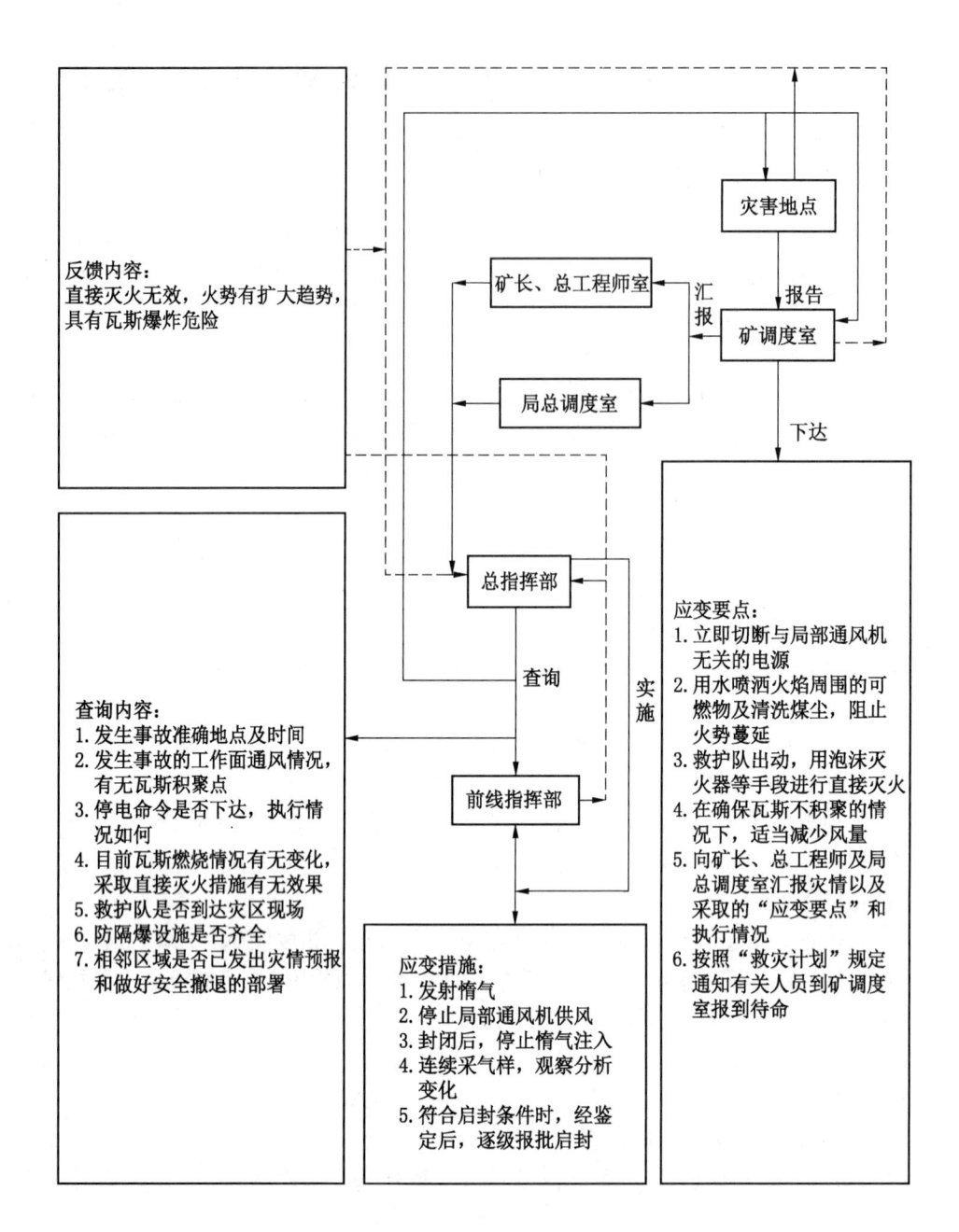

图 4-3 发生在有瓦斯缓慢涌出的掘进工作面的瓦斯燃烧事故的处理原则

(3) 发生在有瓦斯来源的局部高冒顶孔洞中的瓦斯燃烧事故的处理原则，如图 4-5 所示。

二、瓦斯爆炸事故救援处置要点

(1) 选择最短的路线，以最快的速度到达遇险人员最多的地点进行侦察、抢救。选

第四章 矿山事故抢险与救灾技术

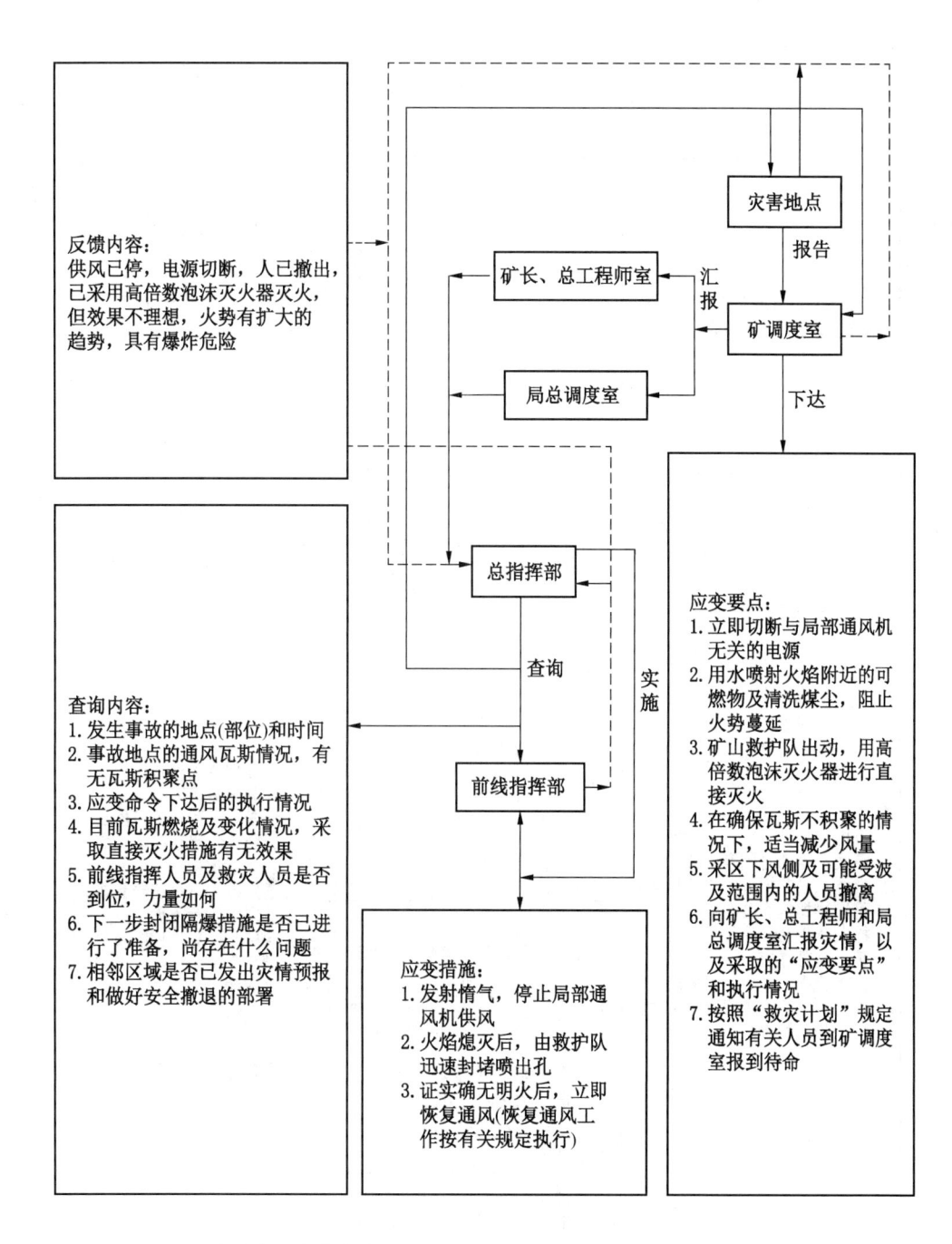

反馈内容：
供风已停，电源切断，人已撤出，已采用高倍数泡沫灭火器灭火，但效果不理想，火势有扩大的趋势，具有爆炸危险

查询内容：
1. 发生事故的地点(部位)和时间
2. 事故地点的通风瓦斯情况，有无瓦斯积聚点
3. 应变命令下达后的执行情况
4. 目前瓦斯燃烧及变化情况，采取直接灭火措施有无效果
5. 前线指挥人员及救灾人员是否到位，力量如何
6. 下一步封闭隔爆措施是否已进行了准备，尚存在什么问题
7. 相邻区域是否已发出灾情预报和做好安全撤退的部署

应变措施：
1. 发射惰气，停止局部通风机供风
2. 火焰熄灭后，由救护队迅速封堵喷出孔
3. 证实确无明火后，立即**恢复通风**(恢复通风工作按有关规定执行)

灾害地点 → 报告 → 矿调度室 → 下达
矿调度室 → 汇报 → 矿长、总工程师室
矿调度室 ← → 局总调度室
总指挥部 ← 查询 / 实施 → 前线指挥部

应变要点：
1. 立即切断与局部通风机无关的电源
2. 用水喷射火焰附近的可燃物及清洗煤尘，阻止火势蔓延
3. 矿山救护队出动，用高倍数泡沫灭火器进行直接灭火
4. 在确保瓦斯不积聚的情况下，适当减少风量
5. 采区下风侧及可能受波及范围内的人员撤离
6. 向矿长、总工程师和局总调度室汇报灾情，以及采取的"应变要点"和执行情况
7. 按照"救灾计划"规定通知有关人员到矿调度室报到待命

图4-4 发生在瓦斯集中喷(涌)出的掘进工作面的瓦斯燃烧事故的处理原则

择哪条路线进入灾区要根据实际情况判断确定：一是沿回风方向进入灾区，二是沿进风方向进入灾区。一般来说，救援力量少时，要沿进风方向进入灾区，因为在空气新鲜的巷道中行进，对保持救援队的战斗力、减少队员体力消耗有利。如果爆炸后，进风巷道垮塌、冒顶和堵塞，一时难以清理、维修，也可沿回风方向进入灾区。但在回风中行进，有烟雾

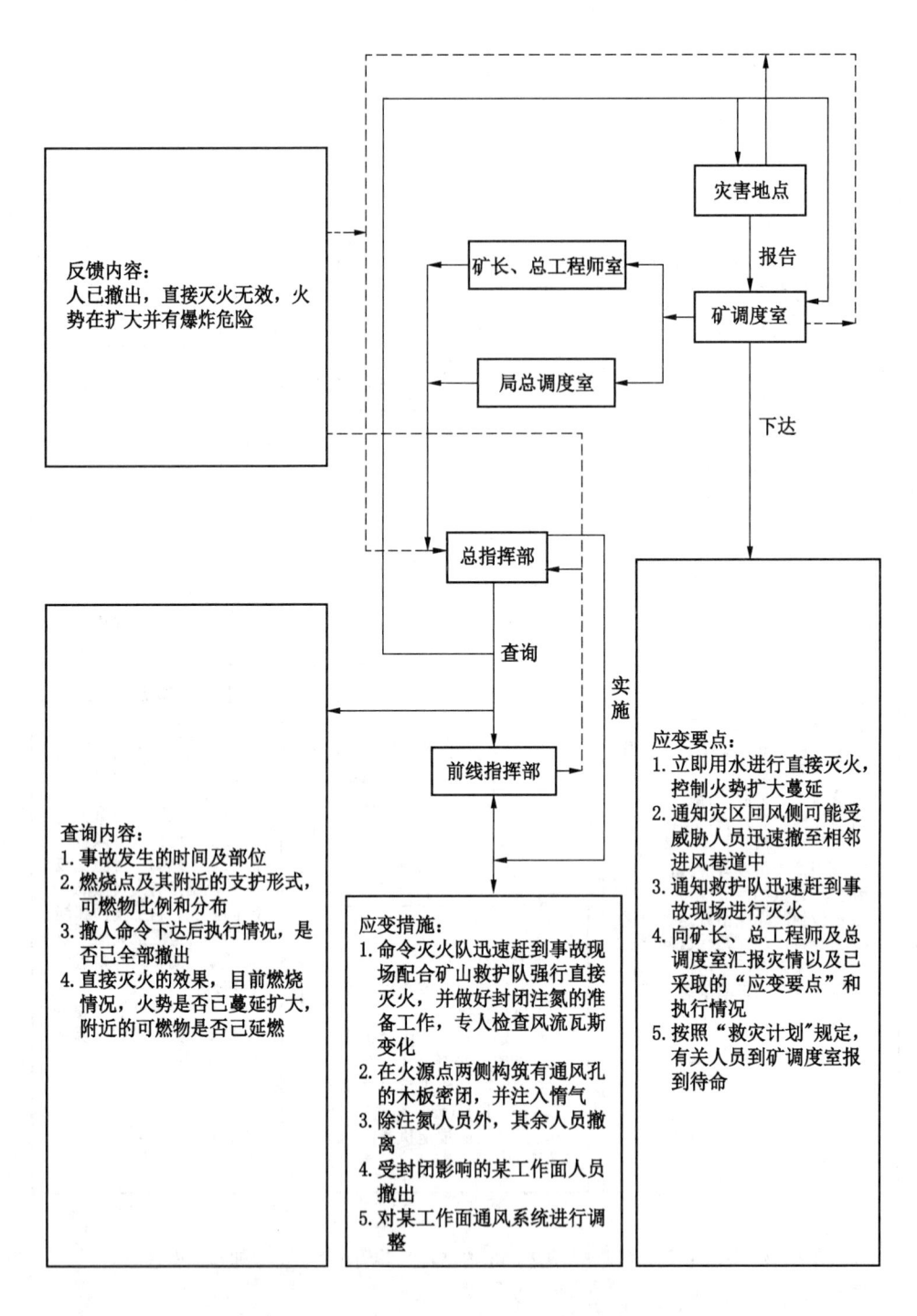

图 4-5 发生在有瓦斯来源的局部高冒顶孔洞中的瓦斯燃烧事故的处理原则

和有毒气体的威胁，救援队员的行进速度较慢，可是，这一带往往也是遇险人员较集中的地方，救援力量多时，可以同时从进回风两侧派人进入。

（2）迅速恢复灾区通风。采取一切可能采取的措施，迅速恢复灾区的通风，排除爆炸产生的烟雾和有毒气体，让新鲜空气不断供给灾区。但恢复通风前，必须查明有无火源存在，否则可能再次引起爆炸。

（3）反风。在紧急抢救遇险人员的特殊情况下，爆炸产生的大量有毒有害气体，严重威胁回风方向的工作人员时，在确认进风方向的人员已安全撤退的情况下，可考虑采用反风，但必须十分慎重，不经过周密分析，盲目行动，往往会造成事故扩大。

（4）清除灾区巷道的堵塞物。瓦斯爆炸后发生冒顶，造成巷道堵塞，影响救援队员进行侦察和抢救时，应考虑清理堵塞物的时间，若巷道堵塞严重，救援队员在短时间内不能清除时，应考虑其他能尽快恢复通风救人的可行办法。

（5）扑灭爆炸引起的火灾。为了抢救遇险人员，防止事故蔓延和扩大，在灾区内发现火灾或残留火源，应立即扑灭。一时难以扑灭时，应控制火势向遇险人员所处位置蔓延；待遇险人员全部救出后，再进行灭火工作。火区内有遇险人员时，应全力灭火。火势特大，并有引起瓦斯爆炸危险，用直接灭火法不能扑灭，并确认火区内遇险人员均已死亡无法救出活人时，可考虑先对火区进行封闭，控制火势，用综合灭火法灭火，待火灾熄灭后，再找寻遇难人员的尸体。

（6）发生连续爆炸时，为了抢救遇险人员或封闭灾区，救援队指挥员在紧急情况下，也可利用两次爆炸的间隔时间进行。但应严密监视通风、瓦斯情况并认真掌握连续爆炸中的时间间隔的规律，考虑在灾区往返时间。当间隔时间不允许时，不能进入灾区，否则，难以保证救援队员的自身安全。

（7）最先到达事故矿井的救援队，担负抢救遇险人员和灾区的侦察任务。在煤尘大、烟雾浓的情况下进行侦察时，救援队员应沿巷道排成斜线分段式前进。发现还有可能救活的遇险人员，应迅速救出灾区。发现确已遇难的人员，应标明位置，继续向前侦察。侦察时，除抢救遇险人员外，还应特别侦察火源、瓦斯及爆炸点的情况，顶板冒落范围，支架、水管、风管、电气设备、局部通风机、通风构筑物的位置、倒向，爆炸生成物的流动方向及其蔓延情况，灾区风量分布、风流方向、气体成分等，并做好记录。

（8）后续到达的救援队应配合第一队完成抢救人员和侦察灾区的任务，或是根据指挥部的命令担负待机任务。待机地点应选在距灾区最近、有新鲜空气的地点，待机任务主要是做好紧急救人的准备工作。

（9）恢复通风设施时，首先恢复主要的、最容易恢复的通风设施。损坏严重，一时难以恢复的通风设施，可用临时设施代替。恢复独头通风时，除将局部通风机安在新鲜空气处外，应按排放瓦斯的要求进行。

三、矿井瓦斯爆炸事故的处理原则

（一）事故初发阶段的处理原则

1. 发现和报告

无论任何人，凡发现灾害事故者，不论其灾害程度如何、波及范围大小，都应立即向调度室值班长（员）汇报，其内容应包括事故发生的地点、时间、类别及事故现场情况。

2. 应急处理

（1）事故现场的区、队长或工程技术人员及通风部门的人员，立即组织在场人员，采取一切有效措施进行自救和抢险救灾，将事故消除在初发阶段；一时难以处理时也不得消极待援，应积极采取措施，防止事故扩大和蔓延。在应急处理事故过程中，不能有效消除危险时，区、队长要有组织地带领所有人员，按照避灾路线的具体要求，迅速撤离灾区。

（2）值班调度长（员）接到井下灾情报告后，应立即采取如下应变要点：

① 询问报告人灾害发生地点、时间、类别、波及范围及灾区情况，并做好录音和记录。

② 启动应急预案，召请矿山救援队。

③ 向矿井负责人和上级主管部门汇报灾情及已采取的抢险救灾行动。

④ 按照矿井灾害预防和预案的规定，通知有关人员。

（3）救援队出动。救援队接到命令后，应迅速做出如下反应：

① 根据事故性质，带齐个人和小队技术装备，迅速赶赴事故现场。

② 出动前，对事故性质及范围、伤亡情况尚不十分清楚时，第一个出动的小队，应带齐最低限度的装备，迅速赶赴事故现场，积极抢救处理。

在赶赴事故现场途中，得知灾害事故已经消除，仍应进入灾区现场进行仔细侦察，证实灾害事故确已消除，遇险（难）人员已全部撤（救）出，并无扩大蔓延危险时，方可返回基地，并向指挥部报告。

③ 如果灾害事故未消除，第一个到达灾区的小队，应担负起对灾区进行全面侦察的任务。侦察时要准确探明事故性质、发生地点、波及范围、遇难（险）人员数量、所在位置，以及灾区巷道支护、通风设施、安全装备、隔爆设施、洒水、灌浆、注砂、抽放瓦斯管路系统的破坏情况及恢复到灾前状态的可能性，并将侦察结果及时准确地向总指挥部和前线指挥部汇报。

④ 矿山救援队进入灾区前，应根据灾害种类、性质、危害程度以及发展变化趋势，佩带好技术装备，按照侦察内容和任务的要求，有计划地进行，并按照规定的时间返回基地。

（4）组成抢险救灾指挥部。矿长、总工程师找到灾情报告后，必须立即做出如下反应：

① 立即赶到矿调度室，听取调度长（员）对灾情的汇报，并询问灾区的发展变化情况。

② 立即组成以矿长为总指挥，总工程师为副总指挥的灾害事故处理总指挥部。

③ 聘请处理灾害事故有丰富经验的干部、工程技术人员和工人，以及外援救援队长参加组成顾问团。

④ 指派1~2名工程师为总指挥的秘书，负责记录工作。

⑤ 为使抢险救灾工作顺利进行，在井下事故现场附近的安全地点建立救灾基地或前线指挥部，并立即作出前线指挥部指挥和成员的选派指令。

⑥ 立即指派通讯科或有关部门架设由地面总指挥部到前线指挥部和灾区之间的通信网络，并保持其畅通无阻。

⑦ 如有外援救援队参加联合作战时,应组成矿山救援队联合作战指挥部,协调各参战救援队的救援行动。

(5) 各级指挥有以下职权:

① 总指挥(矿长),是处理灾害事故的第一责任者,是处理事故灾害的组织者、决策者,有权对不同意见做出裁定。

② 副总指挥(总工程师)是总指挥的助手,协助总指挥制定灾害事故处理方案,并组织、检查其实施。总指挥不在场时,行使总指挥的指挥权。

③ 前线指挥是执行救灾计划,实施救灾方案的组织者。例如,救灾过程中由于情况变化,需要变更总指挥的救灾计划和方案时,应当向总指挥报告请示,经批准后,方可变更,情况特殊时,可采取特殊处理,事后进行汇报。

④ 处理灾害事故计划和方案确定后,要迅速传到前线指挥部,并组织实施。执行中,情况如有变化或与实际情况不符,总指挥应迅速作出变更原计划决定,并将变更情况,根据和内容,以及执行的安全措施,注意事项,实施顺序、步骤及时通知前线指挥部。

⑤ 矿山救援队队长对矿山救援队的行动全权负责、具体指挥,其他任何人均不得干预。要随时掌握战斗力使用情况,如本队战斗力不能胜任救灾工作的需要,应及时向总指挥部提出召请报告。矿山救援队的一切行动,受前线指挥部的统一指挥。

⑥ 现场指挥部未组建前,矿山救援队队长、通风区(科)长和灾区的区长是灾区临时救灾指挥部的当然指挥,应主动担负起抢险救灾的任务。

(二) 不同性质的瓦斯事故的处理原则

当瓦斯爆炸事故发生地点不同、波及范围不同、危害不同时,对它们的处理方法和对策也应有区别。

(1) 排放由于掘进工作面停风而积聚瓦斯引起的瓦斯爆炸事故的处理原则,如图4-6所示。

(2) 发生在采煤工作面的瓦斯爆炸事故的处理原则,如图4-7所示。

(3) 发生在火区和采空区内的瓦斯爆炸事故的处理原则,如图4-8所示。

四、瓦斯燃烧爆炸事故案例分析

【案例】吉煤集团通化矿业集团公司八宝煤业公司特别重大瓦斯爆炸事故

2013年3月29日21时56分,吉林省吉煤集团通化矿业集团公司八宝煤业公司(以下简称八宝煤矿)发生特别重大瓦斯爆炸事故,造成36人遇难(企业瞒报遇难人数7人,经群众举报后核实)、12人受伤,直接经济损失4708.9万元。

4月1日,该矿不执行吉林省人民政府禁止人员下井作业的指令,擅自违规安排人员入井施工密闭,10时12分又发生瓦斯爆炸事故,造成17人死亡、8人受伤,直接经济损失1986.5万元。

"3·29"事故发生经过和抢险救援情况:2013年3月28日16时左右,-416采区附近采空区发生瓦斯爆炸,该矿采取了在-416采区-380石门密闭外再加一道密闭和新构筑-315石门密闭两项措施。29日14时55分,-416采区附近采空区发生第二次瓦斯爆炸,新构筑密闭被破坏,-416采区-250石门一氧化碳传感器报警,该采区人员撤出。

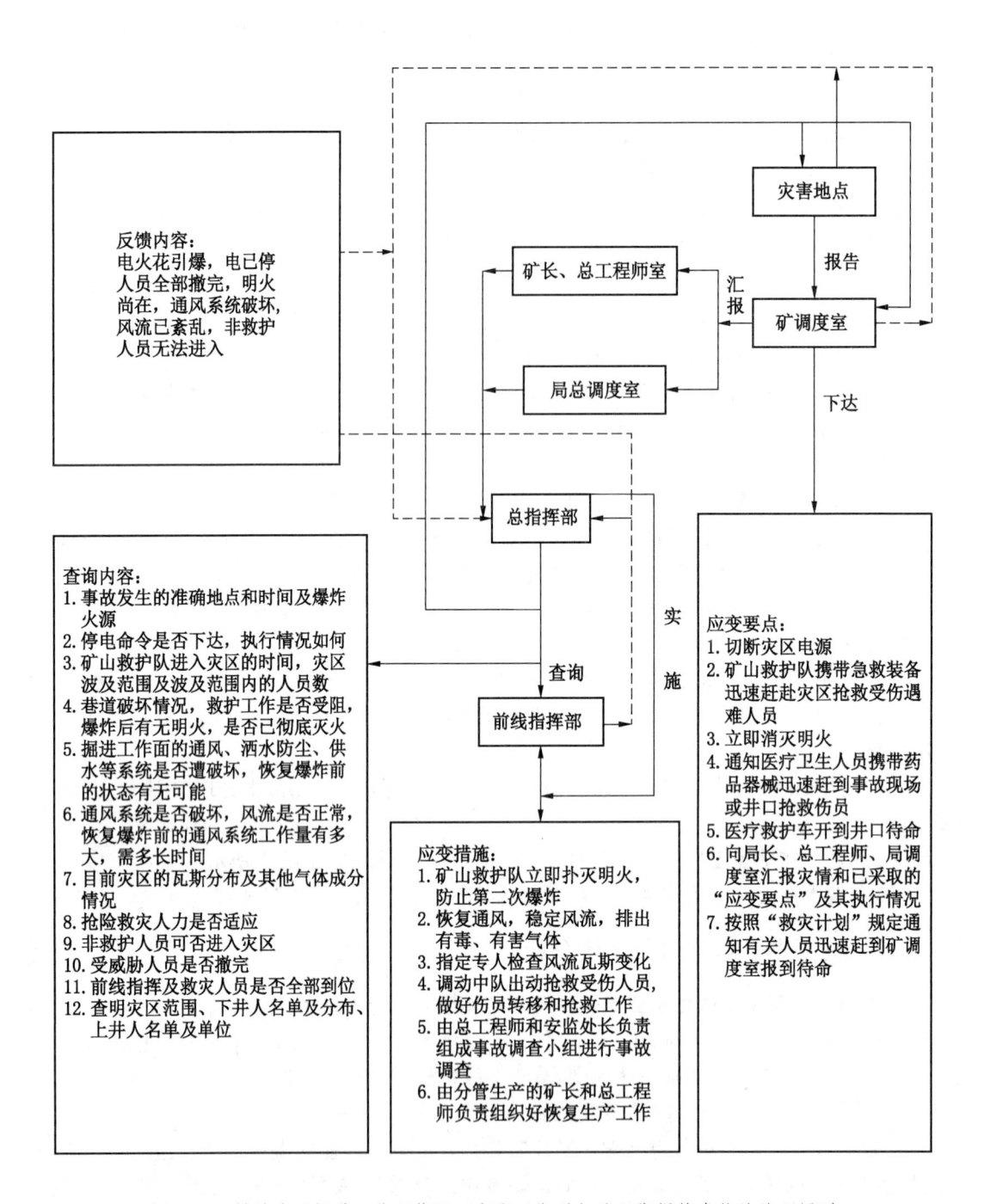

```
┌─────────────────────┐                    ┌─────────┐
│ 反馈内容：          │                    │ 灾害地点 │
│ 电火花引爆,电已停   │                    └─────────┘
│ 人员全部撤完,明火   │      ┌──────────────┐   │报告
│ 尚在,通风系统破坏,  │─────▶│矿长、总工程师室│◀──汇──┐
│ 风流已紊乱,非救护   │      └──────────────┘   报  │
│ 人员无法进入        │              │         ┌─────────┐
└─────────────────────┘              ▼         │ 矿调度室 │
                                ┌─────────┐    └─────────┘
                                │ 局总调度室│        │下达
                                └─────────┘        ▼
                                     │       ┌──────────┐
                                     ▼       │ 总指挥部  │
                                             └──────────┘
                                                  │查询
                                                  ▼
                                             ┌──────────┐
                                             │ 前线指挥部│
                                             └──────────┘
```

图4-6 排放由于掘进工作面停风而积聚瓦斯引起的瓦斯爆炸事故的处理原则

查询内容：
1. 事故发生的准确地点和时间及爆炸火源
2. 停电命令是否下达,执行情况如何
3. 矿山救护队进入灾区的时间,灾区波及范围及波及范围内的人员数
4. 巷道破坏情况,救护工作是否受阻,爆炸后有无明火,是否已彻底灭火
5. 掘进工作面的通风、洒水防尘、供水等系统是否遭破坏,恢复爆炸前的状态有无可能
6. 通风系统是否破坏,风流是否正常,恢复爆炸前的通风系统工作量有多大,需多长时间
7. 目前灾区的瓦斯分布及其他气体成分情况
8. 抢险救灾人力是否适应
9. 非救护人员可否进入灾区
10. 受威胁人员是否撤离
11. 前线指挥及救灾人员是否全部到位
12. 查明灾区范围、下井人名单及分布、上井人名单及单位

应变措施：
1. 矿山救护队立即扑灭明火,防止第二次爆炸
2. 恢复通风,稳定风流,排出有毒、有害气体
3. 指定专人检查风流瓦斯变化
4. 调动中队出动抢救受伤人员,做好伤员转移和抢救工作
5. 由总工程师和安监处长负责组成事故调查小组进行事故调查
6. 由分管生产的矿长和总工程师负责组织好恢复生产工作

应变要点：
1. 切断灾区电源
2. 矿山救护队携带急救装备迅速赶赴灾区抢救受伤遇难人员
3. 立即消灭明火
4. 通知医疗卫生人员携带药品器械迅速赶到事故现场或井口抢救伤员
5. 医疗救护车到井口待命
6. 向局长、总工程师、局调度室汇报灾情和已采取的"应变要点"及其执行情况
7. 按照"救灾计划"规定通知有关人员迅速赶到矿调度室报到待命

通化矿业公司总工程师、副总工程师接到报告后赶赴八宝煤矿,研究决定在-315、-380石门及东一、东二、东三分层顺槽施工5处密闭。16时59分,总工程师、副总工程师带领救援队员和工人到-416采区进行密闭作业。19时30分左右,-416采区附近采空区

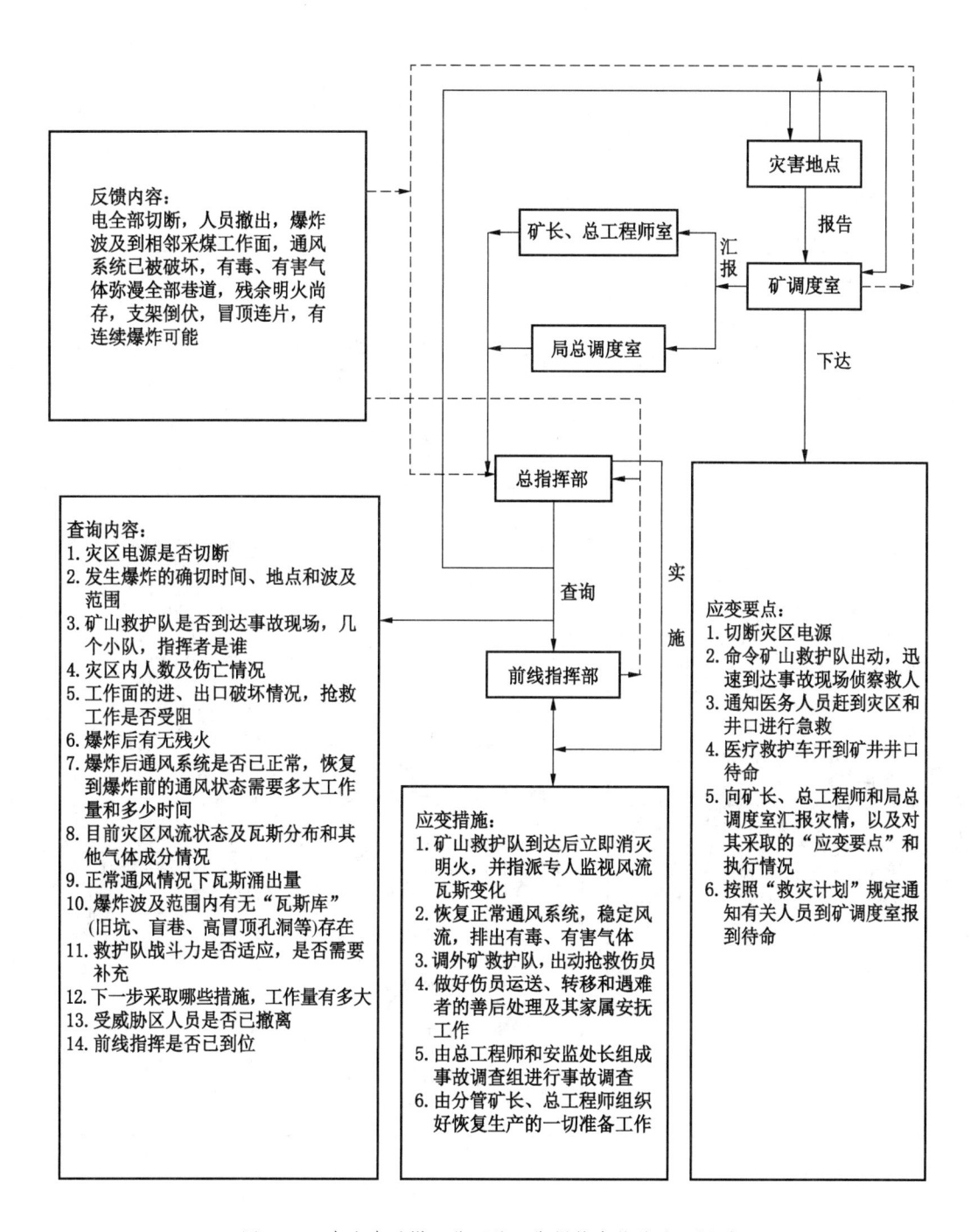

图4-7 发生在采煤工作面的瓦斯爆炸事故的处理原则

发生第三次瓦斯爆炸,作业人员慌乱撤至井底(其中有6名密闭工升井,坚决拒绝再冒险作业)。以上3次瓦斯爆炸事故均发生在-416采区-4164东水采工作面上区段采空区,未造成人员伤亡。该矿不仅没有按规定上报并撤出作业人员,且仍然决定继续在该区域施

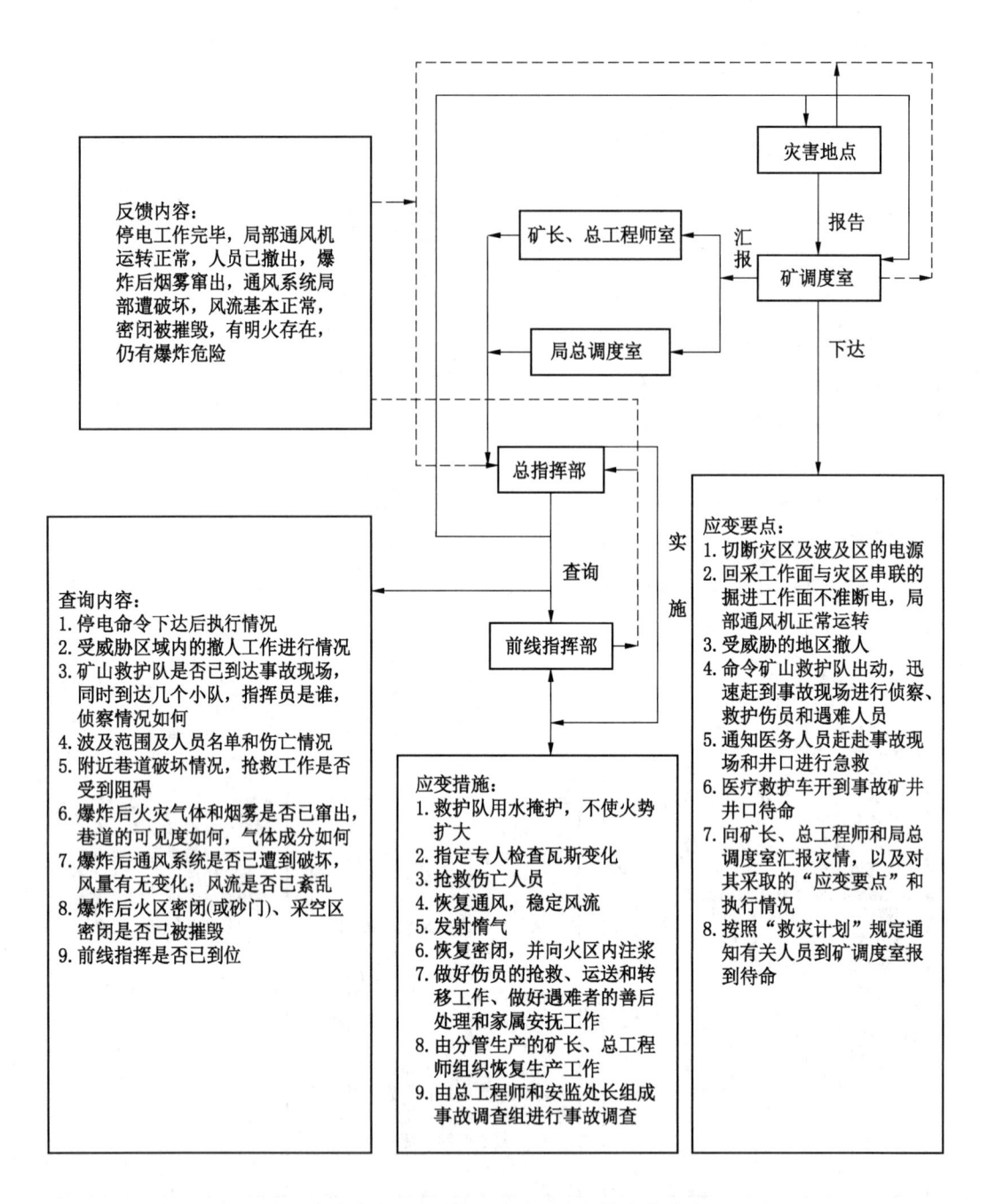

反馈内容：
停电工作完毕，局部通风机运转正常，人员已撤出，爆炸后烟雾窜出，通风系统局部遭破坏，风流基本正常，密闭被摧毁，有明火存在，仍有爆炸危险

查询内容：
1. 停电命令下达后执行情况
2. 受威胁区域内的撤人工作进行情况
3. 矿山救护队是否已到达事故现场，同时到达几个小队，指挥员是谁，侦察情况如何
4. 波及范围及人员名单和伤亡情况
5. 附近巷道破坏情况，抢救工作是否受到阻碍
6. 爆炸后火灾气体和烟雾是否已窜出，巷道的可见度如何，气体成分如何
7. 爆炸后通风系统是否已遭到破坏，风量有无变化；风流是否已紊乱
8. 爆炸后火区密闭（或砂门）、采空区密闭是否已被摧毁
9. 前线指挥是否已到位

应变措施：
1. 救护队用水掩护，不使火势扩大
2. 指定专人检查瓦斯变化
3. 抢救伤亡人员
4. 恢复通风，稳定风流
5. 发射惰气
6. 恢复密闭，并向火区内注浆
7. 做好伤员的抢救、运送和转移工作、做好遇难者的善后处理和家属安抚工作
8. 由分管生产的矿长、总工程师组织恢复生产工作
9. 由总工程师和安监处长组成事故调查组进行事故调查

应变要点：
1. 切断灾区及波及区的电源
2. 回采工作面与灾区串联的掘进工作面不准停电，局部通风机正常运转
3. 受威胁的地区撤人
4. 命令矿山救护队出动，迅速赶到事故现场进行侦察、救护伤员和遇难人员
5. 通知医务人员赶赴事故现场和井口进行急救
6. 医疗救护车开到事故矿井井口待命
7. 向矿长、总工程师和局总调度室汇报灾情，以及对其采取的"应变要点"和执行情况
8. 按照"救灾计划"规定通知有关人员到矿调度室报到待命

图4-8 发生在火区和采空区内的瓦斯爆炸事故的处理原则

工密闭。21时左右，井下现场指挥人员强令施工人员再次返回实施密闭施工作业，21时56分，该采空区发生第四次瓦斯爆炸，该矿才通知井下停产撤人并向政府有关部门报告，此时全矿井下共有367人，共有332人自行升井和经救援升井，截至30日13时左右井下搜救工作结束，事故共造成36人死亡（其中1人于3月31日在医院经抢救无效死亡）。

通化矿业公司为逃避国家调查，只上报 28 人遇难，隐瞒 7 名遇难人员不报。

"4·1"事故发生经过和抢险救援情况："3·29"事故搜救工作结束后，鉴于井下已无人员，且灾情严重，吉林省人民政府和国家安全监管总局工作组要求吉煤集团聘请省内外专家对井下灾区进行认真分析，制定安全可靠的灭火方案，并决定未经省人民政府同意，任何人不得下井作业。4 月 1 日 7 时 50 分，监控人员通过传感器发现八宝煤矿井下 −416 采区一氧化碳浓度迅速升高，通化矿业公司常务副总经理召集副总经理和八宝煤矿副矿长等人商议后，违抗吉林省人民政府关于严禁一切人员下井作业的指令，擅自决定派人员下井作业。9 时 20 分，通化矿业公司驻矿安监处长分别带领救援队员下井，到 −400 大巷和 −315 石门实施挂风障措施，以阻挡风流，控制火情。10 时 12 分，该区附近采空区发生第五次瓦斯爆炸，此时共有 76 人在井下作业，经抢险救援 59 人生还（其中 8 人受伤），发现 6 人遇难并将遗体搬运出井，井下尚有 11 人未找到，事故共造成 17 人死亡、8 人受伤。鉴于该矿井下火区在逐步扩大，有再次发生瓦斯爆炸的危险，经专家组反复论证，吉林省人民政府决定采取先灭火后搜寻的处置方案。4 月 3 日 8 时 10 分左右又发生第六次瓦斯爆炸，由于没有人员再下井，未造成新的伤亡。

第四节　矿山煤与瓦斯突出事故抢险与救灾技术

一、煤与瓦斯突出事故处置要点

（1）发生瓦斯突出事故，不得停风或反风，防止风流紊乱扩大灾情。如果通风网络、设备、设施破坏，应尽快恢复或设临时风障、风门及安装局部通风机恢复通风。

（2）要慎重考虑灾区是否停电这一重大决策。如果停电不会引起水淹危险，应远距离切断电源；如果有被水淹危险，则应加强通风，特别要注意电器设备处的通风；更重要的是必须考虑到停关电是否会引起瓦斯燃爆，一般应做到送电的设备不停电，停电的设备不送电，并应严密监视瓦斯浓度变化并防止一切火花产生。

（3）救援队进入灾区侦察，应查清灾区人员数量及其分布，通风系统及其设施破坏情况，突出源位置与突出堆积物状态，巷道堵塞情况，瓦斯浓度（用量程 0~100% 的瓦斯检定器检查），及灾害威胁区域。如无火源，应抢险积聚瓦斯，变灾区为非灾区；如有火源，应在认定无瓦斯爆炸危险的前提下进行消除火源工作。

（4）处置事故时，禁止停风或减少风量。恢复突出区通风时，要设法用最短路线将瓦斯引入回风道，排风井口 50 m 范围内禁有火源，并有专人监视。

（5）进入灾区，除用 0~10% 瓦斯检定器检查瓦斯浓度外，还必须用量程为 0~100% 的瓦斯检定器监测瓦斯浓度变化情况，同时用氧气检定器检查氧浓度，以防止瓦斯上升或下降到爆炸界限，出现衍生事故。

（6）侦察中发现活人，应为他们佩用隔离式自救器或全面罩式一小时呼吸器，引导出灾区。对被突出物堵截在内的人员，应先利用压风管或打钻孔供空气，再组织人员清理或开掘绕道救人。

（7）瓦斯突出后的灾区要有专人站岗，严禁未佩带氧气呼吸器的人员进入灾区。

（8）瓦斯突出引起火灾时，应采取综合灭火惰气灭火措施。瓦斯突出引起风井口火灾时，应先采取从总进风巷中建筑密闭等隔绝风量的措施，防止井下瓦斯浓度达到爆炸界限，同时集中力量扑灭火灾。如瓦斯在井下引起火灾时，应严格监视瓦斯浓度变化情况，防止高浓度瓦斯降到爆炸界限而发生爆炸。扑灭火灾后，要认真清除阴燃火种，以防后患。

二、瓦斯喷出、煤和瓦斯突出事故的救灾技术

1. 一般原则

（1）矿井发生瓦斯喷出或煤与瓦斯突出（以下简称突出）事故后，应立即通知矿山救援队进入灾区抢救遇难人员，并对充满瓦斯和煤的巷道进行处理。

（2）立即通知灾区和灾区附近受到威胁的人员停止工作，迅速佩戴隔离式自救器撤离灾区和危险地段，或撤至有压气供应的避难硐室，阻止不佩戴氧气呼吸器的人员进入灾区。

（3）迅速采取措施，以最大风量供给灾区，以最短的路线排除瓦斯。

（4）为了防止瓦斯蔓延，应采取措施封堵瓦斯排放源。

（5）突出的煤与矸，应先喷洒水雾，再在短时间内加以清除。

2. 矿山救援队的行动

（1）事故发生在采煤工作面时，首先到达事故矿井的小队，为了迅速抢救遇险人员，应从回风侧进入灾区；事故发生在掘进工作面时，首先到达事故矿井的小队应从入风侧进入灾区。救援队进入灾区之前，应携带足够数量的呼吸器和隔离式自救器，以供遇险人员佩戴。

（2）矿山救援队进入灾区抢救众多的遇险人员时，应首先考虑采用压风管等各种手段向遇险人员所在地进行通风，供给遇险人员新鲜空气。如果短时间内不能供给遇险人员新鲜空气，应给遇险人员佩用个人防护装备，然后将遇险人员撤退出灾区进行抢救。

（3）矿山救援队应派出小队对灾区和灾区附近的巷道进行全面侦察，引导处在危险境地的人员到安全地点。

（4）为了防止瓦斯向有人员工作的地点和火区蔓延，矿山救援队应调整风路和通风设施，迅速排放瓦斯，必要时采取挂风障、建造临时密闭的方法封堵瓦斯排放源。

（5）矿山救援队将灾区的遇险人员救出后，应将灾区内的瓦斯排除，并配合有关采掘区清除喷出或突出的煤、矸。

3. 安全注意事项

（1）矿山救援队进入灾区必须首先切断通向灾区的电源，防止人员触电，防止出现电火花引起瓦斯、煤尘爆炸。

（2）每个队员进入灾区之前都应严格进行矿灯的防爆检查，并严禁使用灾区内的电气设备。

（3）矿山救援队进入灾区后，必须认真检查气体和温度的变化。发现空气中出现一氧化碳和温度升高现象时，应提高警惕，并迅速查明原因。

（4）矿山救援队在侦察时发现喷出或突出的瓦斯发生燃烧时，应立即采取干粉、惰

气灭火等措施,将火源消除。如果是大型瓦斯燃烧事故,应立即撤出人员,对火区进行封闭。

(5)排放瓦斯时,应尽量避免排放的瓦斯流经带电的电气设备,并严禁经过尚未封闭完毕的火区,应直接将瓦斯引向回风巷道。瓦斯浓度超过 0.75% 的气流排出井口时,井口 50 m 内应设岗哨,严禁烟火,除批准的人员以外,其他人员不得接近此地。

(6)清理喷出或突出的煤矸时,应洒水降尘。为了防止二次突出,要设置防护板,打密集支柱,防止突出孔洞的煤岩垮落伤人。

(7)处理二氧化碳突出事故时,队员进入灾区要戴好防烟眼镜。

三、处理灾变事故时的瓦斯排放技术

矿井在正常情况下,一般采用限量排放瓦斯的方法,即风流中的瓦斯或二氧化碳浓度控制在 1.5% 以下。当矿井发生灾变事故,特别是瓦斯喷出、瓦斯突出事故时,在短时间就会使矿井巷道充满大量高浓度瓦斯,并会四处蔓延。如不能迅速排至地面,便会对矿井造成严重威胁。而采用限量排放的方法,所需的时间长,难以适应灾变处理的需要。因此,处理灾变事故时可采取超限排放瓦斯的方法。

1. 超限排放瓦斯的一般原则

(1)处理灾变事故时,在抢救遇险人员,防止瓦斯向人员作业巷道蔓延以及防止火灾向瓦斯积聚点蔓延的紧急情况下,可采用超限排放瓦斯的方法。

(2)超限排放瓦斯应由矿山救援队执行。矿山救援队进入灾区必须佩戴氧气呼吸器。

(3)瓦斯通过的巷道必须切断电源。

(4)严禁经过没有熄灭的火区排放瓦斯。如果无法避开,必须事前迅速地采取措施对火区的漏风地点进行封堵,防止瓦斯向火区渗透。

(5)为了加快瓦斯的排放速度,应减少巷道的通风阻力,清除巷道堵塞物。要尽量缩短瓦斯流经巷道的距离,缩小灾区面积,把灾区内的瓦斯直接引向回风巷道。

(6)排放瓦斯时,瓦斯流经的巷道必须先撤出人员,在巷道交叉地点,由救援队站岗,不佩戴氧气呼吸器的人员不得进入排放瓦斯的巷道。

2. 顶板附近瓦斯层状积聚处理技术

瓦斯层是瓦斯悬浮于巷道顶板附近并形成较稳定的带状积聚,其可在不同支护形式和任意断面的巷道中形成。易出现瓦斯层的巷道:在其顶板 10 m 的范围内有高瓦斯涌出源(如夹煤层、煤线或含瓦斯砂岩层),石门接近煤层或夹煤层,巷道穿过地质破坏带,巷道底板或两帮喷瓦斯等。

瓦斯层的形成与巷道风速密切相关,当巷道风速小于 0.5 m/s 时,在瓦斯正常涌出的条件下就能形成瓦斯层;如果瓦斯涌出量大,巷道风速达 1 m/s 也能够形成瓦斯层;巷道顶板有集中瓦斯涌出,其量大于 0.5 m³/min 时,风速超过 1 m/s,也会出现危险的瓦斯层。

增大巷道风速和巷道顶板附近的风速的方法都是通过加大瓦斯积聚地点的供风量来冲淡稀释瓦斯。

(1)增大巷道风速。在水平巷道,如果顶板有集中瓦斯涌出源(由裂隙涌出等)形

成瓦斯层，消除积聚所需的平均风速 $V(\text{m/s})$：

$$V = 4\sqrt[4]{Q/d}$$

式中　Q——形成瓦斯层的涌出源瓦斯流量，m^3/min；
　　　d——巷道的等效直径，m。

倾斜巷道下行通风时，吹散瓦斯层的平均风速 $V(\text{m/s})$：

$$V = (1.71 + 0.93\sin\alpha)d^{-0.57}\sqrt[3]{Q}$$

式中　α——巷道倾角，（°）。

倾斜巷道上行通风时，消除瓦斯层所需风速 $V(\text{m/s})$：

$$V = 4.2(\sin\alpha)^{0.21}d^{-0.56}\sqrt[3]{Q}$$

巷道底板和两帮有集中的瓦斯喷出时，顶板附近积聚瓦斯层的浓度与喷出量、风速和巷道高度等因素有关，消除这类积聚所需风速 $V(\text{m/s})$：

$$V = KQ^{0.86}$$

式中　K——系数（巷道底板喷出时，$K=0.6$，两帮喷出时 $K=1.2$）。

（2）增大巷道顶板附近的风速。当无法保证稀释瓦斯层所需的巷道平均风速时，可采取措施增大局部地点的顶板风速（图4-9）。例如，在支架顶梁下面加导风板，将风流引向顶板附近；沿顶板铺设压风管，每隔一段距离接一分支短管，用压风将瓦斯层吹散；在集中瓦斯源附近装设引射器。

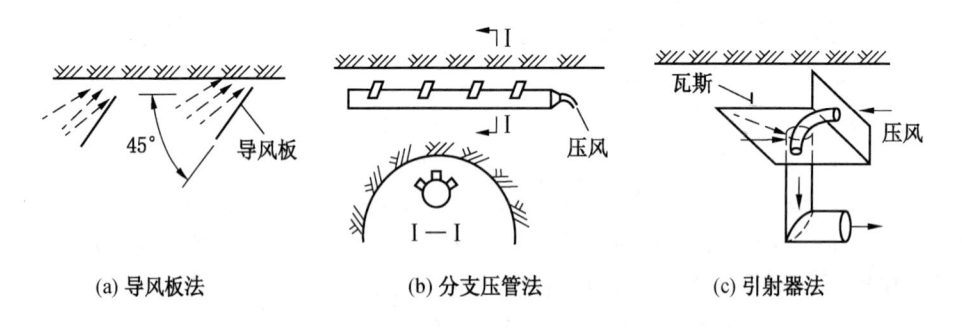

(a) 导风板法　　(b) 分支压管法　　(c) 引射器法

图4-9　增大顶板附近风速吹散瓦斯

另外，也可用康达风筒（旋流风筒）处理积聚瓦斯，它是在局部通风机的导风筒（铁风筒）上，沿其纵向开一条细长的切口，顺着切口方向装设与风筒同圆心的弧形铁罩，如图4-10所示，该罩与风筒之间留有切向排出口，风筒的轴向有控制阀门，当此阀门关闭（或关一定程度）时，风流将从风筒切口并经铁罩的排出口沿切线方向喷射出去，高速旋转的风流（15~30 m/s），沿巷道周边运动，这样巷道支架背板后空洞的积聚瓦斯和顶板的瓦斯层均可被稀释和带出，从而消除瓦斯积聚现象。

3. 顶板冒落空洞积聚瓦斯处理技术

在不稳定的煤、岩层中，无论是掘进巷道还是回采工作面，冒顶是经常出现的，从而在巷道顶部形成空洞（俗称冒高），有时可能达到很大的范围。由于冒顶处通风不良，往往积存着高浓度的瓦斯，风流吹散法是处理该处积聚瓦斯的有效方法。

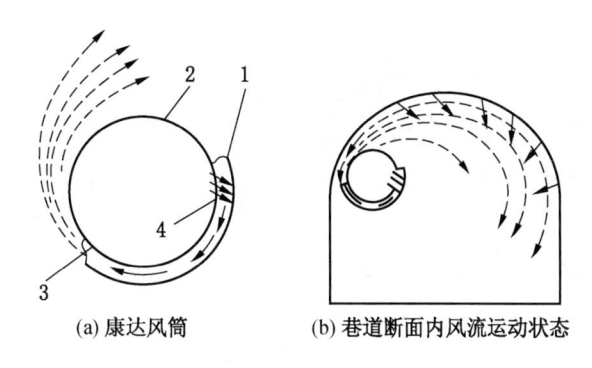

(a) 康达风筒　　　(b) 巷道断面内风流运动状态

1—铁皮罩；2—铁风筒；3—切向排出口；4—风筒上的切口
图 4-10　康达风筒处理积聚瓦斯

风流吹散法是通过加大冒落空洞内的供风量冲淡稀释瓦斯来消除瓦斯积聚。其具体实施方法还应根据冒高与范围、积聚瓦斯量、瓦斯涌出速度和巷道风速的大小来选择。

据经验，在冒高小于 2 m、体积不超过 6 m³、巷道风速大于 0.5 m/s 的条件下，可采用导风障引风吹散法（图 4-11）。风障的材料视其服务时间而定，时间长者可用木板，时间短者可用帆布等。该法的优点是施工简单、经济；缺点是使局部地点的巷道略有高低不平，运输和行人感到不便。

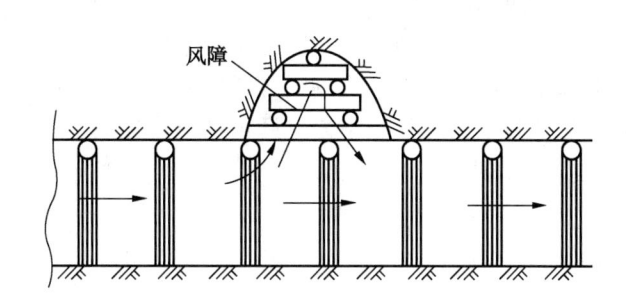

图 4-11　导风障引风吹散法

当冒高大于 2 m、体积超过 6 m³、巷道风速低于 0.5 m/s 时，同时又具有局部通风机送风的地点，可采用分支风管送风吹散法（俗称风袖，如图 4-12 所示）。其具体实施方法：将导风筒开个小口并接上小风筒或胶管，利用局部通风机的一小部分通风量送至高顶处，以吹散积聚的瓦斯。风袖的长度与直径视冒高和范围大小而定。该法的优点是简单易行，缺点是降低了工作面的有效通风量。

若巷道中无局部通风机及风筒，但有压风管路，也可从压风管路上接出一个或多个分支压风管，伸达高顶处，送入压风吹散积聚的瓦斯。

4. 掘进巷道及盲巷的瓦斯引排技术

根据近年来统计，在掘进过程中发生的瓦斯煤尘爆炸事故占瓦斯爆炸事故总数约

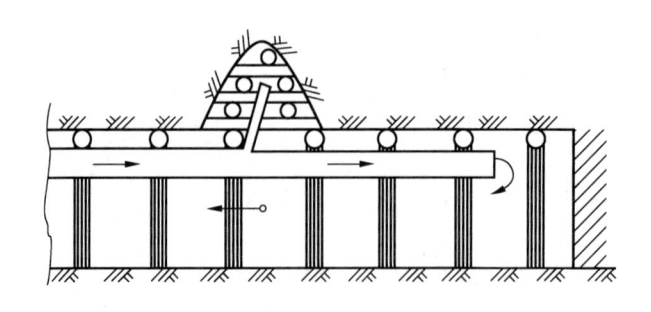

图 4-12 分支风管送风吹散法

80%以上。掘进巷道的瓦斯安全排放：局部通风机因故障停止运转，在恢复通风前必须先检查瓦斯，当停风区中瓦斯浓度超过3%时，必须排放瓦斯。排放前，必须制订安全技术措施，搞好人员分工组织，明确停电、撤人范围，设置警戒，严禁火源。排放中要搞好风量调配，严格控制风流，严格控制瓦斯排放浓度，严禁"一风吹"。排放结束后，应全面检查排放区域内的通风和瓦斯情况，确认无误后方可恢复正常作业。

1）盲巷外风筒接头断开调风法

采用局部通风机和柔性风筒送风的掘进工作面，排除盲巷积聚瓦斯时可用此法，因为柔性风筒移位、接头断开与接合均比较方便，如图 4-13 所示。排瓦斯时，起初送入盲巷的风量要小，大部分风量从风筒断开处涌入巷道内，之后根据排出瓦斯量的大小，逐渐加大送入盲巷的风量。在缓慢地排放瓦斯过程中，随着两个风筒接头由错开而逐渐对合直至全部接合，送入盲巷的风量也由小到大，直到局部通风机排出的全部风量。如果排至盲巷口的瓦斯浓度不超限，且能较长时间稳定下来，即可结束排瓦斯工作。经检查确认安全可靠时即可送电恢复掘进。

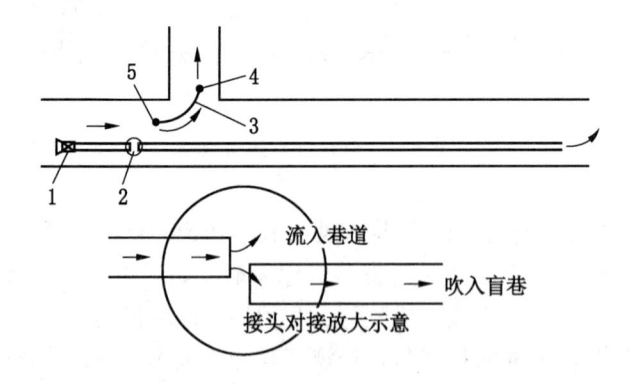

1—局部通风机；2—风筒接头断开地点；3—测瓦斯浓度胶管；
4—瓦斯检查点；5—瓦斯检查员位置
图 4-13 风筒接头断开调风法

采用该方法排瓦斯时,工作人员无须进入盲巷,一般需 3~4 人。其中,1~2 人在断开的风筒接头处,改变风筒的对合面大小来调风;1 人在盲巷口外的新鲜风流中,通过长胶管用瓦斯检定器不断地测定回风侧的瓦斯浓度,或悬挂瓦斯警报器显示瓦斯浓度,根据瓦斯浓度的大小,通知调风人员调节送入盲巷的风量,保证排出的瓦斯浓度不超限(<1.5%);另 1 人全面负责并协助工作。

2) 三通风筒调风法

该调风方法是在局部通风机出口与导风筒之间接一段三通风筒短节(或称风量调节器),此短节用胶布风筒缝制而成,如图 4-14 所示。

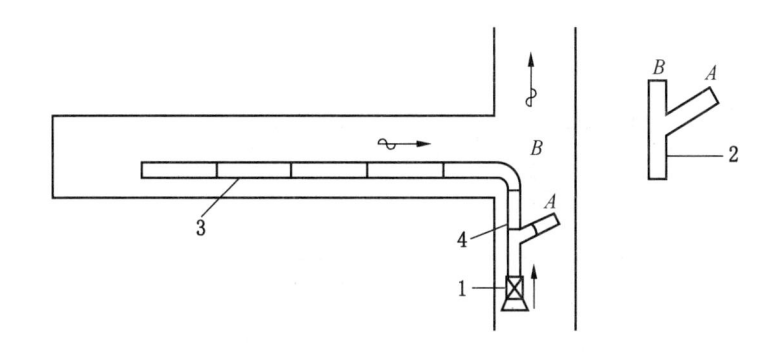

1—局部通风机;2—三通风筒短节;3—导风筒;4—绳子

图 4-14 三通风筒调风法

掘进巷道正常通风时,三通风筒的泄风口 A 用绳子捆死,此时局部通风机的全部风量能送至掘进巷道工作面。当排除巷道的积聚瓦斯时,首先打开三通的泄风口 A,同时用绳子捆住导风筒,然后启动局部通风机,这时局部通风机的绝大部分风量经三通风筒的泄风口 A 排至巷道,少量风进入盲巷。由 1 人检查瓦斯浓度(或装瓦斯指示报警仪),1 人在三通风筒处调节风量,使盲巷排出的瓦斯不超限,并逐渐加大盲巷内的供风量和减少泄漏至巷道的风量,直至盲巷积聚瓦斯排完,捆死泄风口 A,解开导风筒的捆绳,全部风量送至掘进工作面。经检查安全无误后,将可恢复掘进工作。

3) 稀释筒调风法

为了安全地排放瓦斯,做到人为控制排放瓦斯不超限,在实施过程中可采用瓦斯排放稀释筒排放瓦斯。

瓦斯稀释筒安装在掘进巷道内,距巷道出口约 5 m 处,在全风压的通风巷道内安设局部通风机,向独头掘进巷道供风,导流板为人工开闭。

瓦斯稀释筒工作原理如图 4-15 所示。当正常掘进通风时,导流板处在关闭位置。当排除巷道积聚瓦斯时,起初导流板完全敞开,局部通风机的全部风量通过导流板泄漏出去,进入掘进工作面的风量为零;然后,根据排出瓦斯浓度的大小,再逐渐关闭导流板,加大进入掘进工作面的风量,导流板敞开程度不同,漏风量(Q')也不同,结果送至工作面的风量($Q—Q'$)也就不同,从而保证排出的瓦斯浓度不超限,直至导流板完全关闭，风量全部进入掘进工作面。经检查巷道中瓦斯稳定而不超限，排放瓦斯工作即告完成。利用该装置排瓦斯与前述方法比较，操作人员在主风流内遥控排放瓦斯，稀释筒在盲巷内，排出的高浓度瓦斯在进入主风流之前由漏风量（Q'）冲淡并使之均匀化。

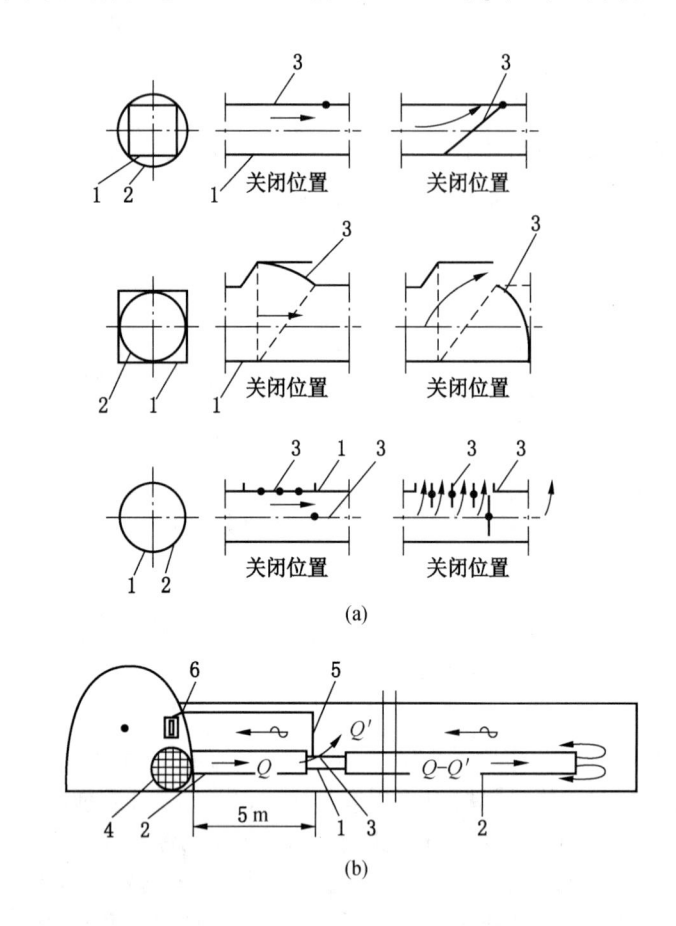

1—主风流；2—局部通风机；3——般风筒；4—瓦斯稀释筒；5—导向装置；
6—导向装置开启调节器

图 4-15　瓦斯稀释筒工作原理图

4）自控排放瓦斯装置

（1）WCF-1型自控排放瓦斯装置。该装置用高、低浓度组合式瓦斯传感器采集瓦斯浓度信息，其中 T_1 安装在局部通风机处，防止在排放过程中引起循环风而造成瓦斯超限，T_2 安装在掘进工作面回风流内，检测排出的瓦斯浓度，T_3 安装在巷道主回风流的下风侧，用来控制排到主风流的瓦斯浓度不超限（图4-16）。该装置主要由控制主机、瓦斯稀释筒和液压泵站三部分组成（图4-17）。

控制主机采用89C51系列单板机作为中心控制处理器，配有3个高、低浓度甲烷传感器，3路本安电源向甲烷传感器供电，4路继电器接点输出信号可控制磁力开关，具有5位数码显示及声光报警功能。

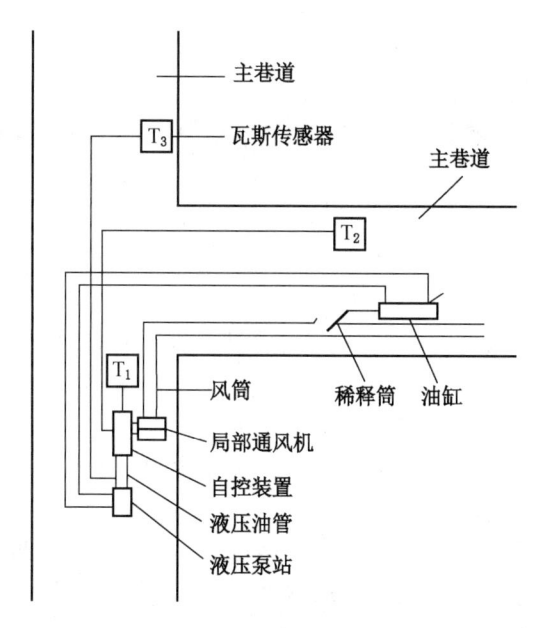

图 4-16 WCF-1 型自控排放瓦斯装置安装示意图

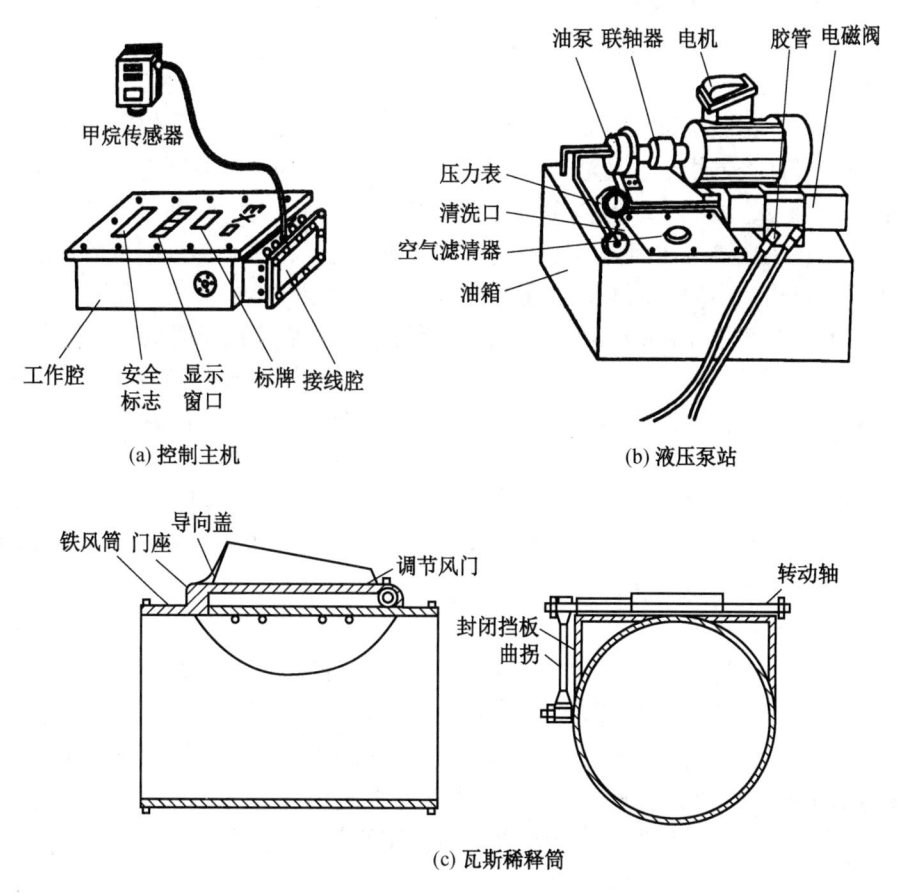

图 4-17 WCF-1 自控排瓦斯装置

瓦斯稀释筒实际上是具有调节风门的一段铁风筒，它由铁风筒、调节风门、油缸组成，在主机的控制下，可自动调节风门的开闭。

液压泵站是向瓦斯稀释筒调节风门提供液压动力的装置，由防爆电机、齿轮泵、三位四通电磁阀等组成。

WCF-1型自控排放瓦斯装置的控制功能：

① 自控排瓦斯装置开机后，首先进入自检系统，对系统进行全面自检，发现故障时，则显示故障原因和报警。

② 当T_2检测的瓦斯浓度大于1%时，系统进入排放瓦斯系统。

③ 当T_3瓦斯浓度大于0.5%、T_1瓦斯液度小于0.5%时，稀释筒调节门开大，增大泄流量，减少工作面的供风量，降低排出的瓦斯量。

④ 当T_3瓦斯浓度在0.8%~1%之间、T_1瓦斯浓度小于0.5%时，稀释筒调节门的开度保持不变，即泄流量和工作面的供风量不变，为正常排瓦斯。

⑤ 当T_3瓦斯浓度小于0.5%、T_1瓦斯浓度大于0.5%时，稀释筒调节门开度小些，减少泄流量，增加工作面的供风量，可提高排出的瓦斯量。

⑥ 当T_3瓦斯浓度小于0.5%时，系统断电，停止排放。

⑦ 在T_2检测的瓦斯浓度小于0.5%、T_3瓦斯浓度小于0.8%、T_1瓦斯浓度小于0.5%时，即退出排放瓦斯控制程序，进入巡回检测系统。

⑧ 当T_2检测的瓦斯浓度再次大于1%时，系统又进入排放瓦斯控制程序。

排放瓦斯时，控制主机接收到上述地点传感器所采集的信号后，进行判断，视其量值的大小发出相应的控制指令，使液压泵站电机旋转，三位四通电磁网对应位导通，高压油通过油管进入油缸，油缸驱动稀释筒的调节风门使之开启，此时局部通风机的通风量，一部分通过风筒进入掘进工作面排出工作面内的高浓度瓦斯，另一部分则由稀释筒泄流到巷道内，来稀释排出的高浓度瓦斯，使之混合均匀且不超限，然后排出工作面。

(2) GDS-1型自动排放瓦斯装置。该装置排放盲巷积聚瓦斯时的工作原理和安装示意图如图4-18所示。局部通风机为积聚瓦斯的排放提供动力，控制装置D接收到测点瓦斯传感器T_1、T_2处浓度值，经控制装置D中单片微机运行计算，确定调节风门的开或关及开关角度的大小，并向控制装置D中的驱动器发出控制指令，驱动器驱动电机转动，实现对调节风门K开关大小的控制，从而调控调节风门的漏风量大小，确保独头巷道中排出的风流在同全风压风流混合处的瓦斯浓度在规定安全值以下。整套系统检测、调节、控制、安全排放全部实现智能化，并保证了最大排放效果。该系统具有安装使用方便，运行稳定可靠等优点。

(3) MA1BZ型矿用智能型节能瓦斯排放器。该装置利用高频调速原理，调节局部通风机的转速和风量，改变排放瓦斯巷出口高浓度瓦斯的混合风流流量，使回风巷汇合风流处的瓦斯浓度按照排放瓦斯措施所规定的上限值进行排放。使用第三代电子电力器件IGBT制成的变频机，解决了工作环境下半导体器件结温热击穿问题，对煤矿井下使用处于防爆壳内的电力电子半导体器件尤为重要。新研制的智能瓦斯排放器的排放过程如图4-19所示。

为实现自动排放瓦斯，依靠瓦斯监测探头，监测排放瓦斯巷出口、回风巷混合处和局

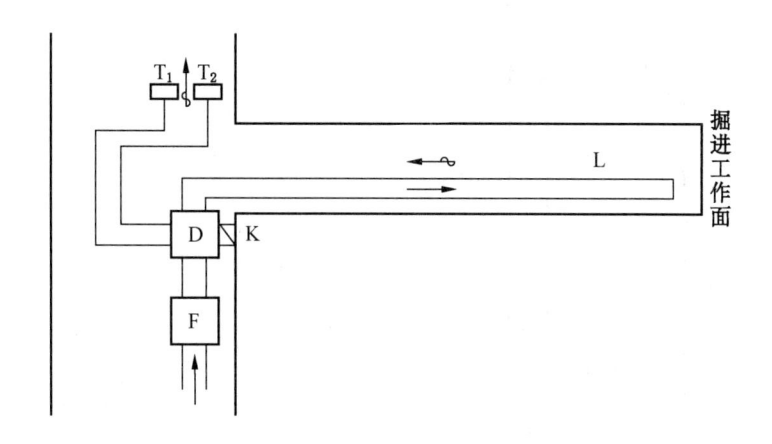

T₁—风流混合处瓦斯传感器1；T₂—风流混合处瓦斯传感器2；K—调节风门；
L—软风筒；D—控制装置；F—局部通风机

图4-18 GDS-1型自动排放瓦斯系统排放盲巷瓦斯示意图

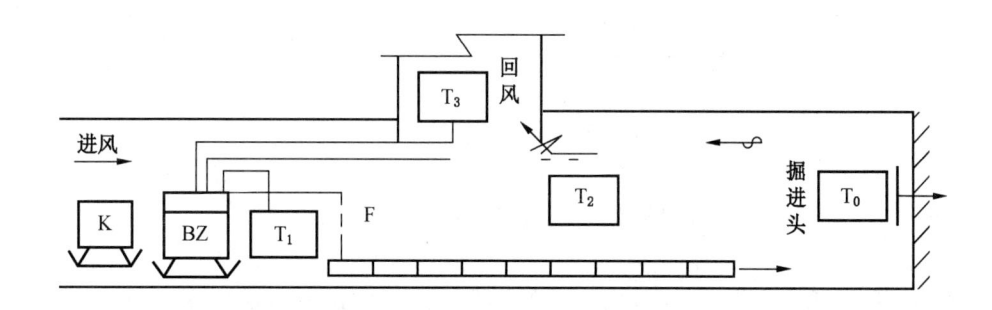

K—电源开关；BZ—瓦斯排放器；F—局部通风机；T₀—掘进头瓦斯探头；
T₁—局部通风机瓦斯探头；T₂—排瓦斯巷口探头；T₃—回风巷混合处探头

图4-19 瓦斯排放器工作布置图

部通风机进风口附近的瓦斯浓度，并经模糊控制器调节控制变频器工作，可实现自动、安全、可靠、高效地排放瓦斯。

(4) 自控局部通风机排瓦斯装置（图4-20）。该装置包括检测瓦斯浓度、对通风机与电气设备发出控制指令的装置（即瓦斯监控装置）和通风机风量调节装置（即变频调速器）。排瓦斯工作过程：

① 排瓦斯设备在正常掘进通风时就连接妥当。排瓦斯时，先向防爆开关ZK、K₁送电和启动开关。待14 min后检查FDZB-1A的显示窗口，确认无误后，旋转解锁开关90°，变频器将缓慢启动，按设定位置，1 Hz/10 s到终止频率50 Hz需8.3 min。

② 局部通风机启动后，巷道的积聚瓦斯将徐徐地被排出，此时盲巷口下风侧的甲烷传感器T₃检查到瓦斯浓度势必增高；当其瓦斯浓度达到1%时，FDZB-1A中的J₃继电

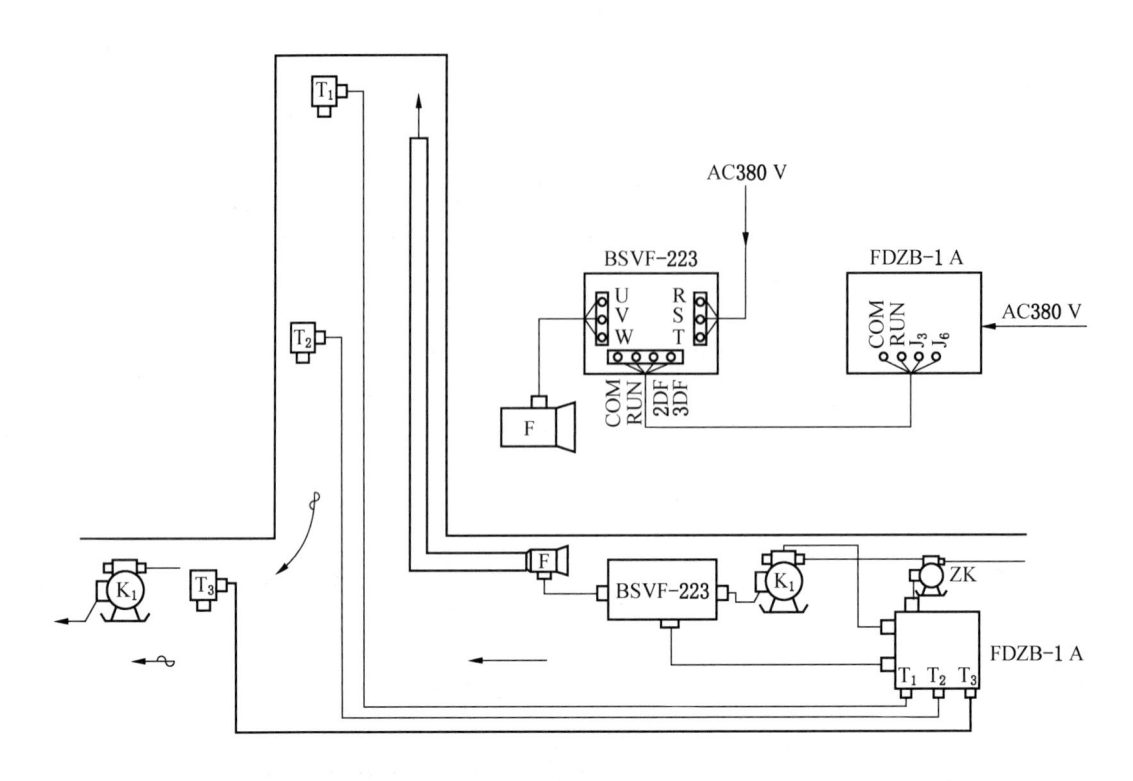

F—局部通风机；BSVF-223—变频器；FDZB-1A—风电瓦斯闭锁装置；
T_1、T_2、T_3—甲烷传感器；K_1、ZK—防爆开关；J_3、J_6—继电器

图 4-20　自控局部通风机排瓦斯装置

器动作，切断 K_3 开关，闭合 2DF 接点，变频器开始以 1 Hz/10 s 的速度转向 35 Hz，局部通风机供风量下降为全风量的 70%，并且瓦斯浓度在 1%~1.5% 范围内一直保持 35 Hz 的挡次上运转；如瓦斯浓度超过 1.5% 时，J_6 继电器动作，闭合 2DF 接点，变频器以 1 Hz/10 s 的速度转向 20 Hz，局部通风机的风量降为全风量的 40%。

③ 一般情况，在局部通风机 40% 的供风量下，回风区瓦斯将不再增加，并可能缓慢下降；当 T_3 处的瓦斯浓度达 1%~1.5% 时，变频器 3DF 断开，又以 35 Hz 运转，如瓦斯浓度降至 1% 以下时，J_3 继电器闭合、常闭接点断开、2DF 断开，变频器恢复到 50 Hz 运转，此时瓦斯浓度不再升高且能较长时间稳定，则完成了排放瓦斯工作。

④ 旋转解锁开关 90°，恢复正常位置。鉴于排放瓦斯工作不是经常进行的，故排瓦斯后将变频器摘掉，使 K_4 开关直接向局部通风机供电；FDZB-1A 作为两闭锁（风电闭锁、瓦斯电闭锁）装置仍可长期连续工作。

5. 回采工作面上隅角瓦斯积聚的处理技术

目前，处理回采工作面上隅角瓦斯积聚的方法大致可分为以下 3 类：

（1）迫使一部分风流经工作面上隅角，将该处积聚的瓦斯冲淡排出。此法多用于采空区瓦斯涌出量不大（2~3 m³/min），上隅角瓦斯浓度超限不多时，其具体做法是：在工作面上隅角附近设置一道木板隔墙或风障，如图 4-21a 所示；或将回风巷道后联络横贯

的密闭打开，并在工作面回风巷中设调节风门，如图 4-21b 所示，迫使一部分风流清洗上隅角，将瓦斯冲淡排出。

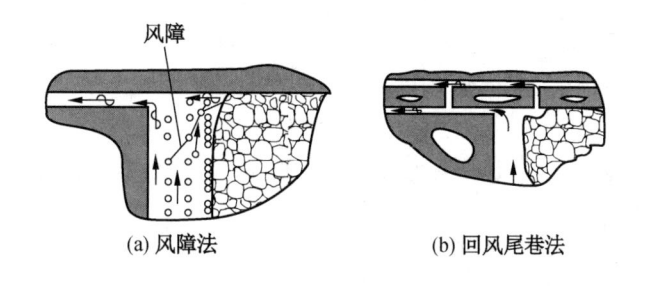

图 4-21 迫使风流流经工作面上隅角
(a) 风障法　(b) 回风尾巷法

（2）改变采空区漏风法。如果采空区涌出的瓦斯比较大，不仅工作面上隅角经常超限，而且工作面采空区和回风流中瓦斯也经常超限；若条件允许，可将上阶段已采区密闭墙打开，如图 4-22 所示，以改变采空区的漏风方向，将采空区的瓦斯直接排入回风巷道内，不再从工作面上隅角涌出。此法只适用于没有自燃的煤层，而且应注意防止回风流瓦斯超限。

（3）改变回采工作面的风流方向，实行下行通风排除上隅角瓦斯。实行下行通风时要符合《煤矿安全规程》的规定，根据矿井的具体条件，若回采工作面采用 W 形通风系统，边巷两翼进风，中间巷回风，也是排除工作面上隅角瓦斯积聚的一种有效措施。

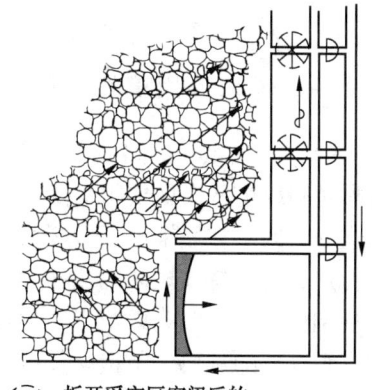

图 4-22 改变采空区漏风法

在工作面绝对瓦斯涌出量超过 5 m^3/min 的情况下，单独采用上述方法，可能难以收到预期效果，必须进行邻近层或开采层的瓦斯抽放，以降低工作面的瓦斯涌出量。

6. 密闭巷道积聚瓦斯的排放方法

长期停掘的巷道，在巷道口已构筑了密闭墙，局部通风设施也已拆除，其内积存瓦斯甚多。在排除瓦斯之前，必须安装风机和风筒。根据巷道的长度准备足够的风筒，其中应有 1~2 节 3~6 m 长的短节。

排除这类巷道中的积聚瓦斯，一般是采用分段排放法：

（1）检查密闭墙外瓦斯是否超限。若超限就启动风机吹散稀释，若不超限就在密闭墙上隅角开两个洞，随之开动风机吹风，起初风筒不要正对着密闭，要视吹出瓦斯浓度的高低进行风向控制，当不超限时，风筒才可偏向巷道口，并逐渐移向密闭上的孔洞，再慢慢扩大孔洞，直至风筒全部插入孔洞，排出的瓦斯被稀释均匀亦不超限，即可拆除密闭实施分段排瓦斯。

（2）密闭拆除后，工作人员进入巷道检查瓦斯，随之延长风筒和排放瓦斯。待巷道中风筒出口附近瓦斯浓度降至界限之下,可将风筒口缩小加大风流射程,吹出前方的瓦斯;当瓦斯浓度降下来之后,接上一个短风筒,同样加大风流射程排除前方的瓦斯;取下短风筒换上长风筒(一般10 m)继续排放前方的积聚瓦斯,直至掘进工作面。

(3)在排完巷道瓦斯后,应全面检查巷道各处的瓦斯浓度,如局部地点仍有瓦斯超限,仍可采用断开风筒接头的方法,排除该区段的瓦斯。

第五节 矿山煤尘爆炸事故抢险与救灾技术

矿井在采掘作业过程中,当不采取湿式打眼、采掘机内外喷雾、转载喷雾、风流净化水幕、煤层注水等综合防尘措施或防尘措施效果不好时,均可能造成煤尘堆积。当具有爆炸性的煤尘悬浮在空气中浓度达到爆炸范围且遇到高温火源时,将造成矿井煤尘爆炸事故。瓦斯积聚引发的瓦斯爆炸事故和火灾事故,也会衍生煤尘参与的瓦斯、煤尘爆炸事故。

一、煤尘爆炸事故处置要点

(1)选择最短的路线,以最快的速度到达遇险人员最多的地点进行侦察、抢救。选择哪条路线进入灾区要根据实际情况判断确定:一是沿回风方向进入灾区,二是沿进风方向进入灾区。一般来说,救援力量少时,要沿进风方向进入灾区,因为在空气新鲜的巷道中行进,对保持救援队的战斗力,减少队员体力消耗有利。如果爆炸后,进风巷道垮塌、冒顶和堵塞,一时难以清理、维修,也可沿回风方向进入灾区。但在回风中行进,有烟雾和有毒气体的威胁,救援队员的行进速度较慢,可是,这一带往往也是遇险人员较集中的地方,救援力量多时,可以同时从进回风两侧派人进入。

(2)迅速恢复灾区通风。采取一切可能采取的措施,迅速恢复灾区的通风,排除爆炸产生的烟雾和有毒气体,让新鲜空气不断供给灾区。但恢复通风前,必须查明有无火源存在,否则可能再次引起爆炸。

(3)反风。在紧急抢救遇险人员的特殊情况下,爆炸产生的大量有毒有害气体,严重威胁回风方向的工作人员时,在确认进风方向的人员已安全撤退的情况下,可考虑采用反风。但对此必须十分慎重。不经过周密分析,盲目行动,往往会造成事故扩大。

(4)清除灾区的巷道的堵塞物。瓦斯爆炸后发生冒顶,造成巷道堵塞,影响救援队员进行侦察和抢救时,应考虑清理堵塞物的时间,若巷道堵塞严重,救援队员在短时间内不能清除时,应考虑其他能尽快恢复通风救人的可行办法。

(5)扑灭爆炸引起的火灾。为了抢救遇险人员,防止事故蔓延和扩大,在灾区内发现火灾或残留火源,应立即扑灭。一时难以扑灭时,应控制火势向遇险人员所处位置蔓延;待遇险人员全部救出后,再进行灭火工作。火区内有遇险人员时,应全力灭火。火势特大,并有引起瓦斯爆炸危险,用直接灭火法不能扑灭,并确认火区内遇险人员均已死亡无法救出活人时,可考虑先对火区进行封闭,控制火势,用综合灭火法灭火,待火灾熄灭后,再找寻遇难人员的尸体。

(6)最先到达事故矿井的救援队,担负抢救遇险人员和灾区的侦察任务。在煤尘大、烟雾浓的情况下进行侦察时,救援队员应沿巷道排成斜线分段式前进。发现还有可能救活的遇险人员,应迅速救出灾区。发现确已死亡的遇难人员,应标明位置,继续向前侦察。侦察时,除抢救遇险人员外,还应特别侦察火源、瓦斯及爆炸点的情况,顶板冒落范围、支架、水管、风管、电气设备、局部通风机、通风构筑物的位置、倒向、爆炸生成物的流动方向及其蔓延情况,灾区风量分布、风流方向、气体成分等,并做好记录。

(7) 后续到达的救援队应配合第一队完成抢救人员和侦察灾区的任务,或是根据指挥部的命令担负待机任务。待机地点应选在距灾区最近、有新鲜空气的地点,待机任务主要是做好紧急救人的准备工作。

(8) 恢复通风设施时,首先恢复主要的、最容易恢复的通风设施。损坏严重,一时难以恢复的通风设施,可用临时设施代替。恢复独头通风时,除将局部通风机安在新鲜空气处外,应按排放瓦斯的要求进行。

二、矿山煤尘爆炸事故应急救灾技术

1. 事故发生后应采取的应急救灾技术

(1) 受灾人员应做到:迅速背向冲击波方向,脸朝下卧倒,立即佩戴自救器,用衣物遮盖身体,冲击波减弱后,迅速沿避灾路线撤离。

(2) 矿山救援队进入灾区进行侦查前应切断灾区电源,密切监察灾区内的 CH_4、CO、CO_2、O_2 浓度和温度及通风设施现状,可能发生二次爆炸或连续爆炸危险时,应在消除爆炸危险后再进入灾区。侦查时,对幸存者应立即抢救或佩戴自救器(面罩呼吸器),安全的救出灾区。侦查与救援时,发现火源必须积极组织灭火工作,将其扑灭。

(3) 处理回采工作面的爆炸事故时,救援中队队员应分别从回风巷、进风巷进入工作面抢救遇险人员,在侦查中遇到巷道堵塞时,迅速退出,找寻其他通道进入灾区。如灾区确无火源,应尽快恢复通风系统;如有毒有害气体严重威胁集中在回风流区域的人员时,在保证撤出进风流中人员后,进行局部反风或区域反风。

(4) 爆炸发生在远距离掘进区域或较长的独头盲硐时,当有害气体浓度高,巷道损坏严重且知道人员已遇难时,不得强行进入灾区,要在恢复通风、维修支架后,方可搬运遇难人员。

(5) 发生煤尘爆炸时由救灾指挥部决定是否反风,需要反风时,由机电科、机电工区和通防工区负责在 10 min 内改变巷道中的风流方向;风流方向发生改变后,主要通风机的供风量不应小于正常供风量的 40%。

2. 人员紧急疏散、安置

(1) 受煤尘灾害人员和受威胁地点人员撤退路线原则:

① 进风侧,要迎新鲜风流方向撤退;回风侧,要充分利用好自救器,选近路到新鲜风流中;无法撤退时,就近进入避难硐室,等待营救。

② 按作业规程规定的避灾路线行动。

③ 为防止风流紊乱、短路,各通风设施要保持良好,正常使用,未经救灾指挥部许可不得破坏。

(2) 避灾措施：确定矿井发生煤尘灾害后，调度室应下达撤人命令，受煤尘灾害威胁的地点按撤人顺序进行撤离。除各重要岗位工（绞车房、信号工、配电室、泵房）及抢险人员外，其他受灾人员和受威胁地点人员应当全部升井，有电话的岗位工接到撤人命令后，必须迅速通知附近地点工作人员，各工作面及迎头在指定地点集合。集合后由各单位跟班人员点名，人员齐全后，跟班人员带队、安监员殿后，以单位按避灾路线撤离。

(3) 撤人注意事项：

① 有电话的岗位工接到撤退电话后，必须迅速通知附近地点工作人员，按避灾路线撤离。

② 采掘工作面人员撤离包括上中下平巷、工作面、片口及其他辅助单位工作人员。

③ 险情发生时，由调度室下达撤人升井命令，并通知井下所有工作地点人员。

④ 各重要岗位工作人员，中央泵房、中央配电所、提升机房、绞车房工作人员必须坚守工作岗位，保证设备正常运转，没有调度命令不得擅自离岗。

⑤ 安全科负责井下各工作地点人员撤离情况的检查，保证人员全部撤离，灯房、自救器室负责下井人员统计，并每半小时向调度室（以表格形式）汇报一次。

⑥ 各工区值班人员将当班出勤及工作地点人员出勤情况汇报调度室。

3. 受伤人员救援、救治

伤情的判断，按伤情的轻重分类：A. 危重伤员立即抢救，并在严格观察和继续抢救下迅速护送到医院；B. 重伤员需要立刻手术治疗的，应迅速送往医院，可以暂缓手术的，要注意预防休克；C. 轻伤人员可经现场处理后，回住地休息。

4. 现场恢复救灾技术

(1) 煤尘爆炸事故处置结束后，立即恢复对主要通风机和地面的供电，严格执行先外后里、先检查瓦斯浓度后送电的原则。

(2) 恢复通风前，瓦检员要按照《煤矿安全规程》要求认真对各系统进行瓦斯检查。在启动主要通风机前，通风部门要充分考虑采掘工作面瓦斯浓度，制定安全措施，然后由应急救援总指挥下令启动主要通风机，并严格按照措施执行。

(3) 排瓦斯过程应该是先由主要通风机排瓦斯，主要通风机排瓦斯采用短路风流法排放，只有在总回风巷瓦斯浓度低于0.75%，并稳定30 min后方可结束主要通风机排放瓦斯，然后开始井下局部通风机排瓦斯，局部通风机排瓦斯时要逐条巷道排，不可多条巷道同时排瓦斯。启动局部通风机时，操作电工要听从现场瓦检员的指挥。

(4) 各作业地点恢复供电前必须经通风科同意，并由瓦检员进行瓦斯检查，符合《煤矿安全规程》要求，并征得矿调度同意后方可送电。对井下恢复送电必须遵循"先直供局部通风机电源，后动力电源""由上到下、由外向里"逐个地点送的原则。即直供局部通风机电源——各台直供局部通风机电源——中央变电所动力电源——采区变电所动力电源——各个配电点、各条巷道动力设备电源的送电顺序。

(5) 检查各采掘头面瓦斯情况，确认瓦斯浓度低于《煤矿安全规程》规定以下时，恢复对采掘工作面用电设备供电。

(6) 井下全面恢复正常供电和生产。

三、煤尘爆炸事故案例分析

【案例】 新疆昌吉回族自治州呼图壁县白杨沟煤炭有限责任公司煤矿"12·13"重大瓦斯煤尘爆炸事故

2013年12月13日1时25分（北京时间，下同），新疆昌吉回族自治州呼图壁县白杨沟煤炭有限责任公司煤矿（以下简称煤矿）发生重大瓦斯煤尘爆炸事故，造成22人死亡，1人受伤，直接经济损失4094.06万元（不含事故罚款）。

1. 事故经过

2013年12月12日17时15分，掘进队队长陈志辉召开掘进队二班班前会，班长吴恕弟、瓦检员王家领和6名掘进工共8人参加了班前会，当班安排支护和出渣。调度室主任、中班带班领导高长锁17时5分领矿灯，在巡视地面刮板运输机、皮带运输机后，17时58分从副井入井，到井底车场中央变电所看了交接班记录，察看外包的绞车硐室掘进面，到了综采工作面，未见到头班跟班领导杜文亮，见到了综采队队长邓海。由于高长锁未参加11日晚调度会，邓海向高长锁转述了晚调度会的工作安排，并向高长锁交代了本班遗留的工作。20时58分，高长锁升井，主持召开综采队中班班前会，采煤队副队长罗伦斌、罗成怀和21名综采队工人，共计24人参加了班前会。工作安排：紧固前后刮板运输机挡煤板螺丝；外移下端头的排水泵；领5个架间眼的炸药，上下端头打4个炮眼，将4个炮眼及早班因炸药不够而未装药的一个眼的炸药装好；工作面放煤，放完煤后进行放炮作业。22时42分，高长锁与罗伦斌等人从风井入井，到达工作面时作业人正在进行扒煤，高长锁也参与了扒煤。13日凌晨0时58分，高长锁离开工作面，至此时，该班作业人员仍在扒煤，未在工作面进行过放炮。1时14分，高长锁到达井底车场，见井底车场水漫上来了（水泵坏了），给监控室打电话，查到当班电工在+1561 m运输平巷，高长锁打电话给电工，让其马上到水泵房修水泵。1时25分左右，高长锁填完矿领导交接班记录后在水泵房硐室口面朝副井口，突然感到后面冲击波来了，被冲击波冲到信号硐室打点器处，倒下时抓住了硐室口的一根角钢，这时听到一声响。高长锁随即站起来，进入信号硐室给监控室等地打电话，均无反映，意识到电话已经不通后，即从信号硐室回到井底，副井风向已经正常。电工孟祥云从后面跑过来，两人即从副井升井，时间为13日凌晨1时31分。高长锁升井后到了监控室，安排监控员给矿领导汇报，然后回到副井口。不久，总工杨继海到达井口，安排高长锁在井口警戒，防止人员盲目入井施救。绞车硐室掘进工作面7名作业人员（含1名伤员）、主井煤仓放煤工、运输石门刮板运输机司机、瓦检员、主井皮带司机等10人自救升井（高长锁、电工孟祥云已在前面升井）。

当班34人，自救升井12人，22人被困井下。

2. 事故抢险救援经过

事故发生后，煤矿分别向昌吉州矿山救援队和呼图壁县煤炭局报告。呼图壁县煤炭局接到报告后，按照事故报告程序进行了报告。昌吉州矿山救援队于13日3时45分到达事故矿井，13日4时35分由副井入井进行第一次搜救，找到3名遇难人员；行进至B4-03运输顺槽173 m处，遇到巷顶冒落无法通过，返回至地面。7时43分左右，指挥部决定由自治区矿山救护基地入井进行第二次搜救。侦察小队由 B4-03 采煤工作面轨道顺槽进入开展搜救，行进至距工作面煤壁 30 m 处时，发现一名被困人员，具有生命体征，及时运送升井抢救（该伤员因抢救无效，于 12 月 22 日 2 时 40 分死亡）；侦察队穿过工作面下端头至运输顺槽并前行搜救 5 m，原路返回升井。随后，指挥部决定进行第 3 次入井搜救，23 时 20 分，找到最后一名遇难人员。14 日凌晨 1 时 35 分左右，井下遇难人员全部运至地面，井下抢险救援工作结束。

第六节　矿井顶板及冲击地压事故处理技术

一、冒顶事故处置基本原则

（1）救援队参加顶板冒落事故救援，应当了解事故发生原因、顶板特性、地压特征、事故前人员分布位置和压风管路设置，检查氧气和瓦斯等气体浓度，监测巷道涌水量和分析水质，查看周围支护和顶板情况，必要时加固附近支护，保障现场救援人员作业安全和撤离路线安全畅通。

（2）矿井通风系统遭到破坏的，矿山企业及救援队应当迅速恢复通风。当瓦斯等有毒有害气体威胁救援作业安全时，应急救援人员应当迅速撤至安全地点，采取措施消除威胁。

（3）救援队搜救遇险人员时，可以采用呼喊、敲击或者采用探测仪器判断被困人员位置，与被困人员联系。应急救援人员和被困人员通过敲击发出救援联络信号内容如下：①敲击五声表示寻求联络；②敲击四声表示询问被困人员数量（被困人员按实际人数敲击回复）；③敲击三声表示收到；④敲击二声表示停止。

（4）应急救援人员可以采用掘小巷、掘绕道、使用临时支护通过冒落区或者施工大口径救生钻孔等方式，快速构建救援通道营救遇险人员，同时利用压风管、水管或者钻孔等向被困人员提供新鲜空气、饮料和食物。

（5）救援队应当指定专人检查瓦斯等有毒有害气体浓度，观察顶板和周围支护情况，发现异常，立即撤出应急救援人员。

（6）应急救援人员清理压埋人员的大块矸等冒落物时，使用工具要避免伤害被困人员。在现场安全的情况下，可以使用千斤顶、液压起重器具、液压剪和起重气垫等工具进行处置。

二、局部冒顶灾害的防治与处理

1. 局部冒顶的原因

采场局部冒顶常发生在上下出口、煤壁线、放顶线、地质构造处及采煤机附近。其原因主要有：

（1）采空区顶板支撑不好，悬顶面积过大。

（2）顶板中存在断层、裂隙、层理等地质构造，将顶板切割成不连续的岩块，回柱后岩块失稳，推倒支柱造成冒顶。

(3) 回柱操作顺序不合理。

(4) 工作面支护质量不好，支护密度不够、出撑力低、迎山角不合理等。

(5) 在遇见未预见的地质构造时，没及时采取措施。

(6) 工作面上下出口连接风巷和运输巷，控顶面积大。两巷掘进时经受压力重新分布的影响，同时由于巷道初撑力一般较小，使直接顶下沉、松动甚至破坏；特别是在工作面超前支撑压力作用下，顶板大量下沉，又在移动设备时反复支撑顶板，结果造成顶板更加破碎。如果又有基本顶来压影响，工作面上下出口更易冒落。

(7) 煤壁线附近易形成"人字""锅底""升斗"等劈理，有游离岩块、易冒落。

2. 局部冒顶的预兆

(1) 发出响声。岩层下沉断裂，顶板压力急剧增大时，木支架有劈裂声；金属支柱活柱下缩支柱钻底严重都可能发出响声。

(2) 掉碴。

(3) 煤体压酥，片帮煤增多。

(4) 顶板裂隙增多，裂缝变大。

(5) 顶板出现离层。

(6) 漏顶。

(7) 瓦斯涌出量突然增大。

(8) 顶板淋水明显增加。

3. 局部冒顶的主要预防措施

(1) 防止煤壁附近冒顶，应及时支护悬露顶板，加强敲帮问顶。

(2) 炮采时合理布置炮眼，控制药量，避免崩倒支架。

(3) 防止两出口冒顶时，首先支架必须有足够强度，其次系统应具有一定阻力，防止基本顶来压时推倒支架。

(4) 防止放顶线附近局部冒顶，要加强地质及观察工作，在大块岩石范围内加强支护，必要时用木支架代替单体金属支架。

(5) 随时注意地质构造的变化，采取相应措施。

4. 局部冒顶的处理

局部发生冒顶后的处理方法是：先在冒顶区上下部加固支柱，防止冒顶范围继续扩大，然后用顶柱、托棚等支架加固冒顶区的顶板，如顶板冒落已形成拱形时可在棚梁上打木垛接顶，使顶板不再冒落。护住顶板后清除冒落的矸石，如矸石压埋输送机无法开机时，缩短机尾或开小巷使输送机恢复运转。处理完矸石后再根据具体情况增补支架，恢复工作面的生产。如果在端头处冒顶时，无法处理冒落区，可采用掘进补巷绕过冒顶区，接通输送机后即可恢复生产。

三、大面积冒顶灾害的防治与处理

1. 大面积冒顶的原因

(1) 煤层之上是厚而且坚硬的砂岩，经常大面积悬顶而不冒落，基本顶来压步距达 50~70 m，当顶板的自身强度承受不了上部岩层和自身的重量时，出现断裂垮落。

（2）回采过程中遇到断层或裂隙。
（3）柱式采煤工作面煤柱尺寸过小等。

2. 大面积冒顶的预兆

大面积冒顶一般包括基本顶来压时的压垮型冒顶、直接顶导致的压垮型冒顶、大面积漏垮型冒顶、复合顶板推垮型冒顶和大块游离顶板旋转型冒顶等。一般大面积冒顶主要预兆表现在以下几个方面：

（1）顶板的预兆。顶板连续发出断裂声，这是由于直接顶和基本顶离层或顶板断开而发出的响声。
（2）两帮的预兆。由于压力增加，煤壁受压后，煤质变软，片帮增多。
（3）支架的预兆。使用金属支柱时活柱快速下沉，连续发出"咯咯"声。
（4）瓦斯涌出量增多，淋水加大。

3. 大面积冒顶的主要防治措施

（1）顶板注水软化。
（2）强制放顶。
（3）循环浅孔式爆破放顶。
（4）深孔式强制放顶。
（5）超前深孔松动爆破。
（6）经常检查巷道支护情况，加强维护，发现有变形或折损的支架，应及时加固修复。
（7）维修巷道时，必须保证在发生冒顶时有人员撤退的出口。独头巷道维护时，必须由外向里逐架进行，应加固工作地点支架。

四、坚硬难冒顶板灾害的防治与处理

坚硬难冒顶板是指直接顶很薄或基本上没有，煤层上直接覆盖的是坚硬的砂岩、砾岩等，而且厚度很大。在这类坚硬顶板下采煤回柱后，可以形成几千平方米甚至几万、几十万平方米的悬顶而不冒落。但是到了一定时候，顶板大面积来压并突然冒落，产生强烈的暴风冲击，引起地层强烈震动，可将巷道和工作面摧毁，造成伤亡事故。

为了预防大面积顶板垮落，有的矿采用煤柱支撑法管理顶板，即沿走向每采 30～50 m 留一宽 5 m 的煤柱，用煤柱支撑顶板，把采空区与工作面隔开，并在与生产工作面相邻的采空区进行强制放顶。放顶良好的采空区，一般不再出现大面积来压。如果采空区已经封闭，可以由地面打钻到采空区，进行深孔爆破，强制放顶。这样，在有压力显现区域可以促使顶板早期分次冒落，减轻顶板压力；在压力不明显区域，可以崩落部分顶板，造成顶板裂缝，形成人为的顶板薄弱带，以利来压后分次冒落。

消除坚硬顶板冒顶事故的根本办法，是采用长壁全部垮落采煤法。即当工作面推进 20～30 m 时，由工作面向顶板钻孔，一次装药爆破，进行初次放顶。以后随着工作面的推进，当悬顶过大时，继续进行深孔爆破强制放顶。这样就极大消除了大面积来压及冒落对矿井和人身的危害。

此外，采用顶板预注水软化，破坏坚硬岩层的整体性，使其强度降低，也是处理坚硬难冒顶板的一种好方法。

五、破碎顶板灾害的防治与处理

破碎顶板是指岩层强度低、纵向或横向节理裂隙发育、整体性差、稳定性差，导致工作面顶板安全性能差，易造成漏顶现象的发生，严重影响矿井安全生产。虽然局部冒顶范围比较小，但是给矿井顶板安全管理带来诸多安全隐患，通常局部冒顶事故被称为"零打碎敲"事故，往往容易被忽视。

破碎顶板主要特点是：整体性能差，破碎化程度高。如果不能及时控制，就容易造成大面积漏顶及冒顶现象。根据破碎顶板的机理，为防止破碎顶板冒顶现象的发生，要采取针对性安全技术措施。

（1）加强生产地质工作，在工作面回采前必须提供详细的地质说明书，包括工作面地质构造变化、断层产状、褶曲和破碎带、节理裂隙、水的情况。

（2）在回采过程中，必须及时掌握工作面的断层的性质、小褶曲的构造、顶板岩性、破碎带等实际情况，预测可能冒顶的范围、性质，并制定切实可行的、有针对性的措施。

（3）加强职工培训教育，提高职工业务理论水平和安全操作技能，能够严格按照安全技术措施进行施工。

（4）为了有效控制顶板，在移架时，前、后立柱要均衡升压，使支架顶梁严密接顶，支架初撑力必须达到 25.2 MPa。

（5）为防止初次来压和周期来压时造成片帮和冒顶，支架工要使用好护帮板，加强对片帮煤的防范意识，时刻注意做好敲帮问顶工作，及时清理帮顶的活岩危煤。顶板的节理裂隙发育大多发生在煤壁侧，及时前移液压支架做好支护，防止片帮、漏顶。

（6）在确保作业地点左右 6 副支架护帮板全部紧贴煤壁的情况下，首先将 1 副支架的护帮板收回 45°，然后将加工制作的 2 根槽钢用 ϕ22 mm 的等强螺栓固定在支架护帮板的两个圆孔上，挂钩朝向煤壁侧，槽钢固定牢靠以后将 2 张钢片网横着挂在槽钢的挂钩上，然后将护帮板打出贴紧煤壁；待第一副支架临时支护完毕后，再进行第二副支架的临时支护工作，支护流程同上。临时支护必须逐架进行，严禁 2 副以上支架同时进行支护作业，严禁人员在支护不完好的情况下在煤壁侧作业。

（7）加强对落差较小的小断层带处的支护。现场作业时将断层与工作面斜交，尽量缩小断层与工作面的接触面，采取局部依次过断层的方法；并在局部过断层处采取延长控顶距、密集插背，质量达到"稳""紧""均""齐"；由于采取了加密支架、缩小控顶距、超前施工了锚索梁等措施，从而达到了断层带处有效控制局部冒顶的效果。

（8）破碎顶板岩层大多已经丧失了自身的支撑能力，此时顶板岩层只有靠支架支撑才能维持稳定，作用在支架上的力量是既定的破碎岩块的"定载荷"重量。综采、综放工作面必须做到破碎顶板杜绝漏顶现象的发生。一旦发生漏顶现象造成支架顶梁上方发生空洞，使支架无法对其上方顶板进行有效支护，而使其处于无支护状态时，在矿山压力的作用下，将会继续发生断裂折断以至漏顶。为防止局部漏顶，首先要考虑到支架的选型，防止支架前梁及伸缩前梁段相邻支架间的架缝过大。

（9）采煤机割煤后必须及时将支架拉移到位，并将护帮板伸出，使新暴露出来的顶板最大限度地得到及时支护，同时严格执行追机移架制度，顶板破碎时采用带压擦顶移架。液压支架升架支护时，必须有足够的初撑力，达到泵站压力的 80%，即 25.2 MPa。

采煤机司机割煤作业时，必须保证工作面的顶底板平整，以确保支架顶梁接实顶板；支架泄压、出现窜液现象，及时维护维修，确保支架支撑有力；顺槽超前支架必须严格按照工作面进尺拉移，严禁超前或拖后拉移，造成顺槽及工作面支架间空顶。

（10）在过破碎顶板时，工作面要坚持采用带压擦顶移架，保持足够的支撑力，减少顶板下沉量，规范工作面的现场管理、规范职工的操作行为十分重要。

六、复合顶板灾害的防治与处理

1. 复合顶板灾害的特征

复合顶板是指采煤后特别容易离层的顶板。由于复合顶板有"下软上硬"和软硬岩层间夹有煤线的特征，岩层下沉时，由软岩层面形成离层，下面的硬岩层失去上部岩层的摩擦阻力，会向工作面下方推垮，形成冒顶。

2. 复合顶板灾害的防治措施

（1）采掘工作中尽量不破坏复合顶板，不形成小漏顶。
（2）增加工作面支架的整体稳定性防止推垮事故。
（3）利用戗柱戗棚木垛等特殊支架支护。
（4）在工作面开切眼处布置锚杆，使控顶距内的岩层锚固在一起，增加稳定性。

七、冲击地压事故的防治与处理

目前，国内采用的冲击地压防治方法主要包括合理的开采布置、保护层开采、煤层松动爆破和煤层预注水等。对于已具有冲击危险性的煤岩层，采用的控制方法有煤层卸载爆破、钻孔卸压、煤层切槽、底板定向切槽和顶板定向断裂等。

（1）煤层注水。煤层注水防治冲击地压的方法简易、价廉、适应性广，同时具有降尘、降温及软化煤层功用，可以作为冲击地压防治的首选措施。需要注意的是，含水率和注水时间并不成正比。煤层注水在工程上有三种布置方式，即与采面煤壁垂直的短钻孔注水法、与采面煤壁平行的长钻孔注水法和联合注水法。

（2）震动爆破。震动爆破的主要任务是引爆炸药后，形成强烈冲击波，使煤（岩）体发生震动，达到震动卸压或者将高应力集中区转移到煤体深处，形成松动带的目的。

（3）钻孔卸压。钻孔卸压是指采用煤体钻机适当钻孔释放煤体中积聚的弹性势能。在煤（岩）体应力集中区或可能形成的应力集中区域实施直径大于 95 mm 的钻孔，通过排出钻孔周围破裂区煤（岩）体和钻孔冲击所产生的大量煤（岩）粉，使钻孔周围煤（岩）体破碎区增大，从而使钻孔周围一定区域内煤（岩）体的应力集中程度下降，或者使高应力转移到煤（岩）体的深处或远离高应力区，实现对局部煤（岩）体进行解危的目的，或起到预卸压的作用。

第七节　矿山爆破事故抢险与救灾技术

炸药雷管爆炸后会产生高温、高压、有毒有害气体，造成人员重大伤亡，机械设备和巷道的严重损坏。爆炸产生的强大的冲击波会造成风流逆转，通风系统紊乱，同时也易引起火灾。

一、矿井爆破事故处置的决策要点

获悉井下发生爆炸后，现场应急指挥部应利用一切可能的手段了解灾情，判断灾情的发展趋势，及时果断地做出决定，下达救援命令。

(1) 必须了解和掌握的事故灾情信息；事故性质及事故波及范围；人员分布及其伤亡情况。

(2) 通风情况（风量大小、风流方向、通风设施的损坏情况等）。

(3) 灾区气体情况（瓦斯浓度、烟雾大小、一氧化碳浓度及流向）。

(4) 是否发生火灾及火灾范围。

(5) 主要通风机的工作情况（是否正常运转，防爆门是否被吹开、损坏，风机房水柱计读数是否发生变化等）。

二、分析判断爆破灾害

(1) 通风系统破坏程度。可根据灾区通风情况和主要通风机机房内水柱计的读数值变化情况做出判断。比正常通风时数值增大，说明灾区内巷道冒顶垮落，通风系统堵塞。比正常值小时说明通风设备遭破坏，灾区风流短路，其产生原因可能是：风门、风桥、密闭等通风设施被冲击波破坏；人员撤退时未关闭风门；回风井口防爆门被冲击波冲开；反风进风闸门被冲击波冲击落下堵塞了风硐，风流从反风进风口进入风硐，然后由风机排出；爆炸后引起明火火灾，高温烟气在上行风流中产生火风压，使主要通风机风压降低。

(2) 若爆炸后产生强大的冲击波，可能吹起其他巷道的沉积煤尘，并存在高温热源，则可能产生连续爆炸。

(3) 若爆炸后产生冒顶，风道被堵塞，风量减少，继续有瓦斯涌出，并存在高温热源，则可能产生瓦斯爆炸。

(4) 能否引发火灾：若爆炸地点附近有可燃物堆积、存在（如积煤、坑木、木支护、输送带、油料等），则可能诱发火灾。

三、矿井爆破器材库爆炸事故现场处置

1. 现场处置的主要任务

(1) 现场人员要积极开展自救和互救。

(2) 救援人员积极抢救遇险人员。

(3) 对充满爆炸烟雾的巷道恢复通风。

（4）抢救人员时清理堵塞物。

（5）扑灭或控制因爆炸产生的火灾。

（6）防止次生灾害发生。

2. 现场处置方案

（1）现场库管人员要立即正确佩戴好自救器，撤离现场；并及时关闭好防爆活门。

（2）第一时间向矿调度报告事故地点、现场灾难情况；同时向所在单位报告情况。按照避灾路线以最快速度安全撤离到地面。

（3）切断灾区内电源，防止产生电火花，引起火灾和爆炸。

（4）矿调度接到报告后，及时向矿值班人员报告。并按矿应急预案程序向矿长、总工程师、安全科长等人员报告。矿根据灾难事故情况启动相应的应急预案和执行对应的应急程序。重大事故可越级报告。

（5）事故单位接到报告后，要立即通知单位所有管理和技术人员。立即查清灾难事故地点及附近的人员人数，在矿调度集中待命。

四、炮掘工作面事故现场处置能力

1. 拒爆、残爆事故现场处理措施

通电以后拒爆时，爆破工必须先取下把手或钥匙，并将爆破母线从电源上摘下，扭结成短路，再等 5 min，才可沿线路检查，找出拒爆原因。

处理拒爆、残爆时，必须在班组长指导下进行，并应在当班处理完毕。如果当班未能处理完毕，当班爆破工必须现场向下一班爆破工交代清楚。处理拒爆时，必须遵守下列规定：

（1）由于连线不良造成的拒爆，可重新连线起爆。

（2）在距拒爆炮眼 0.3 m 以外另打与拒爆炮眼平行的新炮眼，重新装药起爆。

（3）严禁用镐刨或从炮眼中取出原放置的起爆药卷或从起爆药卷中拉出电雷管。不论有无残余炸药严禁将炮眼残底继续加深；严禁用打眼的方法往外掏药；严禁用压风吹拒爆（残爆）炮眼。

（4）处理拒爆的炮眼爆炸后，爆破工必须详细检查炸落的煤、矸石，收集未爆的电雷管。

（5）在拒爆处理完毕以前，严禁在该地点进行与处理拒爆无关的工作。处理拒爆、残爆期间，担任警戒人员接不到或听不清撤岗信号不准私自撤岗。

2. 爆炸事故现场处置措施

（1）现场设置警戒，警戒距离距爆破事故发生地点至少 200 m，阻止闲杂人员进入，避免事故扩大。

（2）事故发生地点有人员作业时，班组长在爆破发生 5 min 后，进入事故地点查看现场或听从调度室安排；无人员作业时，不得擅自进入事故发生区域。

（3）对受伤人员进行现场急救，并按正确方法运送，防止造成继发性损伤。

（4）汇报调度室，汇报受伤人员地点、数量、现场情况。

五、爆破事故案例分析

【案例】窑街煤电集团有限公司三矿"2·4"爆破事故

2022年2月4日17时7分，窑街煤电集团有限公司三矿（以下简称三矿）1300东部边界回风下山掘进工作面发生事故，造成1人死亡，4人受伤，直接经济损失115.84万元。

1. 事故发生经过

2022年2月4日11时30分，三矿岩巷二队队长杨海仓和值班副队长温天仁共同主持召开中班班前会。1300东部边界回风下山掘进工作面当班出勤11人，主要工作任务是铺设轨道、前移耙岩机。跟班副队长袁文轶带领职工14时10分到达井下工作地点，在巷道左侧陆续掏挖并铺设了7根枕木，在枕木上铺设了一根5 m轨道，接着将右侧轨道铺设在枕木上后发现轨道不平整，在耙岩机前方1.6 m的轨道正中底板凸起0.12 m。在清理了表面浮渣后，因凸起部分坚硬，袁文轶安排工人张国宝使用风镐挖底处理，17时7分，风镐触发拒爆引起爆炸。

2. 抢险救援过程

事故发生后，当班安检员张红军立即汇报三矿调度室，袁文轶立即组织现场人员开展救援，先后发现有5人不同程度受伤，其中张国宝昏迷不醒，受伤严重，其他4人意识清醒并参与救援。

三矿调度室在接到井下汇报后立即分别向矿领导和窑街煤电集团有限公司调度中心进行了汇报，启动应急救援预案，召请矿山救护中心赶赴现场开展救援。17时17分，救护队员入井救援，17时48分，医护人员入井参加救援。至19时5分五名伤员陆续升井，先后被送至兰州市第五医院救治。19时50分张国宝经抢救无效死亡，其余4人生命体征平稳，在医院接受治疗。

第八节　矿山提升运输事故抢险与救灾技术

一、机车运输伤人事故应急处置措施

（1）平巷电机车运输发生追尾、碰头事故或运输过程中伤人时，现场人员立即停止运行中的车辆，将事故发生的地点、性质、造成危害程度及人员伤亡情况向调度室和本单位值班领导进行汇报。

（2）事故造成人员伤害的，现场人员应同时进行现场自救互救和创伤急救，对因挤、压、碾、砸等原因引起的出血人员，应采取合理有效的方法进行止血；对因外伤窒息引起的呼吸停止人员，应用人工呼吸法进行抢救，然后护送升井。

（3）调度室在接到事故汇报后，应根据事故响应等级并按照信息报告程序立即电话报告矿长、总工程师、机电副矿长、机电科科长及事故单位负责人。事故应急救援总指挥根据事故的情况启动运输事故专项应急预案，组织实施救援。

（4）实施救援时，在事故区域前后设置警戒标志，救援期间严禁与救援无关的车辆

通行。

(5) 实施救援时，要用木锲将车轮可靠掩住，防止车辆滑动出现二次伤人事故。

(6) 受伤人员救援完毕，用完好的电机车将事故中毁坏的机车拖至机车维修硐室修理。

二、斜巷跑车伤人事故应急处置措施

(1) 斜巷发生跑车事故时，信号工必须及时利用信号与绞车司机或其他信号工取得联系，停止运输设备运转，防止事故扩大，并立即将事故发生的地点、性质、造成危害程度及人员伤亡情况向调度室和本单位值班领导进行汇报。

(2) 发生跑车事故造成人员伤害的，现场人员应同时进行现场急救，对因挤、压、碾、砸等原因引起的出血人员，应采取合理有效的方法进行止血；对因外伤窒息引起的呼吸停止人员，应用人工呼吸法进行抢救，然后护送升井。

(3) 调度室在接到事故汇报后，应根据事故响应等级并按照信息报告程序立即电话报告矿长、总工程师、机电副矿长、机电科科长及事故单位负责人。事故应急救援总指挥根据事故的情况启动运输事故专项应急预案，组织实施救援。

(4) 实施救援前，必须切断绞车电源，并将开关闭锁、挂牌。绞车司机必须坚守岗位。必须将斜巷所有阻车器扳至阻车闭锁位置。

(5) 实施救援时，必须从斜巷上方向下进行救援。

(6) 救援受伤人员前，必须将斜巷的车辆可靠锁牢。

(7) 受伤人员救援完毕，将事故中毁坏的车辆复轨后，运至车间修理。

三、车辆掉道伤人事故处置措施

(1) 车辆掉道或复轨过程中发生人身事故时，现场人员立即将事故发生的地点、性质、造成危害程度及人员伤亡情况向矿调度室和本单位值班领导进行汇报。

(2) 车辆掉道事故造成人员伤害的，现场人员应同时现场急救，对因挤、压、碾、砸等原因引起的出血人员，应采取合理有效的方法进行止血；对因外伤窒息引起的呼吸停止人员，应用人工呼吸法进行抢救，然后护送升井。

(3) 调度室在接到事故汇报后，应根据事故响应等级并按照信息报告程序立即电话报告矿长、总工程师、机电副矿长、机电科科长及事故单位负责人。事故应急救援总指挥根据事故的情况启动运输事故专项应急预案，组织实施救援。

(4) 实施救援时，在事故区域前后设置警戒标志，救援期间严禁与救援无关的车辆通行。

(5) 实施救援时，并用木锲将车轮可靠掩住，防止车辆滑动出现二次伤人事故。

(6) 受伤人员救援完毕，及时将掉道的车辆复轨、运走。

四、带式输送机伤人事故处置措施

(1) 发生带式输送机伤人事故时，现场人员立即将事故发生的地点、性质、造成危害程度及人员伤亡情况向矿调度室和本单位值班领导进行汇报。

（2）带式输送机事故造成人员伤害的，现场人员应同时进行现场急救，对因挤、压、碾、砸等原因引起的出血人员，应采取合理有效的方法进行止血；对因外伤窒息引起的呼吸停止人员，应用人工呼吸法进行抢救，然后护送升井。

（3）调度室在接到事故汇报后，应根据事故响应等级并按照信息报告程序立即电话报告矿长、总工程师、机电副矿长、机电科科长及事故单位负责人。事故应急救援总指挥根据事故的情况启动运输事故专项应急预案，组织实施救援。

（4）实施救援时，在事故区域前后设置警戒标志，救援期间严禁与救援无关的人员通行。

（5）实施救援时，应将事故带式输送机停电闭锁挂牌，防止带式输送机运行出现二次伤人事故。

（6）受伤人员救援完毕，及时处理事故带式输送机，在最短时间内恢复正常运行。

五、刮板输送机伤人事故应急处置措施

（1）现场人员立即将事故发生的地点、性质、造成危害程度及人员伤亡情况向矿调度室和本单位值班领导进行汇报。

（2）事故造成人员伤害的，现场人员应同时进行现场急救，对因挤、压、碾、砸等原因引起的出血人员，应采取合理有效的方法进行止血；对因外伤窒息引起的呼吸停止人员，应用人工呼吸法进行抢救，然后护送升井。

（3）调度室在接到事故汇报后，应根据事故响应等级并按照信息报告程序立即电话报告矿长、总工程师、机电副矿长、机电科科长及事故单位负责人。事故应急救援总指挥根据事故的情况启动事故专项应急预案，组织实施救援。

（4）实施救援时，在事故区域前后设置警戒标志，救援期间严禁与救援无关的人员通行。

（5）实施救援时，应将事故刮板输送机停电闭锁挂牌，防止运行出现二次伤人事故。

（6）受伤人员救援完毕，及时处理设备故障，在最短时间内恢复正常运行。

六、架空乘人装置事故应急处置措施

（1）现场人员立即将事故发生的地点、性质、造成危害程度及人员伤亡情况向矿调度室和本单位值班领导进行汇报。

（2）调度室在接到事故汇报后，应根据事故响应等级并按照信息报告程序立即电话报告矿长、总工程师、机电副矿长、机电科科长及事故单位负责人。事故应急救援总指挥根据事故的情况启动事故专项应急预案，组织实施救援。

（3）事故现场的人员应根据实际情况，开展积极有效的自救和互救。对于轻伤应现场对其进行包扎止血，将其抬放到安全地带。而对于骨折人员不要轻易挪动，等待专业救助人员的到来。

（4）救援人员应按规定携带必要的救援工具。

（5）在救援处置时要设置事故警示牌，禁止行人通过、禁止其他作业。

（6）在进行抢险救援时，要切断电源、设置警戒人员，保护救援人员和遇险人员的安全。

七、断绳卡罐或坠罐事故应急处置措施

（1）现场人员立即将事故发生的地点、性质、造成危害程度及人员伤亡情况向矿调度室和本单位值班领导进行汇报。

（2）调度室在接到事故汇报后，应根据事故响应等级并按照信息报告程序立即电话报告矿长、总工程师、机电副矿长、机电科科长及事故单位负责人。事故应急救援总指挥根据事故的情况启动事故专项应急预案，组织实施救援。

（3）现场首先确定罐内是否有人员，若有人应首先救人，井筒工从梯子间进至卡罐或坠罐处，将人员救至梯子间，确定另一罐笼是否可以走钩，若能走钩，人员也可先从另一罐笼撤出上井，若不能走钩，应从梯子间护送上井。

（4）罐内无人时，从主滚筒上拆除旧绳，换上新绳后，将新绳下至卡罐位置，与罐笼连接提升上井。如出现一容器坠底，另一容器被卡事故，先处理被卡容器，将被卡容器撤出井筒范围后，再检查清理井筒内易掉落的物品，最后撤除坠底容器，修复井筒装备。

八、提升容器过卷事故处置措施

（1）恢复上提升容器因过卷撞开的托罐装置，若提升容器未卸空，应先卸空。

（2）恢复井筒设施，包括防撞梁、楔形罐道、罐道、井口行程开关。

（3）恢复提升容器附件。

九、提升运输系统恢复期间机电事故处置措施

（1）现场人员立即将事故发生的地点、性质、造成危害程度及人员伤亡情况向矿调度室和本单位值班领导进行汇报。

（2）调度室在接到事故汇报后，应根据事故响应等级并按照信息报告程序立即电话报告矿长、总工程师、机电副矿长、机电科科长及事故单位负责人。事故应急救援总指挥根据事故的情况启动事故专项应急预案，组织实施救援。

（3）事故现场的人员应根据实际情况，开展积极有效的自救和互救。对于轻伤应现场对其进行包扎止血，将其抬放到安全地带。而对于骨折人员不要轻易挪动，等待专业救助人员的到来。

（4）救援人员应按规定携带必要的救援工具。

（5）在救援处置时要设置事故警示牌，禁止行人通过、禁止其他作业。

（6）在进行抢险救援时，要切断电源、设置警戒人员，保护救援人员和遇险人员的安全。

（7）井筒内事故救援时，应根据现场情况，是否安设绞车吊桶下人进行救援和处理事故。

第九节　矿井供电事故及救灾技术

一、大面积停电事故应急处置措施

大面积停电事故可能由系统供电电源、地面变电站（所）、井下中央变电所、采区变电所及通风、排水、压风、提升、运输等主要系统的供配电设备故障引起。

1. 全矿井停电事故应急处置措施

（1）全矿井停电事故发生后，由矿值班人员及时查明事故原因，深入事故地点组织紧急抢修，并将现场情况及时汇报矿应急救援指挥部，为指挥部正确决策提供依据。

（2）事故地点现场值班人员处置要求：在矿事故勘察、指挥人员未到场或矿救灾指挥部尚未下达具体抢险救灾指令之前，事故现场人员要积极查找原因，及时与调度联系，但不可盲目行动，防止事故扩大。

（3）调度按汇报顺序通知有关人员和单位，同时查明事故原因及预计复电时间，并将详细情况汇报指挥部，以便采取相应处理方法。

（4）由指挥部下令井下变电所切断停风区域内的所有电源（若局部通风机供电正常时局部通风机继续运行），并下令立即撤离停风区域除瓦斯员、变电所电工、机电队电工以外的所有人员。各队跟班队长、工长和安全员要带领本工作面人员集体从就近的进风井向地面撤离，撤离时由跟班队长亲自清点人员，确保所有人员都撤离，跟班队长、工长和安全员要最后撤离。撤离时由安全员监督本工作面电工或跟班队长所有开关打到零位并闭锁。

（5）井下各上下山拉放车人员，要将绞车闸锁住，并采取临时锁车措施，将停在斜巷道上的车锁牢，确认无误后及时撤离。

（6）瓦检员和机电队电工要撤离到就近的变电所，并向矿调度汇报，并听从指挥部命令。

（7）井下所有变电所值班员、井下信号工原地待命，井下水泵房观察各水仓水位，随时向矿调度汇报，听从指挥部的命令进行撤离。

（8）尽快查明事故原因，尽快恢复主要通风机运行。10 min 内主要通风机不能恢复正常运行采取的措施：

① 指挥部命令井下未升井的所有人员立即沿避灾路线撤到地面，同时通知停运主要通风机司机将防爆门打开。

② 由指挥部下令切断进风立井、主斜井所有入井电源，井口 20 m 范围内严禁烟火；切断主斜井的所有入井电源，井口 20 m 范围内严禁烟火；切断副斜井的所有入井电源开关，井口 20 m 范围内严禁烟火。

③ 主斜井、进风立井罐笼内有滞留人员时，井上下把罐工和信号工需向井筒喊话，通知罐笼内滞留人员在罐笼内待救，不得擅自行动。指挥部组织营救滞留在罐笼内人员。

（9）调度、安监处、灯房认真核实井下作业人员及从安全出口升井人数，确保井下所有人员全部撤至地面，并汇报调度。

二、井下采区停电事故应急处置措施

（1）采区停电事故发生后，由矿值班人员、机电科、安监处、运输科、调度及事故单位有关人员迅速组成现场抢修小组，深入事故地点组织紧急抢修，并将现场情况及时汇报矿救灾指挥部，为指挥部正确决策提供依据。

（2）在矿事故勘察、指挥人员未到场或矿救灾指挥部尚未下达具体抢险救灾指令之前。事故现场人员不可盲目行动，防止事故扩大。

（3）调度按汇报顺序通知有关人员和单位，同时查明事故原因及预计复电时间，并将详细情况汇报指挥部，以便采取相应处理方法。具体步骤如下：

① 调度通知井下采区作业人员撤至进风巷待命。

② 队跟班干部接到通知后组织撤人，安全员协助组织撤人。

③ 井下采区各上下山拉放车人员，要将绞车闸锁住，并采取临时锁车措施，将停在斜巷道上的车锁牢，确认无误后撤至进风巷待命。

④ 瓦检员检查风流中瓦斯浓度及风量并汇报矿调度。

⑤ 采区变电所值班员原地待命，并汇报矿调度。

⑥ 调度积极与中央变电所联系，尽快恢复供电。恢复供电应先恢复采区局部通风机供电，然后再恢复其他场所供电。

⑦ 采区局部通风机恢复供电后，井下供风正常后，调度员通知各掘进头跟班干部、安全员、瓦检员组织电工按指挥部命令准备排放瓦斯。

⑧ 调度员接到井下瓦检员及指挥部允许排放瓦斯命令后，按井下瓦检员命令通知各采区变电所配电工送排放瓦斯所需专用风机电源。

⑨ 各地点瓦斯排放完毕后，各地点瓦检员汇报矿调度。

⑩ 瓦斯排放完毕后，矿调度根据井下采掘各地点工作人员要求通知各变电所配送其他电源。

三、井下电缆着火事故应急处置措施

（1）如果井下电缆着火，现场人员应迅速采取扑灭措施，并同时向矿调度汇报。如果无法扑灭且风流中出现有毒气体，相关单位跟班干部、安监员要迅速组织撤人，戴好自救器，按照《灾害预防及处理计划》迅速组织人员撤离到新鲜风流中，并清点好人数。待人员撤至安全地点后，再次汇报矿调度，待命。

（2）调度接知情人员汇报后，立即通知火灾附近及起火点下风流侧所有作业人员立刻按《灾害预防及处理计划》中"火灾预防及处理计划"规定的安全路线撤出，并且通知电气火灾相关变电所将火灾附近所有高低压电源全部停电，避免事故进一步扩大。

（3）调度按顺序通知有关单位及人员，详细了解火灾现场情况，并向矿值班领导及矿长、机电矿长、生产矿长、安监处长、总工程师汇报，成立灭火指挥部。

（4）灭火指挥部按《灾害预防及处理计划》中"火灾预防及处理计划"程序组织灭火工作。

（5）待火灾扑灭后，指挥部及矿调度再组织有关单位及人员对火灾现场进行清理及恢复工作。

（6）在组织抢险救灾恢复生产的同时，还要组织好事故的分析追查工作。按照"四不放过"原则，查出事故原因，处理事故责任人，吸取事故教训，并制定出今后整改防范措施。

四、人身触电事故应急处置措施

（1）发现有人触电后，现场人员不要惊慌失措，应立即采取自救互救，首先要尽快使触电者脱离电源，但施救者严禁触及触电者皮肤、衣服及鞋等易导电部位，现场人员应立即通知有关部门对该处进行停电，同时将现场情况汇报矿调度。

（2）矿调度立即通知卫生科医护人员带齐必备的工具及器材，立刻赶往出事地点，待救援人员到后立刻发车赶往事故现场。

（3）如果触电者伤势不重，神志清醒，但心慌、四肢麻木、全身无力或在触电过程中曾一度昏迷，但已清醒过来，这种情况应使触电者安静休息，不要走动，严密观察，等待医务人员前来救治。

（4）如果触电者伤势较重，已经失去知觉，但还有心跳和呼吸，这种情况应使触电者安静舒适地平卧，周围不要站人，使空气流通，解开触电者胸前衣服以利呼吸，如果条件允许，摩擦其全身，如环境温度较低，还应对其进行保暖，等待医务人员前来救治。如果触电者呼吸困难、呼吸稀少或发生痉挛等现象，应准备一旦停止呼吸时立即施行人工呼吸。

（5）如果触电者的伤势严重，心跳和呼吸均已停止，应立即施行人工呼吸，并等待医务人员前来救治。

（6）矿调度汇报矿值班领导及矿长、机电矿长、生产矿长、安监处长、总工程师，成立救援指挥部。

（7）救援人员到达事故现场后，立即对触电人员进行抢救，待触电人员情况稳定后，按指挥部命令，再进行进一步救治。

（8）救灾指挥部要迅速组织抢险救灾工作，安排好现场抢救、井上下运输、井筒提升、医疗救援等工作。并在完成人员救援工作后，迅速组织生产，尽快恢复正常生产秩序。

五、现场恢复措施

（1）停电事故处置结束后，立即恢复对主要通风机和地面的供电，严格执行先外后里，先检查瓦斯浓度后送电，逐步向里恢复送电的原则。

（2）在恢复通风前，瓦检员要认真对各系统进行瓦斯检查。按照《煤矿安全规程》要求，在开启主要通风机前，通风部门要充分考虑采区瓦斯浓度，制定安全措施后，由应急救援总指挥下令开启主要通风机，并严格按照措施执行。

（3）排瓦斯过程应该是先由主要通风机排瓦斯，主要通风机排瓦斯采用短路风流法排放，只有在总回风巷瓦斯浓度低于 0.75%，并稳定 30 min 后方可结束主要通风机排瓦斯，然后开始井下局部通风机排瓦斯，局部通风机排瓦斯时要逐条巷道排，不可多条巷道同时排瓦斯。启动局部通风机时，操作电工要听从现场瓦检员的指挥。

（4）各作业地点恢复供电前必须经通风科同意，并由瓦检员进行瓦斯检查，符合《煤矿安全规程》要求，并征得矿调度同意后方可送电。对井下恢复送电必须遵循先直供局部通风机电源，后动力电源的原则，遵循由上到下、由外向里逐个地点送电原则进行，即直供局部通风机电源——各台直供局部通风机电源——中央变电所动力电源——采区变电所动力电源——各配电点、各条巷道动力设备电源的送电顺序。

（5）检查各采掘头面瓦斯情况，确认瓦斯浓度低于《煤矿安全规程》规定以下时，恢复对采掘工作面用电设备供电。

（6）掘进工作面恢复供电时的特别规定：

① 恢复通风前必须检查瓦斯浓度，只有在停风区中最高瓦斯浓度不超过 0.8% 和最高二氧化碳浓度不超过 1.5%，而且在局部通风机及其开关附近 10 m 内风流中瓦斯浓度不超过 0.5%，才能开启局部通风机。

② 在掘进巷道中，当瓦斯浓度超过 0.8% 时应切断掘进巷道内全部非本质安全型电气设备的电源，当瓦斯浓度小于 0.8% 时方可恢复供电。

③ 井下掘进工作面只有在主局部通风机运行时，方可进行作业。在副局部通风机运行期间，掘进工作面无工作电源。只有恢复主局部通风机运行后掘进工作面才能恢复供电，实现风电闭锁。

④ 掘进工作面副局部通风机的供电，应直接由变电所（中央或采区变电所）采用专用高压开关、专用变压器、专用馈电开关、专用电缆、专用启动器向局部通风机供电。主、副局部通风机线路上不得分接其他负荷。

第十节　矿井通风事故及救灾技术

矿井主要通风机停止运转事故可能由矿井供电电源、地面变电站（所）、井下中央变电所、采区变电所及通风、排水、提升、运输等主要系统的供配电设备故障或异常天气、地震等灾害引起。

一、全矿井停风事故应急处置措施

（1）全矿井停风事故发生后，由矿值班人员、通风科、机电科、电力科及时查明事故原因，深入事故地点组织紧急抢修，并将现场情况及时汇报矿应急救援指挥部，为指挥部正确决策提供依据。

（2）事故地点现场值班人员处置要求：在矿事故勘察、指挥人员未到场或矿救灾指挥部尚未下达具体抢险救灾指令之前，事故现场人员要积极查找原因，及时与调度、电力科、机电科、通风科科长联系，但不可盲目行动，防止事故扩大。

（3）调度按汇报顺序通知有关人员和单位，同时查明事故原因及预计复电时间，并将详细情况汇报指挥部，以便采取相应处理方法。

（4）由指挥部下令井下变电所切断停风区域内的所有电源（若局部通风机及其开关 10 m 范围内瓦斯浓度超过 0.5% 时，则立即切断局部通风机供电电源），并下令立即撤离停风区域的所有人员，瓦检员、变电所电工、机电队电工在变电所待命。各队跟班队长、工长和安全员要带领本工作面人员集体从就近的进风井向地面撤离，撤离时由跟班队长亲自清点人员，确保所有人员都撤离，跟班队长、工长和安全员要最后撤离。撤离时由安全员监督本工作面电工或跟班队长所有开关打到零位并闭锁，瓦检员在停风的掘进巷道回风口设置栅栏和禁止入内牌板。

（5）井下各上下山拉放车人员，要将绞车闸锁住，并采取临时锁车措施，将停在斜巷道上的车锁牢，确认无误后及时撤离。

（6）瓦检员和机电队电工要撤离到就近的变电所，并向调度汇报，听从指挥部命令。

（7）井下所有变电所值班员、井下信号工原地待命，井下水泵房观察各水仓水位，随时向调度汇报，听从指挥部的命令进行撤离。

（8）尽快查明事故原因，尽快恢复主要通风机运行。如果在 10 min 内主要通风机不能恢复正常运行采取的措施：

① 指挥部命令井下未升井的所有人员立即沿避灾路线撤到地面，同时通知停运主要通风机司机将防爆门（防爆盖）打开。

② 由指挥部下令切断进风立井、主斜井所有入井电源，井口 20 m 范围内严禁烟火；切断主斜井的所有入井电源，井口 20 m 范围内严禁烟火；切断副斜井的所有入井电源开关，井口 20 m 范围内严禁烟火。

③ 主斜井、立井罐笼内有滞留人员时，井上下把罐工和信号工需向井筒喊话，通知罐笼内滞留人员在罐笼内待救，不得擅自行动。指挥部组织营救滞留在罐笼内人员。

（9）调度、安监处、灯房认真核实井下作业人员及从安全出口升井人数，确保井下所有人员全部撤至地面，并汇报调度。

二、井下采区停风事故应急处置措施

（1）采区停风事故发生后，由矿值班人员、通风科、机电科、安监处、运输科、调度及事故单位有关人员迅速组成现场抢修小组，深入事故地点组织紧急抢修，并将现场情况及时汇报矿救灾指挥部，为指挥部正确决策提供依据。

（2）在矿事故勘察、指挥人员未到场或矿救灾指挥部尚未下达具体抢险救灾指令之前，事故现场人员不可盲目行动，防止事故扩大。

（3）调度按汇报顺序通知有关人员和单位，同时查明事故原因及预计复电时间，并将详细情况汇报指挥部，以便采取相应处理方法。具体步骤如下：

① 调度通知井下采区作业人员撤至进风巷待命。

② 队跟班干部接到通知后组织撤人，安全员协助组织撤人。

③ 井下采区各上下山拉放车人员，要将绞车闸锁住，并采取临时锁车措施，将停在斜巷道上的车锁牢，确认无误后撤至进风巷待命。

④ 瓦检员检查风流中瓦斯浓度及风量并汇报调度。

⑤ 采区变电所值班员原地待命，并汇报调度。

⑥ 调度积极与中央变电所联系，尽快采区变电所恢复供电。

⑦ 采区变电所恢复供电后，调度员通知各掘进头跟班干部、安全员、瓦检员，组织

电工按指挥部命令准备排放瓦斯。

⑧ 调度员接到井下瓦检员及指挥部允许排放瓦斯命令后,按井下瓦检员命令,通知各采区变电所配电工送排放瓦斯所需局部通风机直供风机电源。

⑨ 各地点瓦斯排放完毕后,瓦检员汇报调度。

⑩ 瓦斯排放完毕后,调度根据井下采掘各地点工作人员要求通知各变电所配送其他电源。

三、现场恢复措施

(1) 恢复对主要通风机和地面的供电后,必须先检查瓦斯浓度后再送电,要按照先外后里的原则恢复送电。

(2) 在恢复通风前,瓦检员要认真对各地点进行瓦斯检查。按照《煤矿安全规程》要求,在启动主要通风机前,通风部门要充分考虑采区瓦斯浓度,制定安全措施后,由应急救援总指挥下令启动主要通风机,并严格按照措施执行。

(3) 主要通风机排放瓦斯时,采用短路风流法排放主要通风机瓦斯,只有在总回风巷瓦斯浓度为 0.75%,并稳定 30 min 后方可结束主要通风机排瓦斯,然后开始井下局部通风机排瓦斯。

(4) 各作业地点恢复供电前必须经通风科同意,并由瓦检员进行瓦斯检查,符合《煤矿安全规程》要求,并征得调度同意后方可送电。局部通风机排放瓦斯必须逐条巷道进行。对井下恢复送电必须遵循先直供局部通风机电源,后动力电源的原则,遵循由上到下、由外向里逐个地点送电原则进行。即直供局部通风机电源——各台直供局部通风机电源——中央变电所动力电源——采区变电所动力电源——各配电点、各条巷道动力设备电源的送电顺序。

(5) 检查各采掘头面瓦斯情况,确认瓦斯浓度低于《煤矿安全规程》规定以下时,恢复对采掘工作面用电设备供电。

(6) 掘进工作面恢复供电时的特别规定:

① 恢复通风前必须检查瓦斯浓度,只有在停风区中最高瓦斯浓度不超过 0.8% 和最高二氧化碳浓度不超过 1.5%,而且在局部通风机及其开关附近 10 m 内风流中瓦斯浓度不超过 0.5%,才能开启局部通风机。

② 在掘进巷道中,当瓦斯浓度超过 0.8% 时应切断掘进巷道内全部非本质安全型电气设备的电源,当瓦斯浓度小于 0.8% 时方可恢复供电。

③ 井下掘进工作面只有在主局部通风机运行时,方可进行作业。在副局部通风机运行期间,掘进工作面无工作电源。只有恢复主局部通风机运行后掘进工作面才能恢复供电,实现风电闭锁。

④ 掘进工作面副局部通风机的供电,应直接由变电所(中央或采区变电所)采用专用高压开关、专用变压器、专用馈电开关、专用电缆、专用启动器向局部通风机供电。主、副局部通风机线路上不得分接其他负荷。

第五章　矿山事故隐患排查与治理

生产安全事故隐患排查与治理工作是《安全生产法》规定的重要内容之一，是安全生产标准化建设的重要基础。《安全生产事故隐患排查治理暂行规定》（安全监管总局令第16号）对此项工作作出了具体的规定。建立健全安全隐患排查治理体系，贯彻落实以人为本的科学发展观，充分体现"安全第一、预防为主、综合治理"的方针，是安全生产工作理念、监管机制、监管手段和方法的创新与发展，把隐患排查与治理和安全生产工作逐步纳入科学化、制度化、规范化的轨道。

第一节　矿山事故隐患的分级、分类及特点

一、矿山事故隐患分级

矿山事故隐患（以下简称事故隐患）是指矿山企业违反安全生产法律、法规、规章、标准、规程和安全生产管理制度的规定，或者因其他因素在生产经营活动中存在可能导致事故发生的物的危险状态、人的不安全行为和管理上的缺陷。

按照事故隐患的影响范围、整改难易程度和危害程度，矿山事故隐患分为一般事故隐患和重大事故隐患。

1. 一般事故隐患

一般事故隐患是指危害或整改难度较小，发现后能够立即整改排除的隐患。

2. 重大事故隐患

重大事故隐患是指危害和整改难度大，应全部或者局部停产停业，并经过一定时间整改治理方能排除的隐患，或者因外部因素影响致使生产经营单位自身难以排除的隐患。

二、矿山事故隐患分类

根据隐患排查主要内容划分的原则，结合隐患排查实际工作情况，从现场操作方面对隐患排查进行划分，可分为基础管理类隐患和现场管理类隐患两部分。

1. 基础管理类隐患

基础管理类隐患主要针对矿山企业资质证照、安全生产管理机构及人员、安全生产责任制、安全生产管理制度、安全操作规程、教育培训、安全生产管理档案、安全生产投入、应急救援、特种设备基础管理等方面存在的缺陷。基础管理类隐患，在矿山企业自查时主要通过查阅资料获得。

（1）生产经营单位资质证照类隐患，主要是指矿山企业在采矿证、安全生产许可证、营业执照等方面存在的不符合法律法规的问题和缺陷。

(2) 安全生产管理机构及人员类隐患，主要是指矿山企业未根据自身生产经营的特点，未依据相关法律法规或标准要求，设置安全生产管理机构或者配备专（兼）职安全生产管理人员。如煤矿未设置安全生产管理机构，仅配备兼职安全生产管理人员。

(3) 安全生产责任制类隐患。根据矿山企业的规模，安全生产责任制涵盖矿山主要负责人、安全生产负责人、安全生产管理人员、区队长、班组长、岗位员工等层级的安全生产职责。矿山企业应建立健全全员安全生产责任制，未建立健全全员安全生产责任制或责任制建立不完善的，属于此类隐患。

(4) 安全生产管理制度类隐患。根据矿山企业的特点，安全生产管理制度主要包括：安全生产教育和培训制度、安全生产检查制度、劳动防护用品配备和管理制度、安全生产奖励和惩罚制度、生产安全事故报告和处理制度、隐患排查制度、领导带班下井制度、职业健康规章制度等。矿山企业缺少某类安全生产管理制度或者某类制度不完善时，则称其为安全生产管理制度类隐患。

(5) 安全操作规程类隐患。矿山企业缺少岗位操作规程或者岗位操作规程制定不完善的，则称其为安全操作规程类隐患。

(6) 教育培训类隐患。教育培训包括对矿山企业主要负责人、安全管理人员、从业人员以及特种作业人员的教育培训。矿山企业应根据相关法律法规，满足培训时间、培训内容的要求。矿山企业未开展安全生产教育培训或者培训时间、培训内容不达标的，称其为教育培训类隐患。

(7) 安全生产管理档案类隐患。安全生产记录档案主要包括：安全检查记录档案、安全生产奖惩记录档案、安全生产会议记录档案、检查及巡查记录、事故管理记录档案、安全费用台账、领导带班下井记录、职业危害申报档案、职业危害因素检测与评价档案、工伤社会保险缴费记录、教育培训记录档案、劳动防护用品配备和管理记录档案等。矿山企业未建立安全生产管理档案或档案建立不完善的，属于安全生产管理档案类隐患。

(8) 安全生产投入类隐患。矿山企业应结合本单位实际情况，建立安全生产资金保障制度，安全生产资金投入（或称安全费用），应当专项用于下列安全生产事项：安全技术措施工程建设、安全设备设施的更新和维护、安全生产宣传教育和培训、劳动防护用品配备、其他保障安全生产的事项。矿山企业在安全生产投入方面存在的问题和缺陷，称为安全生产投入类隐患。

(9) 应急管理类隐患。应急管理包括应急机构和队伍、应急预案和演练、应急设施设备及物资、事故救援等方面的内容，具体包括：制定应急管理制度；按要求和标准建立应急救援队伍（矿山救护队），队伍建设和人员配备等达到相关规定；按规定编制安全生产应急预案；定期开展应急演练；按相关规定和要求建设应急设施、配备应急装备、储备应急物资，并进行经常性检查、维护保养，确保其完好可靠等。矿山企业在应急救援方面存在的问题和缺陷，称为应急救援类隐患。

(10) 特种设备基础管理类隐患。凡涉及生产经营单位在特种设备相关管理方面不符合法律法规的内容，均归于特种设备基础管理类隐患。这类隐患主要包括特种设备管理机构和人员、特种设备管理制度、特种设备事故应急救援、特种设备档案记录、特种设备的检验报告、特种设备保养记录、特种作业人员证件、特种作业人员培训等内容。

2. 现场管理类隐患

现场管理类隐患主要针对特种设备现场管理、生产设备设施、场所环境、从业人员操作行为、消防安全、用电安全、职业卫生现场安全、有限空间现场安全、辅助动力系统、相关方现场管理等方面存在的缺陷。现场管理类隐患，需要矿山企业对作业现场进行实地检查，了解隐患的分布情况，以便更有针对性地开展安全生产管理工作，制定相应的对策措施。

（1）特种设备现场管理类隐患。矿山特种设备包括锅炉、压力容器（含气瓶）、压力管道、电梯、起重机械、场（厂）内专用机动车辆等，这类设备自身及其现场管理方面存在的缺陷，属于特种设备现场管理类隐患。

（2）生产设备设施及工艺隐患。矿山企业生产设备设施及工艺方面存在的缺陷，称为生产设备设施及工艺类隐患，该类隐患中包括重大危险源使用和管理存在的问题和缺陷。

（3）场所环境类隐患。矿山企业场所环境类隐患主要包括矿山环境、仓库作业、火工品作业等方面存在问题和缺陷。

（4）从业人员操作行为类隐患。"三违"即违章指挥、违章作业、违反劳动纪律。从业人员操作行为类隐患主要包括"三违"行为和防护用品佩戴等。

（5）消防安全类隐患。矿山企业消防方面存在的缺陷，称为消防安全类隐患，包括应急照明、消防设施与器材等。

（6）用电安全类隐患。矿山企业涉及用电安全方面的问题和缺陷，称为用电安全类隐患，主要包括配电室，配电箱、柜，电气线路敷设，固定用电设备，插座，临时用电，潮湿作业场所用电，安全电压使用等。

（7）职业卫生现场安全类隐患。职业卫生专项管理中，涉及生产经营单位在职业卫生现场安全方面不符合法律法规的内容，均归于职业卫生现场安全类隐患。这类隐患主要包括禁止超标作业，检、维修要求，防护设施，公告栏，警示标识，生产布局，防护设施和个人防护用品等方面存在的问题和缺陷。

（8）有限空间现场安全类隐患。有限空间现场安全类隐患主要包括：有限空间作业审批、危害告知、先检测后作业、危害评估、现场监督管理、通风、防护设备、呼吸防护用品、应急救援装备、临时作业等方面存在的问题和缺陷。

（9）辅助动力系统类隐患。辅助系统主要包括压缩空气站、乙炔站、煤气站、天然气配气站、氧气站等为矿山企业提供动力或其他辅助生产经营活动的系统。

（10）相关方现场管理类隐患。涉及相关方现场管理方面的缺陷和问题，属于相关方现场管理类隐患。

三、矿山事故隐患特点

矿山事故隐患因矿体品种、赋存条件、开采方式、开采方法、生产工艺、安全管理等方面的差异，呈现出不同的特点。

（1）煤炭开采往往伴随煤与瓦斯涌出，从而形成了瓦斯煤尘爆炸、煤与瓦斯突出等事故隐患。

(2) 地质构造复杂多样性，产生了水害、顶板危害、冲击地压（岩爆）、矿震和自然发火、高温等事故隐患。

(3) 井下作业场所潮湿、阴暗、狭窄等状况，往往带来机电设备误操作、运输脱节、施工材料供应不及时等隐患。

(4) 生产工艺的复杂性往往带来采煤、掘进、机电运输、通风、排水等环节发生故障的隐患。

(5) 安全生产管理的缺陷能够导致非法开采、超层越界开采、开采秩序混乱、安全管理制度不健全不完善、违规违章行为屡禁不止等隐患。

因此，矿山企业的各种事故隐患危害比其他行业严重且频繁，矿山企业要认真贯彻执行《安全生产法》和《矿山安全法》等规定，按照不同种类矿山安全技术规范的要求，切实加强事故隐患排查防范工作，制定有效的事故预防措施，保障矿山企业正常的生产秩序和职工的人身安全，推动矿山企业健康稳定发展。

第二节　隐患排查方法、内容与治理技术

一、隐患排查方法

隐患排查是指矿山企业组织安全生产管理人员、工程技术人员和其他相关人员对本单位的事故隐患进行排查，并对排查出来的事故隐患，按照事故隐患的等级进行登记，建立事故隐患信息档案。隐患排查方式如下：

(1) 建立矿山企业内外部的事故隐患举报、信息收集方式，包括举报电话、网络举报、来信来访等各种途径收集事故隐患信息。

(2) 通过外部安全检查、评价和检测等发现矿山企业事故隐患。

(3) 通过对事故隐患排查重点部位的日常监控发现事故隐患。

(4) 通过岗位作业人员的作业过程检查等方式发现事故隐患。

(5) 通过班组、部门和企业的日常排查、专项排查、全面排查等定期检查方式发现事故隐患。

(6) 通过专业安全评估等专业技术方式，发现隐蔽性、专业性的事故隐患。

(7) 通过安全生产标准化企业自评、职业健康安全管理体系内审等方式发现各类事故隐患。

(8) 通过对企业及同行业发生的未遂事件、事故原因分析发现的各类事故隐患。

二、事故隐患排查形式及内容

1. 作业过程隐患排查

作业过程隐患排查是指从业人员每次上岗前、作业中、作业结束后，根据要求对作业设备设施、作业环境、个人防护等方面进行检查。

(1) 每次上岗作业前进行班前检查，重点检查工作岗位相关设备、设施、安全装置和个体防护等方面的事故隐患。

(2) 作业中，应根据岗位安全规程的要求，对岗位设备设施运行的安全状态、安全操作行为、作业环境的安全条件等进行自查。

(3) 作业结束后，应对作业现场进行检查，确保电源、气源及设备断电、断气，确保不留存危险物品，按规定对现场进行清理，如有遗留问题，应向下班次人员交接。

(4) 发现隐患应立即停止作业并采取措施排除，无法排除的立即报告；作业过程检查的情况，通常记录在岗位交接班记录、岗位运行记录本内。

2. 日常隐患排查

日常隐患排查是指班组长和安全员的日常安全检查；专业技术人员和管理人员的日常检查；事故隐患排查重点部位的日常监控等，重点检查本生产单元相关设备、设施、场所及从业人员遵章守纪等方面的事故隐患。

(1) 班组长通常在每天班前、班中、班后进行检查，每周进行一次系统检查；检查的内容是人员安全行为、设备设施和作业环境的安全状态、作业安全管理的状况等；检查结果通常记录在交接班记录本或班组活动记录本内。

(2) 矿山企业专兼职安全员的日常检查，覆盖现场各部位，主要是现场安全，检查结果通常记录在部门安全员日常检查记录表或记录本内。

(3) 矿山企业根据实际情况，可安排基层或专业科室的技术人员、管理人员，对工艺、设备、电气、仪表等涉及安全生产的相关项目进行专业日常检查。

(4) 事故隐患排查重点部位的日常监控可采用事故隐患实时监控、分级监控法、变更情况监控法。

① 事故隐患实时监控：将事故隐患发生过程进行分解，确定事故隐患发生的参数，通过对参数的实时监控，实时判定事故隐患。此种方法对参数设置、判定方法的准确性、适宜性，以及实时监控设备的要求高，对事故隐患监控责任人也有基本的技能要求。

② 分级监控法：提前确定重点监控部位的监控负责人、监控频次、监控方法、监控标准和监控内容，形成各监控点的检查表、监控卡或监控记录表等，并按要求实施监控；此方法主要通过人的监控，因此监控标准和监控人的责任心、技能和判断能力非常重要。

③ 变更情况监控法：发生人员、设备设施、工艺、场所用途、周边施工等变更时，增加临时性的实时监控，防止由于变更带来的事故隐患。

3. 全面隐患排查

全面隐患排查是指以保障安全生产为目的，以安全生产责任制、各项专业管理制度和其他相关安全生产管理制度落实情况为重点，各有关专业和部门共同参与的全面检查生产经营场所、周边环境、设备设施的安全状况，贯彻执行安全生产相关法规、标准的情况，以及落实本单位安全生产规章制度的情况。

(1) 部门级全面隐患排查由部门负责人组织实施，安全员、专业技术人员和相关管理人员参加；企业级全面隐患排查由企业主要负责人组织并参加，安全生产管理人员和相关管理人员、专业技术人员、工会或员工代表等参加。

(2) 矿山企业级全面隐患排查至少每半年组织一次，部门级全面隐患排查至少每季度组织一次。

（3）大中型企业集团全面隐患排查应单独建立隐患排查计划方案，确定隐患排查内容、路线及时间安排、参加人员等。全面隐患排查时，应依据事故隐患判定标准进行检查，其中对重点部位的检查内容，应依据矿山企业的重点部位事故隐患排查表进行。

（4）实施全面隐患排查时，现场发现的事故隐患应要求责任部门立即整改，现场无法立即整改的，应形成"事故隐患整改通知和记录单"下发至事故隐患治理的责任部门。"事故隐患整改通知和记录单"应包括事故隐患所在部门/现场、隐患治理责任部门/负责岗位、发现的事故隐患及治理要求、事故隐患原因分析、治理措施及完成情况、治理验收和效果验证等，并由治理责任部门和验收人员签字。

4. 专项隐患排查

专项隐患排查是指针对某些场所、时段、特性进行的专门检查，通常包括专项安全检查、季节性和节假日安全检查、专业安全评估、事故类比隐患排查等。

本行业、领域发生较大以上生产安全事故的，企业应及时开展专项排查。

（1）专项安全检查是指矿山企业负责安全生产、设备、技术等业务的管理机构，以矿山事故隐患排查治理专业技术队伍为骨干，对重点工艺系统、设备设施、专业技术等方面进行的有针对性的检查。

（2）季节性隐患排查是指根据各季节特点开展的专项隐患检查。检查内容主要有：

① 春季以防火、防风、防静电、防解冻坍塌为重点。

② 夏季以防雷暴、防设备容器高温超压、防洪、防暑降温为重点。

③ 秋季以防火、防静电、防凝保温为重点。

④ 冬季以防火、防雪、防冻、防凝、防滑、防静电为重点。

（3）重大活动及节假日前后隐患排查主要是指对五一、十一、元旦、春节及其他长假、重要活动前后进行的集中检查，通常由安全管理部门组织进行检查。检查内容主要有：

① 检查的重点是动火、施工、消防、治安、值班、供电等安全内容。

② 检查中，应对生产装置是否存在异常状况和隐患、备用设备状态、备品备件、生产及应急物资储备、企业保卫、应急工作等进行检查；其中应对干部带班值班、紧急抢修力量安排、备件及各类物资储备和应急工作进行重点检查。

（4）专业安全评估是指针对矿山专业性、技术性较强的设备、设施和系统，以及安全检查难以发现的隐蔽性问题，采用专业技术手段，对照相应技术标准进行深入、细致、系统的安全评估，以消除隐蔽性、深层次的事故隐患。其主要评估内容包括：

① 工艺技术涉及的事故隐患，如技术参数失控、材料特性导致危险等。

② 设备设施的运行状态等涉及的事故隐患，如设备系统和安全装置存在的事故隐患、设备更新后未加装配套的安全装置等。

③ 设备设施的历史状态等涉及的事故隐患，如电气线路老化、配电系统过载保护失效等。

（5）事故类比隐患排查是指在未遂事件、事故发生后，对企业内和同类企业发生的事故采取举一反三的措施，针对相关部门、部位进行专项安全检查。

三、煤矿事故隐患及治理要求

1. 煤矿重大事故隐患

煤矿重大事故隐患治理方案由煤矿主要负责人负责组织制定并实施，应当包括治理的目标和任务、采取的方法和措施、经费和物资的落实、负责治理的机构和人员、治理的时限和要求、安全措施和应急预案。

2024年1月24日《煤矿安全生产条例》（国务院令第774号）颁布，自2024年5月1日起施行。《条例》规定煤矿企业有下列情形之一的，属于重大事故隐患，应当立即停止受影响区域生产、建设，并及时消除事故隐患：

（1）超能力、超强度或者超定员组织生产的。
（2）瓦斯超限作业的。
（3）煤（岩）与瓦斯（二氧化碳）突出矿井未按照规定实施防突措施的。
（4）煤（岩）与瓦斯（二氧化碳）突出矿井、高瓦斯矿井未按照规定建立瓦斯抽采系统，或者系统不能正常运行的。
（5）通风系统不完善、不可靠的。
（6）超层、越界开采的。
（7）有严重水患，未采取有效措施的。
（8）有冲击地压危险，未采取有效措施的。
（9）自然发火严重，未采取有效措施的。
（10）使用应当淘汰的危及生产安全的设备、工艺的。
（11）未按照规定建立监控与通信系统，或者系统不能正常运行的。
（12）露天煤矿边坡角大于设计最大值或者边坡发生严重变形，未采取有效措施的。
（13）未按照规定采用双回路供电系统的。
（14）新建煤矿边建设边生产，煤矿改扩建期间，在改扩建的区域生产，或者在其他区域的生产超出设计规定的范围和规模的。
（15）实行整体承包生产经营后，未重新取得或者及时变更安全生产许可证而从事生产，或者承包方再次转包，以及将井下采掘工作面和井巷维修作业外包的。
（16）改制、合并、分立期间，未明确安全生产责任人和安全生产管理机构，或者在完成改制、合并、分立后，未重新取得或者及时变更安全生产许可证等的。
（17）有其他重大事故隐患的。

2. 煤矿一般事故隐患

煤矿一般事故隐患是指煤矿各部门、各专业人员在隐患排查中发现的危害或整改难度较小，发现后能够立即整改排除的隐患。除《煤矿安全生产条例》《煤矿重大事故隐患判定标准》所列的重大隐患外，其他不符合《煤矿安全规程》《矿山救援规程》《煤矿安全生产标准化管理体系基本要求及评分方法》《防治煤与瓦斯突出细则》《煤矿防治水细则》《防治煤矿冲击地压细则》《煤矿防灭火细则》、安全技术操作规程、作业规程等相关规程、标准、文件规定的情况，均属于一般隐患。

煤矿一般隐患

煤矿一般事故隐患由煤矿区队、班组负责人或者有关人员立即组织整改，常见一般隐患见表5-1。

表5-1　煤矿常见一般隐患

隐患类别	隐患行为表现
安全管理一般隐患	未及时修订、更新各项安全生产规章制度
	未制定安全生产年度计划和专项工作方案
	未按要求制定矿长安全生产承诺制度
	年度安全生产目标责任考核奖惩不到位
	安全生产责任制教育培训工作未纳入安全生产年度培训计划
	年度安全教育培训计划缺少安全生产责任制内容
	未建立健全领导带班下井交接班制度
	值班、带班、交接班记录未按要求填写
	对存在风险的工作场所、岗位和有关设备设施，未设置明显警示标志
	入井人员携带烟草、点火物品或穿化纤衣服
	未对从业人员进行事故隐患治理技能教育和培训
	无施工措施牌板或牌板内容与现场情况不符
	修改已批准的设计方案未按规定及时上报审批
	未将安全培训工作纳入本单位生产经营工作计划
	未按照统一的培训大纲组织培训，造成培训学时不符合规定
	未建立健全从业人员安全培训档案
	入井（场）人员未戴安全帽、自救器、标识卡、矿灯等个体防护用品的，未穿带有反光标识的工作服
	煤矿未建立入井检身制度和出入井人员清点制度
	发放不合格仪器、仪表，检测不合格的自救器继续使用
煤矿采掘一般隐患	立井井筒穿过预测涌水量大于 $10\ m^3/h$ 的含水岩层或者破碎带时，未采用地面或者工作面预注浆法进行堵水或者加固
	注浆前，未编制注浆工程设计和施工组织设计
	向井下输送混凝土时，未制定安全技术措施
	施工15°以上斜井（巷）时，未制定防止设备、轨道、管路等下滑的专项措施
	距掘进工作面 10 m 内的架棚支护，在爆破前未加固
	对爆破崩倒、崩坏的支架未先行修复，之后进入工作面作业

表 5-1（续）

隐患类别	隐患行为表现
煤矿采掘一般隐患	耙装机作业时，其与掘进工作面的最大和最小允许距离未在作业规程中明确
	使用凿岩台车、模板台车时，未制定专项安全技术措施
	吊盘上放置的设备、材料及工具箱等未固定牢靠
	悬挂吊盘、模板、抓岩机、管路、电缆和安全梯的凿井绞车，未装设制动装置和防逆转装置，且未设有电气闭锁
	井巷交叉点，未设置路标，未标明所在地点，未指明通往安全出口的方向
	未严格执行"行人不行车，行车不行人"的规定
	采（盘）区结束后、回撤设备时，未编制专门措施，未加强通风、瓦斯、顶板、防火管理
	采煤工作面回采前未编制作业规程
	情况发生变化时，未及时修改作业规程或者未补充安全措施
	采用钻爆法掘进的岩石巷道，未采用光面爆破
	打锚杆眼前，未采取敲帮问顶等措施
	巷道架棚时，支架腿未落在实底上，支架与顶、帮之间的空隙未塞紧、背实
	采煤工作面采用密集支柱切顶时，两段密集支柱之间未留有宽 0.5 m 以上的出口
	出口间的距离和新密集支柱超前的距离未在作业规程中明确规定
	采煤机上未装有能停止工作面刮板输送机运行的闭锁装置
	使用掘进机、掘锚一体机、连续采煤机掘进时，未使用内、外喷雾装置
	锚杆钻车作业时未有防护操作台或支护作业时未将临时支护顶棚升至顶板
	用刮板输送机运送物料时，未制定防止顶人和顶倒支架的安全措施
	更换巷道支护时，在拆除原有支护前，未先加固邻近支护
	拆除原有支护后，未及时除掉顶帮活矸和架设永久支护
煤矿机电运输一般隐患	在大于 16°的倾斜井巷中使用带式输送机，未设置防护网，未采取防止物料下滑、滚落等安全措施
	列车通过的风门，未设有当列车通过时能够发出在风门两侧都能接收到声光信号的装置或声光信号装置损坏
	使用的蓄电池动力装置，充电未在充电硐室内进行或检修未在车库内进行或测定电压时未在揭开电池盖 10 min 后测试
	运送人员的车辆未采用专用车辆
	人员乘坐人车时，不听从司机及跟车工的指挥，开车前未关闭车门或者未挂上防护链

表 5-1（续）

隐患类别	隐 患 行 为 表 现
煤矿机电运输一般隐患	倾斜井巷内使用串车提升时，在上部平车场接近变坡点处，未安设能够阻止未连挂车辆滑入斜巷的阻车器
	采用无轨胶轮车运输时，未建立无轨胶轮车入井运行和检查制度
	罐笼提升矿车时，罐笼内未安设阻车器
	非专职人员或者非值班电气人员擅自操作电气设备
	不按规定穿戴防护用品操作高压电气设备
	手持式电气设备手柄和接触部分没有良好绝缘
	容易碰到的、裸露的带电体及机械外露的转动和传动部分未加装护罩或者遮栏等安全防护设施
	永久性井下中央变电所和井底车场内的其他机电设备硐室，未采用砌碹或者其他可靠的方式支护或采区变电所未用不燃性材料支护
	移动式和手持式电气设备未使用专用橡套电缆
	立井使用罐笼提升时，井口、井底和中间运输巷的安全门未与罐位和提升信号联锁
	在罐笼同一层内人员和物料混合提升
	钢丝绳牵引带式输送机，上下人员的 20 m 区段内输送带至巷道顶部的垂距小于 1.4 m，行驶区段内小于 1.0 m
	采用无轨胶轮车运输时，未建立无轨胶轮车入井运行和检查制度
	运行电机车的闸、灯、警铃（喇叭）、连接装置和撒砂装置，任何一项不正常
	电机车未进行年审或不合格而使用
	运输绞车、回柱绞车和调度绞车运输未安装使用声光信号
	钢丝绳牵引带式输送机，输送带的宽度小于 0.8 m，运行速度超过 1.8 m/s，绳槽至输送带边的宽度小于 60 mm
	机电设备运行的各种记录不填、少填、漏填
	罐笼装车未按规定使用挡车装置
"一通三防"一般事故隐患	贯通巷道，停掘的工作面未保持正常通风，未设置栅栏及警标
	矿井通风系统图未按规定绘制
	矿井未制定主要通风机停止运转的应急预案
	因检修、停电或者其他原因停止主要通风机运转时，未制定停风措施
	压入式局部通风机和启动装置安装在进风巷道中，距掘进巷道回风口小于 10 m
	采区变电所及实现采区变电所功能的中央变电所未有独立通风系统

表 5-1（续）

隐患类别	隐患行为表现
"一通三防"一般事故隐患	风筒末端与工作面距离超过作业规程规定
	未经通风部门允许私自在通风设施上穿洞、穿管线、拆除墙体上的管路造成漏风
	采空区密闭墙未设置观测孔、措施孔或者孔口无防漏风装置
	永久风门未实现联锁而又未设专人看管
	未及时清除巷道中的浮煤，未及时清扫、冲洗沉积煤尘或者未定期撒布岩粉
	未严格执行"一炮三检"及"三人连锁"程序化爆破制度
	放炮时撤人距离或躲炮烟时间不够
	突出危险采掘工作面爆破作业时，未按规定执行远距离爆破
	突出煤层掘进工作面使用风镐作业
	井口房和通风机房附近 20 m 内，有烟火或者用火炉取暖
	在井下和井口房，采用可燃性材料搭设临时操作间、休息间
	未建立自救器管理制度和管理人员岗位责任制
	未建立自救器动态管理台账、检修记录、报废记录、班检记录
	永久性密闭墙未定期检查密闭墙外的空气温度、瓦斯浓度，密闭墙内外空气压差以及密闭墙墙体
	井工煤矿炮采工作面未采用湿式钻眼、冲洗煤壁、水炮泥、出煤洒水等综合防尘措施
	井工煤矿采煤工作面回风巷未安设风流净化水幕
	井工煤矿掘进井巷和硐室时，未采取湿式钻眼、冲洗井壁巷帮、水炮泥、爆破喷雾、装岩（煤）洒水和净化风流等综合防尘措施
	井下煤仓（溜煤眼）放煤口、输送机转载点和卸载点，以及地面筛分厂、破碎车间、带式输送机走廊、转载点等地点，未安设喷雾装置或者除尘器
	喷射混凝土时，未采用潮喷或者湿喷工艺，未配备除尘装置对上料口、余气口除尘的
	距离喷浆作业点下风流 100 m 内，未设置风流净化水幕
煤矿地质灾害防治与测量一般事故隐患	地质防治水管理制度、措施内容缺项、不合理
	未按规定填绘、上报有关技术资料和图纸，或填绘、报送时间超过规定要求
	水害威胁采掘工作面水文地质分析报告未经矿总工程师组织审批，或报告内容针对性不强，缺乏可操作性
	无矿井地测防治水业务工作会议记录
	矿井水文观测系统不健全
	对已停用或报废的地质勘探钻孔或水文孔未及时封闭，或虽封孔但未提交封孔报告

表 5-1（续）

隐患类别	隐患行为表现
煤矿地质灾害防治与测量一般事故隐患	每年雨季前未对水泵、水管、闸阀、配电设备和线路进行全面检修
	每年雨季前未对全部工作水泵和备用水泵进行 1 次联合排水试验，提交联合排水试验报告
	探放水地点未加强支护，存在空顶、空帮等不安全因素
	探放水地点或其附近未安设专用电话
	水害威胁工作面无避水灾路线指示标志
	未按规定悬挂地质及水文地质超前探测管理牌板或管理牌板填写内容错误
	擅自挪动物探或钻探允许进尺牌或允许进尺牌未上锁
	在预计水压大于 0.1 MPa 的地点探放水时未提前固结套管并做耐压试验
	不按规定进行导线测量，延设中心、腰线
	不按规定对测量仪器进行定期校验

四、矿山事故隐患排查治理责任体系和工作制度

（一）法律法规中关于隐患排查治理的相关规定

（1）《安全生产法》规定，生产经营单位应当建立健全并落实生产安全事故隐患排查治理制度，采取技术、管理措施，及时发现并消除事故隐患。事故隐患排查治理情况应当如实记录，并通过职工大会或者职工代表大会、信息公示栏等方式向从业人员通报。其中，重大事故隐患排查治理情况应当及时向负有安全生产监督管理职责的部门和职工大会或者职工代表大会报告。

（2）《安全生产事故隐患排查治理暂行规定》规定，生产经营单位应当建立健全事故隐患排查治理制度。生产经营单位主要负责人对本单位事故隐患排查治理工作全面负责。

根据法律规定，矿山企业是矿山事故隐患排查、治理和防控的责任主体。要建立健全事故隐患自查自治工作机制，将事故隐患排查治理纳入安全生产责任制，健全完善事故隐患排查、治理、奖惩、考核等工作制度，明确本单位负责人和各级、各岗位人员的事故隐患排查治理和防控责任，编制本单位事故隐患排查治理标准清单，对从业人员进行事故隐患排查治理技能教育和培训，对生产经营场所进行定期排查和专项排查，及时发现并消除事故隐患。对排查出的事故隐患，制定措施及时治理，并将治理情况如实记录，向从业人员通报。

按照"党政同责、一岗双责、齐抓共管、失职追责""管行业必须管安全、管业务必须管安全、管生产经营必须管安全"和"谁主管、谁负责"的原则，完善事故隐患排查治理责任体系。矿山主要负责人是事故隐患排查治理第一责任人，对事故隐患排查治理工作全面负责；分管安全工作负责人协助主要负责人履行事故隐患排查治理职责；分管技

工作负责人对事故隐患排查治理工作负技术管理责任；其他负责人对分管业务范围内的事故隐患排查治理工作负责。生产经营单位业务主管部门对本业务范围内的事故隐患排查治理工作负责；安全监管部门对事故隐患排查治理负监督管理责任，对事故隐患排查治理的过程进行监督考核；区队长、班组长对本工作区域内的事故隐患排查治理工作负责；各岗位从业人员对本岗位的事故隐患排查治理工作负责。

（二）矿山企业关于隐患排查治理的相关规定

矿山企业应建立主要负责人全面负责的事故隐患排查治理体系，明确分管负责人、各科室、区（队）、班组、岗位人员相应职责，建立健全事故隐患排查治理相关制度，成立矿山企业事故隐患排查治理领导小组，由主要负责人担任组长，同时可以成立事故隐患排查治理专业组，按采掘、一通三防、机电运输、地质灾害防治与测量等专业分组，分别组织开展事故隐患排查治理工作，其他负责人担任其职责范围专业组组长。

1. 领导小组的主要职责

（1）负责研讨和制定矿井事故隐患排查治理责任体系和工作制度。

（2）统领矿井事故隐患排查治理各项工作，适时召开事故隐患排查治理体系建设工作会议，分析、研究、部署各项工作。

（3）分战线、分专业组织开展事故隐患排查治理工作。

（4）指导协调各单位开展事故隐患排查治理工作，并进行督查考核等。

2. 矿山主要负责人职责

（1）矿山安全第一责任人，对事故隐患排查治理工作全面负责。

（2）制定并颁布矿井事故隐患排查治理相关制度、文件、工作责任体系。

（3）每月组织分管负责人及相关科室、区（队）对重大安全风险管控措施落实情况、管控效果及覆盖生产各系统、各岗位的事故隐患至少开展1次排查，排查前制定工作方案，明确排查时间、方式、范围、内容和参加人员。

（4）每月组织召开事故隐患治理会议，对事故隐患的治理情况进行通报，分析重大安全风险管控情况、事故隐患产生的原因，编制月度统计分析报告，布置月度安全风险管控重点，提出预防事故隐患的措施。

（5）带班下井过程中跟踪带班区域重大安全风险管控措施落实情况，排查事故隐患，记录重大安全风险管控措施落实情况和事故隐患排查情况。

（6）对重大安全风险管控措施落实及管控效果标准、事故隐患分级标准，以及事故隐患（含措施不落实情况）排查、登记、治理、督办、验收、销号、分析总结、检查考核工作作出规定并落实。

（7）重大事故隐患按照责任、措施、资金、时限、预案"五落实"的原则，组织制定专项治理方案，并组织实施，治理方案按规定及时上报等。

3. 矿山分管负责人职责

（1）协助矿长制定、落实执行事故隐患排查治理管理制度。协助矿长开展全矿事故隐患排查治理工作，在各自分管范围内开展事故隐患排查治理工作。

（2）对全矿事故隐患排查治理负监督与检查职责，负责监督检查各级安全生产管理人员岗位责任制和业务保安责任制履行情况。

（3）督促业务科室负责人、分管负责人、技术人员、生产组织（区队）单位主要负责人对覆盖分管范围的重大安全风险管控措施落实情况、管控效果和各岗位开展隐患排查。

（4）督促各科室部门负责人召开月度隐患排查和治理分析会，分析重大安全风险管控情况、事故隐患产生的原因，编制月度统计分析报告，布置月度安全风险管控重点，提出预防事故隐患的措施。

（5）带班下井过程中跟踪带班区域重大安全风险管控措施落实情况，排查事故隐患，记录重大安全风险管控措施落实情况和事故隐患排查情况。

（6）对矿井事故隐患排查治理工作负监察责任，负责监督、协调检查各级事故隐患排查治理工作等。

4. 业务科室职责

（1）负责本专业分管范围内的隐患排查治理工作，及时参加矿井月度隐患大排查和治理分析会议，对覆盖分管范围的重大安全风险管控措施落实情况、管控效果和开掘、"一通三防"、机电运输、顶板管理等方面事故隐患组织排查并召开治理分析会议。

（2）负责编制事故隐患排查治理安全技术措施，制定具体整改方案。

（3）现场指导隐患治理安全技术措施及整改方案的实施等。

5. 区（队）、班组及岗位人员职责

（1）区队职责。每天组织本队管理人员对本单位区域内的重大安全风险管控措施落实情况、管控效果和事故隐患进行排查一次，对排查出的事故隐患，按事故隐患分级采取有针对性措施进行整改，及时向有关领导和部门汇报事故隐患排查治理工作情况，并登记建档，做好跟踪落实工作，汇总后上报安全部门存档。

（2）班组职责。负责本班组区域内的重大安全风险管控措施落实情况、管控效果和隐患排查治理，到作业场所后首先排查事故隐患，确认无事故隐患后方可作业。在作业中经常排查事故隐患，现场遇有危及人身安全的隐患，立即向本队和矿安全生产调度室汇报，先撤出作业人员，等隐患处理后再作业，本班组的隐患治理工作及时向区（队）汇报。

（3）岗位人员职责。负责本岗位的重大安全风险管控措施落实情况、管控效果和事故隐患排查。在作业过程中对作业环境、设备、设施、劳动防护等随时进行事故隐患排查，并及时消除整改。各岗位人员每班必须填写隐患排查记录，经整理汇总后上报班组存档。

第六章 自我防护技术

矿山救援队是处理矿井火、瓦斯、煤尘、水、顶板等灾害事故的专业队伍,实行标准化、准军事化管理和 24 h 战备值班备勤,是一支职业性、技术性较强的特殊队伍。矿山救援队在煤矿抢险救灾、预防检查消除事故隐患、协助煤炭企业搞好员工救援知识教育培训等方面发挥了重要作用,为煤炭工业的安全发展作出了特殊贡献。但是在抢险及其他作业过程中,因违章指挥、违章作业或者技术与装备等方面出现问题导致的矿山救援队应急救援人员自身伤亡,不仅会扩大事故,延误和影响灾害事故的处理,而且会造成极坏的社会影响。因此分析和总结矿山救援队自身伤亡的教训,采取积极预防措施有效避免救援队员自身伤亡意义重大。

第一节 矿山救援队自身伤亡原因及影响因素分析

据不完全统计,在矿山事故抢险救灾过程中,瓦斯煤尘爆炸事故救援、煤与瓦斯突出事故救援、火灾事故救援、启封火区及启封密闭排放瓦斯恢复通风的工作中,自身伤亡事故的发生概率较高。

救援队自身伤亡事故的特点主要体现在:
(1)救援人员自身伤亡地点大都在窒息区内(有毒有害气体超限的灾区)。
(2)救援人员自身伤亡突发性、偶然性不可预见。
(3)救援人员在处理灾害事故时违章指挥、违章作业造成自身伤亡事故。
(4)救援人员工作中疏忽大意、存在侥幸心理,造成自身伤亡事故。
(5)在灾区工作时,对灾区周围环境不了解、装备不完好、措施落实不到位、气体检测不及时,贸然行动造成自身伤亡事故。

通过分析救援队自身伤亡事故案例可知,造成矿山救援队自身伤亡的原因主要有以下 4 种影响因素,即身体健康因素、装备仪器因素、违章因素和救援队本身不可抗拒的突发因素。

一、身体健康因素造成的自身伤亡

人的身体素质是指人体在活动中所表现出来的力量、速度、耐力、灵敏、柔韧等机能。身体素质是一个人体质强弱的外在表现,它的好坏直接反映了人们在日常生活中承受能力的强弱。作为一名矿山救援指挥员,身体素质的强弱直接影响着抢险救灾工作的开展,影响着救灾决策和救灾任务完成的速度和质量。

二、装备仪器因素造成的自身伤亡

应急救援装备是应急救援人员的作战武器。要提高应急救援能力,保障应急救援工作的高效开展，迅速化解险情，控制事故，就必须为应急救援人员配备专业化的应急救援装备。装备配备水平是应急救援能力的根本基础与重要标志。

矿山救援装备是应急救援人员处理各类矿井灾害事故的专业武器和生命安全保障。矿山救援装备主要包括正压氧气呼吸器、检测类仪器、探测类仪器和惰性气体发生装置等。正压氧气呼吸器作为应急救援人员在灾区抢险救灾工作必备的个人防护装备，是确保应急救援人员生命安全的第一要素，由于日常维护保养和管理不到位，造成呼吸器系统故障，如仪器跑（漏）气、呼吸软管损坏、部件老化、氢氧化钙药剂过期失效、氧气瓶压力不足等都是造成自身伤亡的原因。

三、违章因素造成的自身伤亡

违章因素造成的自身伤亡主要包括：违章指挥、违章作业和管理不到位。

1. 违章指挥

【案例】2013年吉林八宝煤业发生瓦斯爆炸事故，从3月28日16时至3月29日19时30分的27.5 h内，八宝煤矿井下-416采区附近采空区相继发生3次瓦斯爆炸。在连续发生爆炸的情况下，该矿不仅没有立即撤出井下全部作业人员，而且在3月29日21时左右强令施工人员再次返回实施密闭施工作业，导致21时56分发生第4次瓦斯爆炸，造成36人死亡。当时井下共有367人作业，即-416采区发生3次瓦斯爆炸后，进行封闭火区作业时，其余4个采区并没有撤出作业人员。

2. 违章作业和管理不到位

【案例】2019年10月22日14时20分左右，陕西省彬长大佛寺矿业有限公司发生较大瓦斯窒息事故，造成陕煤彬长矿业公司救援中心4名救援队员死亡、1人受伤，直接经济损失948.7万元。

自身伤亡经过：

10月21日0点班，矿井用抽采管直径108 mm，伸入密闭墙内2 m，对闭墙内瓦斯进行抽放。抽放前，闭墙内瓦斯浓度为70%~75%，CO浓度为0%，抽放8 h后，闭墙内瓦斯浓度0.14%，一氧化碳浓度0%，氧气浓度20%。

10月21日8时45分，该矿组织人员开始启封高抽巷外墙，22日0点班高抽巷外墙及黄土清理完毕。

在这期间，12名救护队员携带10台Biopak240R正压氧气呼吸器，在大佛寺煤矿矿灯房领取12台自救器入井，在墙外待命。

10月22日9时20分左右，救援中心开始启封高抽巷闭最后一道墙，13时40分左右密闭墙打开2.7 m²。

13时45分，救援中心开始执行高抽巷探查任务，由小队长陈某带领王某豪和李某乐各佩用1台正压氧气呼吸器，携带光学瓦斯检测仪及CO检测仪进入巷道，行至约200 m处王某豪测得瓦斯浓度80%，500 m处瓦斯浓度85%，800 m处瓦斯浓度90%，CO浓度为0。行至履带式扒装机二运机头前3 m处（里程809 m）三人观察巷道情况后，转身返回时，陈某说："我的呼吸仪器不太正常，帮我检查一下"，随后，李某乐检查了他的呼吸器，发现吸气软管根部破裂，随即李某乐帮陈某捏着吸气软管，三人跑步回撤。跑至第

40节风筒处（里程400 m处），陈某晕倒，李某乐出去求救，王某豪留下看守陈某。

李某乐跑出闭墙后，急呼："陈某呼吸器软管断了，人已经倒了，赶紧进去救人"。随后，王某军带着李某、小张某、苏某、段某军、钟某6人佩用正压呼吸器并携带大张某的呼吸器进入救人。6人到现场后，发现王某豪、陈某仰卧倒地，氧气呼吸器面罩均已脱落，两人紧挨着。6人开始施救，王某军给王某豪佩用自救器，李某和小张某给陈某佩用备用呼吸器（指大张某的仪器）。随后王某军让小张某先出去求助，让苏某看护陈某，其余四人搬运王某豪。

在撤退20 m左右时，李某发现王某军晕倒，面罩已脱落，又开始给王某军佩戴自救器。不一会，钟某说："自己胸口发闷"，随后撤出，剩下李某，段某军，苏某三人继续抢救王某军。此时，李某说："自己没氧气了"，让苏某和段某军继续抢救，自己出去求助。

李某乐经带队的救援中心副主任臧某喜同意，佩用小张某的呼吸器并携带七八台压缩氧自救器二次进入救人。途中碰到李某，得知王某军也倒了，继续行进约380 m处时，李某乐发现王某军、王某豪、陈某三人倒在地上，苏某、段某军正给王某军戴自救器。苏某见到李某乐后说："我的氧气压力不足了，得先出去"，之后苏某便出去。

李某乐和段某军继续给王某军戴自救器，此时，苏某又折返回来说："自己的呼吸器没有氧气了需要更换自救器"。段某军帮苏某戴好自救器后搀扶着苏某向外撤，途中遇见焦某军佩用并携带一台自救器向里进，简单沟通后两人继续外撤，到密闭口时苏某已陷入昏迷。

此时巷道内只剩李某乐一人对王某军进行施救，直到呼吸器压力报警，随即撤出。

之后救援中心备班队前来救援，将倒在巷口里约30 m处的焦某军救出。随后将王某军、王某豪、陈某从380 m处救出。

事故直接原因：救援队员在高浓度瓦斯巷道探察作业过程中，一名队员呼吸器吸气软管被裸露的锚杆头刮破，造成氧气快速外泄，救援队员吸入高浓度瓦斯气体，导致窒息事故发生，其他队员后续救援不当，造成事故扩大。

事故间接原因：

（1）彬长救援中心、大佛寺煤矿对启封41211-1#高抽巷风险分析研判不足，对启封后探查工作不重视，思想麻痹大意。①救援中心未严格按照大佛寺煤矿《41211-1#高抽巷启封方案和瓦斯排放安全技术措施》的要求编制探查方案和安全技术措施，编制的《大佛寺煤矿41211-1#高抽巷启封及排放瓦斯安全行动计划》不完善，探查人数、携带装备、应急措施等内容缺失。②启封期间大佛寺煤矿、救援中心总指挥和副总指挥均未全程在岗指挥。

（2）彬长救援中心管理混乱。①救援装备日常维护保养不到位。苏某所用呼吸器吸气软管根部破损后，未及时更换。李某所用呼吸器舱盖卡扣损坏后未更换。段某军所用呼吸器呼气和吸气软管装反。②技术管理流程没有落实。参加10月19日大佛寺煤矿41211-1#高抽巷启封专题会的人员，未及时将《41211-1#高抽巷启封方案和瓦斯排放安全技术措施》送达救援中心主任、总工程师等相关人员，直至事故发生后救援中心主任询问，才将该方案和措施给中心主任。③规程贯彻流于形式。救援中心对自己制定的《大佛寺煤矿 41211-1#高抽巷启封及排放瓦斯安全行动计划》未认真组织学习贯彻，总指挥、井下基地现场实际总指挥和部分救护队员未学习。④未开展战前检查工作。入井前未进行战前检查，入井指战员携带装备不足，12名指战员仅携带10台正压呼吸器，无备用呼吸器、自救器（临时使用大佛寺煤矿压缩氧自救器）、灾区电话、备用氧气瓶（2个）、苏生器、担架、更换的部件等装备。⑤现场指挥严重违规。未按照救护规程要求设井下待机小队；仅安排3名救护队员进入41211-1#高抽巷侦查，事故发生后，1名救护队员未佩戴呼吸器（只佩戴压缩氧自救器）单独进入危险区域。

（3）安全技术审批把关不严。①救援中心参加了大佛寺煤矿41211-1#高抽巷启封专题会议，但未共同审签《41211-1#高抽巷启封方案和瓦斯排放安全技术措施》。②救援中心未按《矿山救护规程》规定，与大佛寺煤矿有关部门共同研究制定《大佛寺煤矿41211-1#高抽巷启封及排放瓦斯安全行动计划》，救援中心安全行动计划审签流于形式、把关不严。

（4）彬长救援中心安全培训不到位。救护队员对《矿山救护规程》及煤矿相关法规掌握不清，安全意识淡薄，安全技术素质差。参与救援的王某军、陈某、李某等的《应急救援培训证书》已过期。

（5）彬长矿业集团对救援中心监督检查和安全管理不力。未能及时发现救援中心存在的管理混乱等问题，未能及时配齐救援中心指战员，特别是工程技术人员和指挥人员；事故发生时，未配备安全技术科、救援装备科工作人员，同时缺编1名副总工程师，3名技术管理人员，2名中队长，4名副中队长。集团领导对彬长救援中心管理人员思想滑坡、精神松懈、战斗力不强失察。

四、救援队本身不可抗拒的突发因素造成的自身伤亡

突发性、不确定性的其他因素对救援队构成严重的威胁，是当前科技条件下救援队本身难以预料和不可抗拒的。如在处理矿山事故过程中发生的瓦斯二次爆炸、连续性爆炸、冲击地压等。随着科学技术的进步与发展，先进的预警监测设备的出现和监测技术的运用，此类问题可以逐渐加以解决，更好地保护应急救援人员的生命安全。

第二节　违章指挥及预防措施

一、违章指挥的概念

违章指挥是指安排或者指挥应急救援人员违反国家有关安全的法律、法规、规章、制度或者企业安全管理制度及工种岗位安全技术操作规程进行作业的行为。违章指挥是"三违"中危害最大的行为。造成的影响和损害程度也较为严重，且违章指挥具有一定的隐蔽性和不可抗拒性。一般来说，违章指挥者大多是管理人员，也有操作工。违章指挥的危害主要有：

（1）可能引发事故，给救援队员和违章指挥者造成人身伤害。

（2）即便没有引发事故，也会在队伍中造成恶劣影响，不仅会造成救援队员对指挥

员的反感，影响指挥员的威信，也会对救援队员今后的违章行为形成一种反面例子。

二、发生违章作业和违章指挥的根源

（1）对违章作业和违章指挥的严重危害性认识不够。

（2）不能正确处理好安全与效益、安全与任务的关系。在安全与效益、安全与任务发生矛盾冲突时，有些人往往考虑自身和小团体的利益多一些，心存侥幸心理，冒险违章指挥和违章作业。

（3）在导向上存在重效益轻违章、重任务轻安全的现象。

（4）安全管理责任制、安全技术措施不落实，管理松懈。有些指挥员不能严格要求自己，重生产工作任务的完成，轻安全规章的执行，工作中存在带头违章作业和违章指挥的行为。

（5）日常管理检查不到位，造成仪器、装备不完好，维护保养不到位，值班备勤人员不到位或人数不足。

（6）法律法规意识淡薄，以自我为中心，为完成救援任务不顾灾区现场实际和上级指令，冒险蛮干，最终造成自身伤亡事故。

三、预防措施

（1）建立一个快速的、强有力的、专业力量强的救灾指挥部是救援队成功处理矿井灾害事故的关键，也是有效避免救援人员自身伤亡的重要前提和保证。为了避免和消除救援期间指挥程序的混乱和随意性，指挥部的救援命令下达对象必须是现场参战救援队的大队领导，实行垂直管理，一级对一级负责，传达指挥部的指令，接收下级的救援进度报告并及时反馈给矿井救灾指挥部。

（2）大队领导要根据救援队自身真实的综合实战能力和现场灾害事故的实际情况，合理建立井下基地，制定灾区探察、气体检测、现场处置等方面的安全技术措施和具体救援行动计划，确保依法、依规、安全、科学、有效、快速地完成矿山灾害事故救援的工作任务。

（3）应急救援要讲究科学，不能蛮干，更不能有令不行、有禁不止。煤矿是高危行业，必须依靠技术、敬畏技术，对违背技术问题的决策要敢于说"不"。

（4）要尊重科学，提升队伍专业技术水平和操作技能：

① 矿山救援队从事抢险救援工作必须严格遵守国家相关法律规定等，定期对全体应急救援人员开展系统性的救援理论、救援技术、救援技能、案例分析研讨等方面理论技能的培训学习，将常态化的演习训练、救援仪器操作纳入培训学习的重点内容。

② 应急救援人员要持证上岗，按照规定接受年度培训学习，不断进行知识储备和更新，掌握前沿新技术、新装备、新战法，为实战奠定坚实的理论基础。

③ 矿山救援队要大力开展实战化训练，实现以练促战，在基本功训练上要从难、从严、从实战出发，遵循由浅至深、逐步提高、精益求精的训练原则。

（5）全面提升指挥员的综合素质。要想成为一名出色的指挥员，必须要在长期事故救援实践中淬火强能。各级指挥员要深入演习训练一线，在重大任务、艰苦环境、复杂事故中锻炼提升自己。要分析研究新战法、新装备、新技术在演习训练中的效能发挥，提高自身在突发特定情况下处置各种问题的能力、应急应变能力、快速反应能力、临场处置能力，使实践历练真正起到培养良好指挥能力素养的作用。

（6）加强军事化管理，强化指挥员责任担当，不断提高业务能力素养。矿山救援队是准军事化队伍，各级指挥员要能够依托指挥事故一线灾区探察提供的信息精准分析、科学谋划、快速决断；对新技术、新战法、新装备，能够知晓其新在何处、强在哪里，扬长避短发挥出最佳效能，与其他救援力量协同配合联合救援，确保做到"召之即来、来之能战、战之必胜"和"首战用我，用我必胜"。

第三节 违章作业及预防措施

一、违章作业的概念

违章作业是指不按照法律法规、规章制度，以及作业规程和救援人员安全技术操作规程规定的操作顺序和方法所进行的作业。违章作业具有以下特点：

（1）违章是个别指挥员的习惯动作，具有顽固性、多发性，个别指挥员不重视技术业务和安全知识的学习，盲目地凭着经验和习惯做法开展日常安全技术工作、事故救援等。

（2）违章作业行为是个别指挥员潜在的陋习，对个别文化和技术素质较低的违章者很容易缺乏警惕。

（3）指挥员的违章行为常常传习到新队员身上，并难以纠正。

（4）启封密闭排放瓦斯工作时，不佩机、出动人数少于6人、不设待机小队，装备携带不齐全，不坚持分断排放措施，心存侥幸，导致违章作业。

（5）救援队仪器装备维护保养制度、装备检查制度落实不到位，导致仪器装备不完好，"带病"作业，影响救援任务的完成和救援人员的安全。

（6）不遵守值班备勤制度，不落实监护措施，出现安全问题。

（7）在事故抢险救援中，只为完成救援任务而不落实救援行动计划和安全措施，耍大胆，逞个人英雄主义，造成救援失败。

二、违章作业的原因分析

（1）安全意识淡薄，自我保护、自我防护意识差。

（2）麻痹侥幸心理。个别救援队指挥员认为偶尔违章不会产生什么后果，或者认为别人也这样做就没有出事，因此，无视有关的安全技术操作规程，麻痹大意，无视警告，不按操作规程办事。

（3）平时不注重技术业务专业知识和新技术、新装备的学习运用。有的救援队指挥员工作中漫不经心，我行我素，将岗位安全责任制、岗位操作规程、专业技术扔在脑后，把领导的忠告和同事的提醒当作耳旁风，一意孤行。

（4）懒惰蛮干，贪图方便。有的救援队指挥员工作时不愿多出力，要小聪明，总想走捷径，操作时投机取巧，图一时方便，结果造成违章操作。

（5）安全监督不够。对一些习惯性违章现象熟视无睹，放松管理，对一些严重违章现象存在漏查或查处力度不够的情况。特别是在工作任务重、时间紧的情况下，一味强调按时完成工作任务，从而使部分救援队员滋生了忽视安全的习惯和心态。

（6）个别指挥员未按规定做好仪器装备维护保养，未落实定期检查制度，导致仪器装备不完好、不合格。

（7）个别指挥员未落实安全技术措施，未按规定确保出动人数、执行待机制度，抢险救灾安全技术措施未严格执行、违反规程的有关规定等。

（8）救灾中对上级管理人员或者指挥员的错误决策未果断拒绝，导致次生事故的发生。

三、预防措施

（1）建立完善的安全管理制度和可操作性强的安全技术操作规程，并严格要求全体应急救援人员共同遵守和执行。同时建立安全工作奖惩机制，确保应急救援人员岗位安全责任制职责明确，实现责、权、利的统一，激发应急救援人员遵章守纪、刻苦训练、敢打胜仗、用我必胜的积极性，牢固树立"人民至上，生命至上，安全救援，科学救援"的理念，筑牢安全生产的最后一道防线。

（2）定期有针对性地开展安全教育、新技术、新战法、新装备、救援案例研讨及安全法律法规等内容的学习和培训，不断提高应急救援人员安全意识和操作技能，通过案例的现身说法、警示教育不断提高应急救援人员安全防范、识别和纠正违章行为的自主能力。强化各级应急救援人员遵章守纪意识和技术业务理论水平，使应急救援人员真正树立起"安全第一"的观念，确保入心入脑。

（3）各级应急救援人员要起到模范带头作用，在学习训练过程中严格遵守操作规程，规范井下基地建立、灾区探察、现场处置、气体检测、创伤急救、事故处理的程序，带队指挥员要养成严谨细致的工作作风，具有敏锐的观察力、良好的心理素质和应对突发事故的应急应变能力。加大基层应急救援人员日常管理和监督检查力度，使各级应急救援人员行为规范化、标准化，养成良好的岗位工作习惯。

（4）煤矿救援队各级应急救援人员要牢固树立遵守法规光荣、违章作业可耻的安全理念，强化应急救援人员的日常安全检查、安全宣传教育、安全知识培训等活动，提高应急救援人员的安全责任意识和忧患意识，使全体应急救援人员认识到安全工作的重要性，增强遵章守纪的自觉性，营造安全文化氛围，创造出适合发展需求的安全文化内涵。

（5）加大救援安全仪器装备材料的投入。煤矿救援队要大力营造安全、和谐的学习工作环境，确保所有救援装备合格率、完好率均达到100%，对所有救援装备进行科学化、规范化的管理，防止因装备管理不善发生事故，并加强日常装备维护保养的督导检查，落实应急救援人员装备定期维护保养制度，实现仪器装备的动态合格。

（6）扎实开展实战化的救援训练演练工作。和平年代，模拟实战化的演练训练是提高应急救援人员综合素质的根本保证，救援队要开展经常性的高温浓烟环境等实战化训练，开展服务矿井常见灾害事故的训练演练，探索符合队伍实际救援的路径和办法，为矿井安全生产保驾护航。

（7）坚持24 h战备值班值守制度，装备模块化管理，值班人数符合规程规定，随时做好闻警出动的全面准备。

（8）加强矿山救援队军事化管理，养成服从命令、听从指挥、雷厉风行的工作作风。在抢险救灾中坚持依法、依规、科学施救。秉持"生命至上，人民至上，安全救援，科学救援"的救援新理念，确保做到快速、高效、安全救援。

第四节　自身伤亡及预防措施

通过前文分析，造成矿山救护队自身伤亡的原因主要是身体健康因素、仪器装备因素、违章因素和不可抗拒的突发因素等，因此，在抢险救灾过程中，加强事故防范，杜绝救护队自身伤亡是各级指战员义不容辞的责任。预防自身伤亡的主要措施如下。

（1）加强体能锻炼，强化身体素质。日常自觉加大训练强度，要有针对性地从实战需要出发，制定切实可行的训练计划和实施措施，增强体能、柔韧度、极限素质，落实阶段性目标措施，开展技术练兵和技术比武活动，以省局、国家救援中心开展的矿山救护队救援技术竞赛为契机，以提高每个指战员的身体素质，确保在抢险救灾中完胜体能要求，完成抢险救灾任务。

在抢险中，发现小队人员中有疲劳迹象应及时向现场带队指挥员报告，适时休息，带队指挥员应根据抢险救灾或灾区的实际情况当机立断作出决定，以防患于未然，且应随时注意观察每位战斗员的身体情况，注意体力的合理分配，不要蛮干瞎干，以保证救援过程中的体能需要。带队指挥员应全面掌握各参战小队的具体实际情况，掌握灾变矿井的动态、变化情况，并广泛听取各方意见，正确决策，果断运筹。同时要注意劳逸结合，掌握救援工作节奏，投入的战斗力应保证其精力充沛、旺盛，杜绝连续疲劳作战。

（2）加强救援仪器装备的维护保养，确保仪器装备的完好率达到100%。各救护队必须按《矿山救援规程》的要求配备齐全救援装备，救护大中队的装备（战备器材库）要有专人保管，定点存放，每季度检查维护一次；每周对救护小队和个人的技术装备认真检查一次，并做好检查记录，对所有故障的仪器及时进行检修。值班、待机小组和个人所管的仪器装备必须100%的完好。因此，加强矿山救护装备维护保养，落实大队、中队、小队和个人仪器装备定期检查制度是保障装备维护的根本遵循，严格执行仪器装备的"谁主管谁负责，谁保管谁负责，谁使用谁负责"的规定，确保使用的仪器装备完好可靠，动态合格，为安全施救提供坚实的保证。

（3）矿山救护队各级指战员必须严格遵守国家相关的安全法律法规、企业的安全规章制度和相关管理规定，严格遵守和执行《煤矿安全规程》《矿山救援规程》《矿山救护工安全技术操作规程》，规范操作，服从命令、依法依规、科学施救。

（4）推行新队员准入制度。新招进的救护人员必须按照培训大纲的规定。进行强制性、系统性、专业性的救护理论、救护技术、救护技能等方面的学习培训，将体能训练、演习训练、仪器操作、业务理论、创伤急救等内容列入培训学习的重点项目。人员培训之后还要历经90天的编队实习，待所有考评项目全部合格取得资格证书后，才能结束实习期转为正式队员。此外,在日常演习训练中要从实战出发,遵循由浅至深、由易至难,逐步提高、精益求精的训练原则,提升应急救援人员的综合实战能力。

(5) 做好 24 h 全天候战备值班备勤工作。指挥中心一旦接到矿山事故召请,立即启动大(中)队应急救援程序和应急救援行动综合预案,带班指挥员立即带领值班队伍携带相关救援装备迅速赶赴事故现场,参加事故救援工作。为保证救援力量,严格执行交接班制度,针对值班期间所发生的需要及时处理的各种特殊情况应积极组织处理,做到不拖拉、不推诿,无法在当班处理完毕的事情,要认真做好与下一班值班人员的工作交接。

(6) 加强新装备的推广应用,并在实战中不断加以改进。在应急救援过程中,应急救援装备是至关重要的一环,应急救援装备可以极大地提高救援效率和抢救成功率,并且可以降低现场救援人员的风险,让救援行动更加安全。在提升救援装备的同时,也需要加强救援队伍的培训和专业化建设。只有专业的救援人员才能够充分利用这些先进的救援装备进行高效、安全、有效的救援工作。因此,政府和企业都应该重视救援队伍的培训与管理,提高其技术水平和综合素质。

(7) 推广新技术、新战法在抢险救灾中的应用和效果检验。优化救护技术和战术,改善救护方法是有效避免救护队人员自身伤亡最明显、最直接的方案措施。矿山救护队要积极与国内大学、高校、科研机构密切联系与交流,开展一些具有前沿救护新技术、新知识的学习培训,旨在提高救护指战员的技术水平和工作效率,进而有效减少救护失误和自身伤亡的发生。

(8) 适时开展应急救援人员心理疏导培训。作为矿山事故救援的逆行者,应急救援人员在处理伤亡事故时,面对突发的人员伤亡状况,心里难免产生恐惧,滋生恐慌,对事故的处理、救援效率造成不可估量的影响。因此,开设谈话疗法和心理疏导课程,以认知和谈话的治疗方式,教导应急救援人员如何改变有害的想法和信念,当应急救援人员有不切实际的负面想法产生时会被告知如何用正面想法来替代这些负面想法,进行心理疏导排解,避免畏战情绪滋生,确保救援成功。

(9) 强化救护管理工作,杜绝违章指挥和违章作业。矿山救援队主要由指挥员和救援队员组成,救护指挥员素质能力的高低会直接影响救护队的整体素质水平。要全面提高救护指战员的风险辨识、应急处置能力。严格按规定开展煤矿事故应急救援和从事安全技术性工作,如果指挥员素质不高,就可能会出现违章指挥,就不能做出及时性的行动计划,造成队员战斗力的降低。不但不能顺利完成救灾任务,甚至会造成人员的自身伤亡。因此,救护队伍要严把人员配备关,不符合标准的坚决不能纳入队伍,否则就可能出现违章作业,冒险蛮干,酿成自身伤亡事故。

(10) 加强与科研院校的密切合作,积极备装先进的事故救援预警监测装备。引进先进技术预警二次爆炸、连续性爆炸、冲击地压等事故发生原理,发挥先进的预警监测设备、监测技术在事故救援现场的运用,依靠科技进步消除事故隐患,保证事故现场救援人员生命安全,杜绝或避免突发不可抗力造成的次生灾害事故对救援人员的生命威胁,实现科学救援、安全救援,提高救援成功率。

第七章 应急救援心理

矿山救援队员既要掌握物质性的救灾技术，又要掌握一定的心理救助技术，这是现代社会物质救灾与心理救灾的双重任务决定的。面对巨大的心理压力，救援人员需要使用自己掌握的心理救助技术进行自我调节，同时，更需要心理学方面的专业人员对其进行心理危机干预，使心理危机创伤尽快得到抚慰，防止救援人员产生"灾后综合征"影响救援效率。

第一节 心理应激基本理论

一、心理应激反应

心理应激是有机体在某种环境刺激作用下由于客观要求和应付能力的不平衡而产生的一种适应环境的紧张反应状态。心理应激反应主要表现在以下几个方面：

（1）情绪方面。会表现出惊慌和恐惧、焦虑和悲伤、茫然和哭叫、抑郁和强迫、沮丧和麻木等情况。

惊慌：据可查的数据表明，面对突发灾难，大多数人的第一反应都是惊慌失措，不知道如何面对和解决所发生的一切。之所以出现这种现象，主要是由于人们缺乏应对的经验。

恐惧：灾难事件发生后，造成周边环境发生了巨大的破坏和人员伤亡，使人有一种身处绝境的感觉，从而产生极大恐惧。

焦虑：由于突然之间亲友遇难、原来的幸福生活遭到了破坏，美好的生活一去不返，自身生命又受到威胁，对于今后的生活存在着很大的不确定，往往会产生焦虑心理。

悲伤：面对灾难事件人们常表现出极度的悲伤，如气馁、哭泣、神情恍惚、意志消沉和负罪感。

茫然：灾害面前，个体常出现不知所措的状态，表现为一定程度的定向障碍和注意狭窄，否认灾害发生的一切改变，变得麻木、淡漠、意识清晰度下降，不理会外界的刺激，呼之不应，一般可持续数分钟到数小时。

哭叫：多数人会在灾害发生的那一刻，无法控制自己而情不自禁地哭叫，往往是一种悲痛欲绝和沮丧无望的表现。

抑郁：灾后人们往往表现出心境低落、思维迟缓、意志活动减退，从闷闷不乐到悲痛欲绝，轻者自卑抑郁，重者悲观厌世，甚至有自杀企图或行为。

强迫：灾害会造成部分人产生强迫思维和强迫行为。如表现为虽然极力抵抗但却无法控制灾害发生时的画面、声音、气味等反复在脑海中出现，或预感灾害将要重现。

（2）认知方面。会出现过度理性化、强迫性回忆或健忘、不幸感或自怜、无能为力感、否认、自责或罪恶感等情况，主要表现为注意力不集中、缺乏自信、无法做决定、健忘等。

（3）行为方面。表现出行为退化、做事注意力不集中、骂人或打架、社交退缩、过度依赖他人、敌意或不信任他人等情况。

（4）生理方面。表现出心跳加快、呼吸困难、肌肉紧张、食欲下降、肠胃不适、腹泻、头痛、疲乏、失眠、做噩梦等情况。

二、灾后心理应激的三个阶段

（1）应激阶段。主要是灾难发生后的几天至一周左右，对应救灾行动中的救助时期。当个体受到外界强烈的危险信号刺激时，身体的各种资源被迅速、自动地动员起来用以应对压力。由于灾难的突发性，个体尚未来得及从理性层面思考心理上的巨大冲击，因此诸多心理问题以潜在的方式存在，或表现为一些身体症状，如头疼、发烧、虚弱、肌肉酸痛、呼吸急促、腹泻、胃部难受、没有胃口和四肢无力等症状。如不及时处理将会导致严重的心理障碍。应激阶段的第一要务是生存，人们会联合起来对抗灾难，受灾个体会和救灾人员一起营救生命和抢救财产，表现出全力以赴、乐观的特征和很多亲社会行为。

（2）冲击阶段。一般是灾难发生后的两周至半年左右，对应救灾行动中的安置时期。在这一阶段，生存已经得到保证，身体的防御反应会稳定下来，警戒反应的症状也会消失，心理应激进入抵抗期。在应激阶段，身体为了抵抗压力，在生理上做出了调整，付出了高昂代价，虽然能够很好地应付最早出现的应激源，却降低了对其他应激源的防御能力。所以在冲击阶段，各种身心疾病或心理问题会凸显出来。在灾难发生一个月内，受灾民众最为普遍的心理问题是急性应激障碍（ASD），随着时间流逝，急性应激障碍会逐渐消失，大多数经历灾难的人通过自我恢复慢慢地恢复到灾前状态。但是，有相当比例的人很难通过自身努力和社会支持系统缓解症状，反而由急性应激障碍（ASD）发展成为创伤后应激障碍（PTSD）。如果在这一时期给予及时的心理援助，将会降低心理问题恶化的概率。

（3）复原阶段。一般在灾难发生半年后，对应救灾行动中的重建时期。在这个阶段，大部分人已经恢复常态，但有一定比例的人仍可能受灾难阴影的影响，这种影响与社会已有的矛盾交织一起，会产生系列社会问题，此时需要执行长期的心理援助计划，如果压力持续出现，身体的衰竭期就会到来，持续时间可能是灾后几个月到几年。这一时期，体内的能量已耗光，紧张激素也消耗殆尽，如果没有其他缓解压力的办法，就会出现心理障碍、身体健康受损和防御能力完全崩溃的结果。灾难给人们心理造成的伤害往往是长期的。据估计，灾难之后有5%的人会终生出现创伤后应激障碍（PTSD）症状。另外，有些人的症状会在几个月甚至几年后才出现。

第二节 矿山救援队心理训练

矿山救援队员心理训练是指通过有意识的外部和内部活动对矿山救援队员的心理过程和个性心理进行影响和调节的活动过程。通过这种过程，提高矿山救援队员在灾情现场的心理适应能力。

一、影响成功救援的异常心理状态

心理状态是人的心理活动在某一段时间内的特征，如分心、疲劳、激情、镇定、紧张、松弛、克制、欲望等。由于人的心理结构复杂多样，人的心理活动千变万化，很难详尽叙述，因此下面只对常见的与影响成功救援关系较密切的心理状态做一些分析。

1. 侥幸心理

严格地说，侥幸心理并不是一个心理学中的专门概念，而是人们在日常生活中经常使用的一个词语。侥幸心理的含义大致是当某种行为既可以导致有利后果，也可以导致不利后果的情况下，行为人认为不利后果不会发生的主观判断。可以这么说，凡是知道操作行为有一定危险，但仍然冒险操作的人，都可以认为是存有侥幸心理的。在侥幸心理驱使下的冒险行为所带来的好处有多种多样，如省时省事、收入提高、减少疲劳、引起羡慕、社会心理满足等。侥幸心理是职工冒险和违章的重要因素。

2. 盲目自信与麻痹心理

盲目自信心理表现为：认为这是"经常干的工作"、"不知干过多少次、自己很有把握"、"不会有危险"等。麻痹心理是指由于经验的影响，或者认为作业太简单，因而对危险视而不见的心理过程。盲目自信和麻痹心理常常是联系在一起的，即因自信而麻痹。在这样的心理状态支配下，作业者往往心不在焉，凭经验、印象、习惯进行操作，检查时走马观花。作业时漫不经心，没有意识到操作方法有错误；在作业过程中，也没有注意到出现异常情况。当突然出现与预料相反的客观条件变化时，由于没有心理准备，原有的定式遭到破坏，因此往往表现为惊慌失措、手忙脚乱，未能采取得力措施，最终造成事故。矿山救援中类似的例子比比皆是。

3. 逞能好强心理

争强好胜和强烈自我表现欲属于马斯洛需要层次理论中的高层次需要，这种需要较强烈的人，可以牺牲安全需要为代价换取逞能好强心理的满足。有逞能心理的人虽然对安全知识略知一二，但往往在其逞能心理支配下，为表现自己，头脑发热，产生盲目行为，结果却事与愿违，造成事故。

逞能好强心理是青年人较普遍的心理特征，一些青年人会在这种心理的驱使下，头脑发热，干出一些冒险的、愚蠢的事情，使一些本来不该发生的事故发生了。

4. 捷径心理

捷径心理是人类行为的共同特征，图省事、走捷径的心理人皆有之。实际上，捷径心理是由人类追求个人利益最大化的需求而产生的。这里所说的个人利益是广义的概念，包括多挣钱、省时间、少费力、图舒服、获尊重等。在企业生产过程中，捷径心理的表现形式多种多样,常见的是在"要钱不要命"的错误思想支配下,只讲进度效率,不要安全;只抓生产,不讲安全;不愿受安全规程的制约,简化必不可少的操作步骤,或违反操作规程,往往导致事故发生。

5. 屈服心理

屈服心理多数是在某些权势的压力下形成的。由于人们预感有权势的人会在其指令被违抗的情况下采取制约自己的措施,从而在权势面前妥协让步,放弃原则,违心地进行违章作业。

屈服心理的另一种表现是从众行为。具有这种心理因素的人,常常看到别人或大多数人怎么做,他也随波逐流跟着怎么做,否则会感觉不合群,不近常理,怕被别人笑话,屈服于传统的习惯势力和舆论压力。这种心理往往具有一定的传染性和蔓延性,严重威胁安全生产。

6. 恐惧心理

由于某些工种或岗位发生事故频率高,使一部分职工产生"谈虎色变"的心态,思想胆怯,工作缩手缩脚,心神不安;也有的职工在突如其来的变故面前缺少心理准备和承受能力,惊慌失措或束手无策,导致反射性行为而发生伤害事故。

7. 爱美心理

这里所说的爱美心理与马斯洛需要层次理论中的审美心理需要是有区别的。这里所说的爱美心理实际上来自人的社会交往需要和尊重需要,即人们希望通过自身的外在形象,给周围的其他人以某些方面的吸引力,从而增加自己社会交往的机会和地位。爱美之心,人皆有之,爱美本身并不是坏事。但在企业生产过程中,会有一些职工,特别是青年工人,将不适合生产作业的爱美心理带进生产岗位现场,产生不安全行为。

8. 逆反心理

心理学家认为,人的动机具有内隐性的特征,逆反心理便是动机的内隐性的特征之一。逆反心理往往在年轻人身上比较明显,其表现一般是"你让我这样,我偏要那样"。逆反心理通常是在受到处罚或思想上带有某种偏见时产生的,有了逆反心理,就会引起心理上的不认同,产生与领导或规章制度相抵触和对抗的情绪。逆反心理的行为表现一般有两种:一种是明着故意与安全操作规程或有关制度对着干;另一种是隐蔽的抵触行为,阳奉阴违,对于别人因自己违章而提出的批评劝阻,当面虚心接受,中止违章行为,过后不久,又故态复萌,我行我素。

除了上述几种易于引发事故的心理状态外,还有一些心理状态也与救援行为有关,如对工作的厌倦感、不良的心境和激情、生理和心理紧张等。

二、救援行动前和救援行动中的心理特点

1. 救援行动前的心理特点

(1) 紧张状态。矿山救援队员在学习训练、劳动、就餐、休息等时间突然听到出动警铃声,神经活动就会立即紧张。适度的紧张是一种积极的心理准备状态,能有效地保证战斗任务的完成;而过于紧张,则会妨碍人员的活动,是一种消极的心理状态。

(2) 恐惧状态。恐惧状态是在心理紧张的基础上,由于灾害现场情况的表象或想象

到可能发生的危险对个人生命的威胁而产生的心理现象。恐惧状态是一种消极的心理状态，会妨碍矿山救援队员的正常活动。

（3）乐观状态。这种心理的产生一般基于两种原因：一种是对灾害现场比较了解，感到战斗行动难度不大，呈现出乐观状态；另一种是对灾害现场估计过低，把复杂的事情想象为简单，把困难的事情想象为容易，是一种盲目乐观的临战心理。

（4）淡漠状态。淡漠状态心理机制是由于出现保护性能和兴奋过程减弱而使心理紧张程度降低，表现为人体机能变化不显著，缺乏意志活动的主动性和灵活性，是一种消极的心理状态。

2. 救援行动中影响矿山救援队员心理的主要因素

（1）高温。火灾或爆炸产生的高温能强烈地刺激矿山救援队员的神经，强化兴奋，而削弱抑制，造成动作在时间和空间上的失调。高温破坏矿山救援队员的生理机能，造成头昏、虚脱、疲乏无力等，出现痉挛、幻觉，以致失去知觉，停止正常的心理活动。

（2）浓烟。浓烟里的毒性气体能强烈地刺激矿山救援队员的感觉器官，造成眼睛流泪、睁不开眼、头昏眼花，甚至失去活动能力。

（3）噪声。救援现场的巨大噪声，容易造成矿山救援队员注意力分散，感觉和知觉能力下降，心慌意乱无法进行思维和判断，听不清指挥员的命令，影响战斗行动。

（4）活动空间狭小。矿山救援队员为了及时处置灾情，常常要钻进巷道变形比较狭小的活动空间工作；在这种狭小的空间里，矿山救援队员的工作受到影响，不但有压抑感还容易产生厌烦、急躁等消极情绪。

（5）外界干扰。灾害救援现场的外界干扰主要来自受灾单位或受灾个人、帮助救灾人员等。一是外界人员的集中、慌乱、恐惧情绪等，对救援队员有一定的传染作用；二是外界人员的过激性或侮辱性语言，使矿山救援队员产生不耐烦、暴躁、愤怒等激情状态；三是外界干扰导致不正确的行动，影响整个灾害救援的成效。

（6）危险情况。矿山救援队员在灾情中若感觉到具有爆炸、倒塌、中毒等危险情况时，或主观想象到某种危险时，就会本能地使神经活动紧张，表现出畏惧的神态。尤其是看到人员伤亡时，精神就极度紧张，恐惧心理会进一步加剧，甚至畏缩不前，声音及四肢发生颤抖、出虚汗、小便失禁。

（7）战斗状态。灾情救援状态能对矿山救援队员的心理产生多种影响。战斗比较顺利时，容易产生麻痹心理；战斗受阻时，容易产生急躁情绪；当多次努力都未奏效时，容易产生泄气情绪。

（8）初次遇到灾害现场。新队员初次参加灾害抢险与老队员初次遇到未经历过的灾害现场相比，两者的心理状态比较接近，易产生紧张、恐惧的情绪。

三、心理训练计划的制定与心理训练检验

1. 制订心理训练计划

制定心理训练计划非常重要，每个矿山救援基层组织都应该制定心理训练计划。心理训练计划既可单独制订，也可以与其他计划一起制订。为使心理训练具有针对性，还应根据各类专业人员的工作和每个人的心理特征制定相应的心理训练计划。

2. 心理训练检验

每项心理训练结束后,要及时检验训练效果,便于调整或充实训练结构、内容和方法。建立心理训练档案是检验训练效果的基础工作,档案中应记录训练前、训练中、训练后每个人的心理指标和生理指标。心理指标和生理指标可以通过观察、询问或测量(血压、心率、脉搏)的形式进行考核。考核方法可以采取单项因素考核法和综合因素考核法。单项因素考核法是对某一项心理因素进行考核评价。综合因素考核法是对整个心理训练的各种心理因素(如记忆、观察、想象、情绪等)进行考核评价。

四、心理训练的内容

1. 一般心理训练

一般心理训练是指每个矿山救援队员都进行的训练,是各项心理训练的基础性训练。一般心理训练要注重以下几个方面的培养:

(1) 培养责任心和事业心。责任心和事业心是矿山救援队员必须具备的心理条件,也是心理训练的一项重要任务,通过加强政治思想教育、法制教育、职业道德教育以及价值观的培养等方式来实现。

(2) 培养和发展4种能力,即观察、想象、记忆和思维能力。培养和发展这4种能力有助于提高智力、增强意志品质,是保证矿山救援队员顺利完成事故处理任务的重要心理条件。

(3) 培养情绪的稳定性。情绪是与机体生理需要是否获得满足相联系的最简单的体验。稳定的情绪是矿山救援队员在事故救援中顺利完成战斗任务的心理条件,任何恐惧、焦躁、惊慌失措都会对救援工作带来影响。情绪的稳定性要求:掌握知识、熟悉对象、增强心理适应能力、加强自我调整和控制。

(4) 培养意志品质。意志是人自觉地调节自己的行动去克服困难,以实现预定目标活动的心理过程。良好的意志品质是实现意志行动的根本保证。培养良好的意志品质要求:确立信心,明确目的;采取有针对性的方法训练和实践;加强自我教育等。

(5) 培养自我心理调节能力。自我心理调节也称自我心理训练。指通过有意识的意志活动达到稳定的情绪,使心理活动达到最佳临战状态。自我心理的调整方法很多,主要有转移法、语言提示法、身体活动法、自我监督法和暗示法。

2. 专业心理训练

专业心理训练是指对不同工作岗位上的矿山救援队员,依据其职责分工的需要,进行不同的心理训练。

矿山救援队员的心理训练重点是消除慌乱、恐惧的情绪,培养勇敢顽强、坚韧不拔、不抛弃、不放弃、不达目的誓不罢休的意志品质。

(1) 训练胆量。胆量只有在危险的条件中才能培养提高。一般应在黑暗中和在烟火情境中训练,在爆炸、倒塌、中毒等危险条件下训练,也可以到医院存放尸体的太平间去训练。

(2) 训练毅力。有意识地造成矿山救援队员的心理疲劳和身体疲劳,磨炼矿山救援队员的意志,培养不怕疲劳、连续作战的坚强斗志。训练方法可采取让矿山救援队员重复去完成单调的劳动或训练，磨炼其抗心理疲劳的能力；在高温状态下进行各种训练，培养其克服和战胜困难的意志；也可通过爬山、长跑等训练毅力。

（3）训练观察能力。重点是训练矿山救援队员观察冒顶、爆炸等危险征兆的能力。

（4）训练反应能力。快速反应能力是矿山救援队员适应复杂多变的救灾现场能力。一般通过差别感受性训练、体育训练来取得。

（5）训练紧急情况下的自救能力。使矿山救援队员掌握灾害救援现场避险的有关知识，提高面临危险的预判能力；进行必要的灾害救援现场自救训练，掌握灾害救援现场自救的方法；体验危险情境（根据需要设置危险情境），增强其沉着、冷静和自制的能力。

3. 集体心理训练

矿山救援队员进行灾害处理是救援队的集体行动，每个矿山救援队员都必须进行集体心理训练。集体心理训练就是有意识地对每个矿山救援队员的心理过程和个性心理特征施以影响，实行统一行动，协调一致，提高集体战斗的能力。

（1）培养和谐的集体心理。

① 增强集体团结力。集体团结的内在因素是集体成员之间的友谊和互助。教育集体中的每个成员建立同志式的团结，能相互关心，相互帮助。

② 保持良好的心境。心境的好坏能影响一个人的全部行为和生活。心境与人的需要有一定的关系，当需要不能满足时就会影响人的心境。同时心境还与家庭、领导和同事间关系、工作环境、生活状态等有一定的关系。

（2）培养一致的集体目标。奖励对维护一致性的集体目标具有积极的激励作用，处罚对偏离集体的目标具有纠正和制止作用。

（3）培养服从心理。救援队是与多种灾害事故作斗争的战斗集体。在战斗中矿山救援队员必须服从指挥员的统一指挥，形成集体的力量，决不能各行其是。集体中每个成员要养成自觉维护上级的权威、自觉服从上级领导安排的习惯。即使指挥员的命令违背个人意愿也必须执行，并能自觉地克服困难，保证任务完成。通过队列训练、班（队）战术训练、战术演习、训练竞赛等方法来培养服从心理。

第三节　心理素质培养

应急救援工作多是在极其复杂危险的环境中进行，对于矿山救援队员来说，每一次出任务都带有一定的危险性，这是对救援人员心理素质的严峻考验。特别是当矿山救援队员感到自身生命受到威胁时，很容易产生恐惧心理；在救援过程中的突发意外，又极易使救援人员在心理上受到严重刺激，形成条件反射。而不正常的心理状况，有可能诱发现场救援人员失去理智，不能自控，从而做出冒险行动，最终造成自身伤亡事故，为此，在日常训练中，应着重加强矿山救援队员的心理素质培养。

一、注重救援案例，通过经验教学提高救援人员对矿山灾害的认知

为了加强矿山救援队员的心理素质培养，必须不断丰富各类矿山灾害的救援案例经验教学，一方面是为了让矿山救援队员对各类矿山灾害拥有足够丰富的经验认知，也对各种

矿山灾害中可能遇到的险情和任务有更明确的感受；另一方面，通过案例教学，矿山救援队员可以实现个人心理问答："如果面对这样的险情，我会不会紧张？我应该怎么处理？我能否完成任务？"从而实现对个人心理素质的培养。特别是对于新队员来说，可能还没有实际参与过任何救援任务，所以需要借助一些救援案例来吸取他人的经验教训，借鉴老队员的真实经历，来排除自身对矿山灾害的紧张心理，在参与救援任务时可以更从容地正视灾害事故，进而明确自身的任务和责任，指导自己需要从哪些方面着手才能科学、安全、快速、有效地完成救援工作。

二、注重实战经验总结，提升队员心理素质

十次练不如一次战。矿山救援队员心理素质的培养离不开实战的历练，只有真正拥有丰富的作战经验，才能保证矿山救援队员在执行任务时面对突发情况以及各种纷繁复杂的突发险情时可以保持沉着冷静地思考和应对。为此，在每一次矿山事故救援任务完成后，都应该开展一次或多次的总结会，总结实战中的经验、教训、心得、感悟和规律。要从思想上认识到矿山灾害的危害性、抢险救援任务的艰巨性和复杂性，而不是在完成任务后沾沾自喜而忽视总结经验的重要性。实战救援任务顺利完成后，救援队员要进行反思"本次任务完成的是否圆满？如果采取其他方法开展救援是否能够挽回更多的经济损失或避免人员伤亡？自己在面对险情时是否存在心理紧张的情况而造成了救援工作的延误？今后应怎样加强？"等等。如此才能不断地提升矿山救援队员的心理素质和综合能力。

三、强化矿山救援队员技能培训，保障心理素质建设

个人救援技能的全面性是矿山救援队员心理素质得以高能建设的强效保障。所谓"艺高人胆大"说的就是这个道理。想要加强矿山救援队员的心理素质培养与建设，就必须加强矿山救援队员的各项救援专业能力的培训力度。首先，对于矿山救援队员的选拔标准要做到严格，确保各项基本素质符合国家要求的基本标准；其次，加强日常常备训练，借助各类模拟器材对矿山救援队员的救援能力、救援基础知识、个人防护技能等展开全方位训练，增强队员的应急反应能力和应对突发事件的能力。如高温浓烟的实战训练、恶劣环境的生存训练、生产安全事故的模拟训练、生产安全事故原因分析的训练等等。尤其是对矿山救援队员非常容易产生恐惧心理的训练，在面对他人生命财产的安全和本人生命安全受到严重威胁的情况下，救援队员能否保持冷静的判断力和大无畏的牺牲精神是矿山救援队员的高标准要求。要完善救援相关的规章制度，规范矿山救援队员的救护行为和技能，确保矿山救援队员在任务执行的过程中可以更加规范、有的放矢地进行操作。

另外，在很多矿山灾害救援任务的执行中，往往都需要矿山救援队员完成一定的搜救任务，在搜救的过程中，就会应用到一些专业化的搜救设备和仪器，在通信技术和信息技术高度发达的今天，这些设备和仪器也在不断更新换代，这就需要矿山救援队员不断学习，对这些专业的设备设施进行全面的掌握和了解，懂得应用各类专业设备进地行搜救工作，以保证最佳的救护时间，从而更快地挽救人民的生命。同时，在搜救过程需中，矿山救援队员很可能需要长时间进行野外单兵作战，这就需要队员拥有一定的自救能力，自救能力也是以矿山救援队员拥有良好的心理素质为前提的。

四、加强矿山救援队员保障措施，提高其心理安全感

矿山救援队员良好心理素质的培养，除了要求矿山救援队员拥有丰富的实践经验、强大的自我救援能力、专业的救援技能外，还需要保持一定的心理安全感。这种心理安全感是保证矿山救援队员可以安心、放心的执行救援任务的基础。为此，除需要在对矿山救援队员展开训练和培养外，还需要对每一次执行救援任务的矿山救援队员给予强有力的保障措施，让他们在心理上明白自己在外开展救援工作的时候，身后拥有一支强大的后勤保障队伍在支持，无论身处何地、遇到何种危险、陷入何种险情当中，自己的队友一定能在第一时间找到自己并实施营救，如此才能消除他们的后顾之忧，帮助矿山救援队员提高心理安全感和信念感，让矿山救援队员可以放心的执行任务。

在装备保障方面，例如：为矿山救援队员配备最先进的室外作业服、新型氧气呼吸器、通信设备、信号发生设备等，从而让矿山救援队员清楚地明白个人的生命安全已得到全方位的保障，即使自己深陷险地也可以通过先进的装备实现自救，同时也可以通过通信设备与外界取得联系或者运用信号发生设备让其他队友知晓自己的位置。只有在矿山救援队员认为个人安全得以保证的前提下，他们的心理安全感才会提高，才能在灾害面前保持情绪稳定，面对危险不恐惧、不紧张，才能更加高效地完成抢险救援任务。

第八章　矿山救援技术操作

矿山救援队日常进行的技术操作主要有：在演习巷道内挂风障、建造木板密闭墙、架木棚、建造砖密闭墙、安装局部通风机和接风筒、接水管、安装高倍数泡沫发射器、高温浓烟演练等。

第一节　挂　风　障

挂风障的主要目的是临时隔断风流或防止高温浓烟对矿山救援人员的伤害，因此，建造时一定要迅速准确。

所需材料：方木5根（40 mm×60 mm×2700 mm），板条6根（15 mm×10 mm×2700 mm），钉子若干。

构筑条件：应在4 m² 的不燃性巷道内架设。

小队人员在规定的巷道里，按照事先的分工，各就各位，准备就绪后即开始工作。

一、操作流程

（1）用4根方木架设带底梁的梯形框架，在框架中间用方木打一立柱。架腿、立柱应坐在底梁上。中柱上下垂直，边柱紧靠两帮，如图8-1所示。

（2）风障四周用压条压严，钉在骨架上。中间立柱处竖压1根压条，每根压条不少于3个钉子，压条两端与钉子间距不应大于100 mm，如图8-2所示。

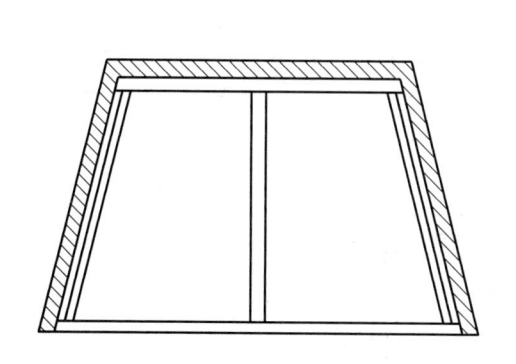

图8-1　风障框架结构示意图

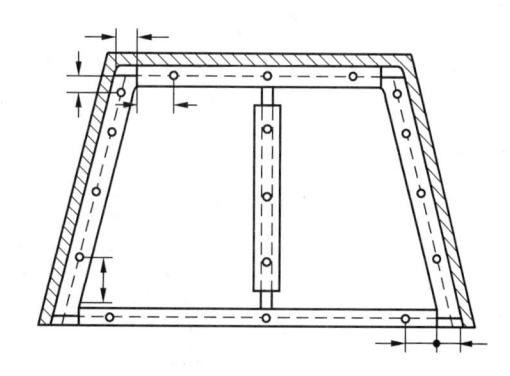

图8-2　风障压条及钉子位置示意图

（3）同一根压条上的钉子分布大致均匀（相差不应超过150 mm），底压条上相邻两钉的间距不小于1000 mm，其余各根压条上相邻两钉的间距不小于500 mm。钉子应全部钉入骨架内，跑钉、弯钉允许补钉。

(4) 结构牢固,四周严密。

二、操作要求

(1) 按规定结构操作,不得缺少立柱或骨架不牢。
(2) 不得缺少压条和钉子,钉子必须钉在骨架上,钉帽接触到压板,钉子不得距压条的端头大于 100 mm。
(3) 不许压条搭接或压条接头处间隙大于 50 mm。
(4) 中柱与两边柱的边距不许差 50 mm,中柱上下垂度不许超过 50 mm,边柱与帮缝不许大于 20 mm、长度不许大于 300 mm,障面孔隙不许大于 2000 mm^2(从压条距顶、帮、底的空隙宽度大于 20 mm 处开始量长度,计算面积)。
(5) 障面需平整,折叠宽度不许超过 15 mm。
(6) 同一根压条上相邻两钉的间隙必须符合要求。

第二节 构筑木板密闭

木板密闭的主要作用是封闭火区或隔断风流,对密闭墙的质量要求较严,必要时,还需扩帮掏顶,一定要把密闭建造在巷道的实体上,真正做到严密坚固,并具有一定的抗压性。另外,建造时要加快速度。

所需材料:方木 8 根(40 mm×60 mm×2700 mm),大板 14 块(15 mm×200 mm×2700 mm),小板 4 块(15 mm×100 mm×2000 mm),钉子若干。

构筑条件:应在断面为 4 m^2 的不燃性巷道内架设。

一、操作流程

(一) 构建骨架结构

构建骨架结构要求如下:
(1) 先用 3 根方木设一梯形框架,再用 1 根方木,紧靠巷道底板,钉在框架两腿上。
(2) 在框架顶梁和紧靠底板的横木上钉上 4 根立柱,立柱排列应均匀,间距在 380~460 mm 之间(中对中测量,量上不量下)。

木板密闭框架结构示意图如图 8-3 所示。

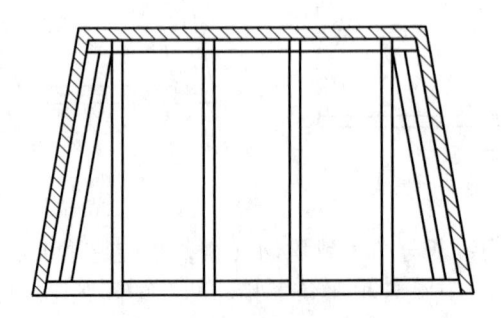

图 8-3 木板密闭框架结构示意图

（二）钉板

钉板要求如下：

（1）木板采用搭接方式，下板压上板，压接长度不少于 20 mm，两帮镶小板，在最上面的大板上钉托泥板。

（2）每块大板不少于 8 个钉子（可一钉两用），钉子应穿过 2 块大板钉在立柱上。每块小板不少于 1 个钉子，每个钉子要穿透 2 块小板钉在大板上。钉子应钉实，不可以空钉。

（3）小板不准横纹钉，不可以钉劈（通缝为劈），压接长度不少于 20 mm。

（4）托泥板宽度为 30~60 mm，与顶板间距为 30~50 mm，两头距小板间距不大于 50 mm，托泥板不少于 3 个钉子，两头钉子距板头不大于 100 mm，钉子分布均匀。

（5）大板要平直，以巷道为准，大板两端距顶板距离差不大于 50 mm。

（6）板闭四周严密，缝隙宽度不应超过 5 mm、长度不应超过 200 mm。

（7）结构牢固。

二、操作要求

（1）板闭骨架要牢固，不能缺立柱，立柱的排列要均匀（间距 380~460 mm 之间），不得缺大板，边柱牢固，边柱与顶梁搭接面不许小于 1/2。

（2）大板钉上后，面要平整，超过 50 mm 为不合格。

（3）大板压茬不得小于 20 mm，不能缺小板，小板不能钉劈或钉横纹钉，大板钉子要钉在立柱上，小板要坐在大板上，不得有少钉、空钉、弯钉，钉子要钉在大板上，钉帽与板面接实，小板压茬不得小于 20 mm。

（4）钉托泥板时，托泥板与顶板或小板的间距、两头钉子与板头的间距不得超过规定，均匀误差不大于 100 mm。

（5）板闭四周缝隙宽度不得超过 5 mm，长度不许超过 200 mm。木板密闭框架结构示意图如图 8-3 所示。

第三节 架 设 木 棚

架木棚主要用于矿山救援队在处理冒顶、瓦斯煤尘爆炸事故后的巷道恢复及建造特殊密闭墙等地方。因此，对木棚的质量要求较高，一定要达到牢固稳固和抗压效果。

所需材料：圆木 6 根（腿长 2000 mm，梁长 1800 mm，小头直径不小于 160 mm），背板 6 块，锲子 12 块。

构筑条件：应在断面为 4 m² 的不燃性巷道内架设。

一、操作流程

（1）结构牢固、亲口严密，无明显歪扭，叉角适当。

（2）棚距 800~1000 mm，两边棚距（以腰线位置量）相差不超过 50 mm，一架棚高一架棚低或同一架棚的一端高一端低，相差均不应超过 50 mm，6 块背板（两帮和棚顶各

2块，图8-4)，楔子准备16块。

(3) 棚腿应做"马蹄"状。

(4) 棚腿窝深度不少于200 mm，工作完成之后，应埋好，与地面齐平，棚子前倾后仰不超过100 mm。

(5) 棚腿大头向上，亲口间隙不应超过4 mm，后穷间隙不应超过15 mm，梁腿亲口不准砍，不准砸。

(6) 棚子叉角范围为180~250 mm（从亲口处作一垂线1 m处到棚腿的水平距离），同一架棚两叉角相差不应超过30 mm，梁亲口深度不少于50 mm，腿亲口深度不少于40 mm，梁刷头应盖满柱顶（如腿径小于梁直径，则两者中心应在1条直线上）。

(7) 棚梁的2块背板压在梁头上，从梁头到背板外边缘距离不大于200 mm，两帮各两块背板，从柱顶到第1块背板上边缘的距离应大于400 mm、小于600 mm，从巷道底板到第2块背板下边缘的距离，应大于400 mm、小于600 mm。

(8) 1块背板打2块楔子，楔子使用位置正确，不松动，不准同点打双楔。

二、操作要求

(1) 结构牢固，亲口间隙超过4 mm（用宽20 mm、厚5 mm的钢板插入10 mm为准）。

(2) 梁头与柱间隙（后穷）超过15 mm（用宽20 mm、厚16 mm的方木插入10 mm为准）均为亲口不严，叉角不在180~250 mm范围，同一架棚两叉角直差超过30 mm均视为不合格。

(3) 不许砍砸棚梁或棚腿亲口唇，少楔子，楔子松动，楔子使用位置不正确，同时打双楔，都视为不合格。

(4) 不许棚腿大头朝下或少背板，棚距不在800~1000 mm范围内（以两腿中心测量），两帮棚距相差超过50 mm，木棚一架高一架低超过50 mm，为不合格。

(5) 棚腿不做"马蹄"柱窝，未埋出地面，背板位置不正确或棚子明显歪扭（以每架棚为一处），梁或腿歪扭差大于50 mm，均为不合格。

(6) 棚梁或棚腿亲口深度不当或每架棚子前倾后仰超过100 mm（在两棚距地面300 mm处拉1条线，从棚梁中点向下吊1条线，线与水平连线的水平距离，即为前倾后仰的检测距离，图8-5）为不合格。

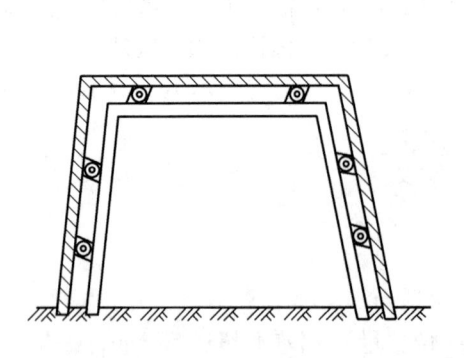

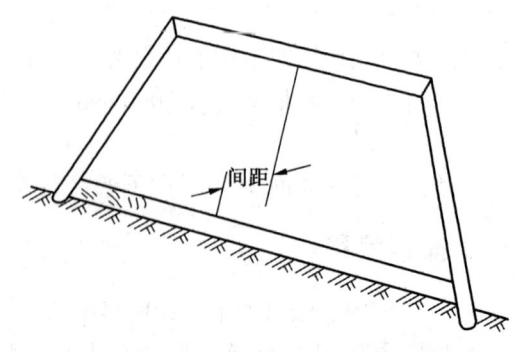

图8-4 木棚背板位置示意图　　图8-5 木棚前倾后仰检查示意图

第四节 建造砖密闭

砖密闭墙要适用封闭火区和废旧巷道等，因此，对密闭墙的厚度、墙面质量要求较高，一定要把密闭建在巷道的实体上，使其具有封闭和抗压效果。

所需材料：红砖若干块，堆放在巷道的两侧，拌好泥砂浆。

构筑条件：应在断面为 4 m^2 的不燃性巷道内进行。

小队长带领小队人员携带工具，佩用氧气呼吸器进入操作现场。

一、操作流程

（1）密闭墙牢固、墙面平整、浆饱，不漏风、不透光，结构合理，接顶充实，30 min 完成。

（2）墙厚 370 mm 左右，结构为（砖）一横一竖，不准事先把地找平。按普通密闭施工，可不设放水沟和管孔。

（3）前倾、后仰不大于 100 mm（从最上一层砖两端的三分之一处挂 2 条垂线，分别测量 2 条垂线上最上及最下一层砖至垂线的距离，存在距离差即为前倾、后仰）。

（4）砖墙完成后，除两帮和顶可抹不大于 100 mm 宽的泥浆外，墙面应整洁，砖缝线条应清晰，符合要求。

二、操作要求

（1）墙体牢固（用 1 只手推不晃动），结构合理（按一横一竖施工或竖砖使用大半头），墙面不透光，接顶实（接顶宽度小于墙厚的 2/3，连续长度达到 120 mm 为接顶不实），使用不可燃性材料接顶，封顶前墙面内侧不许有人员。

（2）墙面平整以砖墙最上和最下两层砖所构成的平面为基准面，墙面任何砖块凹凸，不得超过基准面的正负 20 mm。检查方法：分别连接上宽、下宽各三分之一处，形成 2 条线，在 2 条线上每层砖各查 1 次。

（3）前倾、后仰大于 100 mm 为不合格。

（4）砖缝应符合要求。不许有大缝（砖缝大于 15 mm 为大缝，水平缝连续长度达到 120 mm 为 1 处，竖缝达到 50 mm 为 1 处）、窄缝（砖缝小于 3 mm 为窄缝，水平缝连续长度达到 120 mm 为 1 处，竖缝达到 50 mm 为 1 处）、对缝（上下砖的缝距小于 20 mm 为对缝），墙面不得用泥浆抹面。紧靠两帮的砖缝不能大于 30 mm（高度达到 50 mm），否则，按大缝计。接顶处不足一砖厚时，可用碎石砖瓦等非燃性材料填实，间隙宽度大于 30 mm、高度大于 30 mm 时为大缝，该大缝的水平长度大于 120 mm 时为接顶不实。

第五节 安装局部通风机和接风筒

安装局部通风机和接风筒，主要用于排放瓦斯或其他地点的通风，因此，安装时，电源的接头一定要保证质量。接风筒时，要采取双反边的方法，防止风筒脱节或漏风。

所需材料：5.5~11 kW 的局部通风机，防爆开关一个，直径为 400~600 mm 胶质风筒 5 节，电工工具一套。

小队长发出工作信号，按照分工，把电源接头、风筒的接口处理好，送电后，局部通风机正常运转到风筒口出风为止。通风后，不许有风筒脱节，掉环现象。

一、操作流程

(1) 安装和接线正确。
(2) 风筒接口严密不漏风。
(3) 现场做接线头，局部通风机动力线接在防爆开关上，使用挡板、密封圈。
(4) 带风逐节连接 5 节风筒，每节长度为 10 m，直径不小于 400 mm；采用双反压边接头，吊环向上一致。

二、操作要求

(1) 安装与接线正确。
(2) 接头不漏风。
(3) 事先不做线头，正确使用挡板、密封圈。
(4) 带风逐节连接风筒。
(5) 采用双反压边接头，吊环错距不大于 20 mm。
(6) 正确接地线。

第六节 水 管 连 接

接水管主要用于扑灭井下火灾或灌浆注水等，因此，对管子的接头要求较严。另外，在有瓦斯聚积的巷道内安装时，应防止金属的碰撞产生火花，引起爆炸事故。

一、普通水管的操作方法

所需材料：长 2 m、直径为 4 英寸的钢管 5 根，垫圈、螺栓、螺帽、扳手准备齐全。时间：上 3 个螺丝时，应 5 min 完成；上 4 个螺丝时，应 8 min 完成。

1. 操作流程
(1) 小队长发出工作信号起。小队人员按分工，2 人抬一节管子到规定的地点进行操作。
(2) 负责放垫圈的人，一定要细心把垫圈放正。
(3) 上螺丝时，用力要适度，防止压偏或把垫圈挤出，造成漏水。
(4) 管子接好后，抬高 1 m 左右开始灌水，每个接头不漏水为合格。

2. 操作要求
接头螺丝拧紧，管垫均匀。

二、快速接头水管的操作方法

所需材料：长 5 m、直径为 89 mm 的钢管 5 根，垫圈、管箍、螺栓、螺帽、扳手准备齐全。

时间：应在 10 min 内完成。（快速管箍只有 2 条螺丝）

1. 操作流程

（1）管道进行安装前，需对管口的平整度进行检查，平整度须符合规范要求。

（2）小队长发出信号起，小队人员按分工，3 人一组将管子抬放到规定地点进行操作。

（3）负责放垫圈的队员将橡胶垫圈套到管子卡箍上并向上翻起，其余 1 人抬起另一节管子对接，将橡胶圈扣好，上好管箍。

（4）紧螺丝时，用力要适度，防止压扁或把垫圈挤出，造成漏水。

（5）管子接好后，抬高 1 m 左右开始灌水，每个接头不漏水为合格。

2. 操作要求

管子接头严密不漏水，橡胶垫均匀。

第七节　矿山救援常用技术操作及演练

一、高倍数泡沫灭火机安装使用

高倍数泡沫灭火机应用于扑灭井下大型火灾，因此，安装时一定要选择比较平坦的地点，并有充足的水源。另外，还应对泡沫的质量进行观察，发现问题要立即处理，防止大量供氧，造成火势扩大。

把泡沫灭火机、药剂、比例混合器、发射网、水泵、水龙带等放在距工作地点 20～30 m 的位置。

要求：安装正确、发泡均匀、稳定性好、含水率要达到规定的要求，前后风机的运转方向一致。

小队长发出工作信号，小队人员按事先的分工，开始抬着泡沫灭火机、水泵进行安装，接电源完毕后，开始发泡。

（一）操作流程

（1）在安装地点备好 1 台防爆磁力启动器、3 个防爆插座开关、连好线的四通接线盒、带电源的三相闸刀（或空气开关）及水源。

（2）将高泡机、潜水泵、配制好的药剂、水龙带等器材运至安装地点，进行安装。防爆四通接线盒的输入电缆要接在磁力启动器上，磁力启动器的输入电缆接在三相闸刀电源上，两处接线头应现场做。风机、潜水泵与四通接线盒之间均采用事先接好的防爆插销、插座开关连接和控制，接线、安装应符合防爆要求。

（3）安装完成后，送电开机，发泡灭火。

（二）操作要求

（1）发泡饱满，正确连接地线，磁力启动器盖子上的螺丝全部上完方可送电开机，接线电缆使用密封圈、风机安装正确，能够将火扑灭。

（2）接线正确（线头绕向错误为不合格）。

（3）螺丝上紧（凡用工具上的螺丝，用手不能拧动）。

（4）螺丝垫圈、压线金属片齐全。

（5）发泡满网的三分之二以上。

（6）BGP200型高倍数泡沫灭火机不得单机运转或风机反转。

二、高温浓烟演练

在日常的训练工作中，高温浓烟演练是接近于井下火灾事故的实战项目，对提高矿山救援队员的业务技术素质和作战能力，以及适应井下灾区的高温浓烟的复杂环境，都有一定的帮助作用。因此，小队长在带领小队进行烟巷演习时应严格要求，有重点地合理安排演习内容，以使训练收到良好的效果。具体内容和运行的顺序如下：

（1）首先要检测参训人员的体能是否适应高温浓烟的恶劣环境。检测方法是：使参训人员佩用呼吸器在地面急行军2000 m，15 min内完成。然后分别对参训人员的血压、心跳、血液中的氧含量进行测试，合格者进入温度50℃、湿度100%的作业区内静坐15 min后，再进行体能的上述生理指标测试，合格者方可从事高温浓烟训练工作。

（2）演习时间不少于3 h，每月最少进行一次烟巷演习。

（3）在巷道的规定地点升温，待温度上升到一定数值，达到中等烟雾时，小队人员方可进入。

（4）在进入灾区前，小队长带领小队人员，对自己所使用的氧气呼吸器进行战前十项检查。并携带齐侦察时的一切装备。

（5）在烟巷中行进，正小队长在前，副小队长在后，一切联系均用信号。对灾区侦察时，按规定通过上下山、窄巷到达发火地点，如果新队员多，应在发火点附近，让每个队员实地操作瓦斯检定器和一氧化碳检定器，小队长要检查他们的操作顺序和测量结果是否正确。返回时，副小队长在前，正小队长在后。

（6）返回井下基地后不脱口具，根据时间的多少，安排锯木段、哑铃、拉检力器，个人更换氧气瓶，互换氧气瓶等。

（7）安排给患者更换2 h呼吸器，并按规定搬运出灾区，脱掉口具，小队长指定人员检查患者，准备苏生器，之后进行苏生。

（8）演习结束后，全小队携带仪器装备返回驻地，并整理自己的仪器与装备。

三、闻警集合与下井准备

（一）闻警集合的标准要求

（1）不少于6人的值班小队集体住宿昼夜电话值班。

（2）接到事故电话时应打预备铃。

（3）出动时间：在60 s内出动。不需乘车出动时间：白天不超过120 s，夜间不超过150 s。

（4）按军事化矿山救援队行动准则规定列队上车。

（5）值班队出动后，备班队转入值班队的时间，白天不超过120 s，夜间不超过150 s。

（6）电话值班员必须按规定接清和记清事故电话的内容。

（7）接电话时间不超过60 s（由预备铃起到事故警铃止）。

（二）下井准备的标准要求

（1）按《矿山救援规程》规定，根据事故类别要求，带全最低限度装备。

（2）正确地对氧气呼吸器作战前检查，120 s内完成。

（3）列队整齐，组织纪律性好。

（4）领取任务和布置任务明确。

（5）指战员应着统一战斗服。

第九章　矿山救援装备（仪器）使用与操作训练

矿山救援装备（仪器）是矿山救援队处理各类灾害事故的硬件保障，必须符合国家标准、行业标准和矿山安全有关规定。各级矿山救援队、矿山兼职救援队应按照周期对装备（仪器）进行维护和保养，开展常规化学习与训练，确保救援装备（仪器）时刻处于完好可用状态。

第一节　呼吸舱式正压氧气呼吸器

呼吸舱式正压氧气呼吸器，是指其呼吸系统中的储气容器为刚性体的正压氧呼吸器。现以 HYZ4C 隔绝式正压氧气呼吸器为例进行介绍。

一、仪器用途

适用于矿山救援队和消防救援队在窒息性或有毒有害气体环境中进行抢险救灾作业，也可供国防、核工业、航天、石化、冶金、城建等行业中受过专门训练的人员在危及生命健康的环境中使用。

二、仪器主要技术参数

```
H Y Z 4 C ── 类别代号(呼吸舱式)
            ── 有效使用时间(4h)
            ── 系统内压力代号(正压)
            ── 产品特征代号(氧气)
            ── 产品类别代号(呼吸器)
```

额定防护作用时间	≥4 h
氧气瓶额定工作压力	20 MPa
额定贮氧量	540 L
定量供氧流量	（1.60±0.2）L/min
自动补给供氧流量	>80 L/min

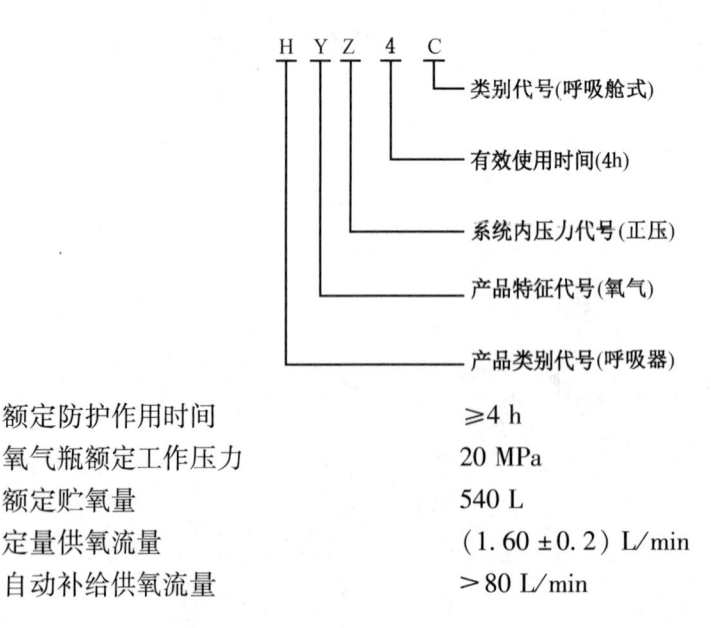

手动补给供氧流量	>80 L/min
排气阀开启压力	400~700 Pa
自动补给阀开启压力	50~200 Pa
吸气温度	≤35 ℃
二氧化碳吸收剂质量	1.8 kg
待机装备质量	10.5 kg
使用装备质量	13 kg
外形尺寸	580 mm×395 mm×170 mm

三、仪器主要构造及作用

HYZ4C 隔绝式正压氧气呼吸器由供氧系统、低压呼吸循环系统、安全报警系统及壳体背带系统等四部分组成，如图 9-1 所示。

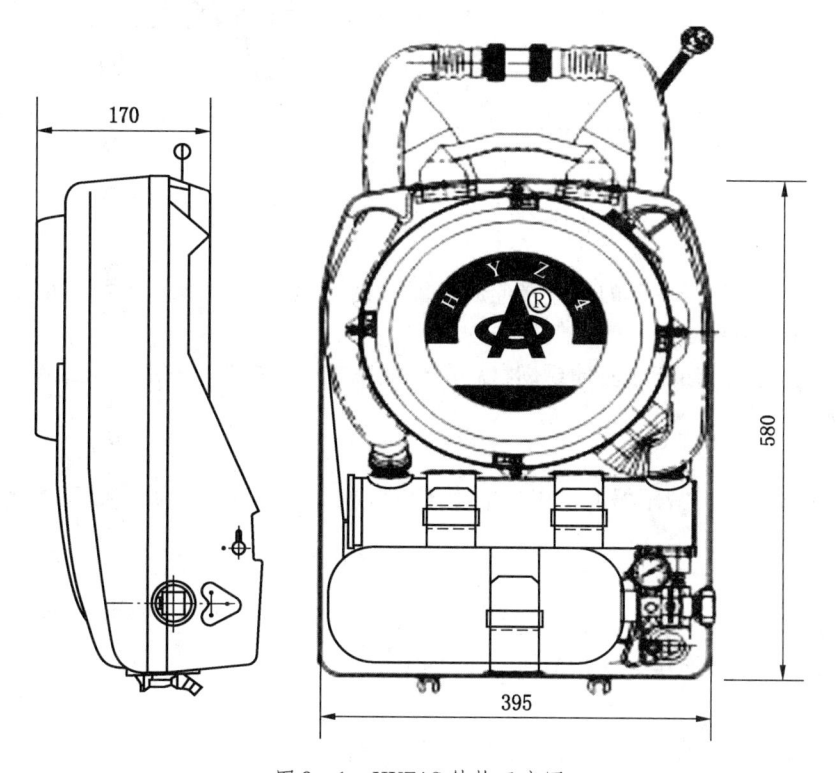

图 9-1 HYZ4C 结构示意图

供氧系统：由高压气瓶、减压器、自动补给阀、手动补给阀、定量孔等部件通过管路连接而成。

低压呼吸循环系统：由面罩、呼吸阀、呼气软管、清净罐（CO_2 吸收罐）、呼吸舱、排气阀、连接软管、冷却罐、吸气软管等组成。

安全报警系统：由报警器、安全阀、肩挂压力表、限流器等组成。

壳体背带系统：由上下壳体、背带及锁定销等组成。

（一）供氧系统

1. 氧气瓶

氧气瓶由碳纤维复合材料外包高强度树脂制成，额定工作压力 20 MPa，容积不小于 2.7 L，氧气贮量不小于 540 L。

如图 9-2 所示，瓶阀是氧气瓶的开关，用于供应和截断氧气。瓶阀上外六角形螺母上有三个小孔，下面压着防爆膜，设有防爆膜片，氧气瓶超压时，防爆膜片会自动破裂泄压，防止氧气瓶发生爆炸，起安全保护作用。

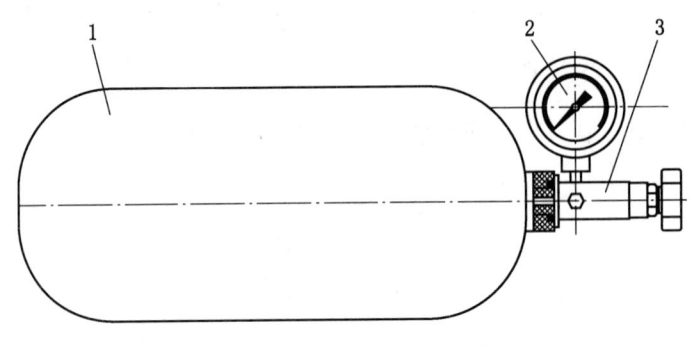

1—氧气瓶；2—压力表；3—瓶阀

图 9-2 氧气瓶组件

瓶阀上的压力表与瓶体内部直接连通，能时刻显示瓶内压力，与氧气瓶的开关无关。压力表可以随时观察氧气瓶中的气体压力。

注意：禁止油、油脂或其他易燃材料同氧气瓶或瓶阀接触，在有明火或有火花的地方切勿打开瓶阀！

2. 减压器

如图 9-3 所示，减压器的作用是把高压氧气减为中压氧气，并连续不断地供给呼吸舱氧气。

3. 安全阀

如图 9-3 所示，安全阀的作用就是保护减压器，当减压器的膛室压力超出安全范围，安全阀就会自动打开泄压，保护减压器不受损伤。

4. 报警器

报警器具有提示报警和余压报警功能，如图 9-4 所示。

（1）提示报警：该报警器提供氧气瓶瓶阀打开或关闭时的短促提示报警声，在氧气瓶内气体压力大于 6 MPa 的情况下，每开、关一次氧气瓶，都会有一声短促的报警声。提醒使用者：你的呼吸器已经开始或结束工作。

（2）余压报警：在使用过程中，当氧气瓶的压力剩余在 4~6 MPa 的时候，报警器以大于 80 dB 的声强鸣响，会出现一次长达约 30~60 s 的报警。提醒使用者：现在氧气瓶内的氧气还能使用一个小时左右。

5. 定量孔

定量孔的作用就是控制氧气的供给量，通过定量孔将氧气的流量限定在 1.4~1.8 L/min。

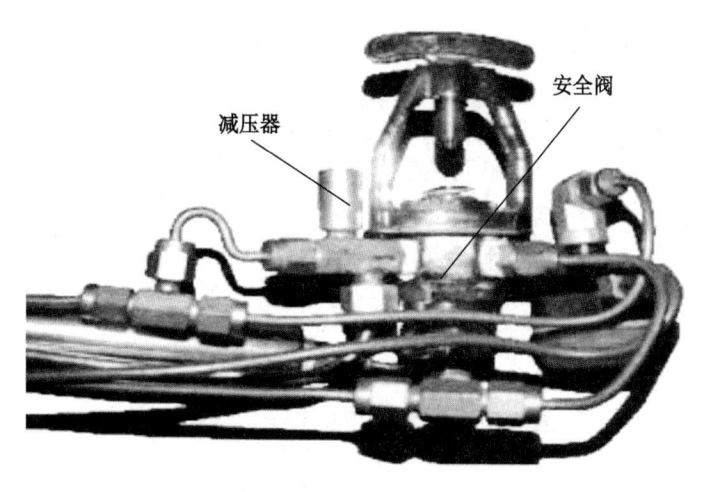

图 9-3 减压器、安全阀实物图

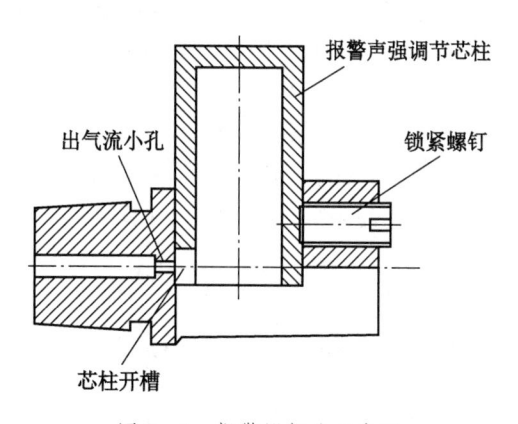

图 9-4 报警器部分示意图

6. 自动补给阀

当使用者剧烈运动，定量孔所供给的氧气不能满足呼吸时，自动补给阀会自动打开，补充不足的这部分氧气。

7. 压力表

将压力表通过高压管连接到胸前的位置，以便能随时观察氧气的剩余量。

8. 限流器

限流器在高压铜管和外接压力表管之间，其主要作用就是限制通过压力表管的氧气流量，使得压力表在打开或关闭的时候是匀速、缓慢地开关。保护压力表内的弹性装置不受损伤。

9. 手动补给阀

当使用者进行剧烈运动呼吸不畅或自动供氧系统出现故障时，使用者可按动手动补给阀，补充不足的氧气。手动补给阀属于应急装置，在仪器正常的情况下一般不需要使用。

注：供氧系统不得随意拆卸，调整。

（二）呼吸循环系统

1. 全面罩

由口鼻罩、眼窗、保明片、发话器组成。使用时与呼吸两管连接；内嵌有呼吸两阀。

(1) 口鼻罩:罩住口和鼻使呼吸在口鼻内进行;呼吸两阀的作用是减少全面罩无效腔部分。
(2) 眼窗上装有保明片,以保证使用时不上雾气,在不失效的情况下可重复使用。
(3) 发话器:内嵌有发音膜,讲话时发音膜传递声音,讲话时声音要比平时小,不要大声地喊;讲话要清晰、缓慢不要说得太快,以免传出的声音失真。

2. 半面罩

使用时与呼吸阀仓连接,靠压紧橡胶膨胀来固定,舱内装有呼吸两阀。

面罩气密性检查(全、半):佩用时,用手堵住面罩进气口,用力吸气进行负压检查,如果不能吸入空气,说明佩戴合适;如仍能吸入空气,则应重新调整面罩位置。胡须或眼镜会对面罩佩戴产生一定的影响。

注:半面罩仅供地面训练使用,严禁使用于抢险救灾中。

3. 清净罐

清净罐的作用是利用化学吸收剂吸收人体呼出气体中的二氧化碳。装药时利用压实器将药品装满装实,否则容易发生通路现象,使呼出气体中的二氧化碳不经过药品吸收直接进入呼吸循环。药品质量为1.8 kg;呼吸器储存三个月以上需更换二氧化碳吸收剂。

4. 冷却器

由外壳、冷却剂罐、1.2 kg 冷却剂、密封圈、堵头组成。作用是冷却被吸入的空气,以降低吸气温度。冷却器使用前应在冰箱内冷冻8 h以上再装入仪器,吸气时气体沿冷却罐外表与外壳之间的间隙流动,进而降低吸气温度。在环境温度低于25 ℃时,保持吸气温度低于35 ℃(人体温度)。

5. 排水阀

由外壳、膜片、弹簧、丝母、过滤网组成。作用是当排水阀上的压力大于10 mbar时开启,排出气囊中的水。(长度110 mm)

6. 自动排气阀

排气阀安装在气囊的衬板上,它是一个双阀密封定压排气的结构形式,即在一个阀杆中间存在两个阀,以保证系统的密封性。当呼吸器系统中的压力达到400～700 Pa时,气囊向外壳方向运动,这时按钮与外壳接触,弹簧被压缩,第一阀开启,随后由弹簧的作用力传给第二个阀,第二个阀的弹簧同样被压缩,这时第二个阀开启,完成整个排气过程。

7. 正压气室

由密封盖(密封圈)、自动补给阀、排气阀、加载弹簧、软囊(排气阀气孔)、定量孔、清净罐组成。用于贮存一定容积的新鲜空气,供佩用者呼吸。随着佩带者呼气或吸气带动软囊运动,从而改变正压室的有效容积,呼气时气室容积增大,压力也增大。当压力减小到一定值时,硬壁上胶垫堵住蛇形压片自动补给阀开启,向气室内补充氧气。

四、仪器工作原理

打开气瓶开关,高压氧气经减压器,减压后连续进入正压气室。吸气时,气体由正压气室流入冷却罐,冷却后通过吸气软管进入面罩;呼气时,呼出气体经呼气软管,进入清净罐,二氧化碳吸收后进入呼吸舱,完成一次循环。定量供给的氧气用不完,呼吸舱内气体压强不断升高,推动膜片开启排气阀,排出多余气体。

HYZ4C 呼吸器呼吸系统是一个密闭回路，与外界大气处于完全隔绝的状态。由于正压弹簧、自动补给阀和排气阀的共同运作，使整个呼吸过程中系统内气体压强总保持一定范围的正压值。

五、气体循环

HYZ4C 隔绝式正压氧气呼吸器呼吸循环系统如图 9-5 所示。其供氧途径有三条：

（1）定量供氧途径：当气瓶开关打开时，氧气经减压后以 1.4~1.8 L/min 连续供给呼吸舱。

（2）自动补给供氧途径：当从事重体力劳动时，呼吸量较大，流量不能满足呼吸要求，呼吸舱内气体压强不断降低，正压弹簧推动膜片，开启自动补给阀补充氧气。

（3）手动补给供氧途径：当使用者进行过于剧烈的运动导致呼吸不畅，或自动供氧系统出现故障时，可按动手动补给阀，以大于 80 L/min 补充不足的氧气。

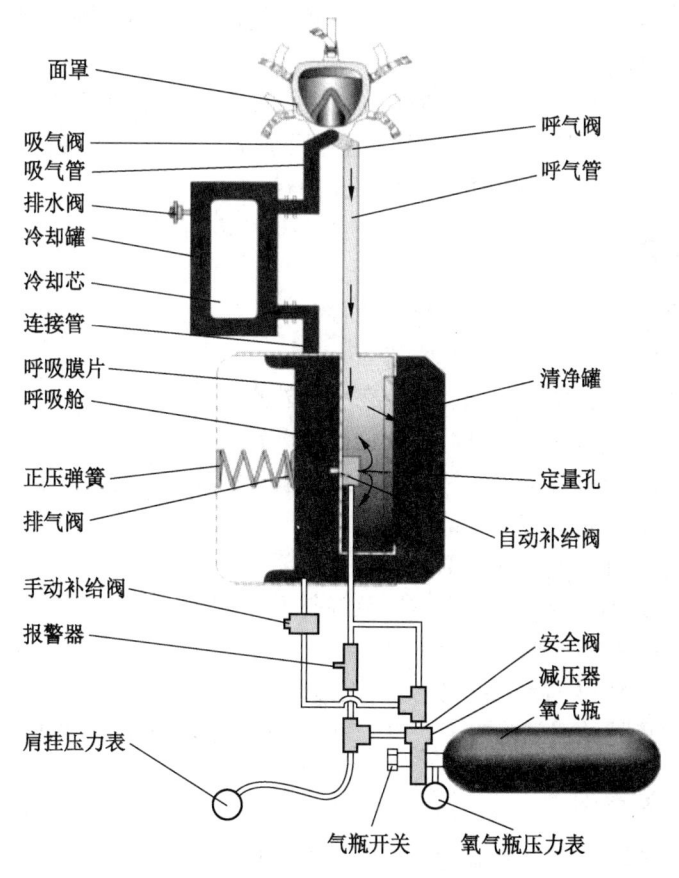

图 9-5 HYZ4C 隔绝式正压氧气呼吸器呼吸循环系统

六、呼吸器的清洗

1. 拆卸

首先将全面罩取下，打开呼吸器盖，取下呼吸两管，卸下氧气瓶（注意接口密封圈），将冷却器取下，打开气室上盖将清净罐卸下，卸开气室与两根输氧管接头（注意接口的密封圈），卸下气室，然后取下软囊。组装顺序与拆卸相反。

2. 清洗、消毒

清洗、消毒主要针对呼吸循环系统而言。

（1）不可用水直接冲洗的部分包括呼吸舱及清净罐内的过滤垫。呼吸舱可用拧干的湿毛巾多擦几遍；如果必要，呼吸舱上的内、外两个O形圈可卸下来单独清洗。清洗时一定要注意保护定量孔，不要让水溅到定量孔上。

（2）可用水直接冲洗的部分包括面罩、呼吸舱盖、清净罐本身、膜片组、呼吸软管及冷却罐。以上部件洗完晾干即可进行组装。

（3）氧气瓶不要长时间卸下，以防止空气中的杂质、水分或其他污物进入减压器中。

（4）各部件晾干时千万不可放在太阳下暴晒，否则会加速塑料橡胶制品的老化，影响仪器的使用寿命。

（5）组装呼吸器时须在三个地方涂抹一些润滑油，分别是呼吸舱的内、外O形圈，冷却罐盖上的O形圈。

在呼吸器的清洗、晾干、组装过程中，应注意面罩视窗比较脆弱，容易划伤，因此，在清洗、放置时应注意保护。不要将面罩视窗朝下放置，更不要用粗糙的东西去擦拭。每次洗完晾干后，可用脱脂棉将视窗上的污点擦去。

七、仪器佩戴

（1）将呼吸器面朝下，顶端对着自己放置。

（2）放长肩带，使自由端伸延50~75 mm。

（3）抓住呼吸器壳体中间，把肩带放在手臂外侧。

（4）把呼吸器举过头顶，绕到后背并使肩带滑到肩膀上。

（5）稍向前倾，背好呼吸器，两手向下拉住肩带调整端，身体直立把肩带拉紧。

（6）扣住扣环，并把腰带在臀部调整紧。

（7）松开肩带，让重量落在臀部，而不是肩部。

（8）连接胸带，但不要拉得过紧，以免限制呼吸。

（9）佩戴好面罩后将呼吸软管接上。

（10）面罩佩戴连接好后，逆时针方向迅速打开氧气瓶阀门，并回旋1/4圈；当打开氧气瓶时，听到报警器的瞬间鸣叫声，说明瓶阀开启，仪器进入工作状态。

八、使用注意事项

（1）呼吸器应储存在通风良好的库房内，距热源不得少于1.5 m，不得有腐蚀性气体和蒸汽，不得与油类等可燃物混合存放。

（2）准备佩用的仪器必须充足医用氧气，氧气纯度不低于98%，氧气压力不低于18 MPa；吸收罐内装符合要求的二氧化碳吸收剂2 kg；氧气呼吸器连续3个月没有使用，必须更换二氧化碳吸收剂。

（3）氧气瓶内气体不得全部用尽，应保留不少于0.05 MPa气压氧气。

（4）压缩氧气危险，氧气瓶始终要轻拿轻放，以防破裂。不允许油脂或其他易燃材料同氧气瓶或瓶阀接触。在明火或火花的地方勿打开瓶阀，以防着火造成人身伤亡。

（5）发音膜使用时要注意说话声音比平时大些，但不要喊叫，讲话要清楚缓慢。

（6）佩用过程中，应经常观察压力表，注意掌握撤出时间，当氧气瓶内氧气压力剩下25%（（5±1）MPa）时，报警器以大于82 dB的声强鸣响30~60 s报警。报警器鸣响时，佩戴人员应立即撤离工作现场。

（7）在自动补给阀和定量供氧装置出现故障或呼吸舱内的呼吸气体供应不足而呼吸阻力增大时，可按手动补给阀按钮，每次按2 s，所补给的氧气直接进入呼吸仓，可根据需要增加手动补给次数，以便维持充足的呼吸气体供给。

（8）佩用过程中，严禁挤压软管、严禁关闭氧气瓶；正常情况下，严禁频繁使用手动补给。

（9）佩用过程中，身体有不适感、氧气瓶压力低于5 MPa、仪器出现故障难以排除、外界环境超过适用环境条件等情况下，必须立即退出灾区。

（10）频繁使用手动补给阀或高强度体力劳动情况下，会明显减少氧气瓶储量，缩短防护时间，必须注意压力变化，掌握好撤出时间。

（11）若自动补给阀动作过频，应调整面罩或更换面罩。如果解决不了，必须退出灾区，更换呼吸器。

（12）当使用者感到恶心、头晕或有不舒服的感觉，吸气或呼吸感到困难，压力表出现压力急骤下降等情况时，必须立即撤出灾区。

（13）在灾区严禁取下面具或面具说话。

（14）在高温环境中佩用仪器作业时，应采取降温措施，改善工作条件。进入高温灾区工作的最长时间应符合表9-1的要求。

表9-1 高温灾区工作的最长时间表

温度/℃	40	45	50	55	60
进入时间/min	25	20	15	10	5

（15）使用备用氧气瓶时，先拧下充气口防尘盖，把充气接头插入充气口中，拧紧螺帽，关闭中间放气开关，再连接备用氧气瓶，拧紧螺帽，缓慢打开备用瓶开关，压力表压力上升到平衡时，关闭备用氧气瓶开关，打开充气接头中间放气开关，然后卸下备用氧气瓶及充气接头，最后拧上防尘盖。如有特殊情况，可以用手握住处于充气状态的氧气瓶撤出灾区。

九、使用过程中可能出现的问题及应对方法

（1）自补过频：造成自补过频的原因可能是面罩没有佩带好，有漏气的地方，调整面罩后自补过频的现象消失，仪器可以继续使用。

（2）压力表的下降速度过快：正常情况下，压力表的下降速度为3~5 MPa/h。若压力表下降速度加快，超出了正常范围，则说明呼吸循环系统漏气。出现这种情况，必须撤出灾区，更换备用仪器或者进行故障处理。

(3) 频繁使用手补：手动补给阀属于应急装置，正常情况下一般不需要使用。若在使用过程中发现必须经常使用手补氧气才能够用，说明仪器发生了故障。必须退出灾区，更换备用仪器或进行故障处理。

十、战前检查

(一) 入井准备的顺序

到达事故现场后，全小队携带必要的技术装备下车，列队待命。中队指挥员向小队长发布"进行战前检查"的命令后，跑步向上级指挥员领取任务。报告词是"报告指挥员：××中队第×小队，奉命来到，请指示。队长×××"。指挥员宣布任务后中队指挥员回答"是"，并跑步到小队侧前方，向小队布置任务。小队长接到中队指挥员发布的战前检查命令后，立即组织队员列队，将装备放置身前，并宣布"战前检查"。战前检查要在 2 min 内完成。

1. 检查整机完好性及附件

用手摸眼看的方法检查各部位的卡子、接头、开关、螺钉和背带上的固定销等，是否松动和滑落、背带是否磨损、连接是否正确。发现松动、滑落、连接不正确要及时紧固复位。小队长观察每个队员整机完好性、副小队长观察小队长的整机完好性。

2. 检查自动补给阀的开启和余压报警

连接呼吸器和面罩，将矿帽置于头后戴上面罩后复位，打开气瓶开关。打开气瓶开关后，瞬间能听到补气声和余压报警声，说明自动补给和余压报警工作正常。

3. 检查呼吸阀的灵活性、呼吸两阀逆向气密性和面罩接口气密性

戴好面罩做短促呼吸，呼吸阻力不大则为良好。用手捏住吸气软管深吸气，吸不进气，说明呼气阀及面罩气密性良好；用手捏住呼气软管呼气，如不漏气说明吸气阀及面罩气密性良好。

4. 检查定量供氧和整机气密性

根据呼吸程度判断定量供氧流量是否正常。正常呼吸状态下，自动补给阀不开启说明气密性良好。

5. 检查手动补给和排气阀的开启情况

用右手拇指瞬间按压手补的按钮，能听到补气声，说明手动补给动作正常。先用手补充气，当呼吸舱充满后，做一次深呼气，排气阀能自动开启，说明排气阀工作正常。

6. 检查氧气压力显示

右手握住压力表，观察停止上升后的压力值，压力大于 18 MPa 为合格。（训练时可关闭氧气瓶，摘掉面罩）

7. 战前检查的报告内容

小队长问："装备"。小队人员齐声回答："齐全"有问题的答"不齐全"。小队长再问："仪器"。队员依次回答："×号队员仪器完好，氧气压力××××"。

检查完毕后，小队长向中队指挥员报告，并领取任务。报告内容：报告指挥员，第×小队实到×人，装备齐全，仪器完好，最低氧气压力×××，请指示。小队长×××。

中队指挥员发布命令后，小队长回答"是"，然后向小队宣布任务。最后问："明白吗？"全小队回答："明白"。此时小队应成立正姿势。

第二节　气囊式正压氧气呼吸器

气囊式正压氧气呼吸器，指在其呼吸系统中的储气容器为可塑性材料制造的正压氧气呼吸器。下面以 PSSBG4 型正压氧气呼吸器为例。

一、仪器用途

PSSBG4 型正压氧气呼吸器（图 9-6）主要用于保护应急救援人员的呼吸器官，使之免受有毒有害气体的伤害。

图 9-6　PSSBG4 型正压氧气呼吸器

二、仪器主要技术参数

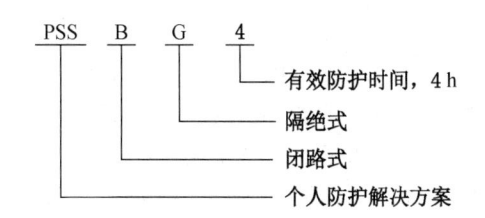

```
PSS B G 4
        │ │ └─ 有效防护时间，4 h
        │ └─── 隔绝式
        └───── 闭路式
─────────────── 个人防护解决方案
```

最高工作压力	20 MPa
呼吸阻力（频率 f）	25 次/min，每次呼吸量为 2 L
吸气	0~6 mbar
呼气	≤6 mbar
定量供氧量（流量）	1.5~1.9 L/min
手动补给流量	>80 L/min
自动补给流量	>80 L/min

自动排气阀开启压力	4~7 mbar
自动补给阀开启压力	0.1~2.5 mbar
电池	9 V（只有防爆认证可用）
电子报警系统压力测量精度	
200 bar 时	+4~-4 bar
40 bar 时	0~-5 bar
质量（含蓝冰、面罩、氧气瓶）	14.9 kg
外形尺寸（长×宽×高）	595 mm×450 mm×185 mm

三、仪器主要构造及作用

PSSBG4 型正压氧气呼吸器由高压系统、中压系统、低压系统及电子报警系统等四部分组成。高压系统由氧气瓶、减压器高压腔、手动补给阀等组成；中压系统由减压器中压腔、自动补给阀、安全阀等组成；低压系统组由面罩、呼吸两阀、呼吸两管、呼吸舱、气囊、降温盒、清净罐等组成；电子报警系统由传感器、主机、显示器等组成。

1. 氧气瓶

作用：贮存一定容积的氧气供佩用者使用。

工作原理：顺时针方向转动时，手轮带动阀杆使阀门紧压在喷嘴上，氧气停止泄出；逆时针方向转动时，手轮带动阀杆使阀门离开阀座开启，氧气进入仪器内部。

2. 减压器

作用：将高压氧气降至 3 个气压(bar)的中压，然后经过定量供氧以(1.7±0.2) L/min 流量向降温盒供气。反作用式减压器，当气瓶内氧气压力降低时,定量供氧反而相应增加。

工作原理：当氧气瓶开启，高压氧气进入减压器高压腔室，通过喷嘴进入中压室，当中压室压力达到 3 个气压（bar）时，减压器的调节弹簧被压缩，过滤阀门上的主弹簧伸长，阀片回到阀座上，将喷嘴堵住，由于中压室内不断输出，压力降低，受调节弹簧力的作用，过滤阀上的主弹簧被压缩，又将阀片推开，氧气又进入中压室，这样反复循环进行。

3. 手动补给阀

作用：当减压器定量供氧、自动补给供氧供给气囊的氧气量不够工作人员需要量，或发生故障及其他特殊情况时，可使用手动补给阀，氧气通过手动补给阀外接胶管进入定量供氧输氧管，以大于 50 L/min 的流量向降温器内供气。

工作原理：用手指按压手动按钮，推动阀杆，此时弹簧压缩阀门离开阀座，氧气经手动补给腔补气，松开手指后，阀门借弹簧的伸长力及气体压力，自动将阀门压在阀座上，手补阀关闭。

4. 自动补给阀

作用：当劳动强度增大，减压器定量供氧不够工作人员呼吸时，由自动补给阀直接向气囊输送氧气。

工作原理：当低压系统内部压力在 0.1~2.5 mbar 时使气囊硬壁下沉，触击到自动补给阀阀杆上，造成阀杆偏移，氧气可经减压器及自动补给阀直接送至气囊，其流量大于 80 L/min；当气囊内压力上升超过 2.5 mbar 时，硬壁抬起离开阀杆，阀门自动关闭。

5. 安全阀

作用：一旦由于某种原因减压器中压区腔室内的压力超过允许值时，降低其压力，开启压力在 4~6 bar 之间。

构造：由壳体、胶芯阀门、密封圈、弹簧、调节螺母组成。

工作原理：当减压器发生故障，中压系统压力升高到 6 bar 时，阀门离开阀座，弹簧压缩，氧气即从减压器腔室（中压系统）排出，使其泄压，当压力降低时，弹簧伸长，阀门自动关闭。

注：经出厂调定后，不准随意拆卸。

6. 面罩

作用：用头带使面部与面罩贴近，隔绝外界空气。

构造：由玻璃镜片、雨刮器、头带、口鼻罩、接口组成。

7. 三通快速接头

作用：与面罩、呼吸软管相连接，两侧的接口安装呼吸阀，接口上有环形槽，通过固定帽与呼吸软管相连。

构造：有三个接口，中间的接口有 O 形密封圈，另外两个阀口设计了不同的内径。

8. 呼吸阀

作用：是一单向导气阀门。由于阀片安装位置的不同，吸气时，呼气阀关闭，呼气时，吸气阀关闭，使气流始终沿着一个方向循环。

构造：由阀座和阀片组成。

9. 呼吸软管

作用：作为呼吸通道用。吸气软管一端接到三通接头的吸气阀一侧，另一端接到降温器的接口上；呼气软管一端接到三通接头的呼气阀一侧，另一端接到清净罐的接口上。

构造：由橡胶制成的波纹管。

10. 清净罐

作用：是用来储存二氧化碳吸收剂（氢氧化钙）的容器。该罐可装氢氧化钙 2 kg，吸收人体呼出气体中的二氧化碳。

构造：由罐体、盖子、O 形密封圈、固定卡子、上下过滤膜、上下隔板组成。

11. 气囊

作用：用来储存氧气，供佩戴者呼吸（容积为 5.5 L）。

构造：是用橡胶制成的，上面有金属隔板，板上有两个圆形凸起，用来放置正压弹簧，使气囊产生正压。

工作原理：当气囊下落时，正压弹簧伸长，隔板随之下落，下压自动补气顶杆，中压氧气通过阀门向气囊补气。当气囊膨胀上升时，触碰排气阀，使之排气。

12. 气囊连杆

作用：为气囊定位，防止膨胀时发生歪斜。

构造：一条金属连杆，两端有锁位扣，分别与气囊金属板和外壳上的扣子连接。

13. 排气阀

作用：当系统内压力达到 4~7 mbar 时，气囊膨胀上升，触碰排气阀，使之排气，以减小系统内的压力。当系统内压力小于 1.4 mbar 时，启动主机工作。

构造：由接头、O 形密封圈、连接管、压力开关控制管、外壳、弹簧、膜片等组成。

14. 排水阀

作用：当排水阀上的压力大于 10 mbar 时开启，排除气囊中的水（长度 110 mm）。

构造：由外壳、膜片、弹簧、丝母、过滤网等组成。

15. 降温器

作用：对系统内的气体降温，使呼吸更舒适。

构造：是一个用塑料制成的双层部件，两端有接头，分别与气囊和吸气软管连接；中间有凹形圆槽，用来放置冰块或冷却块。一侧是定量供氧和手动供氧接口。

16. 显示器

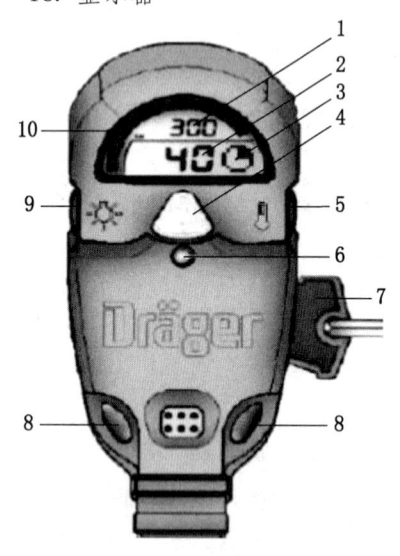

显示器的构造如图 9-7 所示。

作用：显示氧气压力、余压报警、距离报警时间、高压气密性、环境温度、电池电量等信息，并且具有故障声光报警功能。移动传感器的自动报警钥匙拔出后，如果检测不到移动，大约 25 s 后会有一个预报警，如果 10 s 内检测到移动，预报警取消。自动报警功能不需要时，插上自动报警钥匙。同时按住左、右按钮可以关闭主报警。

17. 主机（Moritron 电子报警系统）

作用：检测氧气瓶压力、高压气密性、低压报警、余压报警、电池电量等。

构造：由高、低压传感器及电路部分组成。高压传感器为外置，低压传感器为内置。

（1）测试电池电量：打开氧气瓶开关，电子报警器将会在气压达到 10 bar 时自动启动，如果电池完好，报警声响一次（约 30 s），红灯绿灯闪烁一次，bat 字母显示一次；如果电池没电，报警声响 5 次，红灯指示灯常亮，bat 字母连续显示；如果电子报警器发生故障，红灯常亮（此时仪器不能使用）。

1—数字显示气瓶压力，单位 bar；
2—距离报警的时间，单位 min；
3—分钟图标；4—手动呼救按钮（黄色）；
5—右按钮（内置温度计）；6—绿色 LED 灯；
7—危困时自动报警钥匙；8—红色 LED 灯；
9—左按钮（背光灯）；10—氧气压力显示

图 9-7 显示器

（2）高压气密性测试：需要注意的是气瓶压力必须大于 165 bar，否则电子报警器不能完成测试。气瓶压力大于 165 bar，显示器上显示 ccr（关闭）信号时，关闭气瓶。当打开气瓶开关后压力大于 165 bar，如果显示器上显示 ccr 并持续约 3 s，则电池检测同时完成。当有压力显示时，关闭氧气瓶开关，大约 25 s 后，若仪器正常报警声响一次，绿灯闪烁，气密性正常；如果高压气密性发生故障，报警声响 3 次，红灯闪烁 30 s，Err［故障］字母显示 30 s，此时仪器绝不能使用。

（3）低压报警：①当气瓶内压力降到大约 55 bar 时发出第一次低压报警，声响持续 30 s，红灯不停地闪烁；②当气瓶压力降到大约 10 bar 时，发出最后一次报警，声响一直不停，红灯不停地闪烁；③当气瓶压力低于 5 bar 时，显示器自动关闭；电子报警器在自动进行电池检查后关闭。

（4）观察氧气量：每隔 15 min 观察一次，检查氧气量，此时绿灯闪烁，图形只能表示气瓶压力的粗略值（整个扇形表示 180 bar 的压力），数字显示表示气瓶压力的精确值，在黑暗处工作时可以按下照明键打开照明灯观察。持续按键 3 s 以上，能显示出从开始使用到现在的使用时间。

四、仪器工作原理

打开气瓶开关，高压氧气经减压器减压（3 bar）后，以 1.5~1.9 L/min 的流量连续供给气囊，当使用者呼气时，气体经过呼气阀、呼气软管，再通过清净罐吸收呼出气体中所含的二氧化碳，然后进入气囊，完成一次循环。如定量供给的氧气用不完，气囊内气体压强不断升高至 4~7 mbar 时，推动金属隔板开启排气阀，排出多余气体。当从事重体力劳动时，呼吸量较大，流量不能满足呼吸要求，气囊内气体压强不断降低至 0.1~2.5 mbar 时，正压弹簧推动金属隔板，自动补给阀开启以大于 80 L/min 流量补充氧气。

正压弹簧、自动补给阀和排气阀的共同运作下，使整个呼吸过程中系统内气体压强总保持一定范围的正压值，这一系统称之为正压系统。

五、气体循环

气体循环如图 9-8 所示。其供氧途径有三条：

（1）定量供氧途径：当气瓶开关打开时，氧气经减压后经降温器以 1.5~1.9 L/min 连续供给气囊。

（2）自动补给供氧途径：当从事重体力劳动时，呼吸量较大，流量不能满足呼吸要求，气囊内气体压强不断降低，正压弹簧推动金属隔板，开启自动补给阀以大于 80 L/min 补充氧气。

（3）手动补给供氧途径：当使用者进行过于剧烈的运动导致呼吸不畅，或自动供氧系统出现故障时，使用者可按动手动补给阀，经降温器以大于 50 L/min 补充不足的氧气。

六、仪器使用前准备

（1）卸下降温盒盖子，安装冰柱，重新盖上，注意盖子上的通气孔必须向上。
（2）检查联机接口手轮是否拧紧。
（3）进行电池及高压测试，打开气瓶开关，电子报警器将在压力达到 10 bar 时启动。
（4）高压气密性测试。
（5）佩带仪器。
（6）佩带面罩后打开氧气瓶开关。
（7）对面罩进行负压检查，双手紧握呼吸软管，吸气使面罩内产生负压，达到不漏气。漏气会大大减少仪器使用时间。
（8）仪器正常后方可投入工作。

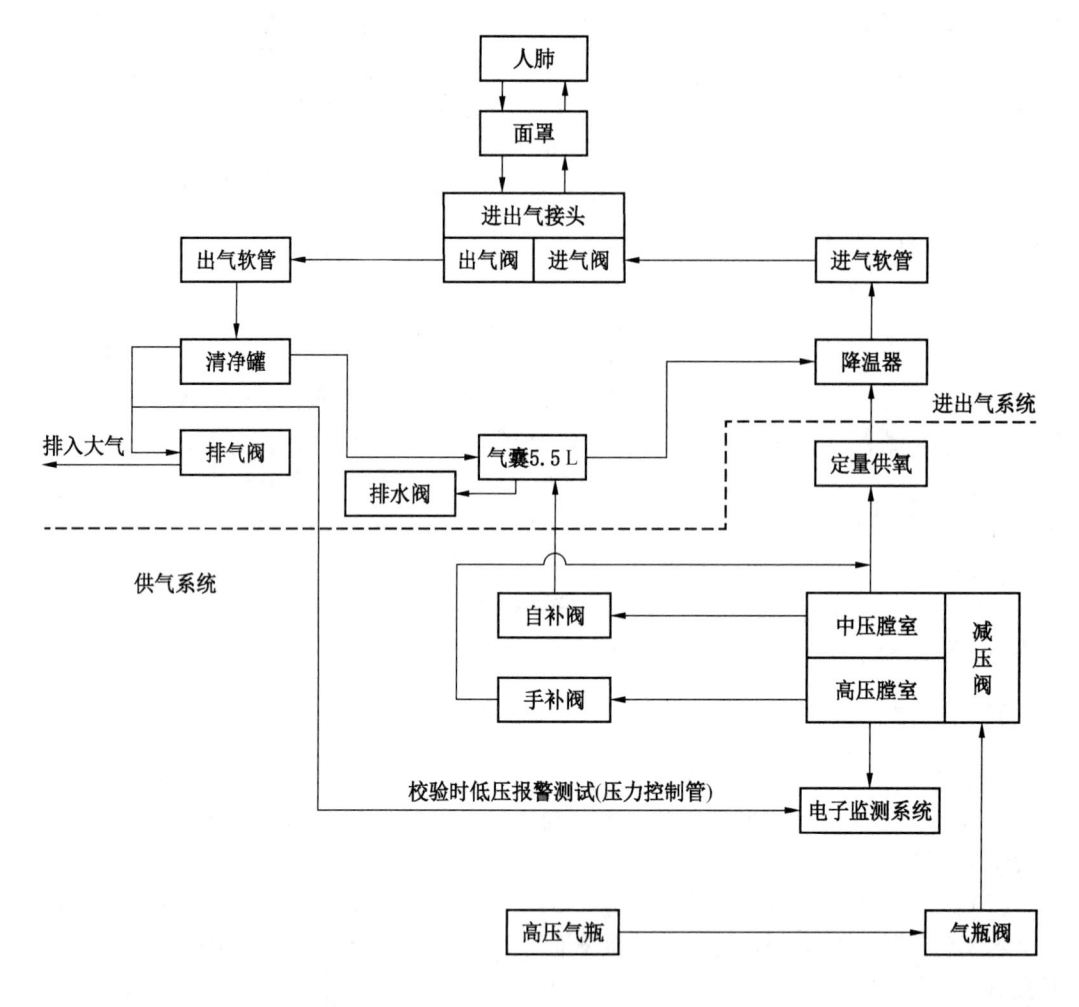

图 9-8 呼吸气体循环图

七、使用后处理

(1) 关闭氧气瓶后,脱下面罩,卸下呼吸器。
(2) 取出冰桶,重新将水放入制冰桶内,水平放置,再冷冻 8 h 后作为备用。
(3) 对低压部分进行清洗、消毒、擦洗、晾干,附件要擦洗干净。
(4) 重新充填氧气至 200 bar,更换 CO_2 吸收剂。
(5) 所有呼吸器机件严禁沾染油脂,防止燃烧爆炸。

八、呼吸器拆卸、组装

(1) 卸下氧气瓶。
(2) 将呼吸软管从冷却器,清净罐上卸下。
(3) 将呼吸软管从三通快速接头上卸下,取出呼吸两阀。

(4) 将清净罐与气囊脱开,打开安全夹,排气管取出清净罐倒药。

(5) 将降温盒与气囊脱开取出,卸下上盖,将冰水倒出。

(6) 将排气软管接头向右转约45°,按下锁紧夹,卸下排气阀,拆开排气阀组件。

(7) 卸下气囊定位杆,取出压缩弹簧,拉出自动补给阀的安全挡圈,取出气囊。

(8) 将排水阀从气囊上脱开。

(9) 将自动补给阀从气囊上脱开,拉出安全挡圈,拆开输氧管接头,重新将自动补给阀与输氧管组连接。

(10) 拆下腰带、肩带。

(11) 卸下显示器。

组装顺序与拆卸相反。

九、使用过程中的注意事项

(1) 气体消耗过度,呼吸困难时,按手动补给,可以继续工作。

(2) 自动供氧系统故障,使用手动补给,同时迅速撤离灾区。

(3) 每隔15 min左右观察一次显示器,注意氧气的消耗速度。

(4) 余压报警:不一定是撤离的信号,应根据实际情况决定撤离时间。55 bar时第一次报警,断续的声音持续30 s,红灯闪烁,表示75%的氧气已经用完。10 bar时第二次报警,断续的声音持续不停,红灯一直闪烁,表示95%的氧气已经用完。5 bar时,显示器自动关闭。

(5) 氧气瓶在充气时,严禁接头及瓶阀沾染油和油脂,以免发生爆炸。

(6) 严禁在有爆炸危险的区域进行安装、更换电池。

(7) 必须使用指定型号的电池。

(8) 如果Monitron电子报警器发生故障,红灯常亮,仪器不能使用。

(9) 避免暴露在直射阳光下以及臭氧中。

十、维护保养

1. 清洗

PSSBG4正压氧气呼吸器在使用结束后需要对其呼吸循环部分的零部件进行清洗。主要有:面罩、呼吸软管、清净罐、冷却罐、气囊等,所有部件均可用水清洗。洗完晾干后即可进行组装。

2. 清洗晾干过程中的注意事项

(1) 保护面罩视窗,不要用太粗糙的东西擦拭,也不要将视窗朝下放置。

(2) 各零部件在晾干时应避免暴晒,以免加速零部件的老化。

(3) 清洗完组装好以后,排气阀密封圈、导管密封圈、清净罐盖密封圈、快速接头密封圈须涂润滑油。

(4) 呼吸阀阀片、排气阀阀片、排水阀阀片应保持清洁干燥无污物。

3. 检测

用TEST-IT6100检测PSSBG4正压氧气呼吸器12项技术指标,功能键可以使流量测试与压力测试相互转换、调零功能。

（1）1TEST – IT6100 自检：

① 将仪器自检密封堵头拧入测试口内。

② 将手泵正向安装至手泵接口。

③ 将手泵气路开关打开。

④ 慢慢按压手泵到压力大于 10 mbar，关闭手泵气路开关。

⑤ 按压泄压按钮，将压力调节至 10 mbar，开始计时 1 min，1 min 内压力下降不大于 1 mbar，检测仪自检合格。

（2）用 TEST – IT6100 检测 PSSBG4 正压氧气呼吸器 12 项技术指标：

① 检测低压报警响应值：

（a）将试验接头拧入 TEST – IT6100 检测仪的接口上，卸下 BG4 快速接头上的密封帽，将快速接头插入试验接头内。

（b）将手泵气路开关打开。

（c）设置在"正压泵气"端，缓慢泵气，同时观察压力表。当压力低于 1.4 mbar 时，低压报警会立即启动，则测试合格。

② 检查吸气阀。手泵设置在"正压泵气"端，用手紧紧捏住呼气软管，慢慢泵气，如果能够达到 +10 mbar，说明吸气阀及阀片正常。若未能达到 +10 mbar，则需更换吸气阀或阀片。

③ 检查呼气阀。手泵设置在"负压泵气"端，用手紧紧捏住吸气软管，慢慢泵气，如果能够达到 –10 mbar，说明呼气阀及阀片正常。若未能达到 –10 mbar，则需更换呼气阀或阀片。

④ 检查排水阀。手泵设置在"正压泵气"端，用密封帽的开口端罩住排气阀的顶杆，握住密封帽，连续泵气直到 +10 mbar，关闭气路开关，若排水阀处听不到明显的气流声，说明排水阀正常。产生低压报警是正常现象。

⑤ 检查低压气密性。按泄压按钮，直到压力降至 7~7.5 mbar。开始计时，1 min 内压力下降不大于 1 mbar 即为合格。测完后将气路开关开启，手泵设置在"负压泵气"端抽气，使气囊泄压，取下密封帽，密封帽要妥善保管，防止丢失。

⑥ 检查排气阀。手泵设置在"正压泵气"端，连续泵气直到排气阀开启，从压力表上读出压力值，即为排气值。应在 4~7 mbar 之间。

⑦ 高压气密测试（气瓶压力必须在 165 bar 以上且显示器关闭）。关闭气路开关，打开瓶阀，当显示器上出现"关闭气瓶"时，关闭气瓶，大约 25 s 后，如果高压气密合格，则报警声响 1 次，绿灯闪烁，显示器上出现"开启气瓶"，将气瓶打开，高压气密测试成功。若存在问题，则报警声响 3 次，红灯闪烁，显示器上出现故障提示。

⑧ 检查定量供氧（流量测试）。

方法一：开启气路开关，手泵设置在"正压泵气"端，用密封帽开口端罩住排气阀的顶杆，握住密封帽，连续泵气直到 +7 mbar，关闭气路开关，将功能键变换阀设置在"流量测试"挡，使用流量测试管将流量测试口与手泵进气口连接。开启气路开关，待数值稳定后读出数值，即为流量。应在 1.5~1.9 L/min 之间。

方法二：将功能键变换阀设置在"流量测试"挡，使用流量测试管将流量测试口与呼吸器流量管连接，待数值稳定后读出数值，即为流量。应在 1.5～1.9 L/min 之间。

⑨ 检查自动补给阀（最小阀测试）。将功能键变换阀设置在"压力测试"挡，连接好手泵，设置在"负压泵气"端，气囊自动卸压，可用手泵加快抽气，直到自补阀开启（听到气囊内有"嘶嘶"的补气声音），读出压力表的压力值，即为补气值。应在 0.1～2.5 mbar 之间。

⑩ 检查手动补给阀。关闭气路开关，按压手动补给阀的红色按钮。若能听到嘶嘶声（表明气体进入呼吸循环系统），气囊鼓起，手补阀合格。

⑪ 检查余压报警。关闭瓶阀，观察显示器，在大约 55 bar（5.5 MPa）时发出报警：断续地报警声，红灯闪烁。

⑫ 检查电池。气瓶压力小于 5 bar（0.5 MPa）时，Monitron 电子报警系统自动检查电池。若电池电量足，电池符号显示满格；若电池电量不足，电池符号显示 1，表示还可以使用一次；若电池符号显示 2，这种情况下必须立即更换电池。

至此，PSSBG4 正压氧气呼吸器的检测工作全部完成，盖好三通堵帽，将上壳体合上。

（3）用 HAJ – II 检测仪检测 PSSBG4 正压氧气呼吸器 9 项技术指标（必须按顺序进行）。

① 检查排水阀。将呼吸器的三通分别连接在检测仪的通气口和水柱压力计接口上。用密封帽的开口端罩住排气阀的顶杆，握住密封帽，将气泵开关打开（拉出），变换阀调至正挡（推入），开启电源，给系统内慢慢泵气，同时观察水柱压力计。待水柱上升到 1000 Pa 时，迅速将气泵开关及电源关闭。若排水阀处听不到明显的气流声，说明排水阀正常。产生低压报警是正常现象。

② 检查低压气密性。将气泵开关打开（拉出），变换阀调至负挡（拉出），直到压力降至 700～750 Pa 时，迅速将气泵开关关闭（推入）。开始计时，1 min 内压力下降不大于 100 Pa 即为合格。

测完后将气路开关开启，将气泵开关打开（拉出），变换阀调至负挡（拉出）抽气，开启电源使气囊泄压，取下密封帽，密封帽要妥善保管，防止丢失，关闭电源。

③ 检查排气阀。将气泵开关打开（拉出），变换阀调至正挡（推入），开启电源，给系统内慢慢泵气，同时观察水柱压力计。直到排气阀开启，待水柱不变，从水柱压力计上读出压力值，即为排气值。应在 400～700 bar 之间。

④ 高压气密测试（气瓶压力必须在 165 bar 以上且显示器关闭）。将气泵开关关闭（推入），打开瓶阀，当显示器上出现"关闭气瓶"时，关闭气瓶，大约 25 s 后，如果高压气密合格，则报警声响 1 次，绿灯闪烁，显示器上出现"开启气瓶"，将气瓶打开，高压气密测试成功。若存在问题，则报警声响 3 次，红灯闪烁，显示器上出现故障提示。

⑤ 检查定量供氧（流量测试）。使用流量测试管将流量测试口与呼吸器流量管连接，待数值稳定后读出数值，即为流量。应在 1.5～1.9 L/min 之间。

⑥检查自动补给阀（最小阀测试）。将气泵开关打开（拉出），变换阀调至负挡（抽出），开启电源，给系统内慢慢抽气，同时观察水柱压力计。直到自补阀开启（听到气囊内有"嘶嘶"的补气声音），待水柱不变，从水柱压力计上读出压力值，即为补气值。

⑦检查手动补给阀。将气泵开关关闭（推入），按压手动补给阀的红色按钮。若能听到气体进入呼吸循环系统，气囊鼓起，则手补阀合格。

⑧检查余压报警。关闭瓶阀，观察显示器，在大约55 bar（5.5 MPa）时发出报警，发出断续的报警声，红灯闪烁。

⑨检查电池。气瓶压力小于5 bar（0.5 MPa）时，Monitron电子报警系统自动检查电池。若电池电量足，电池符号显示满格；若电池电量不足，电池符号显示1，还可以使用一次；若电池符号显示2，这种情况下必须立即更换电池。

至此，PSSBG4正压氧气呼吸器的检测工作全部完成，盖好三通堵帽，将上壳体合上。

十一、常见故障的排除

（1）正压不气密：
① 检查流量管是否插入降温器。
② 排气阀、排水阀膜片是否清洗干净，弹簧是否歪斜。
③ 清净罐O形密封圈是否有粉末，是否涂硅脂。
④ 气囊各接口是否装到卡槽内。
⑤ 佩用时，面罩与面部是否漏气。

（2）排气阻力大：检查排气阀内是否有异物，吸收剂是否流入排气管。

（3）开瓶自动补气：气囊金属隔板是否装到补气阀杆以下。

（4）氧气消耗量大：排除整机不气密、流量在正常范围内故障后，检查自动补气阀是否漏气。

（5）显示器不显示：检查压力开关控制管是否接入主机，氧气瓶是否打开，有无电池，电池是否有电，主机插头是否插到底，信号电缆是否断路等。

十二、战前检查

1. 检查整机完好性及外部附件

用手摸眼看的方法检查各部位的固定卡子、接头、开关、螺钉和背带上的固定销等是否松动和滑落。发现松动及时紧固复位。小队长观察每个队员整机完好性、副小队长观察小队长的整机完好性。

2. 进行低压报警、自动补给、电池的检查

将矿帽置于头后戴上面罩后复位，戴上面罩呼一口气，听到报警声响，证明低压报警开关开启正常。打开气瓶开关，自动补给开启，听到补气声，自动补给正常；同时可听到提示报警声响，说明提示报警正常。观察显示器，如果电池完好，报警声响一次，红色及绿色指示灯闪烁一次，bat字母显示一次；如果电池没电报警声响5次，红色指示灯

常亮，bat 字母连续显示，必须更换电池；如果电池报警器发生故障，红灯常亮，仪器不能使用。

3. 检查呼吸阀的灵活性和面罩与接口的气密性

戴好面罩做短促呼吸，呼吸阻力不大则为良好。用右手捏住吸气软管深吸气，吸不进气，说明呼气阀及面罩气密性良好；用左手捏住呼气软管，然后呼气，如不漏气，说明吸气阀及面罩气密性良好。

4. 检查手动补给及排气阀的开启情况

用右手拇指瞬间按压手补的按钮，能听到补气声，说明手动补给动作正常。当呼吸舱充满后，做一次深呼气，排气阀能自动开启，说明排气阀工作正常。

5. 检查氧气压力显示

左手握住压力表，观察停氧气压力值，大于 180 bar 为合格。关闭氧气瓶，摘掉面罩。

6. 战前检查的报告内容

小队长问："装备"。小队人员齐声回答："齐全"有问题的答"不齐全"。小队长再问："仪器"。队员依次回答："×号队员仪器完好，氧气压力××××"。

小队长向中队指挥员报告，并领取任务。报告内容：报告指挥员，第×小队实到×人，装备齐全，仪器完好，最低氧气压力×××，请指示。小队长×××。

中队指挥员发布命令后，小队长回答"是"，然后向小队宣布任务。最后问："明白吗？"全小队回答："明白"。此时小队应成立正姿势。2 min 完成。

第三节 呼吸器校验仪

一、仪器用途

HAJ-II型呼吸器检测仪，主要用于各种类型的正、负压式氧气呼吸器及其部件低压系统各项性能的检测，即校验；若有配套的仿人呼吸机及其相关的附具也可检测正、负压式空气呼吸器及其部件低压系统的各项性能。

二、仪器主要技术参数

水柱压力计的测量范围	-1300～1300 Pa
水柱压力计的划分刻度单位	1 mm/10 Pa
浮子流量计的检测范围及精度	
	小流量计 0.05～2.5 L/min，精度 2.5 级
	大流量计 10～100 L/min，精度 1.5 级
气泵供气流量	8～12 L/min
气泵电源交流电压	220 V
外形尺寸（$L \times B \times H$）	300 mm×190 mm×420 mm

三、仪器主要构造及作用

呼吸器校验仪的结构如图9-9所示。

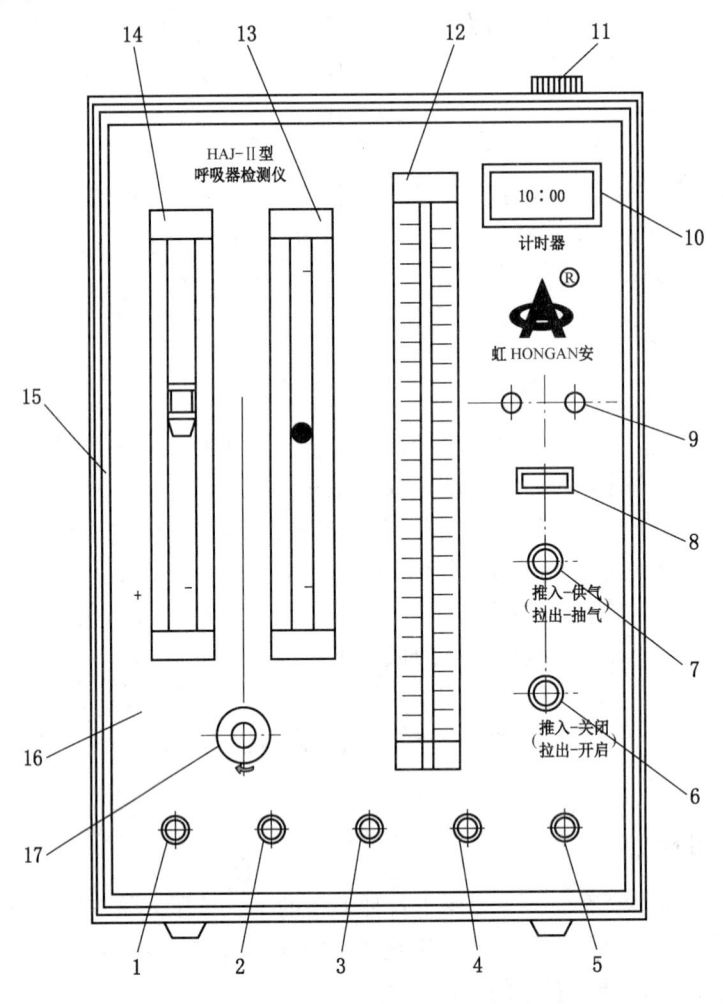

1—大流量计接口；2—小流量计接口；3—水柱压力接口；4—放水口；5—通气口；6—气泵开关；7—变换阀；
8—气泵电源开关；9—电源及气泵指示；10—计时器；11—贮液盒；12—水柱压力计；13—小流量计；
14—大流量计；15—箱体；16—面板；17—微调旋钮

图9-9 正面结构示意图

大流量计接口：通过导管和专用接头与手补供氧管、自补阀连接，分别测量手动补给供氧量和自动补给供氧量。

小流量计接口：通过导管和胶塞与呼吸器软管连接，或通过导管专用插头与自动补给阀阀体连接，测定其定量孔的定量供氧量。

水柱压力计接口：通过导管胶塞与呼吸器软管连接，测定其相关压力值。

放水口：当压力计注水过多或压力计内水质受到污染时拧下堵帽，并向外放水。

通气口：通过快速三通接头（辅具）的导管胶塞与压力接口、呼吸器软管连接，测定呼吸器的正、负压性能和气密性，自动排气阀开启压力值，自动补给阀开启压力值。

气泵开关（充、抽气拉手）：拉出或推进实现气流的打开与截止，拉出供气，推入截止，它是气泵开闭阀门的操作柄。

变换钮（换向拉手）：拉出或推进实现气流流向的正压或负压。它是变换阀的操作柄。

气泵电源开关：用以开启与停止气泵的工作。

计时器：可显示时钟秒表，在检测整机气密时使用。

水柱压力计：用以测定呼吸器低压系统相关项的压力指标。

微调旋钮：当水柱压力计液面高于或低于零位时，可用微型调节旋钮调节水位至零位。

气泵：是本检测仪的工作气源，抽气与充气均由此部件来实现。

四、仪器使用前准备

（1）接检测用的各个接头：将检测仪配件中的定量孔罩、带导管的胶塞分别连接在面板下方小流量计接口、水柱压力接口及通气口上。

（2）水柱计水位调零：将微调旋钮全部退出，用注水球吸取干净，将无污物的水从仪器上方的注水口注入，直到水柱计中液面位置到达零位附近。将水柱压力计内气体排出。通过调节微调旋钮，将水柱计内液面调整至零位。

（3）检测仪自身气密性检查：关闭气泵开关及变换阀，将配件内带充气球的三通接头的两端分别连接在水柱压力口及通气口上。缓慢打气，使液面上升至 1000 Pa 以上，用夹子将连接充气球的软管夹住，保持水柱液面在 1000 Pa 以上，开始计时，3 min 内，水柱液面应不下降 10 Pa。

以上准备工作完成后，仪器便可以进行使用。

五、用校验仪检测氧气呼吸器的四项指标

（1）自动排气阀开启压力：将呼吸器的呼吸两软管分别连接在检测仪的通气口和水柱压力计接口上，将气泵开关打开（拉出），变换阀调至正挡（推入），开启电源，给系统内慢慢泵气，同时观察水柱压力计。等压力计水柱不再上升时，读出压力值（即为排气值），稳定在 400~700 Pa 即为合格。

（2）自动补给阀开启压力：进行完排气测试后，直接将变换阀调至负挡（拉出），开始抽气，同时将氧气瓶打开，观察水柱压力计，待水柱不再下降，同时听到呼吸舱内有补气的声音时，读出压力值（即为自补值），稳定在 50~200 Pa 即为合格。

（3）检测流量：将呼吸舱盖打开，取出清净罐，露出定量孔，用定量孔罩罩住定量孔（另一端连接小流量计），将木舌片从呼吸舱侧面的缝隙中插入（顶住膜片，防止自补开启，浪费氧气），开启气瓶，从小流量计上直接将流量读出，为 1.4~1.8 L/min 即为合格。

（4）整机气密性：检测整机气密性的连接方法与自动排气阀开启压力检测相同，用专用的顶杆从呼吸器背面的孔中插入（顶住排气阀，避免排气）设置在正压泵气挡开始泵气，待水柱上升到 1000 Pa 时，迅速将气泵开关及电源关闭，待液面稳定后开始计时。观察 1 min，如下降不超过 30 Pa，即为合格。如有需要可通过气泵开关将水柱液面调整到某一定值。

六、维护保养

(1) 仪器使用完后应将注水口和水柱压力口用螺栓堵塞(工作时再打开),用干布擦净表面,并将全部校验工具附件放入工具袋内。
(2) 对本仪器应进行无油脂操作,仪器表面不得有油渍污迹。
(3) 水柱计、流量计玻璃管应定期进行清洗,防止污物或油脂进入,影响测量结果。
(4) 仪器应存放在干燥、通风的室内,存放环境不应有引起仪器腐蚀的酸、碱、油脂等杂质存在,环境温度为 5~40 ℃,相对湿度为 30%~80%。仪器要远离热源 1.5 m。

第四节 MZS-30 型自动苏生器

一、仪器用途

MZS-30 型自动苏生器适用于抢救呼吸麻痹或呼吸抑制的伤员,如:胸部外伤、有害气体中毒、水淹、触电、煤埋缺氧窒息引起的假死伤员。该仪器能同时抢救轻重程度不同的两名患者。须要注意的是凡腐蚀性气体中毒内出血的伤员,只能使用氧吸入装置苏生,绝不能使用自动人工呼吸装置苏生。

二、仪器主要技术参数

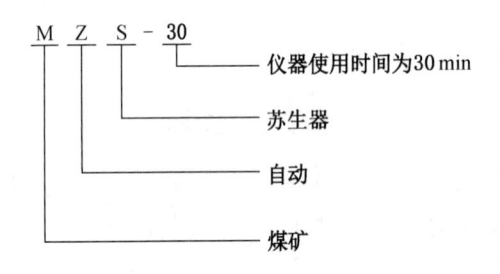

```
M Z S - 30 ── 仪器使用时间为30 min
│ │ │
│ │ └─── 苏生器
│ └───── 自动
└─────── 煤矿
```

氧气瓶工作压力	20 MPa
氧气瓶容积	1 L
自动肺换气量调整范围	12.5~25.5 L/min
自动肺充气正压	200~250 mmH$_2$O
自动肺抽气负压	-150~-200 mmH$_2$O
自动肺耗氧 6 L/min 时,最小换气量	15 L/min
质量	不大于 250 g
自主呼吸供氧量	不小于 15 L/min
吸氮最大负压值	不小于 -450 mmHg
仪器总质量	不大于 6.5 kg
仪器体积	335 mm × 245 mm × 140 mm

三、仪器主要构造及作用

MZS-30 自动苏生器结构如图 9-10 所示。

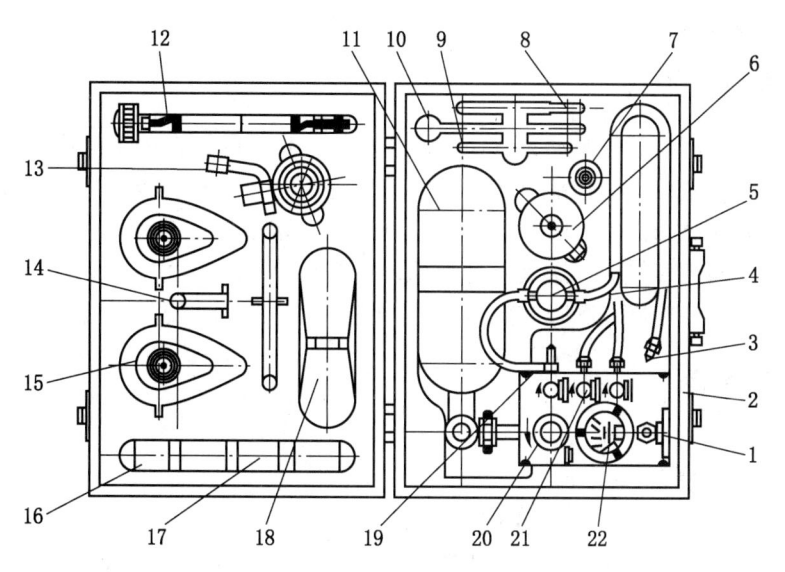

1—逆止阀（外气源接口）；2—箱体；3—输气管；4—吸引管；5—吸引瓶；6—自动肺；7—外气源接头；
8—开口器；9—扳手；10—夹舌钳（拉舌器）；11—氧气瓶；12—高压导管；13—呼吸阀；
14—口咽导气管（压舌器）；15—面罩；16—校验囊；17—储气囊；18—头带；19—引射器；
20—减压器；21—配气阀旋钮；22—压力表

图 9-10　MZS-30 自动苏生器结构简图

面罩：接在自动肺氧吸入上，与患者面部连接。

开口器：撬开患者口部之用，须防止伤害牙齿。

夹舌钳：将患者收缩的舌头拉出的一种装置。

口咽导气管：防止患者舌头向后收缩，连结面罩与气管的导管。

自动肺：对失去知觉的患者自动进行人工呼吸的装置。

氧气瓶：贮存一定量的氧气，容积 1 L。

配气阀：将氧气减压后，根据需要分配到引射器、自动肺。

头带：面罩与面部固定之用。

吸引管：用于吸出患者气管内异物的导管。

引射器：通过高速气流，使吸引管内产生负压的一种装置（负压：500 mmHg）。

吸引瓶：装入患者气管内抽出的异物。

呼吸阀：供给有微弱呼吸的患者氧气的装置。

储气囊：给有微弱呼吸的患者贮存足够的氧气。

高压导管：连接仪器外部氧气瓶的导管。

扳手：修理或装卸氧气瓶之用。

减压器：把高压氧气降低为 5~8 个大气压的装置。

校验囊：检查自动肺呼吸频率之用，成人 12~16 次/min。
安全阀：为保证安全，超过 8 个大气压能自动开启的装置。
逆止阀：防止氧气倒流的阀门。
压力表：检查氧气瓶内氧气储存情况。

四、仪器工作原理

以氧气瓶内的压缩氧气为动力，使自动肺动作，自动肺处在进气位置时，以一定的压力把多氧的空气压入伤员的肺部，多氧空气压力达到一定值时，自动肺便转为抽气位置，又以一定负压把伤员肺部内的废气抽出，负压达到一定值后，自动肺便又转为进气位置，这样反复动作，便把多氧空气送入伤员肺部，把伤员肺部的废气抽出，同时，刺激伤员的心脏和呼吸中枢，促使恢复呼吸和脉搏跳动，使假死的伤员慢慢苏醒过来。

五、仪器操作

1. 仪器准备

（1）打开苏生器盖子。

（2）打开氧气瓶，理直吸引管试引射器。

（3）把自动肺接在中间配气阀输气管的接头上，检测自动肺，把面罩接在自动肺的出气口上，面罩尾部与输气管平行，夹角不能超过45°，拔出操纵杆，使其处于抽气状态，把自动肺放在 1 m 以外，且不与其他输气管交叉。

（4）把呼吸阀接在第三个配气阀输气管的接头上，把头带固定在面罩上，并与呼吸阀的出气口连接，将储气囊与呼吸阀的下口连接，试通气，放在 1 m 以外，且不与其他输气管交叉。

2. 仪器使用

（1）安置伤员：将伤员置于通风良好处，解开紧身上衣（如湿衣，须脱掉），适当覆盖，保持体温，肩部垫高 10~15 cm，头尽量后仰，面部转向任一侧，以利呼吸畅通；对溺水者应先使伤员俯卧，轻压背部，让水从气管和胃中倾出。

（2）伤员检查：要以最快的速度和极短的时间检查伤员瞳孔是否散大和有无光反射，检查有无心跳和脉搏跳动，用棉絮线头放在伤员鼻孔处观察伤员有无呼吸，按压指甲有无血液循环，刺激伤员的皮肤和脚掌观察有无神经反射；同时检查伤员有无出血、中毒、创伤、骨折、脱位、烧伤等症状，然后进行急救处理，对出血的伤员要止血，对骨折部位要固定，根据伤员的轻重程度进行抢救。

（3）清理口腔：将开口器由伤员嘴角处插入前白齿间，将口启开；用舌钳拉出舌头，用药布裹住食指，清除口腔中的分泌物和异物。

（4）清理喉腔：从鼻腔插入吸引管，打开气路，将吸引管往复移动，污物、黏液、水等异物则被吸至吸痰瓶；如瓶内积污过多，可拔开联结管，堵住引射器喷孔，有积污排除，要迅速抬起，反复进行，积污即可排除。须要注意的是：打开氧气瓶开关前，需将减压器旋钮按逆时针调到最小流量位置，然后再调整所需呼吸频率。

（5）插压舌器：根据成人、儿童选择大小适宜的压舌器，以防舌后坠使呼吸道梗阻，插好后将舌送回，以防伤员痉挛，咬伤舌头。

以上过程均属预备处置，应分秒必争，尽早开始人工呼吸；对上述程序，是否全部履行，要看伤员情况而定，总之，以呼吸道畅通为原则。

（6）人工呼吸：将自动肺与导气管、面罩连接，打开气路，听到"咝咝"的气流声后，将面罩紧压在伤员面部，自动肺便自动地交替进行充气与抽气，自动肺上的标杆即有节律地上下跳动；与此同时，用手指轻压伤员喉头中部的环状软骨；借以闭塞食道，防止气体充入胃内，导致人工呼吸失败。

如果人工呼吸进行正常，则伤员胸部有明显起伏动作，此时可停止压喉，并用头带将面罩固定。

（7）调整呼吸频率：调整减压器和配气阀旋钮，使呼吸频率达到：成人 12～16 次/min，小孩 30 次/min 左右。

注意：自动肺如果不自动工作，则是由于面罩不严密，漏气所致，应堵住漏气或上紧接头；自动肺如果动作过快，并发出疾速的"喋喋"声，则是呼吸道不通畅之故，此时，可摆动伤员头部或重新清理呼吸道。人工呼吸正常进行后，需耐心等待，除伤员出现死亡征兆外，不可过早终止苏生，有实践证明，曾有苏生数小时之久才成功的。

（8）吸氧：将呼吸阀与导气管、储气囊连接，打开气路后接在面罩上；调整气量，使储气囊不经常膨胀，亦不经常空瘪。氧含量调节环一般应调在 80%，一氧化碳中毒的伤员则应调在 100%。吸氧不要过早终止，以免伤员站起来后会昏厥。吸氧时，应取出压舌器，面罩松绑。

（9）氧气准备：人工呼吸正常进行以后，必须及早将备用氧气瓶（如外接医用氧气瓶，则需使用随机配备的专用接头）接在仪器上，打开开关，氧气即直接送入。注意与氧气接触的器件，必须严格禁油。

六、遇险人员真假死的区别

1. 真死特征
（1）瞳孔扩散、放大、无光反射。
（2）呼吸、脉搏、心跳完全停止。
（3）刺激皮肤和脚掌无反应。
（4）血液不流通。
（5）背部有铅灰色斑点。

2. 假死特征
（1）瞳孔没有扩散放大或虽扩散放大但有光反射。
（2）呼吸、脉搏、心跳非常微弱或刚停止。
（3）血液还能流通。
（4）有神经反射。
（5）背部无铅灰色斑点。

七、中毒特征

通过中毒特征判断遇险人员是哪类气体中毒，以便确定使用哪种救援装置。
（1）CO 中毒特征：面部胸部出现红色斑点，嘴角紫红色，身体发软。

(2) CO_2 中毒特征：面部发青、发紫，身体发硬。

(3) H_2S 中毒特征：严重流唾液，伤风，呼吸困难；头痛，头昏呕吐，软弱无力。

(4) NO_2 中毒特征：指甲、头发发黄。

(5) SO_2 中毒特征：主要表现在眼睛流泪、红肿。

八、仪器故障排除

1. 压力表接头漏气

原因：压力表垫损坏。

排除方法：更换压力表垫。

2. 逆止阀处漏气

原因：表导管组处 O 形密封圈损坏。

排除方法：更换 O 形密封圈。

3. 引射器吸力不足

原因：引射器壳松动。

排除方法：拧紧引射器壳。

4. 气瓶手轮连接件漏气

原因：松动或 O 形密封圈损坏。

排除方法：拧紧或更换 O 形密封圈。

5. 自动肺不工作

原因：大杠杆变形。

排除方法：调整大杠杆。

6. 瓶嘴漏气

原因：O 形密封圈损坏。

排除方法：更换 O 形密封圈。

九、维护保养

(1) 工具、附件、备用零件齐全完好。

(2) 氧气瓶的氧气压力不低于 18 MPa。

(3) 各接头密封良好，各旋钮调整灵活；氧气压力在 15 MPa 以上，每分钟下降不超过 0.5 MPa 为气密性合格。

(4) 吸引装置、自动肺、自主呼吸阀工作正常。

(5) 仪器扣、锁及背带完好可靠。

(6) 仪器平时应由专人负责维护，以确保随时处于良好的工作状态。

(7) 仪器应贮存在干燥、通风处，与氧气接触的器件，必须严格禁油。

(8) 不得对仪器内部结构进行调整，不得自行选用其他器件代替本仪器器件。

(9) 氧气瓶，按国家规定每三年要进行一次水压试验，检验合格后，才能继续使用。

(10) 吸痰管为一次性使用部件，每次使用后应更换。面罩、开口器、舌钳、吸痰盒、口咽导管可重复使用，在每次使用后应进行消毒处理。

第五节 AZY45 型压缩氧自救器

自救器是煤矿井下人员的救命器。《煤矿安全规程》第六百八十六条规定，入井人员必须随身携带额定防护时间不低于 30 min 的隔绝式自救器。

(1) 煤矿企业应结合本矿井避灾路线和避险时间要求，选用防护时间满足入井作业人员撤到井口或井下避难硐室要求的自救器。

(2) 煤矿企业自救器的配备数量应根据井下作业人数、作业地点、可能发生的灾害类型等因素进行合理配置，确保所有入井人员每人一台，同时要按照《煤矿安全规程》规定保障井下自救器补给站、避难硐室自救器的配备量，并保持总量的 5% ~ 10% 作为备用。

(3) 煤矿企业应在避灾路线上设置自救器补给站，补给站应有清晰、醒目的标识。

(4) 井下避难硐室应配备自救器，其数量按每个避难硐室内同时避难的最多人数配备。

一、仪器用途

AZY45 型压缩氧自救器是一种隔绝式再生式闭路呼吸保护装置，主要用于煤矿或在普通大气压的作业环境中发生有毒有害气体突出及缺氧窒息性灾害时，现场人员自救逃生使用。

二、仪器主要技术参数

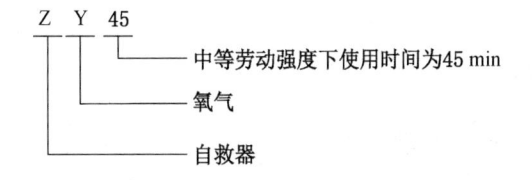

```
Z Y 45
        └── 中等劳动强度下使用时间为45 min
    └── 氧气
└── 自救器
```

定量供氧量	≥1.2 L/min
吸气温度	<450 ℃
手动补给补气量	>60 L/min
吸收剂装药量	≥430 g
排气阀开启压力	150 ~ 300 Pa
氧气瓶容积	0.4 L
质量	2.3 kg
气囊容积	>4 L
外形尺寸	170 mm × 80 mm × 225 mm

三、仪器构造

AZY45 型压缩氧自救器结构示意图如图 9 – 11 所示。

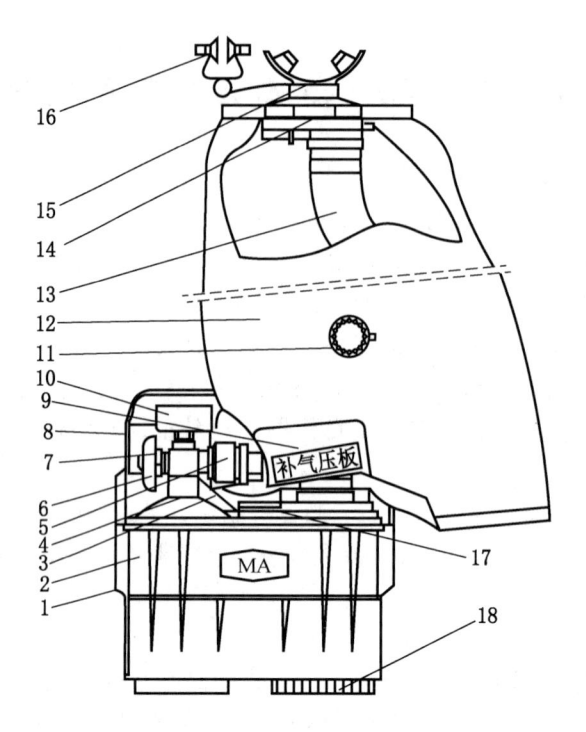

1—挂钩；2—下壳；3—瓶卡；4—氧气瓶；5—减压器；6—手轮；7—开关；
8—上盖；9—补气压板；10—压力表；11—排气阀；12—气囊；13—呼气管；
14—呼吸阀；15—口具；16—鼻夹；17—压帽；18—底盖

图 9-11 AZY45型压缩氧自救器结构示意图

四、仪器工作原理

如图 9-11 所示，逆时针转动开关手轮，高压氧气就从氧气瓶流到减压器内，经减压后自动输出 1.2 L/min 的氧气进入气囊。用手指按补气压板，氧气就会以 60 L/min 进入气囊，停止按压补气压板，补氧即停止。当呼吸系统为负压时，补气压板向内收缩，压迫补气杆（在气囊内）打开补氧机构，氧气以 60 L/min 充入气囊，当气囊鼓起时，补气压板离开补气杆，补气停止。如果呼吸系统内的气压超过一定值，多余气体将从排气阀排出。

吸气时氧气从气囊、呼吸阀、口具进入人体。呼气时气体经过呼吸阀、呼气软管（气囊内）进入清净罐，人呼出的二氧化碳被清净罐内装的二氧化碳吸收剂吸收，余下的氧气进入气囊，如此反复，完成呼吸循环。氧气瓶内氧气的压力由压力表显示。

五、仪器特点

（1）采用了循环呼吸方式，人呼出的气体通过二氧化碳吸收剂（氢氧化钙），把二氧化碳吸收，而余下的氧气和减压器输出的氧气进入气囊，通过口具吸入人体。与往复呼吸方式（指呼吸气流皆通过吸收剂）相比，其优点是阻力小、无粉尘吸入、不呛人、吸气温度低、舒适。

（2）具有三种供氧方式：定量供氧、自动补气供氧和手动补气供氧。大大提高了呼吸保护的安全可靠性。

定量供氧：逆时针转动开关手轮，高压氧气从氧气瓶流到减压器内，经减压后自动输 1.2 L/min 的氧气进入气囊。

手动补气供氧：用手指按补气压板，氧气就会以 60 L/min 进入气囊，停止按压补气压板，供氧即停止。

自动补气供氧：当呼吸系统为负压时，补气压板向内收缩，压迫补气杆打开供氧机构，氧气以 60 L/min 进入气囊，当气囊迅速鼓起，补气压板离开补气杆，补气停止。

（3）采用了先进的减压原理，体积小，质量轻，工作稳定可靠。

（4）充氧气、装氢氧化钙方便，维护修理简单。可重复使用，成本低廉。

六、仪器使用方法

（1）携带时，应斜挎在肩膀上。

（2）使用时，将自救器移至身体正前方，开启锁扣，取下上盖，展开气囊，取下口具塞，将口具放入唇齿之间，咬紧牙垫，紧闭嘴，逆时针打开氧气瓶开关，按压补气压板，使气囊迅速鼓起，将鼻夹弹簧拉开，夹住鼻子，用口均匀呼吸，迅速撤离灾区。

七、使用注意事项

（1）携带自救器下井前，观察压力表的指示值，不得低于 18 MPa。不得无故开启，磕碰及坐压自救器。

（2）使用时，随时观察压力表，以掌握耗氧情况及撤离灾区的时间。呼气和吸气时要慢而深，后期吸气温度略有上升属正常现象。

第六节 光干涉甲烷测定器

光干涉甲烷测定器种类较多，有 GWJ-1 型、AQG-1 型和 CJG-10 型等。现以 AQG-1 型为例进行介绍，该仪器的测量范围有 0~10%、0~100% 两种。

一、仪器用途及使用环境

光干涉甲烷测定器是利用光学折射原理测定瓦斯和二氧化碳等气体浓度的便携式仪器。使用环境：温度 -1~40 ℃、相对湿度小于 96%、大气压力 80~110 kPa，具有甲烷、煤尘爆炸性气体的煤矿井下。

二、仪器主要技术参数

测量范围	0~10%
基本误差	±0.3%
分化板分辨率	0.5%
刻度盘量程	0~1%
刻度盘分辨率	0.02%

灯泡电压/电流	2.5 V/0.3 A
温度	-20 ~ 40 ℃
气压	80 ~ 110 kPa
湿度	≤96%（+25 ℃时）
仪器外形尺寸（带皮盒）	225 mm × 135 mm × 70 mm

三、仪器构造及作用

光干涉甲烷测定器由气路系统、光路系统、电路系统三部分组成。

1. 气路系统

气路系统由吸收管组和气室组组成。

（1）吸收管组：吸收管组装的药品因各矿井的情况不同而不同。一般外管装二氧化碳吸收剂，内管装水分吸收剂。

① 二氧化碳吸收管：内装 3~5 mm 粉红色颗粒状钠石灰，用于吸收混合气体中的二氧化碳；钠石灰失效后由粉红变为淡黄、粉化。

② 水分吸收管：内装白色氯化钙或蓝色硅胶，用于吸收混合气体中的水分；硅胶由蓝变红，氯化钙结块，管壁有雾气及水珠均为药品失效象征。

（2）气室组：是测定气体的主要部分，共分三格，分别用于充入新鲜空气和含瓦斯或二氧化碳的气体（图 9-12）。

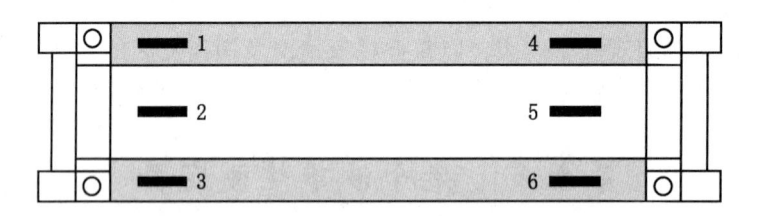

图 9-12 气室示意图

对气室的基本要求是：空气室和气样室均不漏气及相互间不串气。由于构造的不同，有的气室两个空气室是不相通的，有的是相通的，但这对性能没有影响，都可以使用。

管 1 接橡皮堵头，管 3 和管 4 用橡皮管相连，管 6 接毛细管（U 形管），外通大气，作用是自动平衡气压的变化，与气样室具有相同的气压，并减少气体扩散的影响。测定时使气室的空气温度和绝对压力与被测地点（或瓦斯室内）温度和绝对压力相同，又不使含瓦斯的气体进入空气室。因仪器在矿井下使用，污浊空气可能逐渐渗入空气室，影响测定结果（使测定结果偏低），因此必须定期拆出橡皮堵头和毛细管，用新鲜空气清洗毛细管和空气室。

管 2 和管 5 各为气样室的进口与出口，在气室的两端用黏合剂把平行玻璃板与气室框黏合，以防止外面气体侵入或气样室与空气室相互串气而影响测量的准确性。

2. 光路系统

光路系统由照明装置组、聚光镜组、平面镜组、折光棱镜组、反射棱镜组、物镜组、测微组、目镜组等组成。

聚光镜组、平面镜组是产生光的干涉的重要部件；折光棱镜组、反射棱镜组作用是将光线作90°转向，并且当转动粗动螺杆时能移动干涉条纹。在携带或使用过程中，为了防止浮动螺杆的变位而引起条纹移动，应盖上护盖。物镜组、测微组和目镜组起放大作用，便于观察。

3. 电路系统

电路系统由电池（一号电池）、灯泡、光源盖、微读电门、光源电门等组成。

用灯泡作为光源照明，额定电压为1.35 V；微读电门用来控制测微读数部分的照明电路，光源电门用来控制干涉系统的照明电路。

四、仪器工作原理

瓦斯检定器是根据光干涉原理制成的，气体的成分不同，折射率也不同，光程和光程差也随着变化，导致干涉条纹发生移动。根据条纹移动距离的大小，就可测出被测气体的浓度。瓦斯的浓度与条纹的移动距离成正比。

当气室各小室内充进相同的气体时，两列光波的光程相同。如在一列光波中改变气体的化学成分或温度、压力等，则因折射率的改变，光程及光程差也随之变化，因此看到的干涉条纹便会移动，根据条纹移动的位移，可测得气体折射率变化的程度。如两光路的温度、压力相同，被测气体的化学成分已知，即可作定量的分析。

1. 仪器内部的光学系统

仪器内部的光学系统如图9-13所示。

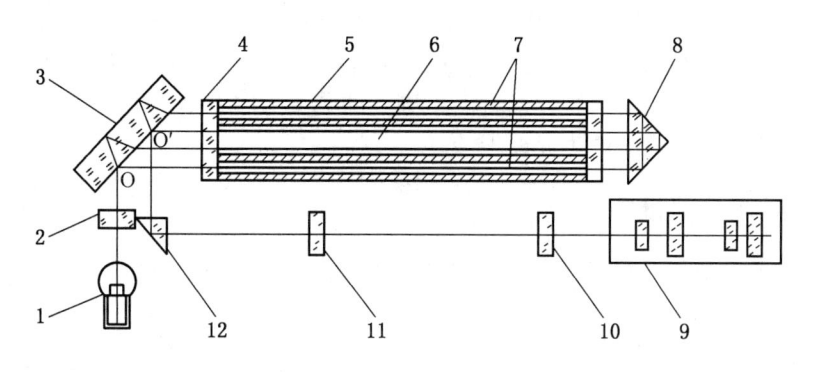

1—光源；2—聚光镜；3—平面镜；4—平行玻璃；5—气室；6—甲烷室；7—空气室；
8—折光棱镜；9—望远镜（目镜）系统；10—测微玻璃；11—物镜；12—反射棱镜

图9-13 光干涉式甲烷测定器

由光源发出的光经过聚光镜后到达平面镜，并在O点分为两部分：一部分反射，一部分折射。第Ⅰ部分光束穿过气室的侧室，折光棱镜将其折回穿过另一侧的小室后又折回到平面镜，折射入平面镜后在其后表面（镀反射膜）反射，于O′点穿出平面镜向反射棱镜前进，经偏折后进入望远镜。第Ⅱ部分光束折射入平面镜后在其后表面反射，然后穿过气室中央小室回到平面镜，于O′点反射后与第Ⅰ部分光束会合，一同进入望远镜，两束光在物镜的焦平面上产生白光特有的干涉现象：干涉花样中央为白纹，两旁为彩纹。

2. 干涉

如图 9-14 所示，凸起部分叫波峰、凹下部分叫波谷。波峰与波峰或波谷与波谷之间的距离叫波长。两个波的波峰与波峰及波谷与波谷相遇使波相互增强的现象就叫作波的干涉。当一个光源所发出的光经过平面镜，由于光的反射和折射，产生两列光波，这两列光波相遇在一起时发生干涉现象。光波发生相消干涉时亮度降低，变暗；发生相长干涉时亮度提高，变亮。

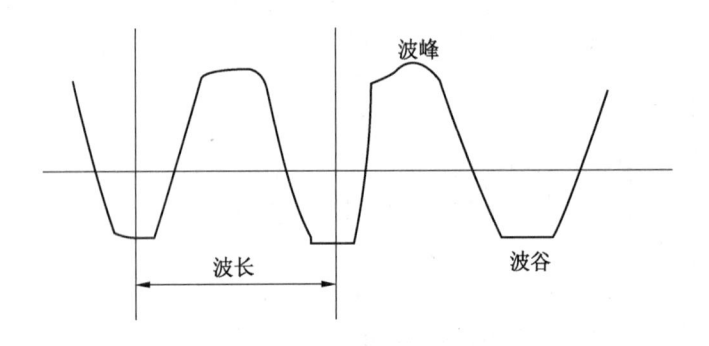

图 9-14 起伏的光波

折射率与光程：

某一物质的折射率 = 光在真空中传播的速度 ÷ 光在这种物质中传播的速度光程
　　　　　　　　 = 光线所通过的路程 × 光所通过物质的折射率

从以上两式可以看出，如果两列光波通过的路程长短不同，或是通过的物质不同，或是通过的路程和物质都不同，光程都可能不同。两列光波光程长短的差别，叫作光程差。两列光波有了光程差，就会产生光波干涉。

五、仪器使用前准备

（1）检查药品效能：检查药品吸收能力是否降低，钠石灰变色（由粉红色变成白色或黄色）为失效，氯化钙结块为失效，硅胶透明为失效。颗粒要求 3～5 mm，粒度大会降低吸收能力，粉末太多容易进入气室，需在吸收管的上、下两端加 10 mm 的脱脂棉。吸收管内的三个隔片，是为了气体和药品表面充分接触而设置的，因此装药时要摆放均匀。

（2）气密性检查：先检查气球是否漏气，用手捏扁气球，1 min 内球鼓起来说明不漏气，否则应看气球是否破损，活塞芯子是否清洁等，然后对整个仪器进行检查，检查各连接口是否老化漏气，达到不漏气为合格。

（3）检查干涉条纹是否清晰：按下光源按钮，由目镜观察。旋转保护玻璃座，调整视度，再看干涉条纹是否清晰，达到又亮又黑又细，否则更换电池，调整灯泡的位置来改善（干涉条纹全消失看目镜、聚光镜的位置）。

（4）用新鲜空气清洗瓦斯室：在与使用地区的温度相差不超过 ±10 ℃ 的新鲜空气地点清洗瓦斯室。气体的折射率因温度不同而有所不同。

（5）调整干涉条纹零位：如图 9 - 15 所示，按下光源按钮，转动测微手轮，使刻度盘零位与指示线重合，再按下光源按钮，转动粗动手轮，从目镜中观察，选择任意一条黑线与分划板零位线对准，并记住所对零位的黑线。再盖上护盖，一般应调到第一条黑线，第 5 条彩线与 7% 对准时不会有误差，否则不能带入井下，然后根据测定气体的比重及巷道情况进行检查。

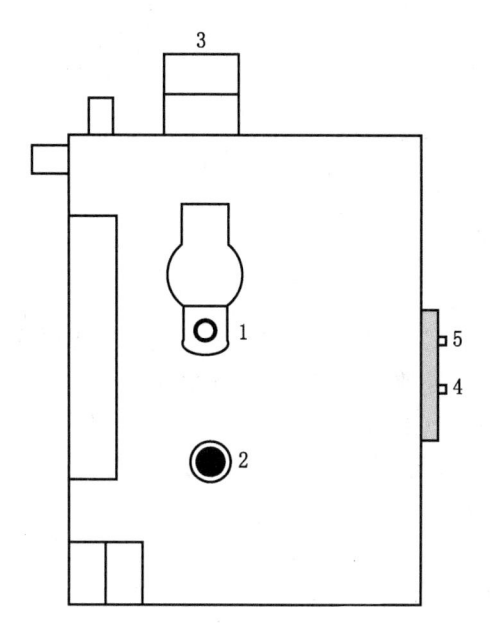

1—测微手轮；2—粗动手轮；3—目镜；4、5—按钮

图 9 - 15　仪器使用示意图

六、仪器使用方法

1. 测瓦斯的方法

测定时把连接甲烷入口的橡胶管伸入测定地点，然后握压吸气球 5 ~ 6 次，使待测气体进入甲烷室。由目镜中观察干涉条纹移动量，先读出干涉条纹在分划板上移动的整数，例如条纹移动 2% ~ 3% 之间，可读为 2%，然后转动测微手轮，把对零位时所选用的那条黑线移动到 2% 的刻线上，然后按住测微照明电路开关，读出刻度盘上的读数为小数，如果在 0.24% ~ 0.26% 之间可读为 0.25%，这里所测的结果是：2% + 0.25% = 2.25%。测定完后应把刻度盘转到零位位置。

2. 测二氧化碳的方法

在巷道底部测二氧化碳时不用钠石灰吸收剂，为了吸收水分应使用氯化钙或变色硅胶，读数方法同上。把两次测定的结果相减所得差再乘以 0.95 就是二氧化碳的含量。

测二氧化碳时，测瓦斯和混合气体要在同一地点、同一位置进行。由于仪器出厂时的校正结果适合于甲烷含量的测定，因此，用于测定其他气体时，仪器所示读数并不是被测气体的实际浓度，必须进行换算，在空气中测定其他气体时，换算关系如下：

换算关系 =（甲烷折射率 – 空气折射率）/（测定气体折射率 – 空气折射率）

上述气体在不同光源下的折射率见表9-2。

表9-2 不同光源下的折射率表

气体种类	光源种类	折射率	仪器采用值
新鲜空气	白光	1.0002926	1.000292
二氧化碳	白光	1.000447 ~ 1.000450	1.000447
甲烷	白光	1.000440	1.000440

七、使用注意事项

1. 比实际含量大的原因

（1）钠石灰失效或吸收二氧化碳能力降低，把混合气体误认为是瓦斯含量。

（2）钠石灰颗粒过大，导致吸收二氧化碳不完全。

（3）气球或气球到气室（瓦斯出口处）之间漏气，进气管路堵塞或被压，从瓦斯含量高的地点到含量低的地点测定时，不能将瓦斯室的气体完全置换出来。

（4）对零点刻度盘没回零。

（5）干涉条纹宽。

2. 比实际含量小的原因

（1）对零点空气不新鲜。

（2）毛细管松，空气室胶管破裂、松动不严、空气室漏气（空气室与气样室之间相互串气），含有瓦斯的气体进入空气室。

（3）气球到瓦斯出口处或进气口被堵（气样入口、气样出口和吸气球漏气，接头不紧，使吸气能力降低，并在吸气时附近的气体渗入气样室冲淡了要测定的气体），从瓦斯含量低的地点到含量高的地点测定时，不能将瓦斯室的气体完全置换出来。

（4）检定器猛烈被撞，使光谱移动。

（5）干涉条纹窄。

八、仪器故障排除

1. 干涉条纹偏移

由于灯泡位置移动，干涉条纹偏向视场一边，可向干涉条纹偏移方向拨动灯泡触头，调节灯泡位置，使干涉条纹视场位于目镜中心；如果调整灯泡位置不能处理干涉条纹偏移，可左右拨动反射棱镜，或稍微拨动和调整平面镜；调整目镜组位置，使干涉条纹位于视场中心；调整聚光镜光屏螺钉，修整视场；干涉条纹只有微小偏移，可移动物镜组来调整。

2. 干涉条纹弯曲

光线通过聚光镜后，投射到平面镜上光线不正，可调整聚光镜组上的光屏或移动平面镜组；气室两端的平行玻璃与气室底不垂直，光线通过气室投到平面镜时，光路不正，或镜座下垫的锡箔不平，引起光路不正；折光棱镜组与仪器本体接触不水平，光线不垂直棱镜面，可垫锡箔修整；气室组与仪器本体接触不平，螺丝拧得过紧，使光路不正，可调整螺钉，修整光路；光学玻璃零件表面上有痕迹，可能使干涉条纹弯曲，可更换新备件；目镜组视场不正，可以松动目镜螺钉，旋转目镜组，调整视场。

3. 干涉条纹消失

引起干涉条纹消失大多是光源系统故障，如灯泡烧坏、线路不通，灯泡位置移动、光屏移动、内部各光学零件变位等造成。因此，寻找干涉条纹之前，先检查开关及线路是否畅通，灯泡是否良好，位置是否适当。上述各部检查完后，将电源接入，使灯丝位置与光栏平行，而且要使灯泡发出的光恰好通过光栏投射到平面镜上。此时将一张宽10 mm、长50 mm的洁白硬纸条放在平面镜前，对正通过窄缝投射来的光线，仔细检查这一列光线是否正对平面镜右边，光的位置不能高于或低于镜面，否则应调整灯泡。然后把白纸垂直放在气室右侧孔位置，检查从平面镜反射出的光线是否通过气室右侧孔，如果有偏斜可稍调平面镜。再将白纸条移到折光棱镜前，检查光线是否正直，如果不正直可移动光栏和灯泡位置。当光线符合要求后，再将白纸条放在测微玻璃和镜筒中间，检查光线通过平面镜、反射棱镜、物镜等后是否投射到目镜视场中央。如果偏高或偏低，可调节粗动手轮；若光线向左右偏时，可左右拨动反射棱镜。然后将所找到的光束通过目镜来寻找条纹，如果仍出现光束上、下、左、右偏移时，可以重复前面的方法进行调节。

4. 干涉条纹模糊不清

可能是仪器上光学零件被回程沾污或物镜位置不对造成的，应检查光学零件是否清洁，进行擦洗。如经擦洗后光学零件仍发现条纹不清晰，可沿着光轴前后移动物镜，必要时也可调整其他光学零件和灯泡。光学零件擦洗方法一般是用小棒卷脱脂棉，浸少许酒精，擦拭玻璃表面，再用洁白细软的净布或绸布擦亮。如遇有油脂，可以用碳酸钙、乙醚作同样擦洗。擦洗时应注意不要使酒精等浸入平面镜的镀膜面、物镜的胶合面和分划板的涂漆面，以免损坏。

5. 干涉条纹宽窄度不合适

平面镜、折光棱镜或物镜角度变化，使干涉条纹宽度变化，应调整干涉条纹宽度，一般采用在折光棱镜及平面镜底面垫锡箔纸，锡箔纸层数不应超过两层，其原则是干涉条纹宽，在折光棱镜组或平面镜组底的前面垫锡箔纸，干涉条纹窄则在后面垫，或者修锉平面镜底面，修锉的底面应平整无毛刺。

6. 灯泡不亮或忽明忽暗

对整个电路进行检查，电线焊接部位不牢固，灯泡旋接部分松动或尾部接触点太短，电池、开关等活动接触部分有污物或生成氧化膜，仪器壳体接触部分受腐蚀等都会引起导电不良，可针对性进行处理。

7. 读数不准确

因粗动手轮螺杆、顶尖磨损，顶不住反射镜座，弹簧保护盖磨损或不合适，上紧时带动粗动手轮转动，使干涉条纹移位，应针对原因更换部件；压测微玻璃弹簧片失灵，使测微玻璃转动时与刻度盘转动不一致，造成读数不真实，可把弹簧片用手略向外弯开，增加其弹力或更换弹簧片；测微玻璃座底面和测微螺杆接触处磨损出现凹坑，影响条纹移动均匀性，使读数不准；平面镜和折光棱镜倾角变化，使读数不准，可调整倾角。

8. 测微读数不准

由于测微螺杆顶尖磨损，顶不住测微玻璃座弹簧；测微玻璃座弹簧弹性减弱；测微手轮与粗动手轮处于非工作位置，使读数鼓的小数与分划板上干涉条纹移动数值不一致，可针对原因更换测微螺杆，调整测微玻璃座弹簧，上下移动测微玻璃。

9. 零位移动

冬夏季，井上下气温、气压不同，空气密度不同，折射率也不同，光程差随之变化，往往仪器下井后发生零位移动，因此必须在井下新鲜风流中对零。吸气球的排气阀活塞、吸气球、橡皮管老化产生裂纹或连接漏气，空气室和瓦斯室互相串气均能引起零位移动或读数不准，应针对原因处理；吸收管内药品颗粒过细、脱脂棉过厚或压得过紧，橡皮管挤压被堵塞，造成气路不畅，出气多、进气少，引起"跑负"现象，可根据不同情况处理；盘形管受压变形、折断或堵塞，都将失去调压作用，如盘形不足 8~9 圈，应更换，盘形管每周应在地面用新鲜空气冲洗一次；目镜筒固定螺丝松动或分划板固定螺丝松动，均能引起分划板移动，会误认为零位移动，查明原因后，上紧螺丝。

九、维护保养

（1）应有专人保管，经常检查维护，每季度至少要进行一次校验。
（2）避免仪器受到较大振动或冲击，防止内部零件发生变位。
（3）注意清洁，防止外界污物、灰尘等由气路、缝隙进入仪器。
（4）仪器应储存在干燥通风、无腐蚀性气体的仓库内。
（5）仪器发生故障，必须停止使用，立即检修。

第七节 AQJ-50型多种气体采样器

一、仪器用途

唧筒式多种气体检测器主要供煤矿井下、冶金、化工、隧道工程等作快速测定现场环境空气中的一氧化碳、二氧化碳、硫化氢、二氧化硫、二氧化氮、氨气、氧气等多种气体的浓度。

二、仪器主要技术参数

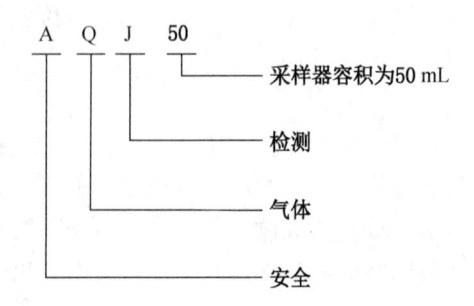

```
A  Q  J  50
|  |  |  └── 采样器容积为50 mL
|  |  └───── 检测
|  └──────── 气体
└─────────── 安全
```

相对误差　　　　　不大于标称容积的±5%
外形尺寸　　　　　210 mm×55 mm×65 mm

三、仪器构造

AQJ-50型多种气体采样器主要由铝合金及气密性良好的活塞等组成，其主要结构如图9-16所示。

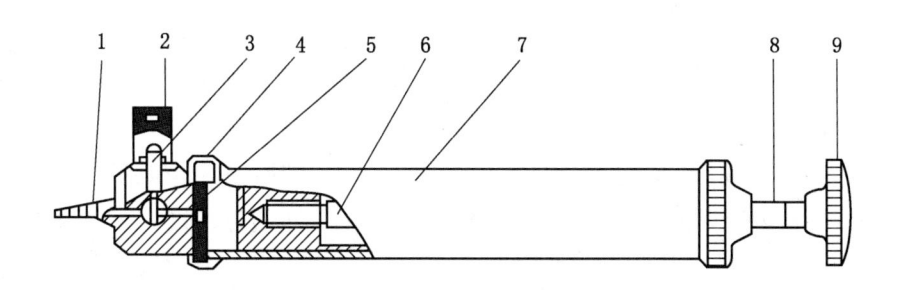

1—进气口；2—接头胶管；3—阀门把；4—三通阀；5—垫圈；6—活塞杆；
7—活塞筒；8—拉杆；9—手柄

图9-16　AQJ-50型多种气体采样器结构示意图

（1）进气口：被测气体经进气口被抽进唧筒内。
（2）锥形阀杆（三通阀）：它有两个孔三个位置：平行时，抽取气体；45°时，呈关闭状态；垂直时，将气样从唧筒内送出。
（3）检测管插座：插放检测管。
（4）活塞杆：连接活塞和手柄，用来推动活塞在唧筒内运动，并能表示抽气量大小。上有十等分刻度，每一个刻度为5 mL，共50 mL。
（5）唧筒：贮存气样，容积为50 mL。
（6）手柄：与活塞杆、活塞相连，用来推动活塞在唧筒内运动。

四、仪器工作原理

活塞筒用来抽取或压出气样，三通阀用来改变气样流动方向或切断气流，当三通开关顺时针方向旋转至与活塞筒同向时，气嘴与活塞筒相通；当三通阀逆时针方向旋转至与活塞筒垂直时，排气嘴与活塞筒相通；阀门把处于上述两方向直线夹角平分线时（约与活塞筒轴心线夹角45°），三通阀将活塞筒与外界气体隔断，在拉杆上刻有标尺，可以表示手柄拉动到某一位置时吸入活塞筒的气样体积（mL）。接头胶管是采样器与检测管之间的连接件。

五、仪器使用前准备

（1）检查仪器盒是否完好，背带是否牢固。
（2）检查仪器各部件连接是否牢固，不得有松动现象。

（3）检查三通开关是否灵活，检定管插孔橡皮胶管是否破损。

（4）检查活塞推拉是否灵活，向检定管压入气样时，应能匀速控制速度。

（5）检查仪器是否气密，方法为三通开关扭到45°位置，5 s内连续推拉活塞3次，活塞杆最大误差不超过5 mL。

（6）检查检定管是否超过有效期。

六、仪器使用方法

（1）在测定地点，将采取器三通阀扭成与筒身平行位置，往复推拉活塞3～4次。

（2）将活塞向后拉，采取气样，然后将三通阀旋转至45°位置。

（3）将比长式检定管两端封口打开，把带"0"的一端插在检定管插孔胶管上。

（4）把三通阀旋转至垂直位置，将气体按照规定时间匀速推完。观察变色环位置，根据检定管上的数字读出测定气体含量。

七、使用注意事项

（1）检测气体时，应使用相对应的检定管。

（2）根据所检测气体性质，确定测定地点。

（3）在取样地点，必须冲洗和推拉活塞3～4次。取样时，应慢慢均匀抽取气体。

（4）取样地点不便进入时，可在采样入口处连接胶皮管吸取气样。

（5）检定管插入检定管插孔时，不能插斜。

（6）压入送气应缓慢均匀，不能忽快忽慢。

（7）应按照检定管上面的送气量和送气时间进行操作。

（8）检测较活泼的气体如硫化氢时，应将检定管浓度标尺上限一端插在采样入口上，然后匀速抽气，使气体通过检定管后进入活塞筒。

（9）检定管所检测气体单位通常用ppm表示[①]。

八、维护保养

（1）禁止将采样器与腐蚀性物质接触。

（2）禁止随意更换采样器零部件。

（3）仪器不使用时，应放在干燥通风处，储存温度为（-40～60）℃，距热源不少于1 m，不能与腐蚀性药剂等混放。

（4）1～2个月应更换一次凡士林密封润滑油脂。

---

① 1 ppm = 1/1000000 = 1×10^{-6} = 0.0001%。

第八节　便携式甲烷检测报警仪

一、仪器用途

便携式甲烷检测报警仪是一种携带式可连续自动测定（或点测）环境中甲烷浓度的电子仪器。其优点是：操作方便、读取直观、工作可靠、体积小、质量轻、维修方便。

当甲烷浓度超限时，报警仪立即发出声、光报警。

二、仪器主要技术参数

(1) 使用环境条件：工作温度 (0~40)℃，贮存温度 (-40~60)℃，相对湿度≤98%，气压 (68~115) kPa，风速≤8 m/s。

(2) 显示方式：四位红色发光数字显示。

(3) 分辨率：0.01% CH_4。

(4) 工作方式：扩散式。

(5) 甲烷部分：测量范围 0~4.0% CH_4，测量误差见表9-3，响应时间小于15 s，探头寿命：≥2年。

表9-3　测量误差表

测量范围/% CH_4	误差/% CH_4	测量范围/% CH_4	误差/% CH_4
0.00~1.00	≤±0.10	3.00~4.00	≤±0.3
1.00~2.00	≤±0.2		

超限报警功能如下：

① 报警范围：报警点可在 0.5%~4.0% CH_4 范围内任意设置（出厂设置在 1.0% CH_4），可随时进行检查或调整；

② 报警误差：≤±0.10% CH_4；

③ 报警方式：红色闪光、警报声；

④ 报警声级强度：≥85 dB。

(6) 时钟部分：制式为24小时制，显示内容为小时、分，误差不大于≤±1 min/24 h（可手动校正）。

(7) 电池工作电压：测量范围为 3.1~4.5 V，测量误差不大于≤±0.01 V，显示方式为 E 字后显示电压值。

(8) 软调节功能：调节方式为按键式，调节内容为零点、校正。

(9) 欠压报警和欠压自动关机功能：电池工作电压 E≤3.3 V 时，欠压值闪动，数秒钟后自动关机。

(10) 超浓度报警。

(11) 一次充电连续使用时间大于 10 h。
(12) 电池组充电寿命大于 500 次。
(13) 整机在最大工作电流：150 mA（报警时）。
(14) 本安电源：1.4 A·h，额定电压 3.7 V，最大短路电流 2.5 A。
(15) 防爆型式：矿用隔爆兼本质安全型。
(16) 防爆标志：Exdibl（+150 ℃）。
(17) 外形尺寸：100 mm×56 mm×24 mm。
(18) 质量：160 g。

三、仪器构造

JCB4 甲烷检测报警仪外形结构如图 9-17 所示。

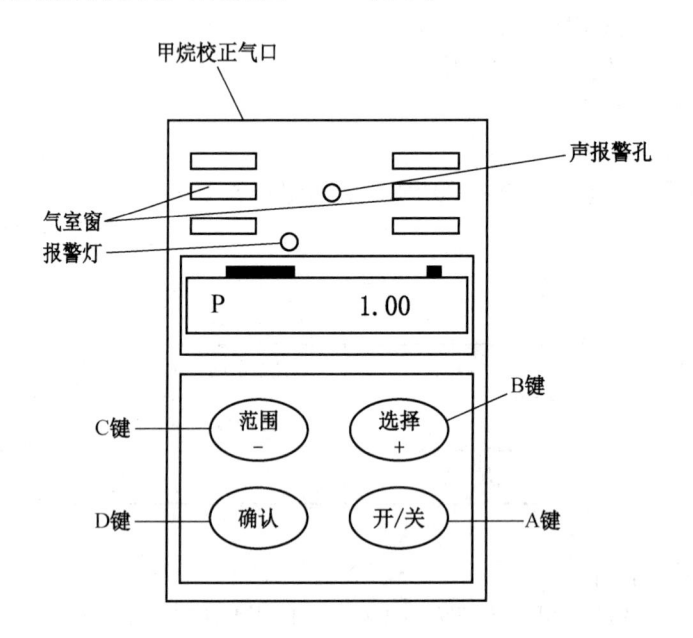

图 9-17　JCB4 型便携式甲烷检测报警仪结构图

四、仪器工作原理

JCB4 型便携式甲烷检测报警仪采用高性能纯载体元件组成测量臂，由贴片电阻组成辅助臂，稳压电路为电桥提供稳定的电压。在新鲜空气中时，桥路处于平衡状态；当被测气体中甲烷浓度超标时，甲烷在元件表面发生氧化反应，使元件温度增高，电阻增大，桥路失去平衡，从而输出一个电位差（在一定范围内，其大小与甲烷的浓度成正比），此电位差经 A/D 转换器转换成数字信号，送单片机进行数字处理。经数字处理后的数字信号送驱动电路，驱动数码管显示出被测气体的甲烷浓度。当甲烷浓度达到或超过报警值时，单片机立即输出控制信号，经报警电路控制声报警器发出报警声，同时使红色数字发出闪光。

五、仪器使用前的调校

1. 校正零点

在新鲜空气中，开机 5 min，待显示值稳定后，观察显示值是否为 0.00，否则应该进行零点校正。进行零点校正时，应先按"确认"键（以下简称 D 键），然后连按两下 A 键，再按住 A 键不放直到显示 LOP. 松开 A 键（即 DAAA），仪器再跳到 ADC 采样值 0XXX. 末位小数点闪亮，再按下 D 键，显示初始零点值 0.0X. 按"+""-"键使显示值为 0.00，然后长按 D 键确认并退出调零状态，返回到甲烷检测状态，调零结束。

只有经过零点调整后的报警仪方可进行标定。

仪器进入检测状态后，将校正气嘴插入报警仪的甲烷进气口，通入甲烷标准气样（0~4% CH_4 的标气），流量控制在 200 mL/min 左右，待显示值稳定后，观察显示值是否为标准气样值，否则应进行标定。

2. 标定

进行标定时应先解密，解密的步骤如下：【开/关】→A 键【选择/+】→B 键【返回/-】→C 键【确认】→D 键 A。

表示稍长按带有密码仪表进行气体校准步骤如下：在正常显示的前提下，同时按下【返回】和【确认】键，松手后，出现 A--0，进入密码输入界面，按"选择/+"键增加数字，此仪器密码为 8。如果输入的数字已超过 8，请继续按【选择/+】键到 8，再按【确认】键。按【选择/+】键数字开始增加，当增加到 8 时，按一下【确认】键确认。如果密码输入正确将显示 AAAA，进入标定状态，此时可以进行气体浓度的标定；如果密码输入错误，按一下【确认】键，将回到正常显示状态。

标定先按 D 键，再按 A 键，然后按 B 键，最后按住 A 键不放直到显示 0.00 松开（即 DABA），此时，L4P. 接着跳到 ADC 采样值 0XXX. 末位小数点闪亮，再短按"确认"键，显示设定标气值。再按"+""-"键使显示值为标准气瓶中的标气样值，然后再短按 D 键返回到 ADC 采样值，此时显示的 ADC 采样值上升，直至基本稳定，长按 D 键退出甲烷标定状态，显示 AAAA，移去标气罩（若取消标定按 A 键），长按 A 键，退到检测界面，甲烷标定结束。

3. 时间的校正

准备好一个标准的时钟。开机后按 B 键进入时钟状态，观察时间是否和标准的时钟一致，若误差在 1 min 以上，请进行校正。

进行校正时，应先按两下 D 键，然后按一下 A 键，此时，时间闪动，表示报警仪已进入时钟校正状态。重复按 B 键可使显示值递加，重复按 C 键可使显示值递减，进行上述操作，使显示值为标准时钟分钟值，然后按 D 键确认，分钟校正完成；然后再重复按 B 或 C 键使显示值为标准时钟小时值，最后按 D 键确认并退出校正状态，返回到时钟状态，校正结束。

4. 甲烷报警点的调试

开机后按 B 键进入甲烷报警点状态，显示 P1.00（出厂设置），若用户需要更改，可进行调整。

调整时，应先按两下 D 键，然后按一下 A 键，此时，P 闪动，表示报警仪已进入报警点调整状态。重复按 B 键可使显示值递加，重复按 C 键可使显示值递减，进行上述操作，使显示值为用户需要值，然后按 D 键确认，报警点调整完成；返回到报警点调整状态，调整结束。

六、仪器的使用方法

1. 开机

在关机状态下按开/关键（以下简称 A 键）开机，显示开机倒计时（一般是 10 s）。倒计时结束后会以 EX.XX 的格式显示当前电池电压（持续几秒）。最后进入甲烷检测状态。

2. 关机

在任何显示菜单中连续长按 A 键，直到显示_ OFF 后松开 A 键，报警仪关机。（关机后时钟继续运行，不受影响）。

3. 甲烷浓度、当前时间、电池电压和报警点显示说明

报警仪开机后处于甲烷检测状态。甲烷浓度显示格式：X.XX。有效数值为 0.00～4.00% CH_4。超过 4.00% CH_4 显示 4.XX，同时关闭甲烷传感元件电源，保护传感元件。按一下信息＋键（以下简称 B 键），进入始时钟状态，24 小时制，前两位显示小时，后两位显示分钟，中间点每秒闪烁一次。再按一下 B 键，进入电池工作电压检测状态，前一位显示 E，表示电池工作电压，后 3 位显示电池工作电压值。再按一下 B 键，进入甲烷报警点状态，前一位显示 P，表示报警点，后 3 位显示甲烷报警点值。若再按 B 键，则报警仪又回到甲烷检测状态，从而构成四项循环的观看方式。

4. 状态返回

不管报警仪处于何种状态，只要按返回（－）键（以下简称 C 键），报警仪立即返回甲烷检测状态。

5. 充电

报警仪充电必须使用专用充电器，充电时，报警仪应处于关机状态，此时充电器上的红灯亮，充满时，绿灯亮。

七、使用注意事项

（1）严禁在使用过程中乱按报警仪上的按键，以免偶然启动调试程序，改变调试参数，引起故障。

（2）仪器充电应在安全清洁的环境下完成。

（3）传感元件和电路要注意防水和防金属杂质。

（4）不要在无线电发射台附近使用和校准仪器。

（5）仪器长期不用时，置于干燥无尘、符合储存条件的环境内。

（6）甲烷传感元件为电阻性元件，要避开高潮湿、高风速、缺氧（小于 18%）情况下标定与使用；当超量程（浓度大于 4.5%）使用时，传感元件易烧坏、仪器不能自动回零，要重新校零与标校才能使用。

（7）调整仪器的专用工具应由专人保管。调整好的仪器不要随便打开，不要随意调整。

（8）仪器使用时必须佩带皮套。

八、仪器故障及排除（表9-4）

表9-4 仪器故障排除表

故障现象	原因	处理方法
对测试气体无反应	电路故障	送维修站修理
	传感元件失效	更换传感元件并标校
出现"4.XX"	超量程	关机，离开异常区
零点不可调	电路故障或按键面板损坏	送维修站修理
读数偏低	传感器衰减	重新标校或更换传感器
红色报警灯不亮	电池没电	进行充电
	电路故障	送维修站修理
报警声不响或声小	蜂鸣器坏	换蜂鸣器
	电路故障	送维修站修理

第九节　CTH1000便携式一氧化碳测定仪

一、仪器使用范围

CTH1000便携式一氧化碳测定仪（图9-18）适用于含有爆炸性瓦斯气体的煤矿井下作业环境及冶金、环保等环境中，主要用途是测定作业环境中一氧化碳浓度值是否超标（大于24 ppm），防止工作人员一氧化碳中毒。

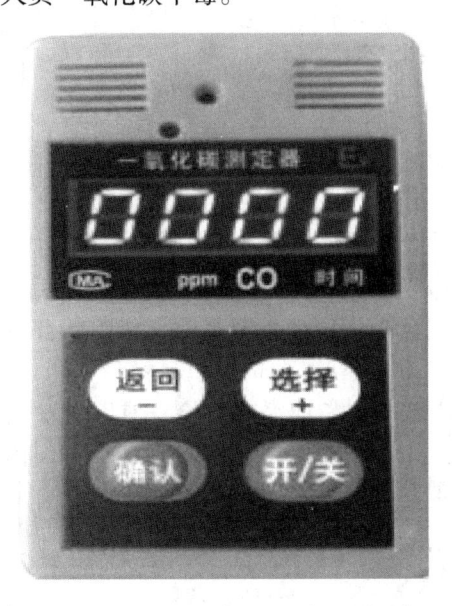

图9-18　CTH1000便携式一氧化碳测定仪

二、仪器主要技术参数

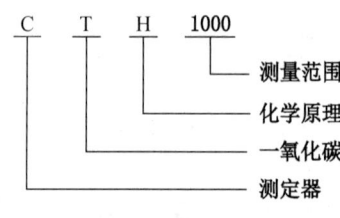

```
C T H 1000
        │  └── 测量范围
        └───── 化学原理
    └───────── 一氧化碳
  └─────────── 测定器
```

工作温度	$(0 \sim 40)$ ℃
保存温度	$(-40 \sim 60)$ ℃
相对湿度	≤98% RH
大气压力	$(86 \sim 110)$ kPa
检测范围	$(0 \sim 1000) \times 10^{-6}$ CO
报警点设定值	24×10^{-6} CO
报警范围	$(0 \sim 300) \times 10^{-6}$

基本误差:

$(0 \sim 100) \times 10^{-6} \leq \pm 1.5 + 2.0\%$ 真值

$>(100 \sim 500) \times 10^{-6} \leq \pm 4\%$ 真值

$>(500 \sim 1000) \times 10^{-6} \leq \pm 10\%$ 真值

响应时间	≤60 s
分辨率	1×10^{-6}

仪器由一节 9 V 干电池提供电压(型号为 6F22 叠层电池),最高开路电压 10.35 V,最大短路电流 1.67 A,一节新电池可连续工作 1000 h。报警状态最大工作电流 ≤10 mA,非报警态工作电流 0.25 mA。

三、仪器构造及工作原理

1. 仪器构造

CTH1000 便携式一氧化碳测定仪构造如图 9 – 19 所示。

2. 工作原理

电化学传感器以扩散方式直接与环境中一氧化碳气体反应,产生线性电压信号。电路由多块集成电路构成,信号经放大、A/D 转换、暂存处理后,在液晶屏上显示出所测气体浓度值。当气体浓度达到预先设置的报警值时,蜂鸣器和发光二极管将发出声光报警信号。

仪器在正常工作时,内部电路长期循环自检。使用时发光二极管每隔 10 s 左右闪烁一次,这说明仪器在正常工作。当电源电压下降到一定程度时需要更换电池,此时仪器会每间隔约 10 s 发出一个短促声响,提醒使用者更换电池。

四、使用前的准备及调整

(1) 电池的安装:取下电池盖的两个螺钉打开电池盖,放入 9 V 叠层电池,连接好电

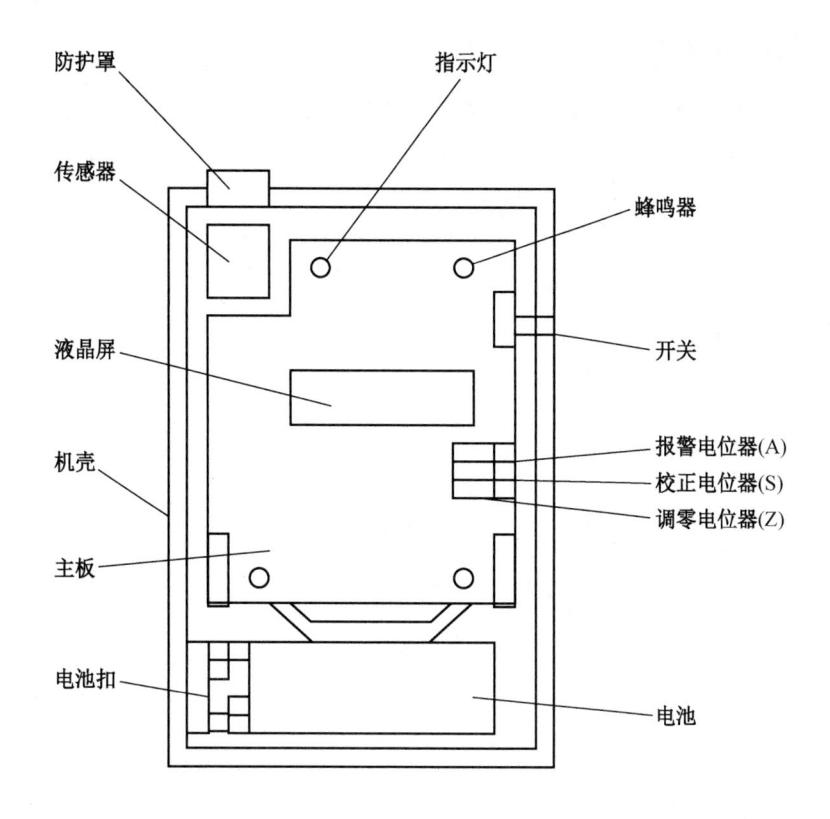

图 9-19　CTH1000 便携式一氧化碳测定仪构造简图

池扣，装入新电池后，蜂鸣器响几分钟，显示器从满量程逐步恢复到稳定状态，此时可关掉开关。注意不要在有潜在危险的环境下安装电池（如毒气、易爆气）。

（2）检查发光二极管是否每间隔 10 s 左右闪烁一下。

（3）新仪器装上电池后需放置 24 h 使系统稳定，更换电池仝仪器放置 2 h 使系统稳定。

（4）安装好电池的仪器 24 h 放置稳定之后，即可进行零位调整、标定调节和报警点的调整工作，电池仓内有 ASZ 三个电位器；Z 为调零电位器，S 为标定电位器，A 为报警电位器。

（5）零位调整可用标准空气瓶或在清洁空气环境中进行，使显示器显示"000"。

（6）为保证仪器具有一定的测量精度，仪器在使用过程中应定期进行标定。其步骤为：

① 调整标准气瓶流速在 50 m/min，使气体流过传感器约 1 min，使仪器显示读数稳定下来。

② 调节 S 电位器，使仪器显示数字与标准气体浓度相同。

③ 移开气体管后，显示器值恢复到"000"，否则重复调整零位和标定。

（7）报警点的调整，出厂时已调到 50 ppm。

211

五、使用注意事项

（1）仪器在装配和更换电池时应在清洁的环境下进行。
（2）传感器和电路要注意防水和金属杂质。
（3）仪器长期不用时，须取下电池。
（4）传感器内含有硫酸溶液，在更换传感器时要注意不要弄坏，以防烧坏皮肤。
（5）调整好的仪器不要随便打开，不要随意调整电位器。

六、仪器故障排除（表9-5）

表9-5　仪器故障排除表

故障现象	原因	处理方法
对测试气体无反应	电路故障	送维修站修理
	传感器失效	更换传感器
零点不可调	电器故障	送维修站修理
读数偏低	S电位器偏低	重新标定
	传感器失效	更换传感器
红色指示灯不亮	电池没电	更换电池
	电路故障	送维修站修理
报警鸣响不停	报警点设置不准确	重新设置报警点
	传感器	检查传感器连接情况
	电路故障	送维修站修理

第十节　救援通信装备

按照《煤矿安全规程》规定，救援小队在进入灾区前，必须在基地设置好灾区电话，基地指挥员利用灾区电话与进入灾区工作的救援小队保持不间断的联系。通过灾区电话询问和回答，基地指挥员不仅可以及时地掌握进入灾区救援小队的工作情况，而且在需要时，派出基地待命的小队去支援他们。目前，我国矿山救援队灾区通信使用的灾区电话分为有线和无线通信两种，其中有线通信系统又分为声能电话和电能救灾电话。

一、有线通信系统

（一）声能电话

所谓声能电话机，就是只使用声能而没有电源的一种特殊通信设备。多年来，声能电话机的投入和使用,已成为矿山救援队佩戴氧气呼吸器进入灾区工作时专用的通信设备。

1. 结构

PXS-1型声能电话机有手握式对手握式和手握式对氧气呼吸器面罩式两种操作方式,如图9-20所示。

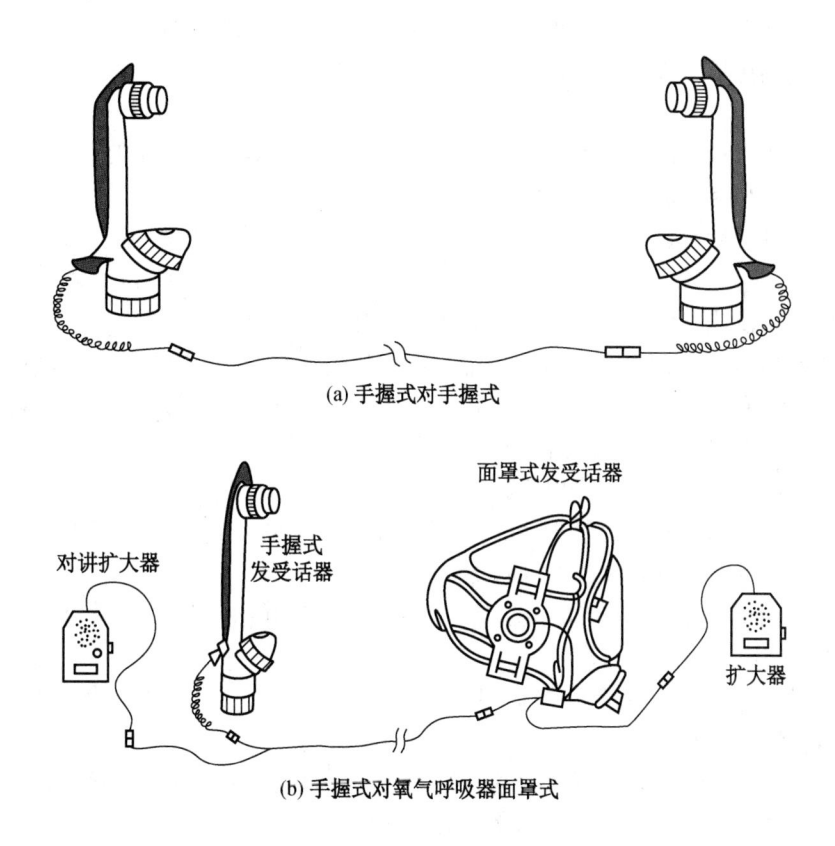

图9-20 PXS-1型声能电话的安装形式

PXS-1型手握式声能电话由发话器、受话器组成,可配备救援仪器面罩、扩大器、对讲扩大器。通话时,发话器中与平衡电枢连接的金属膜片发出振动,产生输出电压,这个信号在受话端的受话器中由模拟转能器转换成音频信号发出,同时音频信号进入扩大器中放大,使周围人员也能听到声音。当PXS-1型声能电话组装成第二种安装方式时,还增加了呼叫系统(声顿发电机),用手轻轻拨动时,可发出0.6~1.50 kHz的调制信号和电压1.5 V、电流0.5 mA的音频信号。

2. 操作程序

(1) 该电话机在操作时按以下顺序进行:连接—敷设电话线—通话或发射信号—收线。

(2) 按照正确的连接形式进行连接,采用手握式与手握式连接时,通话双方可用手直接持有发受话筒,将扩大器固定在腰间。采用手握式对呼吸器面罩式连接时,非呼吸性气体环境中的一方，可将发话器、受话器全部装在面罩中，然后将装有发话器、受话器的面罩戴在头上，并将扩大器固定在腰间，打开扩大器，面罩插件接在输电组一端，面罩另一插件接在扩大器上。

(3) 连接完毕后，基地方留在基地，灾区方一人携带电话线辊敷设电话线，持话机人负责接听信号，与小队一起向灾区前进。

(4) 由持话机人向基地传递探察小队的情况，并接听基地的指示。

(5) 通信结束后，在返回的途中将电话线缠绕在线辊上收回。

3. 安全注意事项

(1) 扩大机电池只能使用6F22型9 V方块电池，不得随意更换使用其他型号电池，否则将影响本机寿命和本质安全性能。

(2) 在非呼吸性气体或浓烟环境中，必须配用全面罩通信结构进行通话，不得通过口具讲话。

(3) 话机引出线必须连接牢固，两线间不得有短路现象。

(4) 明确通信目的，确定电话的连接方法。如果通话双方都处于呼吸性气体环境中，可采用手握式对手握式的连接方法；如果通话双方有一方处于呼吸性气体或烟雾环境中，则必须采用手握式对氧气呼吸器面罩式的连接方法。

(5) 有多头工作点时，多台电话机可平行连接在同一线路上与基地通信。

(6) 在通话不清或在紧急情况下，可用手握式受话器呼叫对方，用手轻轻转动下部声频发电机，按规定的声响次数进行联络。

(7) 当电话机损坏中断一切信号时，电话线可作为联络绳使用，返回时也可将电话线作为引路线使用。

(8) 妥善保存，防止腐蚀性气体侵蚀。

(二) 电能救灾电话

所谓电能救灾电话，就是利用蓄电池的电能进行通话联系的防爆灾区电话。它是与正压氧气呼吸器配套使用的通信设备，并适用于所有环境下的通信。它能使进入灾区现场抢救的救援小队与新鲜风流基地指挥员直接通话，保证通信畅通无阻。目前有很多种电能救灾电话已投入救援市场，下面以JZ-Ⅰ型救灾电话为例进行介绍。

1. 系统的组成与特点

JZ-Ⅰ型救灾电话由两台或多台救灾电话通信盒（以下简称通信盒）、一台或多台绕线架（含500 m通信电缆）组成。JZ-Ⅰ型救灾电话结构紧凑、使用方便，同时具有防爆功能。

(1) 电源通信盒面板，分为前面板和后面板。前面板：仪器前面板有4个器件，从左到右依次为报警开关、耳麦插座、电源开关、电源指示灯。后面板：仪器后面板共有5个部件，从左到右依次为通信1插座、充电插座、尾线开关、通信2插座、尾线指示灯。

(2) 绕线架。绕线架由500 m通信电缆、绕线盘（采用硅胶密封的电缆插座）、开关及支架组成。绕线盘上500 m电缆、两个插座，开关是按图9-21方式连接的。

2. 仪器的主要功能

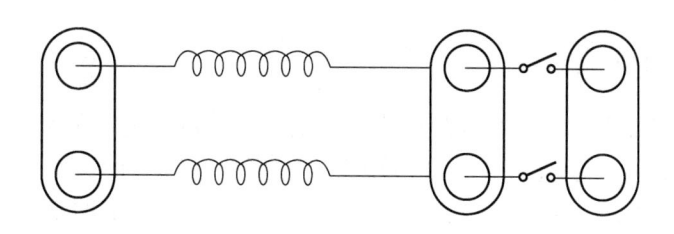

图 9-21　绕线盘器件排列图

(1) 非语言手动报警功能。
(2) 仪器可以在具有甲烷和煤尘环境下使用，防爆型式：矿用本质安全型。
(3) 双站距离延伸，多站双向接力通信功能。
(4) 多站接力具有连续通信功能。
(5) 电池多次充电功能（充电必须在地面安全场所进行）。
(6) 绕线盘具有摇把收、放线，手动进行收放线。

3. 操作方法

前一级信道盒的通信两插座通过 500 m 电缆，经过绕线盘上的开关，出插座，双插座短电缆，连接到下一级通信盒的 T_1 插座。当 500 m 电缆不够时，可再接第二盘电缆，接电缆前应将第一盘电缆上的开关打到"关"的位置，通话中断，输出插座上不带电；此时，可以将双插座短电缆从第一绕线盘上拔下，将第二盘 500 m 头部插座插入，而把刚拔下来的双插座短电缆插到第二盘的输出插座上，打开两台绕线盘上的开关，即可进行 500~1000 m 的双站通话。重复以上操作，可以完成第三、第四绕线架的距离延伸操作，从而延伸双站通话距离。

本系统在收、放线过程中也可以通话、报警，但需要手动收、放线方式。在允许中断通话的情况下，可以将通信盒从绕线盘输出插座上拔下，采用摇把式收、放线，但在拔、插插座时应将绕线盘的开关打到"关"的位置，以保证在拔、插插座过程中输出插座上不带电。

需要指出的是，在多站接力通信时每盘线都使用一台通信盒，其尾线开关就可完成以上功能，所以增加绕线盘时不需要以上工作。

4. 安全注意事项

(1) 在有爆炸危险区域内，外壳须套上皮套，以防止静电引起爆炸。
(2) 通信盒电源充电必须在地面安全场所进行。
(3) 通信盒通信 1 插座不用时，在易爆环境下不应暴露在外面，应该用非金属帽拧上；通信 2 插座不用时，只要不打开尾线开关就可以了。
(4) 用户只能在非爆炸环境下给电池充电。
(5) 定期检查通信电缆外皮、插头、引线的绝缘性能，出现绝缘性能减低或漏电一定要排除故障后再接入系统工作。
(6) 充电时，将专用充电器交流插接上 220 V 交流电源，直流插头插入通信盒充电插座即可，一次大约需要 8~10 h。

二、无线通信系统

该救援通信系统由一个设置在地面指挥部的远程控制装置，一个设置在井下的基站和若干个便携式无线电手机组成。专门用于灾害事故情况下的救灾通信。它可以由一个基站和若干个便携式无线电手机组成井下无线通信系统，帮助基地和进入灾区工作的救援小队建立有效的通信联系；还可以与地面程控交换机相连，构成全矿井的救灾指挥通信系统。

（一）系统构造及工作原理

1. 系统构造及作用

该系统由一个基站，一个远程控制装置（RCU）和 3 个便携式无线电手机，环形天线等组成（图 9-22）。当井下发生事故时，基站安装在使用便携式无线电手机地点的就近安全位置。远程控制装置安装在地面的操作室中（如调度室），并通过一对专用电线与基站连接。建立与地面的连接后，便携式无线电接收器便可以开始移动工作。

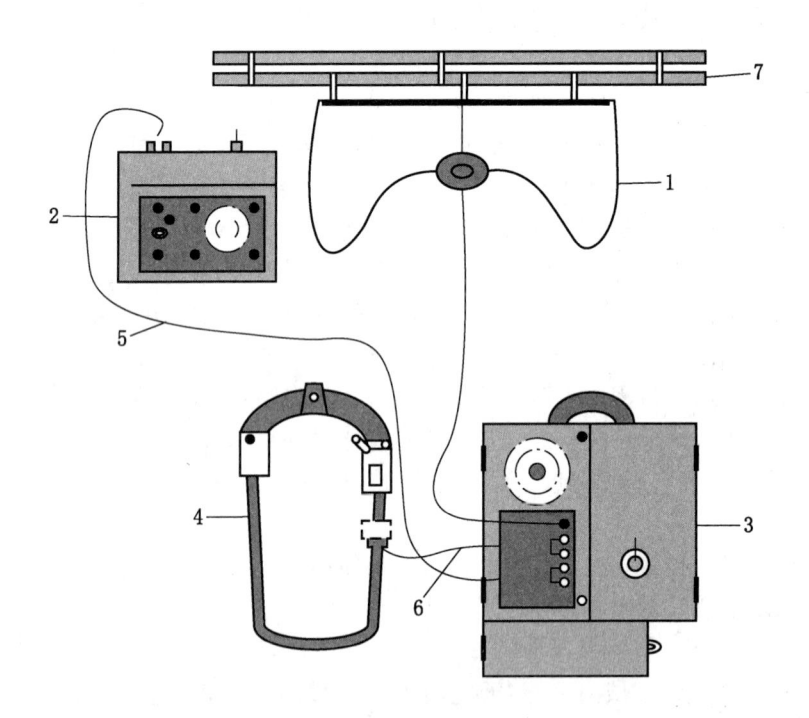

1—环形天线；2—远程控制器；3—基站；4—无线电手机；5—电缆线；6—生命线；7—电缆或水管

图 9-22 系统构造

2. 工作原理

（1）矿用无线电通信系统在需要无线电通信的矿井巷道中使用，它通过电缆和管道的感应在低频（340 kHz）段工作。

（2）通过基站的环形天线、手机的子弹袋天线与管道和电缆结构的感应，无线电信号可完成手机与基站之间的传递，通信范围为 500~800 m。以下条件具备时，可达到最大通信范围：①子弹带天线（bandolier）与管道或电缆平行；②靠近管道和电缆；③天线平面对着管道或电缆。

（3）在没有管道或电缆的地方，便携式手机之间的通信距离应在 50 m 以内（以地面为例）。

（二）使用注意事项

（1）BC2000 铅酸电池充电器不是本质安全型的，应在地面使用。

（2）生命线为双芯软电缆，电缆的终端接在与便携式无线电手机相连的生命线适配器上，可以使通话效果达到最佳。

（3）为了测试便携式无线电手机是否能正常运行，可将该手机远离地下铺设结构（天线、生命线、管道、电缆等），与基站进行通信。手机可以接收到来自其他手机的信号即为正常运行。

（4）该系统或系统的任何一部分不能正常工作时，应首先检查电池，电池的终端电压应该为 7 V 左右。

（5）如果远程控制装置与基站通信正常，但无法与手机进行通信，应检查音频线路是否断路或短路。另外，检查远程控制装置到基站 PTT 的电压（从 RCU 到 PTT 需要 10 V 的电压）。

三、矿山应急救援视频通信系统

（一）系统用途和特点

（1）通过应急救援视频通信系统可进行视频、语音的双向传输，能保证救援现场与后方指挥中心实时进行音、视频交流。

（2）该系统能够全天候使用，不受地域、自然环境以及灾害影响。

（3）系统安装、使用便捷，事故现场人员能够快速建立与外界的通信联系。

（4）系统能够方便地与现有视频会议系统进行连接，召开多方参与的事故现场会议。

（5）在地面通信网发生灾害故障时，YJ-NET 可以及时替代完成通信工作。

（二）系统基本组成

应急救援视频通信系统主要由 6 部分组成。

（1）卫星室外单元。主要设备为卫星天线，该天线为单偏置抛物面天线。反射面由 6 片组成，采用快速锁扣连接，避免了安装工具的携带及螺钉紧固；馈源支杆轻巧稳定，俯仰、方位均可调整锁定；支腿可灵活展开；整个天线结构设计合理，各部件拆装方便，整体装箱收藏。该天线焦距短、体积小、质量轻、稳定性好、便于携带。

（2）卫星室内单元。主要设备为 DW7000 小站——宽带卫星路由器。

（3）音视频信号处理。主要包括网络视频服务器和网络视频解码器。通过嵌入式解码器无须 PC 平台即可将数字音视频数据从网络接收解码后直接输出到显示器和电视机，同时能与编码器进行语音对讲。

（4）计算机局域网。

（5）系统外围设备。包括笔记本电脑、摄像机、麦克风、液晶电视、车载电视、8口交换机。

（6）移动机箱。主要用途是把DW7000小站、网络视频服务器、网络视频解码器、交换机组合为一体，保护设备的安全，方便携带。

（三）应急救援视频系统的日常维护

应急救援系统的设备维护极为重要，由于平时不经常使用，所以需要定期进行人员演练和设备维护。编解码器的演练，可以采用两台小站网络交换机互联的方式进行演练。

第十一节 其 他 装 备

一、破拆装置

破拆装置是专指为抢救人员和恢复生产而用于破坏建筑和设施、设备等方面工作的专用装置。目前用于矿山救援的有高压起重气垫系统和剪切、扩展两用钳系统。

（一）高压起重气垫系统

高压起重气垫系统由高压起重气垫、控制器、压力调节器和压缩空气瓶组成。它由专业救援人员操作，既可用于工业生产，也可用于应急救援中的抢险救灾工作。它由压缩空气驱动，工作压力为8 Pa。

1. 高压起重气垫

高压起重气垫由高质量的橡胶制成，内部还有围绕四周的3层纤维加固层，有弹性、不漏气，可抵抗各种阻力。每一个高压起重气垫都能承受20 Pa的压力。

（1）工作原理：高压起重气垫通过压入最大压力8 Pa的压缩气体膨胀升起。压缩气体由空气压缩机提供，经过控制元件和软管进入到气垫中，在压力作用下空气进入气垫并充满。当压力升到一定的程度时，高压起重气垫开始膨胀，提供足够的提升力使重物移动。

（2）使用方法：

① 首先将空气瓶的管连接在气垫和控制元件之间。

② 将调压阀安装在气瓶上，将空气软管从调压元件连接到控制元件上，检查调压阀上的阀门和控制阀是否关闭。

③ 打开压缩空气瓶，高压表指示瓶中的压力（调压阀设定压力为0.8 MPa）。

④ 将高压起重气垫放在要顶起的物体下面，该系统就可以使用了。

（3）注意事项：

① 提升操作时用木头垫片垫在重物下面。

② 若系统损坏和严重变形，应立即停止使用该系统，并与销售商协商解决。

③ 每次使用完都要检查所有的部件。

2. SCV/DCV 10U 控制器

该控制元件只能由压缩空气驱动，系统工作压力为1 MPa。

(1) 构造。SCV/DCV 10U 控制器构造如图 9-23 所示。

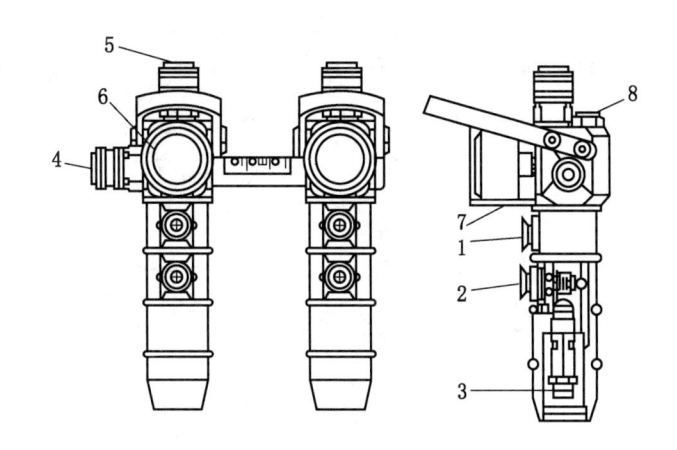

1—按钮"+"（提升）；2—按钮"-"（下降）；3—卸压阀；4—进气接口；
5—出气接口；6—压力计；7—导向环；8—排气过滤器

图 9-23 SCV/DCV 10U 控制器构造

(2) 操作顺序：

① 使用前检查。检查控制元件、软管配套元件是否损坏，压缩空气瓶压力是否为 8 Pa。

② 使用前的连接。将受控制工具的软管连接到控制器的出气接头处，将最大 8 Pa 压缩空气源的软管连接到控制器的进气接头处，即可使用。

③ 使用方法。该控制器带有自动回零的三通阀，当按下"+"按钮时，该工具就充满空气；当按下"-"按钮时，通过排气过滤器，该工具释放压力，卸压阀可以在大约 8.5 Pa 压力下卸压。

④ 用完后拆卸。按"-"按钮释放该工具和软管中的所有空气，当无空气释放出来后，就可以断开所有的软管。

(3) 维护保养：

① 每次用完后，检查控制器是否损坏。

② 通过将控制元件连接到大约压力为 1 MPa 的压缩空气源，对卸压阀进行常规检查。

3. PRV823U 型压力调节器

该压力调节器是与压缩空气瓶配套使用的，压力调节器用于减小压缩空气瓶中的压力，当气流流量发生变化时，压力保持恒定。

(1) 构造。PRV823U 型压力调节器构造如图 9-24 所示。

(2) 操作程序：

① 将压力调节器的接头连接在压缩空气瓶上，检查旋转把手是否关闭。

② 松开蝶形螺母使压缩弹簧张开。

③ 连接压力调节器和控制阀之间的软管。

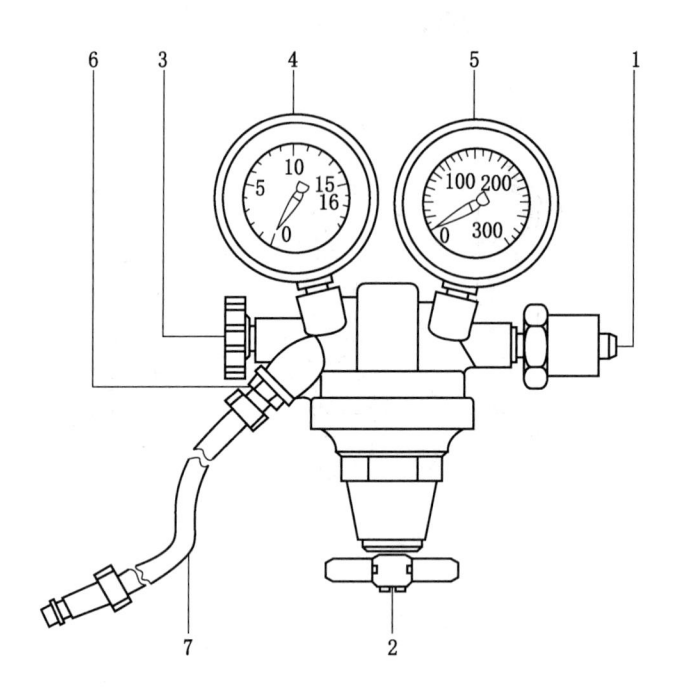

1—连接压缩空气瓶的接头;2—用来调整气压的蝶形螺母;3—对控制阀进行流量调整的旋转把手;
4—显示出口低压端的压力表;5—显示压缩空气瓶中压力的压力表(量程为40 MPa);
6—软管与控制阀之间的接头;7—调压阀和控制阀之间的软管

图9-24 PRV823U型压力调节器构造

④ 慢慢打开压缩空气瓶,压力显示在压力计上。
⑤ 顺时针旋转蝶形螺母,直到达到所要求的压力为止,在压力计上显示出来(不超过0.8 MPa)。
⑥ 慢慢打开旋转把手,使空气流进连接软管。
⑦ 工作完成后,关闭压缩空气瓶,逆时针旋转蝶形螺母,彻底释放调节器中的压力,然后关闭旋转把手。
⑧ 断开软管和控制元件。

(3)维护与保养:
① 储存在干燥、通风好的地方。外露的钢件需要另加保护。
② 根据使用情况,至少每隔3个月进行一次检查。
③ 检查调压阀和空气瓶是否有损坏的地方。

(二)剪切、扩展两用钳系统

剪切、扩展两用钳系统为用液压泵驱动的双功能操作的液压工具,工作压力为72 MPa。该工具具有切割、扩展等功能。

1. CT3120型剪切、扩展两用钳

(1)构造。CT3120型剪切、扩展两用钳构造如图9-25所示。
(2)工作原理:从液压泵出来的油经过高压软管进入工具,若闭锁装置处于"0"

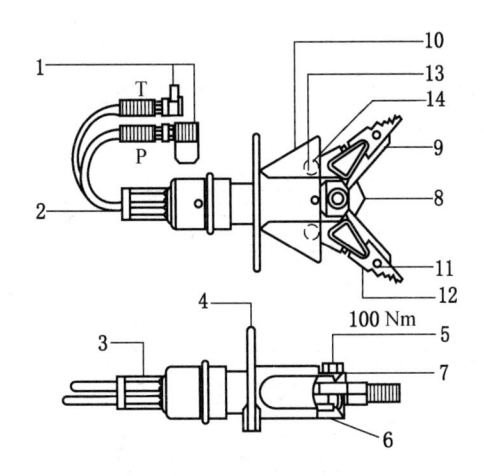

1—自锁接头；2—安全卸压阀；3—闭锁装置；4—手提柄；5—铰接螺栓；
6—对中螺母；7—锁定环；8—切割孔；9—切割刀刃；10—保护盖；
11—扩展臂；12—扩展头；13—铰接销；14—弹性挡圈

图 9-25 CT3120 型剪切、扩展两用钳构造

位置，在大气压力下，油回到泵中，剪刃不能动作。闭锁装置处于打开位置，油注入活塞上腔，杆臂打开（扩张），活塞下面的油流回泵中；闭锁装置处于关闭位置，油注入活塞下腔，杆臂关闭，活塞上面的油流回到泵中。当卸压时，闭锁装置总是处于"0"位置。

（3）使用的注意事项：

① 该工具中的液压系统配有安全阀，如果到泵的回油线管路被堵住，或没有连接，安全阀会通过将油释放到大气中来防止工具过压。千万不要改变安全阀的设置。

② 钳子的刀片不垂直于要切的物质，刀片就会偏开，导致刀片损坏。当刀片偏开后要立即停下来，打开钳子，重新开始。

③ 不要将该工具完全合上，一定要在扩展头留出最小 5 mm 的空隙。

④ 泵开关处于操作位置时，禁止连接接头。

⑤ 若在潮湿的条件下使用该工具，应先将其干燥，在钢部件上少量涂上一层油。

2. HTT 1800U 手动泵

（1）仪器构造。HTT 1800U 手动泵构造如图 9-26 所示。

（2）工作原理：泵的操作手柄向上移动时，液压油从油箱里被抽出，流入活塞下腔；操作手柄向下移动时，油被压入系统中，泵外壳中的反向阀自动使油传送的量随压力的增加而减小。

（3）维护与保养：

① 储存在干燥、通风好的地方。

② 清理所有接头，并确保所有接头盖上防尘盖。

③ 将泵的操作柄还原到水平位置，并扣上运输托架。

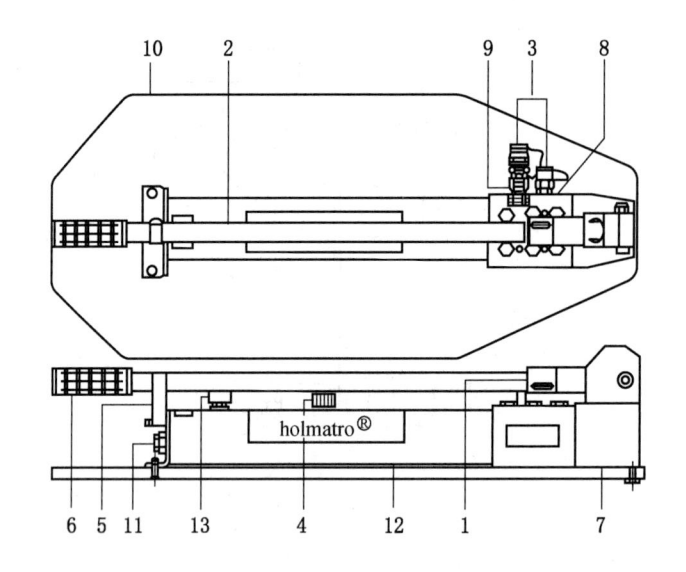

1—调节装置；2—操纵杆；3—自锁接头；4—油箱的通气孔；5—运输托架；
6—手柄；7—导向防护装置；8—安全卸压阀；9—卸压阀钮；10—基座板；
11—油量计/注油嘴；12—油箱；13—操作锁

图 9-26 HTT 1800U 手动泵构造

④ 检查接头是否自动锁住，接头不能打滑。
⑤ 最少每隔 3 个月检查一次设备的功能。

二、矿用快速防火密闭墙

所谓矿用快速防火密闭墙，就是能够在较短的时间内，达到隔绝空气隔绝灭火的密闭墙，适用于矿山井下快速临时密闭，封堵巷道漏风，封闭火区，控制火势、烟雾等。目前国内矿山救援队使用的主要有气囊型和喷涂型快速充气密闭。

（一）气囊型快速充气密闭

气囊型快速充气密闭是矿山救援队在火灾抢险中用来迅速隔绝进入火区的风流，使火区因缺氧而迅速熄灭的抢险救援装置。可以防止灾情蔓延扩大，提高矿井的抗灾能力，对减少矿井火灾造成的经济损失及人员伤亡具有重要的现实意义。

1. 密闭的特点

（1）质量轻（8~10 kg、10~12 kg），携带操作方便，施工速度快。使用高压氮气瓶（150~200 kg）充气一般 4~8 min 完成施工。

（2）该气囊的形状随意性强，可大可小，不受巷道断面区几何形状、支护类型的限制。

（3）气密性强。在无外力破坏的情况下，可保持 48 h 不泄漏，封堵效果好，漏风率一般在 3%~5% 之间。

（4）该气囊无易损和消耗件，可以反复使用若干次。

2. 性能指标

(1) 气囊型快速充气密闭主要通过对弧形气囊充气后形成气囊骨架，对封存堵布起到支撑作用，同时又对巷道起到封堵作用，从而达到封堵效果。

(2) 气囊的工作压力为 7~10 kPa。

(3) 气囊的密闭性能。当气囊内的压力达到最大工作压力（10 kPa）时，经过大于 24 h 后，气囊内的压力能保持在 7 kPa 最小工作压力而不发生收缩，封堵效果不受影响。

(4) 气囊的充气。采用 2 L 氮气瓶 2 个（气瓶压力 20 kPa），一个瓶充气时间约 1.5~2 min。若无氮气气源时可用皮老虎两个同时充空气，充气时间约 5~6 min。

(5) 气囊型快速充气密闭由直径为 250~300 mm 展开长度为 8.4~8.7 m 的弧形气囊与封堵组合而成，二者可分开携带，其质量分别为 8~10 kg 和 10~12 kg。

(6) 气囊型快速充气密闭采用具有抗静电、抗阻燃性能的材料。气囊材料采用增强织物涂覆橡胶布黏合而成，封堵布采用橡胶涂覆布。

3. 操作方法

(1) 使用前的准备：

① 检查充气密闭是否完好，是否漏气。

② 准备好氮气瓶，并检查其压力。

③ 检查充气接头是否完好，挂钩是否短缺。

(2) 操作：

① 首先将封堵布正中间的挂钩挂在巷道的正中间位置，然后挂两边的挂钩。封堵布的挂钩不得少于 7 个。

② 然后将气囊正中间的挂钩挂在封堵布的中间位置。

③ 打开气囊的进气阀门堵盖，用连接管接好气囊及氮气瓶。

④ 缓慢地打开氮气瓶阀门，边充气边调整封堵布及气囊，使布面平整，巷道壁严密。

⑤ 将气囊充至额定压力（7~10 kPa）。

4. 注意事项

(1) 密闭的位置应选择在围岩稳定、无断层、巷道断面平整，并且不大于 10 m^2 的地点。

(2) 为了防止爆炸，快速充气密闭必须使用氮气。

(3) 不得在高温热源中使用。

(4) 氮气瓶的充气压力值最高不能超过 20 MPa。

（二）喷涂型快速充气密闭

轻质膨胀型封闭材料是一种新型的聚氨酯材料，它具有轻便、气密性好、防渗水、隔漏、保温防震的特点，适用于矿山井下封闭窒息火区。它以聚醚树脂和多种异氰酸酯为基料，辅以几种助剂和填料，分甲、乙两组，按一定比例混合后，经压气强力搅拌，通过喷枪均匀地喷洒在目的物上，即可在极短的时间内发生化学反应，几秒钟后即由液态变成固态发泡成型，连续喷涂即形成泡沫塑料涂层。

手动喷涂设备以其不用电、携带方便、操作简单等优点适用于矿山救援队封闭火区、窒息火区等。由喷枪、计量泵、药筒、高压气瓶、减压阀 5 个部分组成。

1. 工艺流程（图 9-27）

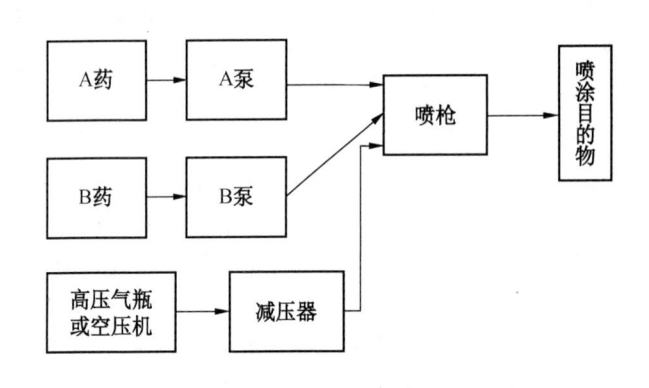

图 9-27 喷涂工艺流程

2. 操作方法

喷涂前，要对喷涂物进行简单处理，大的孔洞应填平，打临时密闭需打好骨架和衬底。喷涂时，先打开供气阀，待气压升到规定值后，打开两药管阀门，然后启动喷涂机计量泵按钮（或手摇计量泵），将 A、B 两药分别送入喷枪，经过高压气流的强力搅拌，均匀混合后，由喷枪口射到物体的表面，立即发生化学反应，几秒内硬化成型，连续喷涂可迅速形成泡沫塑料涂层。

3. 注意事项

（1）喷涂时，持枪人不得将枪头对准其他人，以防发生意外。

（2）喷涂管路系统不得漏气或漏药，以免影响配比。

（3）A、B 药筒要严格区分，不能混装或倒错药剂。

（4）手动设备的摇泵速度要与喷枪移动速度紧密配合，否则，喷涂层厚薄不均，影响密闭质量。

（5）喷涂药剂时，释放出的有害气体对眼睛、呼吸器官有刺激，要戴口罩和眼镜。

（6）不要将药液弄到有伤口的地方，以免引起发炎，不小心洒到伤口上时，要立即用水清洗。

4. 维护保养

（1）喷涂完毕后，把泵关掉，但不关空气机立即拆枪，把枪的零件浸泡在丙酮（或香蕉水）内进行清洗，然后拆掉料管（不能停压力），否则会引起残余物料在枪内发泡，增加清洗麻烦。

（2）若停机时间在 24 h 内，对料筒剩余原液应进行封闭，以免空气进入，变质结皮。邻苯二甲酸二辛酯（DOP）混合液，A、B 料筒各打循环 5 min，放光清洗液，再加入纯净的 DOP，打循环 5 min，停机即可。

三、负气压式气垫担架

负气压式气垫担架能有效防止因现场处理不当及运送过程中造成二次损伤，对防止骨折断端刺伤肌肉、神经、血管或脏器而引起疼痛、出血甚至休克起到重要的保护作用。具有操作简便、使用快捷、保护性强、可进行 X 光成像检查等特点，是应急救援人员理想的急救用具。

1. 担架的结构

负气压式气垫担架由专用气筒、OMA-A 型急救担架和 OMA-B 型套装夹板组成。

2. 使用方法

（1）颈托、颈部护板的使用方法。如伤员颈部受伤可选取普通颈托，将颈托顶端托住下颚，环绕颈部拉紧后贴上魔术贴即可。使用颈部护板时，将护板环绕于颈部贴紧，用专用气筒抽出空气，硬固即可。

（2）躯体夹板（气垫）使用方法。如伤员的腰椎、骨盆、肋骨等部位骨伤、骨折，应将伤员平卧于气垫上，将固定带、肩吊带固定好，并用专用气筒抽出气垫内空气，待气垫硬固后拧紧阀门。

（3）短（长）臂夹板（气垫）的使用方法。伤员的臂部骨折、骨伤，应选用短（长）臂夹板气垫缠绕于受伤部位，将固定带穿过扣环并拉紧，用专用气筒抽出气垫内空气，待气垫硬固后拧紧阀门。

（4）弯曲夹板（气垫）使用方法。如伤员的臂骨折、骨伤，应选用弯曲夹板气垫敷于受伤部位，将固定带穿过扣环并拉紧，小臂向胸部上扶并套上吊带，用专用气筒抽出气垫内的空气，气垫硬固后拧紧阀门。

（5）全（大）腿气垫夹板使用方法。如伤员的股骨、腿部骨折、骨伤，应选取全大腿夹板气垫缠绕受伤部位，将固定带穿过扣环并拉紧，接上专用气筒进行抽气，气垫硬固后拧紧阀门。

（6）气垫担架的使用方法。将伤员轻轻抬放于气垫担架上平卧，将固定带穿过扣环并拉紧，接上专用气筒抽出担架内空气，气垫硬固后拧紧阀门，便可转移运送伤员。

（7）专用气筒的使用方法。将气筒的一端连接抽气口，另一端连接固定气垫上气阀的气嘴，用脚踩住底座方环，用手抓住手柄上下抽动，抽去空气，使固定气垫处在真空状态。

3. 注意事项

（1）防止尖利物品扎伤固定气垫表面。

（2）阀门不要随便拧动。

（3）使用时应防止漏气，如发现气垫变软，应立即抽出空气。

（4）该产品可多次使用，再次使用前必须消毒，以防止交叉感染。

四、氢氧化钙吸收剂技术参数测定

在救援队员使用的氧气呼吸器清净罐中，装有氢氧化钙药品，专门用来吸收救援队员在佩机工作时呼出的二氧化碳气体。为了保证氢氧化钙药品的质量，《矿山救援规程》规定，氢氧化钙每季度化验 1 次，二氧化碳吸收率不得低于 33%，水分应在 16%~20% 之间，粉尘率不大于 3%，使用过的氢氧化钙不得重复使用；氧气呼吸器内的氢氧化钙超过 3 个月必须更换，否则不得使用。

1. 吸收率的测定（图9-28）

二氧化碳吸收率测定装置结构如图9-30所示。首先称量在后半部分已装有氯化钙的 U_1 吸收管的质量；然后再将大约 5~6 g 氢氧化钙试样装入 U_1 的前半部分，再进行称量；最后将 U_1 吸收管的两侧分别接在干燥塔和干燥管 U_2 之间的接头处（U_1 所装氯化钙的主要作用是为了吸收反应过程中产生的水分。如果这部分水分流失就会使所计算的二氧化碳的吸收率偏低，造成分析误差）。

安装完毕，首先检查整个仪器的气密性，然后打开仪器系统内的夹子与活塞，扭开钢瓶上的开关，使通过洗瓶的气泡保持每秒 2~3 个左右。通气过程中，二氧化碳将仪器内二氧化碳气体全部赶出后，吸收管 U_1 的前半部分就会开始发热，这表明氢氧化钙试样开始吸收二氧化碳。这时仅能看见浓硫酸洗气瓶中的气泡，而看不见锥形瓶中气泡的出现。通气 1 h 后称重，然后再继续重复通气 10 min，直到不增重为止。氢氧化钙试样的吸收率用下式计算：

吸收率 =（U_1 管吸收二氧化碳后质量 - U_1 管吸收二氧化碳前的质量）/试样质量×100%

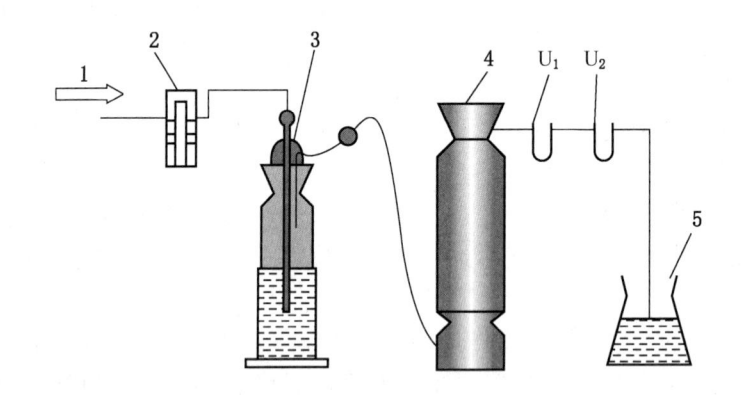

1—二氧化碳气体流向；2—气体流量计；3—洗气瓶；4—内装无水氯化钙的干燥塔；5—三角烧瓶

图 9-28 吸收率测定装置

2. 水分的测定

测定氢氧化钙吸收剂水分时，从包装桶里取出平均试样之后（如果超过 3 h 未能进行测定，必须重新取样。因为在空气中暴露时间过长，会使水分蒸发）。将取好的氢化钙试样倒在一片纸上，并从其中用小勺在各点上采取大约 5~6 g，装入预先在天平称量好并带磨口塞的称量瓶中，然后再称取称量瓶与吸收剂的总质量。将装有吸收剂的称量瓶放在预先加热到 200~215 ℃的烘箱里，在这个温度条件下干燥 50 min。

干燥过后将称量瓶的塞子盖上，从烘箱里取出放在玻璃保干器里。冷却 30 min，然后称量。重复干燥几次直到获得恒量为止。经过干燥以后的质量差就是水分含量。水分的百分含量可用下式进行计算：

$$W = (b_1 - b_2) \times 100/a$$

式中　a——氢氧化钙试样的质量，g；
　　　b_1——称量瓶干燥前的质量，g；

b_2——称量瓶干燥后的质量，g。

取两个结果的平均值，二者之间的差不应超过 0.5%。

五、GD-I、II 型石膏灌注机

石膏灌注机是矿山井下构筑石膏密闭墙和石膏防爆密闭墙用以封闭火区或采空区的专用设备，亦可用来灌注泥浆、粉煤灰浆、石灰水直接灭火。

1. 使用前的准备

（1）石膏灌注机必须由经过专门培训的救援小队操作使用。小队人员不应少于 7 人，其中小队长（或指挥员）1 人，司机 1 人，石膏装料员 2 人，软管检查员 1 人，密闭灌注质量检查员 1 人，密闭灌注堵漏员 2 人。

（2）石膏灌注机安设位置应根据构筑密闭墙的位置来确定。在无爆炸危险条件下构筑密闭墙时，石膏灌注机应设在距密闭墙较近的地点，其巷道断面不应小于 4 m^2。为了便于操作，应尽量将机器安设在巷道断面大、支架良好、底板平坦、风速较小的新鲜风流地点。在有爆炸危险时，为了保证施工人员的安全，可以选择在距密闭墙（或防爆墙）较远的地点，但不能超过设备的最大输送能力（GD-I、II 型灌注机最大输送距离为 150 m，输送高度为 10 m）。灌注机应水平安设，在倾斜巷道中安设应搭设平台。

2. 操作程序

石膏灌注机安装好后，在灌注前，应进行调试。首先接通电源、水源、铺设好输送软管后使设备运转。电动机启动正常后，打开供水阀，开到最大位置，并观察输送软管送水情况。发现供水不正常应进行调整，发现软管扭曲、漏水应进行整理或更换。当水到达密闭处后，打开主机出料口的三通阀，关闭通向输送软管的阀门，使水从三通阀口流出，开始灌注石膏浆。首先从漏斗处倒入石膏粉，然后，逐渐调小供水量，观察从三通阀口流出的石膏浆，当配合比达到要求时，应停止调整供水阀。这时，可以开始灌注，即打开输送软管阀门，关闭三通阀，使石膏浆沿着软管输送到密闭墙。

3. 注意事项

（1）构筑石膏密闭的救援队员，应佩戴面罩式氧气呼吸器，以防止石膏粉呼吸到人的肺部影响健康，应穿好内衣、围好毛巾、戴好手套，以防止石膏粉腐蚀皮肤。

（2）矿井发生火灾时会产生大量可燃性气体，为了防止可燃性气体爆炸，石膏灌注机及其辅助设备（如开关、变压器、接线盒、控制器等）必须是防爆型的，并在安装使用前进行防爆检查。

（3）在机器搬运过程中应注意防止碰撞。在低窄巷道中搬运时，应将压力表、漏斗等易碰撞件卸下，到达指定地点后再进行组装。长途搬运时，应将主机及辅助设备装箱，以防机件丢失和损坏。

（4）石膏灌注机在使用前，应对提供的水源进行流量、压力、水质测定。其流量不应小于 10 m^3/h，压力不应低于 9.8×10^4 Pa，并保持稳定。水质应用试纸进行酸碱度测定，呈中性或微酸微碱性并无沉淀物和杂质的水方可使用。

（5）应选择强度高、杂质少的石膏粉（硫酸钙含量在 80% 以上）。井下灾区现场封闭火区使用的石膏粉，其粒度在 120 目以上，摊开直径大于 280 mm，初凝时间应在 15～

20 min 之间。在水温为 20 ℃时，新出厂的石膏粉初凝时间不应超过 5 min。

（6）构筑石膏密闭墙时，必须先修建两道木板闭。两个板闭的内侧要全部钉满纤维布，并用板条封严。在外侧板闭上应留 1 个观察孔（供检查员观察灌注情况），板闭四周不应留有漏洞。在灌注前，需检查巷道四周掏槽部分，不得残留纤维布。灌注管和排气管应安装在外侧板闭最高处。根据实际需要安装的惰气灌注导风筒、采取气样管、消火管等，均应在灌注前安装好。

（7）石膏粉与水的配合比应控制在 0.6∶1~0.7∶1（体积比），不允许为了增加输送距离而增大水分，造成密闭强度降低。特别是在施工防爆密闭墙时，更应严格控制配合比。

（8）石膏浆开始灌注后，应随时观察灌注情况。如石膏浆中水分过大，应逐渐调整，切不可突然减少供水，以防输送困难，造成管路堵塞。石膏粉要及时供给，不得间断。漏斗内不得有存留量，以保持石膏浆配合比稳定。灌注过程中如发现密闭墙有漏洞，石膏浆流出，应及时封堵。当灌满密闭墙的石膏浆从排气孔流出时，应继续灌注 1~2 min，使石膏浆能更好地接顶，然后再拔出灌注管，堵住排气管。

（9）为了防止石膏浆在输送管路中凝固，开机后，不得随意停电、停水、停机。由于故障而停电、停水、停机，如不能立即开机，应迅速拆下输送管，将石膏浆从管路中倒出，并用水冲洗机内及管路中的残存石膏浆。

（10）密闭建成后，应停止向石膏灌注机中加入石膏粉，开大供水阀，冲洗灌注机及输送软管，待冲洗干净后，方可停机，撤出设备。

（11）石膏密闭墙灌注工作结束 24 h 后，应拆除外板闭墙，观察石膏密闭成型情况。如有漏洞、裂纹，应用和好的石膏浆封堵。若围岩有漏风裂隙，可在围岩中打小直径钻孔，采用小型泥浆泵，将槽中 1∶1（石膏粉与水）配合比混合好的泥浆，用软管注入钻孔内，封堵裂隙。泥浆泵的压力应大于 0.5 MPa，以使石膏浆能沿着较小裂隙流动，达到较好的封堵效果。

六、氧气充填泵

1. 用途

AE102 型氧气充填泵的主要用途是将氧气从大输气瓶中抽出并充填到小容积的氧气瓶内，使其压力提高到 30 MPa（约 300 kgf/cm²）。

2. 技术特性

（1）最大排气压力：30 MPa。

（2）吸入条件下的排气量：3 L/min。

（3）级数：2。

（4）最大压缩比：8。

（5）曲轴转数：440 min。

（6）柱塞行程：30 mm。

（7）一级柱塞直径：18 mm；二级柱塞直径：12 mm。

（8）三相电动机参数如下：

型号：y100L1-4

功率：2.2 kW

电压：220 V/380 V

转数：1410 r/min

(9) 外形尺寸：860 mm×565 mm×640 mm。

(10) 质量：116 kg。

3. 结构组成

氧气充填泵由操纵板、压缩机、水箱组、电气系统等组成。

(1) 操纵板。如图9-29所示，操纵板上面固定了从大输气瓶充填到小容积氧气瓶整个操纵系统的开关、管路、指示仪表和接头。其中，输气开关通过输气导管与大输气瓶相连接；输气压力表用来指示大输气瓶内的氧气压力；集合开关是控制氧气从大输气瓶直接充到小氧气瓶之用；一级排气压力表用来指示一级汽缸的排气压力（同样是二级汽缸的进气压力）二级排气压力表和电接点压力表指示充填到小氧气瓶内的氧气压力；启动按钮是使泵启动运转的开关；停止按钮是使泵停止运转的开关。气水分离器作为排除冷凝水使用。在气水分离器上安置一个单向阀，使被充填到小氧气瓶内的氧气不倒流。另外，当小氧气瓶内被充填的压力为31~32 MPa时，可通过气水分离器上的安全阀自动开启，向外排气泄压，如系统中的压力继续上升为33 MPa时，可通过电接点压力表的作用，自动切断电源而停车，起双重安全保护作用。放气开关作为排除接小氧气瓶开关中的残余气体。

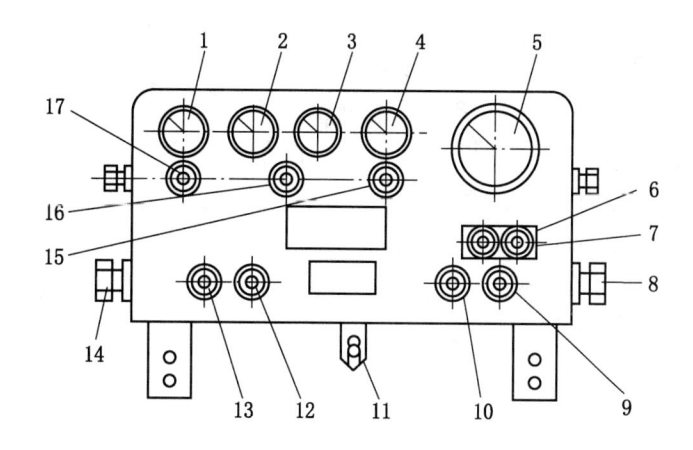

1、4—输气压力表；2—一级排气压力表；3—二级排气压力表；5—电接点压力表；6—启动按钮；
7—停止按钮；8、14—小瓶接头放气开关；9、13—小瓶开关；10、12—放气开关；
11—气水分离器；15、17—输气开关；16—集合开关

图9-29 操纵板

(2) 压缩机。压缩机系由曲轴、连杆、十字头机构构成。曲轴的两个曲拐互成180°，曲轴箱系采用全封闭式的飞溅润滑，在曲轴两端放置的耐油橡胶密封环，可防止机械油从机体内部漏出；在十字头上部设置的波纹密封罩，可防止与高压氧气相接触的零件不受机体内油质沾污，同时也避免水-甘油润滑液渗入机体内，使机械油乳化。此外，在曲轴箱

上设置一个四孔挡板的注油孔螺丝及油窗。柱塞、十字头的连接采用球面及平面关节浮动结构，可使柱塞头部随球面转动及沿平面移动，满足柱塞在上、下往复运动中的正确导向。

（3）水箱组。为加强冷却和密封效果，采用大、小水箱组合结构，大水箱内装有一级排气、二级排气两组高压螺旋管，并可采用自来水循环冷却。小水箱内装有80%蒸馏水加20%纯净化学甘油（丙三醇）混合液2 L，依靠曲轴末端的水泵，使水－甘油润滑液不断地送到水环和水冷套中，并由出水接头流回小水箱中。可定期地取出小水箱，进行清洗和更换小水箱内的水－甘油润滑液。在水环上放置一个耐油橡胶密封环，用以防止水－甘油润滑液的漏出。

（4）电气系统。机座的右侧内装有电气控制线路和电动机等，它是氧气充填泵的基础；其电气线路图如图9－30所示，图中K1及RD为用户外接电源的闸刀开关及保险丝。

在操纵前，应将机座系右侧电源开关打开，电源指示灯显示，并按下启动按钮，启动运转。当泵停止使用时，要切断电源。

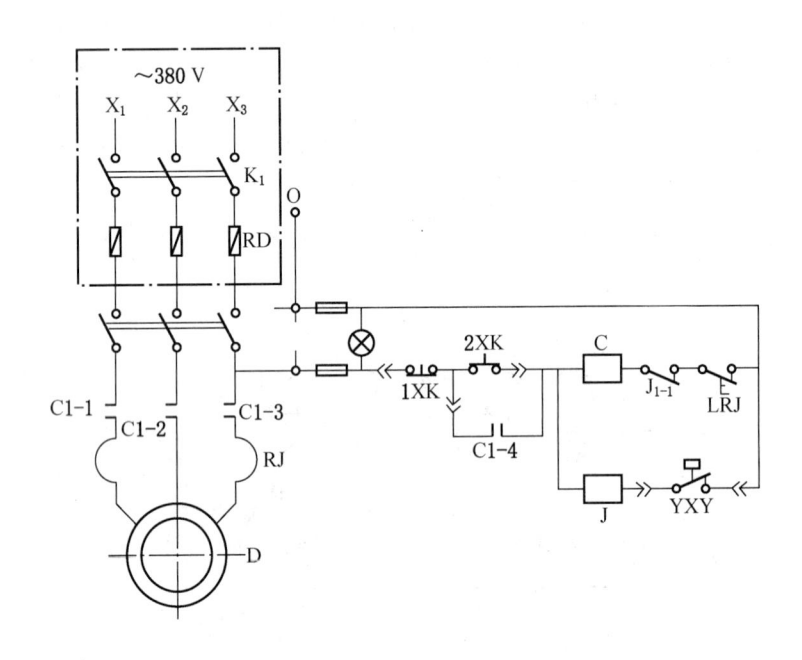

图9－30 电气线路图

4. 工作原理

在一、二级气缸的两端均装有吸、排气阀（俗称单向阀），其作用是控制气流方向，吸、排气阀质量的优劣对充气速度的快慢有较显著的影响。

当一级柱塞向下运动时，一级气缸内的气体随之膨胀，压力降低，当一级气缸内的压力低于输气瓶内气体压力时，一级吸气阀自动启开，气体由输气瓶流入一级气缸内；当一级柱塞向上运动时，气缸内气体被压缩，压力升高，当其压力大于二级气缸内气体压力（由于两曲拐互成180°，此时二级柱塞向下运动），一级气缸的排气阀和二级气缸的吸气阀均打开，一级气缸内气体便流入二级气缸内。当二级气缸内柱塞向上运动时，二级气缸内的气体被压缩,压力升高。当其压力大于小氧气瓶内气体压力时,二级排气阀打开,二级气缸内的气体便通过气水分离器上的单向阀流入到小氧气瓶内,即完成一次充气。以后柱塞每往复运动一次即充气一次。

5. 使用前的检查

(1) 充填泵工作前,应仔细地检查各部位是否清洁可靠,还应将管路系统中充满 30~32 MPa(约为 300~320 kgf/cm²)的氧气,用肥皂水检查各处是否漏气,如发现有不良现象应及时设法排除(如勉强使用,不但充气效率低,而且还会发生危险)。

(2) 检查曲轴旋转方向与皮带罩上箭头方向是否一致。

(3) 单向阀检查。应关上集合开关进行充气,观察各压力表的变化情况,如果一级排气压力和一级进气压力接近或相等,说明一级气缸的吸、排气阀失灵;如果二级排气压力和一级排气压力接近或相等,说明二级气缸的吸、排气阀失灵。

(4) 安全阀可靠性检查。关上集合开关进行充气,当充气压力为 31~33 MPa(约 310~330 kgf/cm²)时安全阀应自动开启排气。

6. 充气过程

这个过程也就是将氧气从大输气瓶充填到小氧气瓶的操作过程,其过程如下:

(1) 分别接上输气瓶及小氧气瓶。

(2) 打开输气开关、集合开关,使输气瓶内氧气自动地流入小氧气瓶内,直到压力平衡为止。

(3) 关上集合开关,进行充气(观察各压力表的变化),直到小氧气瓶内的压力达到需要时为止(当充气压力为 30 MPa 时,必须选用耐气压为 30 MPa 的小氧气瓶)。

(4) 打开集合开关,关闭小氧气瓶开关及接小瓶开关,并打开放气开关,放出残余气体后,卸下小氧气瓶。

(5) 再次进行充气时,应按上述重复进行。

7. 注意事项

(1) 充填泵应选择在干净无油污的房间内进行工作,使用环境的温度不低于 0 ℃。

(2) 充填泵可用螺栓固定在水平的基台上,也可以放置在水平的基台上。充填泵与基台间应放置减震的厚橡胶板,与基台接触应平稳,地脚螺栓孔距为 740 mm×420 mm。

(3) 严禁任何脂肪物体及浸油物体与氧气和水–甘油润滑液相接触的零件接触。

(4) 在首次使用前应将机械油注入机体内,并在每次更换机械油后,必须除去机体外部的油脂并且擦干净,绝不允许机油从上、下机体的接合处、各密封环处及密封罩处往外渗漏。

(5) 使用地点严禁吸烟,工作人员必须穿上没有油污的洁净衣服,工作前必须用肥皂解细地把手洗净。应建立相应的禁烟、禁油制度。

(6) 所有使用的工具必须经过清洗除油后,再用棉纱彻底擦干净。

(7) 电动机的接线必须良好,网络内应设置有保险丝和接地线。

(8) 凡是与氧气及水–甘油润滑液相接触的零件应定期进行清洗,清洗材料有乙酰、酒精、四氯化碳。

(9) 应接好冷却水箱的自来水,并应畅通无阻,以降低温度。

（10）充气时气缸表面温度升高较快（约60℃），这是正常现象。

（11）确定电接点压力表自动停泵的控制压力应大于安全阀的排气压力，即在正常情况下应有安全阀起作用，电接点压力表的自动控制在特殊情况下起安全保护作用。

（12）每次充气前，应将充填泵空运转几分钟，观察各部位运行是否正常，运行正常后进行充气；一旦发现有噪声及其他不正常现象时，应停泵修理，正常后方能使用。

（13）充填泵运行一定时间后，如发现气缸漏气时，可将气缸卸下，用专用扳子拧紧压紧螺帽（每次拧紧螺帽深度为1~1.5扣左右）如压紧螺帽已拧到头时，可更换压紧螺帽继续压紧，并将气缸再安装在充填泵上继续使用。

（14）充填泵工作完毕后应切断电源，关闭输气瓶开关，并从气水分离器中放出冷凝水。

（15）必须选用额定压力为30 MPa的小氧气瓶进行30 MPa压力的氧气充填。

七、温度检测装备（红外测温仪）

1. 用途

手持式温度遥测仪，是采用国际最新红外遥感技术设计制造的高科技产品，它无须接触被测目标，即可灵活方便、安全准确地测量被测物体或某特定区域的温度。手持式温度遥测仪适用于各种不同的使用环境，由专业技术人员进行巡视或定点检测，对于运动的、旋转的或具有腐蚀、带电危险的固体、液体和气体，均可进行非接触式温度遥测。

2. 型号

手持式温度遥测仪根据测量范围和使用性能的不同可分为3种型号，即基本型KCT3、普通型KCT5和通用型KCT7。

3. 结构

KCT型手持式温度遥测仪的结构主要包括液晶显示屏、凹型镜头、扳机开关、电池盒、激光反射孔和瞄准槽，如图9-31所示。

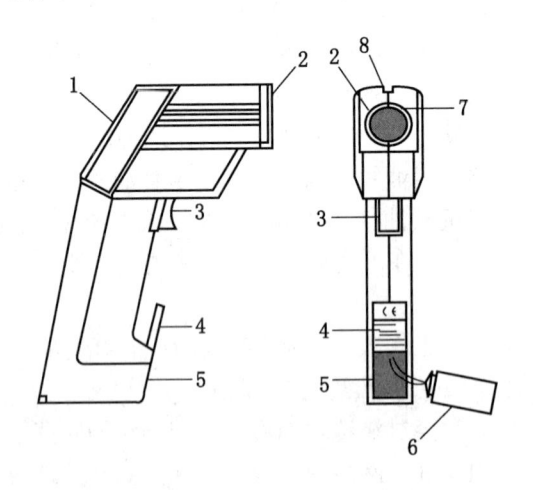

1—液晶显示屏；2—凹型镜头；3—扳机开关；4—电池盒盖；
5—电池盒；6—电池；7—激光反射孔；8—瞄准槽

图9-31 KCT型手持式温度遥测仪的结构

4. 工作原理

通过将温度遥测仪的凹形镜头对准目标，接受到目标的红外能量，并将其聚焦在仪器内的红外传感器上产生电子信号，再由仪器内的专用电脑对该信号进行修正、分析、处理，最终以数字形式将实测温度数据显示在液晶显示屏上。

八、生命探测仪

1. 雷达生命探测仪

矿用本质安全型雷达生命探测仪由本质安全型的接收器和发射器组成，同时对主电路、电源、机械防护做了本安设计处理，达到煤矿爆炸性环境的使用要求，雷达生命探测技术是一种利用现代超宽谱雷达技术和生物医学工程技术相结合的前沿科技，它借助于电磁波可以穿透一定厚度的遮挡介质，探测到人类存活者的生命信息，通过检测人体生命活动所引起的各种微动如呼吸、心跳等信息，达到寻找存活者的目的。雷达生命探测仪的功能：

（1）探测仪具有探测人体生命体征信号并显示的功能。

（2）探测仪具有电量显示的功能。

（3）探测仪中平板计算机具有连接状态指示功能。

（4）探测仪中平板计算机具有对发射器进行控制的功能，包括开始探测和停止探测。

（5）探测仪中平板计算机具有查看、删除历史信息的功能。

（6）探测仪中发射器具有发射 Wi-Fi 信号与平板计算机通信的功能。

适用于煤矿井下等有瓦斯和煤尘的爆炸性工作环境。

2. 声波/振动生命探测仪

声波/振动生命探测仪是专门接收受困者发出的呼救或敲击声音的监听仪器。声波/振动生命探测仪定位系统由拾振器、接收和显示单元、信号电缆、麦克风和耳机组成，通过在搜索区域内安装若干个拾振器，可检测受困者的呼叫声音或振动信号，从而测定被困人员位置，拾振器间距一般不宜大于 5 m。其搜索方法如下：

（1）排列式搜索。将搜索区分成 2 个半环形区域，分 2 次进行搜索。

（2）环形排列式搜索。将拾振器围绕搜索区域等间隔布设，最多为 6 个传感器。

（3）十字排列式搜索。在搜索区布设相互垂直的搜索排列，每条排列单独进行搜索。

（4）平行排列式搜索。将搜索区分成若干个平行排列分别进行搜索，排列间距为 5~8 m。

3. 光学生命探测仪

光学生命探测仪适用于狭小空间及常规方法难以接近情况下的搜索工作。救援队员可在显示屏进行观察，并能通过无线传输系统，把视频信号传输到远处指挥中心的接收终端显示屏上。该仪器通过线链连接带光源的细小探头进入救援人员看不到的孔洞，搜寻被困人员或观察被埋在瓦砾堆下数米处的受困者及其环境状态，利用该仪器可直观观察探头周围尤其是狭小空隙情况，有的仪器还装有传声器，能够实现语音传递。其搜索要点如下：

（1）对没有自然空洞的构筑物，其下有可能存在受困者，首先需机械成孔，然后进行搜索。钻孔排列方式视构筑物几何形状而定，可以是平行排列，也可以环形或交叉排列。

（2）在有自然空洞或缝隙的地方，可将光学仪器直接插入其中进行搜索。

（3）配合营救行动时，采用本仪器可有效指导营救工作，避免伤害受困者。

（4）通过显示器看到的图像确定该图像在孔中的方位十分困难，需要有经验的仪器搜救人员，根据全方位图像进行分析定位。

（5）当探测到受困者后，应标记其准确的位置。

九、矿山泥沙泵

泥沙泵是一种专门用于抽送泥沙、煤渣、灰砂等颗粒物的机械设备，广泛应用于水利、矿山、冶金、市政工程等领域。

矿山排泥沙泵常用防爆立式液下排泥沙泵，CSL防爆型液下煤泥泵常用于矿山、煤矿及井下清理煤泥、煤渣、矿浆、矿砂等介质，可配专业矿用防爆电机，自带搅拌叶轮，抽煤泥煤渣效率高，节约人工，节省成本，提高清理效率。

1. 使用注意事项

在使用泥沙泵时，需要注意以下事项，以确保设备安全运转和高效工作。

（1）严格依照操作规程进行操作，并保证设备轴向和泵体之间符合要求的搭配间隙。

（2）下料口与进料管道之间的长度和弯曲度在规定范围内，以确保泵的进料畅通。

（3）在进行必要的润滑和冷却时，不应出现无润滑或润滑不良等情况。

（4）操作泥沙泵时应注意不要超载工作，当进出口压差异常时应适时停机查找原因。

（5）进出口密封应密实牢靠，以免液体或泥沙泄漏，对环境造成污染。

（6）如在出料管道内碰到固体颗粒，应遵从先断电拆卸清理再启动的原则。

（7）严格执行各项维护和修理保养制度，确保设备的长期安全运行。

2. 故障排除方法

泥沙泵在工作中可能会出现各种故障，以下是一些常见故障及其解决方法：

（1）进出口压差过大。可能是由于泵内部结构没有处理好造成流量不畅通。这种情况需要重新对泵内部进行加工，使其与进出口之间畅通无阻。

（2）音量变大或变小。泥沙泵产生异常的高分贝噪声，或者音量变大或变小，可能是由于泵的电机声音异常或是异物卡在了泵内侧，造成泵的喘振。这时需要对泵进行维护和修理和清理。

（3）没有或者流量过小。泥沙泵没有输送出泥浆，或者流量过小，可能是由于进口管道堵塞，故障的电机或者泵不能适时开启等原因造成。首先检查进口是否被堵塞，假如不是由于堵塞引起，则需要对泵进行维护和修理或更换一台新的泥沙泵。

（4）泥沙泵漏水。可能是由于密封不良或漏泄的防护器造成的。这时需要适时对泵的密封状态进行检查维护和修理，确保密封牢靠。

十、高压排水软管

矿山专用高压排水软管作为应急排水管道，可实现快速连接、铺设、排水，为救援抢险带来极大的方便、赢得大量宝贵时间。与传统的钢管、橡胶管相比其具有以下特点和优势：

（1）质量轻、可盘卷，单根长度不受限制，给运输、储存、铺设都带来极大的方便，节省大量的人力、物力。

(2) 使用快速接头，针对各种恶劣环境，均可实现快速铺设，快速连接，极大地提高工作效率。采用德式插转式软管接头，主要应用于软管与软管之间、软管与其他输液设备管路之间的连接，组成能够承受一定压力的输液系统。该插转式软管接头具有结构简单、外形美观、操作方便、装、拆迅速、工作可靠、耐压较高、质量轻等特点。

(3) 独特工艺和材质决定了其具有耐高压、耐腐蚀、耐老化等特性，使用寿命可达十年以上。软管由内胶层、纤维增强层和外胶层构成。胶层材料选用功能型聚氨酯弹性体，起到密封作用，耐油、耐水、耐老化，并且对输送介质增强层使用高强度涤纶丝编织，并植入导电纤维，作为管壁骨架材料，承压保形能力强，且能导除电。

十一、救援三脚架

救援三脚架是一种常见的救援工具，用于提供稳定的支撑和固定。它通常由三根支柱和一个平台组成，用于承载重物。其使用技巧如下：

(1) 组装救援三脚架。首先，需要将救援三脚架的支柱组装起来，通常是通过螺纹连接。确保连接牢固，以防在使用过程中松动。然后将平台固定在支柱的顶部，确保平台牢固且水平。

(2) 确定支撑点。在使用救援三脚架之前，首先需要确定适当的支撑点。可以选择一个坚固的平面作为支撑点，并确保其能够承受将要放置在救援三脚架上的重量。

(3) 调整支柱高度。根据需要，可以调整救援三脚架的支柱高度。一般来说，应该选择一个合适的高度，以提供足够的空间来进行救援操作，并确保救援器械或伤员稳定地放置在救援三脚架上。

(4) 固定救援器械或伤员。将救援器械或伤员安全地放置在救援三脚架的平台上，并使用绳索或其他固定装置将其牢固地固定。确保固定装置牢固可靠，以免在救援过程中发生意外。

(5) 使用稳定器。为了增加救援三脚架的稳定性，可以使用稳定器。稳定器通常是由一根或多根杆子组成，固定在救援三脚架和支撑点之间，以提供额外的支撑和稳定。

(6) 检查稳定性。在开始救援操作之前，确保救援三脚架的稳定性。检查所有连接和固定装置，确保它们都牢固可靠。如果发现任何松动或不稳定的地方，立即进行调整和修复。

(7) 注意安全。在使用救援三脚架时，一定要注意安全。确保周围环境安全，并采取必要的安全措施，以防止发生意外。如果需要，在救援操作中使用安全带或其他个人防护装备。

(8) 操作救援器械。一旦救援三脚架设置好并牢固固定，就可以开始操作救援器械。根据需要，可以使用救援绳索、救援索具、吊车等工具进行救援操作。确保操作方法正确，并且时刻注意救援器械或伤员的安全。

(9) 救援结束后的拆卸和维护。在救援结束后，需要将救援三脚架拆卸，并进行必要的维护和清洁。检查是否有任何损坏或松动部件，并及时进行修复和更换。

第十章 矿山医疗急救

矿山医疗急救主要是指应急救援人员对受伤人员进行及时的现场救治，其原则是使用徒手和无创技术，简单迅速地抢救伤员，并尽快将伤员移交给专业医护人员。本章对兼职救援队员应掌握的急救基本知识、急救技能、自救互救等内容进行重点介绍。

第一节 医疗急救基本知识

一、伤情判断

矿山兼职救援队员在现场要对伤员进行初步检查，检查伤员的呼吸、脉搏心跳，以及头部、颈部、背部伤势情况，并作出初步判断。

（1）检查呼吸。正常人的呼吸频率为 16~18 次/min，重危伤员呼吸多变快变浅或不规则。为了判定伤员有无自主呼吸，应在保持气道开放的情况下，耳部贴近伤员口鼻，注视胸部，进行看、听、触。看：观看胸部有无起伏。听：呼气时有无气流的声音。触：测试口、鼻部有无呼吸气流。

（2）检查脉搏心跳。正常人的心跳频率为 60~80 次/min，严重创伤、大出血的伤员心跳多增快。判定伤员有无脉搏的最简便迅速有效的方法是：测试颈动脉有无搏动。用一只手放在伤员前额使头部保持后仰姿势，另一只手的两个手指放在伤员的喉结部位，并向颈部气管和大肌带之间的沟内轻轻测试搏动区，避免用力压迫动脉，或听心脏有无搏动。

（3）检查伤员头部。检查头颅、耳朵是否受伤；检查伤员瞳孔是否放大（正常人两眼瞳孔是等大等圆的，遇到光线能迅速收缩变小；严重颅脑损伤者，两眼睛瞳孔可不一般大，用灯光刺激，可以不收缩或反应迟钝）；检查鼻子、嘴巴是否受伤。

（4）正确检查判断伤员的颈部是否受伤，检查胸部、腹部、腰部、骨盆、四肢等是否有出血或骨折。

（5）检查背部伤势。翻身时，救援人员站到无伤的腿部一侧，喊口令：一二起，检查后，喊口令一二缓慢放下。

通过以上简单的检查，可对伤员的伤情作出初步判定：

危重伤员：意识丧失，严重呼吸困难，腹腔内血管或脏器破裂，颅内出血，循环衰竭等，外伤性窒息、各种原因引起心搏骤停、呼吸困难、深度昏迷、严重休克、大出血等，需立即抢救，迅速护送就医。

重伤员：严重撕脱伤合并大出血，意识丧失大于 24 min，开放性胸部伤，多处骨折，腰椎骨折合并截瘫，肢体离断伤，心脏或心包损伤，骨折及脱位，严重挤压伤，大面积软组织挫伤，内脏损伤等，需要预防休克，立刻手术治疗，迅速护送就医。

轻伤员：无意识丧失，轻度胸壁擦伤，腹肌挫伤，头面部擦伤或关节脱位，软组织伤（如擦伤、裂伤和一般挫伤）等，这类伤员多能行走，可经现场处理后，回住址休息。

二、院前急救

院前急救必须将外伤现场信息、解脱伤员、伤情的初期判断、基本救援、各级通信联系、高级救治等急救工作加以程序化管理。时间上突出一个"急"字，技术上突出一个"救"字，遵循程序的规定，争取在最短的时间内有效地完成急救和安全转运任务。

（1）事故发生后，首先由经急救训练的兼职救援队员、班组长组织指挥解脱伤员，同时用井下电话进行呼救。最早获得呼救信息的应该是指挥调度室，由调度室迅速向矿山救援队和医疗救援中心一线人员（急救员、医生、护士、司机）下达指令，医护人员立即了解伤情及受伤地点，迅速抵达现场救治。如遇重大事故，在矿长的直接指挥下，组织专人（救援队）解脱伤员。对于压埋时间较长的伤员，必要时可施行适当的医疗措施（有时为挽救生命进行必需的现场截肢等）。

（2）伤员解脱后，立即进行现场急救，在急救员尚未到达现场前，应由受过急救训练的工人，实行互救自救。

（3）井下急救员接到电话后，迅速携带急救物品奔赴现场，首先进行必要的初步伤情判断，对危及生命的伤员，在进行初级急救的同时，要及时通知井口保健站医生入井协助抢救，并在进行确切的止血、包扎固定后，在严密的监护下，安全护送升井。

（4）对危重伤员，经井口保健站施行较高级生命支持后，迅速安全地向上一级医院（矿医院或总医院）转送。在途中坚持"边送边救"的原则，所配救援车应该设备齐全先进，以便对危重伤员实施途中监护和救治，并安全转送到医院。

（5）井下发生重大事故后，根据需要，井下调度、矿调度、集团公司调度分别向各级急救机构传递呼救信息。矿医院迅速派医护人员赶赴现场、保健站参加抢救，企业矿山医疗救援领导小组成员迅速赶赴企业总医院指挥抢救。

（6）凡在矿医院抢救或治疗后，需要向企业总医院转送者，应携带病历及其有关材料，由矿医院医护人员直接护送到企业总医院，尽量减少搬动次数。

三、现场救援不当的后果

在各种灾难性事件的急救过程中，对于各种损伤很多人由于缺乏相关的知识，加之救人心切，使用了一些错误的方法对伤者进行止血、包扎、固定、搬运，或者为减轻疼痛，习惯用手揉捏并按摩受伤部位，结果导致了十分严重的后果。

（1）导致截瘫。脊柱部位的骨折、脱位，随意搬动可以造成骨折脱位加重而导致截瘫。颈椎部位的骨折可以造成四肢高位截瘫，胸腰部骨折，不恰当的搬运可以损伤腰脊髓神经，发生下肢截瘫。比如，煤矿井下工人受伤后，工友们为了及早使伤者深井得到妥当的救治，常常把伤者从低矮的掌子面背负着进行搬运，结果导致了原没有神经症状的脊柱骨折者发生了截瘫。

（2）加重出血。对于骨盆、锁骨或四肢骨折者，随意乱搬动会刺破局部血管导致出血，甚至是危及生命的大出血。或者可以使已经停止出血的骨折断端再次出血。如锁骨粉碎性骨折，揉捏可以伤及锁骨下动脉；肋骨骨折，随意搬动可致骨折断端刺破肺脏，发生血胸、气胸、纵隔及皮下气肿等；肱骨外科颈骨折，揉按可以伤及腋动脉；肱骨髁上骨折，揉压可以伤及肱动脉；股骨下段骨折，乱动可损伤股动脉。

（3）损伤神经。四肢的长骨干骨折，其骨折断端会像刀子一样锋利。在此状态下，揉捏按压除可造成出血外，还可以使骨折端刺伤或切断周围神经，从而造成神经麻痹，导致肢体局部功能丧失。

（4）加重休克。严重的骨折，如大腿、骨盆或多发性肋骨骨折合并内脏损伤时，由于失血和疼痛，病人可发生休克。如果再施以搬运颠簸就会进一步加重休克，甚至造成伤者死亡。也有的长时间被困井下的工人，虽说没有任何外伤，但一旦被解救出来，由于精神倒垮或应激反应，也会出现休克，这时如果还继续让他行走，就会使休克加重，甚至心跳停止。

（5）导致感染。不管是身体什么部位的开放伤，如四肢开放性骨折、胸腹开放伤，如果用不洁净的衣物、敷料盲目包扎，会将细菌带入伤口中，导致伤口感染，甚至产生败血症、脓毒血症、骨髓炎等，造成严重后果。

（6）引起二便障碍。对于骨盆骨折，特别是耻骨坐骨支的骨折，如果搬运不当，扭转肢体，骨折端很容易造成男性尿道的断裂或挫伤，甚至直肠挫伤，从而引起排便、排尿困难。

（7）引起合并伤。脱位后随意按捏也是危险的，比如肩关节脱位，有些人企图自己复位，或要求非医生帮助复位。由于他们都不了解复位的机理，没有麻醉药物的辅助，复位不仅几乎不可能，而且容易合并局部肱骨外科颈骨折和血管神经损伤。

（8）造成骨坏死。如果股骨颈、腕骨骨折后翻动搬抬，可以损伤仅存的关节囊血管和骨干的滋养血管，从而导致股骨颈的血管严重破坏，不仅可以造成骨折愈合困难，而且可能导致股骨头无菌性坏死。

（9）导致肢体坏死。肢体受伤后，特别是合并骨折后，局部肿胀非常严重。此时如果固定不当，使用大量敷料包扎，虽然可能暂时有一定的止血效果，但时间不久，会导致肢体麻木，超过 2 h 以上就可能导致肢体缺血性坏死。

第二节　医疗急救技术

一、止血

创伤一般会出血，特别是较大的动脉血管损伤，会引起大出血。如果抢救不及时或不恰当，就可能使伤员出血过多，甚至危及生命。

人体的血液量一般占到体重的 7%～8%（即 4000～5000 mL）。当失血量为 20%（即 800～1000 mL）时，伤员脸色苍白、出冷汗、手脚冰凉、呼吸急促，一般会迅速恶化；当失血量达 40%（即 1600～2000 mL）时，伤员就有生命危险。在这种情况下，首先要争分夺秒准确有效地止血，然后再进行其他急救处理。

（一）出血状况的判断

（1）动脉出血。血液是鲜红的，随心脏跳动的频数从伤口向外喷射。

(2) 静脉出血。血液是暗红的,徐缓均匀地从伤口流出。

(3) 毛细血管出血。血液是红色的,像水珠样地从伤口渗出,多能自身凝固止血。

(二) 止血方法

毛细血管和静脉出血,一般用纱布、绷带包扎好伤口,就可以止血。大的静脉出血可用加压包扎法止血。下面介绍几种常用的暂时性的动脉止血方法。

1. 指压止血法

在伤口的上方(近心端),用手指压住出血的血管,以阻断血流(图10-1)。采用此法,不宜过久,适用于四肢大出血的暂时止血,应同时准备换用其他止血方法。常用的指压法有如下几种:

(1) 上肢指压止血法。手、前臂、肘部、上臂下段动脉出血,可压迫上臂中上1/3内侧搏动处(即肱动脉),即可止血。

(2) 下肢指压止血法。脚、小腿或大腿动脉出血,用两手指压迫大腿根部内侧搏动处(即股动脉),即可止血。

(3) 肩部指压止血法。肩部或腋窝大出血,可在锁骨上窝内1/3处摸到搏动(即锁骨下动脉)时,向第一肋骨施压,即可止血。

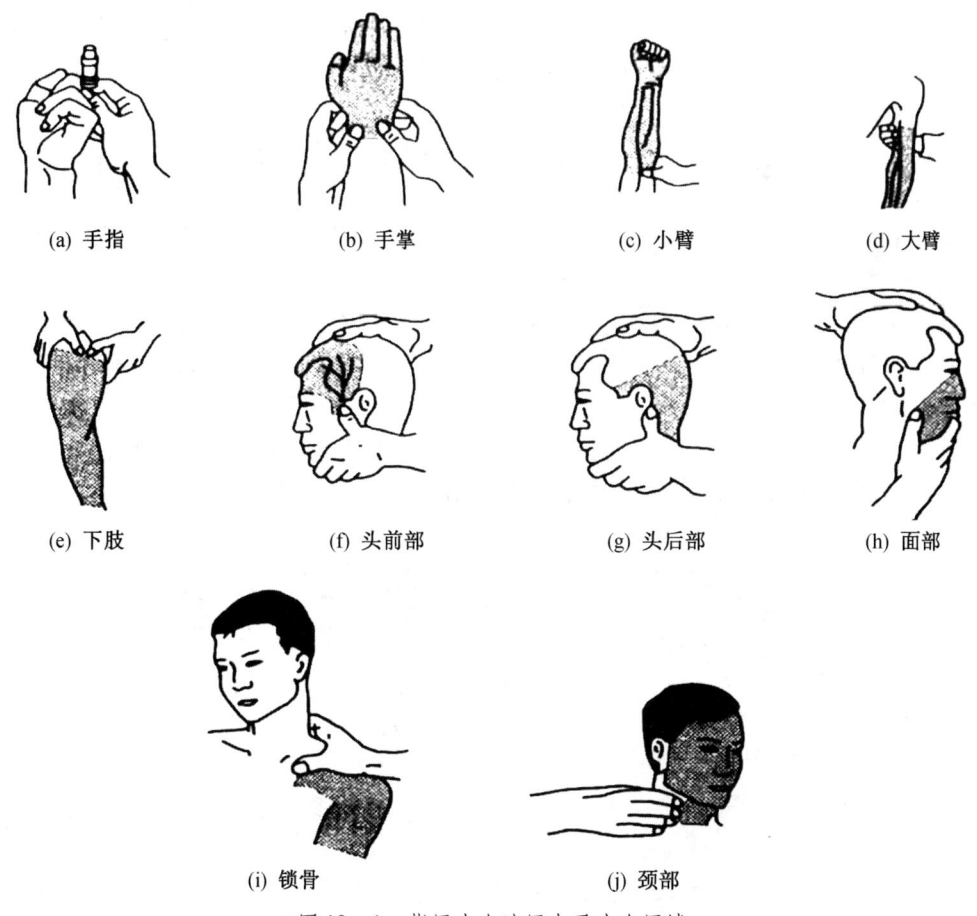

(a) 手指　　(b) 手掌　　(c) 小臂　　(d) 大臂

(e) 下肢　　(f) 头前部　　(g) 头后部　　(h) 面部

(i) 锁骨　　(j) 颈部

图10-1　指压止血法压点及止血区域

2. 加压包扎止血法

加压包扎止血法是最常用的有效止血方法，适用于全身各部位（图 10-2）。操作方法是用消毒纱布或干净毛巾、布料盖住伤口，再用绷带、三角巾或布带加压缠紧，并将肢体抬高，也可在肢体的弯曲处加垫，然后用绷带缠好（图 10-3）。

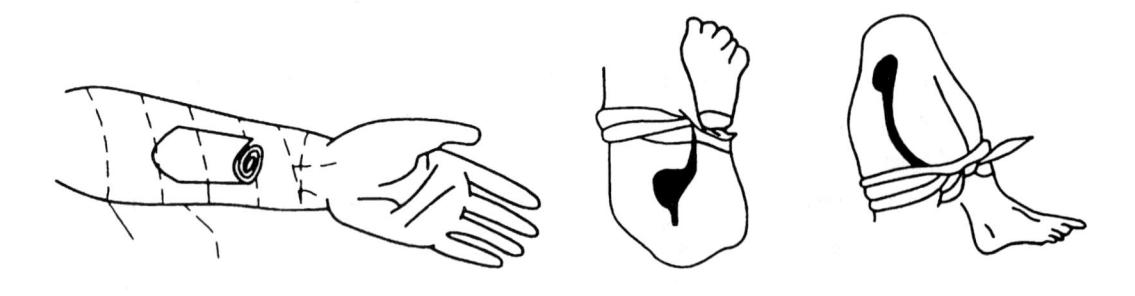

图 10-2 加压包扎止血法

图 10-3 屈肢加压止血法

3. 止血带止血法

通常用橡皮止血带（图 10-4），也可用大三角巾、绷带、手帕、布腰等止血带代替，但禁止用电线或绳子。止血带可以把血管压住，达到止血目的，适用于四肢大血管出血。使用止血带止血，必须注意以下几点：

（1）上止血带后，要有标记，并在标记上写明上止血带的时间，以免忘记定时放松，造成肢体缺血过久而坏死。

（2）上止血带后，一般 30 min 至 1 h 放松一次；若仍然出血，可用手指压迫伤口，过 3~5 min 再缚好。

（3）受严重挤压伤的肢体或伤口远端肢体严重缺血时，不能上止血带。

（4）如肢体伤重已不能保存，应在伤口近心端紧靠伤口处上止血带，不必放松，直至手术截肢。

（5）在上止血带的部位，必须先衬绷带、布块或绑在衣服外面，以免损伤皮下神经；同时，绑的松紧要适宜，以摸不到远端脉搏及致使出血停止为限度。

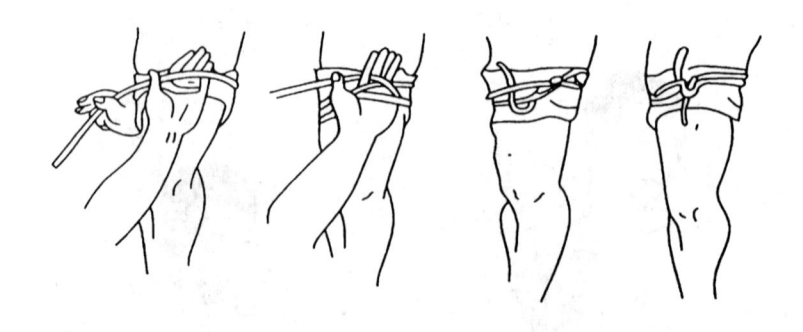

图 10-4 止血带止血法

二、包扎

伤口是细菌侵入人体的入口。如果伤口被污染，就可能引起化脓感染、气性坏疽及破伤风等病症，严重损害健康，甚至危及生命。所以，受伤以后，在矿井无法做清创手术的条件下，必须先进行包扎。

（一）包扎的目的

（1）保护伤口，减少感染。
（2）压迫止血。
（3）减轻疼痛。

（二）包扎的材料

（1）胶布：也叫橡皮膏，用作固定纱布和绷带。
（2）绷带：用于四肢或颈部的包扎。
（3）三角巾：用于全身各部位的包扎。
（4）四头巾：多用于鼻、下颌、前额及后头部的包扎。

若现场没有上述包扎材料，可以就地取材，用手帕、毛巾、衣服等代替。

（三）包扎的方法

1. 绷带包扎

（1）环形包扎法。将绷带作环形重叠缠绕即成。通常是第一圈环绕稍作斜状，第二、第三圈作环形，并将第一圈斜出的一角匝于环形圈内，最后用橡皮膏将带尾固定，或将带尾剪成两半，打结后即成（图10-5）。此法适用于头部、颈部、腕部及胸部、腹部等处。

（2）螺旋法。通常是先作环形缠绕开头的一端，再斜向上绕，每圈盖住前圈的1/3或2/3即成（图10-6）。此法适用于四肢、胸背、腰部等处。

图10-5　环形包扎法　　　　　图10-6　螺旋法

（3）螺旋反折法。先用环形法包扎开头的一端，再斜旋上升缠绕，每圈反折一次（图10-7）。此法适用于小腿、前臂等处。

（4）"8"字环形法。一圈向上，一圈向下，呈"8"字形来回包扎，每圈在中间和前圈相交，并根据需要与前圈重叠或压盖一半。此法适用于关节部位（图10-8）。

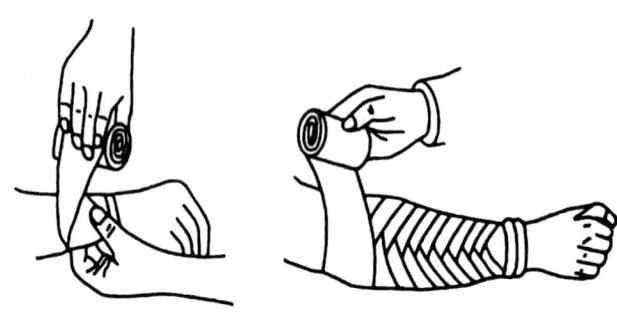

图 10－7　螺旋反折法　　　　　　　　图 10－8　"8"字环形法

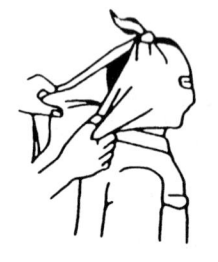

图 10－9　面部包扎

2. 三角内包扎

把 1 m×1 m 见方的本色白布对角剪开，即成两块大三角巾。如果再将三角巾对折剪开，即成两块小三角巾。三角巾用途很广，适用于以下人体各部位的包扎。

（1）面部包扎。把三角巾的顶角先打一个结，然后顶角在上用以包扎头面，在眼睛、鼻子和嘴的地方挖几个小洞，把左右角拉到脖子后面，再绕到前面打结（图 10－9）。

（2）头部包扎。先沿三角巾的长边折叠两层（约两指宽），从前额包起，把顶角和左右两角拉到脑后，先作一个半结，将顶角塞到结里，然后再将左右角包到前额打结（图 10－10）。

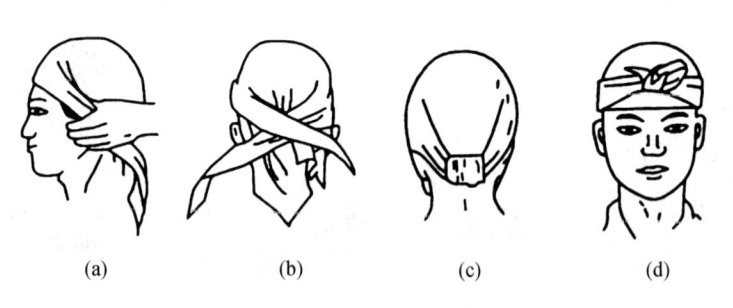

图 10－10　头部包扎

（3）背部包扎。它和胸部包扎方法一样，不同的是从背部包起，在胸部打结（图 10－11）。

（4）胸部包扎。如果伤在右胸，就把三角巾的顶角放在右肩上，把左右两角拉到背后（左面要放长一点），在右面打结，然后再把右角拉到肩部和顶角相接。如果伤在左胸，就把顶角放在左肩，包扎同上（图 10－12）。

242

图 10-11 背部包扎

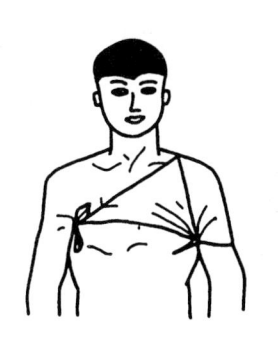

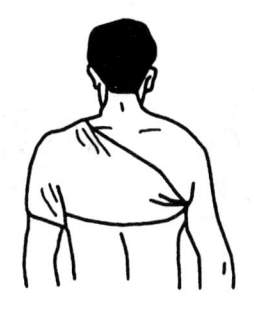

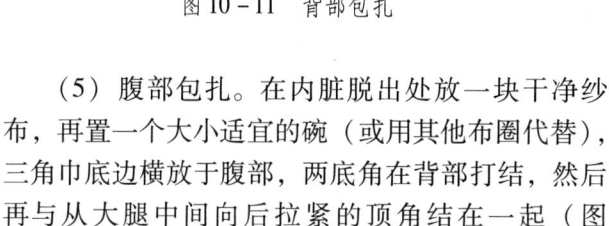

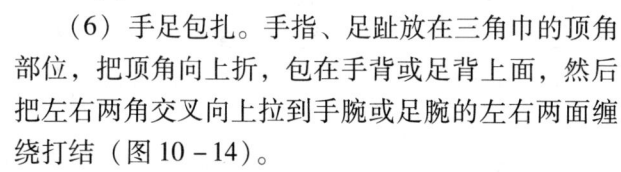

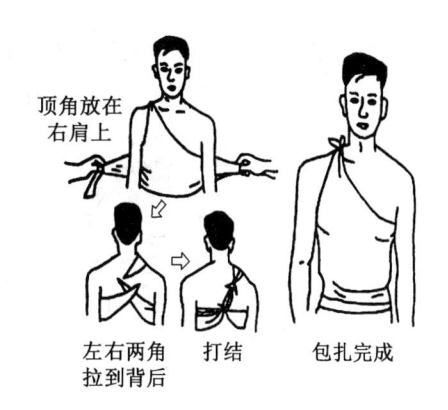

图 10-12 胸部包扎

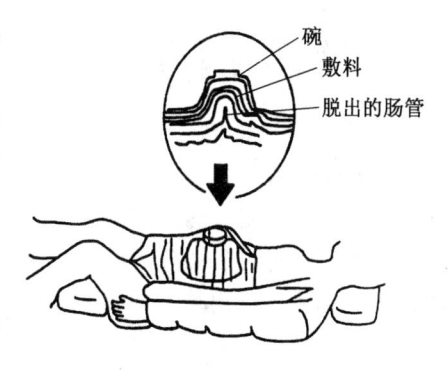

(5) 腹部包扎。在内脏脱出处放一块干净纱布，再置一个大小适宜的碗（或用其他布圈代替），三角巾底边横放于腹部，两底角在背部打结，然后再与从大腿中间向后拉紧的顶角结在一起（图10-13）。

(6) 手足包扎。手指、足趾放在三角巾的顶角部位，把顶角向上折，包在手背或足背上面，然后把左右两角交叉向上拉到手腕或足腕的左右两面缠绕打结（图10-14）。

(7) 大小悬臂带包扎。用三角巾兜起前臂，悬吊于颈部即成（图10-15）。

图 10-13 腹部包扎

图 10-14 手足包扎

图 10-15 大小悬臂带包扎

用三角巾包扎，必须注意边要固定，角要拉紧，手心伸展，敷料贴紧，打结要牢。当现场大批伤员出现时，来不及准备三角巾，也可用毛巾代替，将毛巾斜对折叠，中间用窄绷带穿过即成。如果毛巾太短，还可在毛巾的一端接上带子。用毛巾代替三角巾，同样适用于全身包扎，方法也与三角巾包扎基本相同。

3. 四头带包扎

用较宽的长条本色白布或毛巾，将布头自中各剪去1/3，即可使用，此法适用于鼻部、下颌、前额及后头部包扎（图10-16）。

图10-16 四头带包扎

三、骨折的临时固定

（一）骨折的诊断

一般诊断骨折不太困难，主要根据望、问，并运用摸法和比法，进行局部检查，综合判断。一般骨折伤员的患部有肿胀、青紫（即瘀斑）、疼痛和局部压痛、功能障碍、肢体缩短、骨摩擦音或假关节活动（即在没有关节的部位，由于骨折，出现同关节一样的活动）等症状和体征出现。前三种症状不是骨折特有的症状，但后三种体征是骨折特有的临床表现。

（二）骨折的急救要点

（1）对开放性骨折，应特别注意不要弄脏伤处，即使伤口黏有煤泥等脏东西，也不要动它，更不能用水冲洗。可用干净毛巾把伤口完全盖住，然后松松包扎，再将骨折固定，这样就能降低感染化脓的概率。

（2）不要随便移动或整复伤处，以免误伤神经、血管或内脏，造成二次损伤。在进行临时固定时，伤处一定要贴在坚硬不易弯的东西上面，固定才较牢靠。用于固定的东西很多，如夹板、木棍、竹片、树枝，甚至伤员自己的对侧肢体也可以。剧烈疼痛可引起休克，在进行临时固定前应设法止痛。

（3）护送骨折伤员时的体位：上肢骨折取坐位或半卧位；下肢取平卧位，伤肢稍抬高。

（三）临时固定方法

1. 上臂骨折

肘关节应屈曲90°，在上臂外侧各置夹板一块，放好衬垫，用绷带将骨折上下端固定。用三角巾将前臂吊于胸前，再用一条三角巾将上臂固定于胸部。无夹板时，用一宽布带将上臂固定于胸部，再用三角巾将前臂悬吊于胸前（图10-17）。

2. 前臂骨折（图10-18）

两块夹板分别放置在前臂及手的掌侧和背侧，加垫后用绷带或三角巾固定，肘关节屈

图 10-17　上臂骨折固定法　　　　　　　图 10-18　前臂骨折固定法

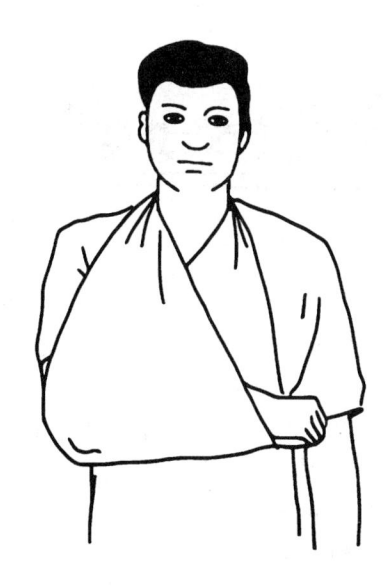

90°，用三角巾将前臂吊于胸前。

3. 大腿骨折

夹板两块，外侧由腋窝到足跟，内侧由大腿到足跟，加垫后，用三角巾数条或绷带分段固定（图 10-19）。无夹板时，可用健肢固定（图 10-20）。

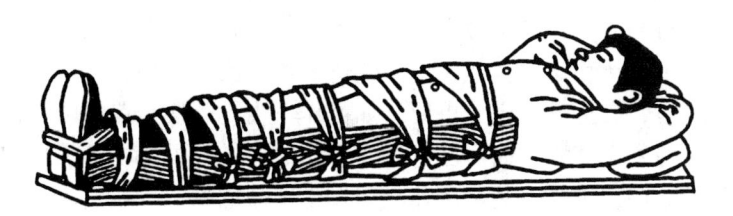

图 10-19　大腿骨折固定法

图 10-20　大腿骨折用健肢固定法

4. 小腿骨折

用从大腿中部至足跟的夹板两块，置于小腿内、外侧，加垫后分段固定（图 10-21）；或者用长腿直角夹板固定。无夹板时，也可用健肢固定。

图 10-21　小腿骨折固定法

5. 肋骨骨折

肋骨骨折是因胸部受直接或间接外力的打击或挤压所致。

（1）症状。伤员伤处疼痛；局部可摸到骨折断端或有骨摩擦音；若骨折端刺破胸膜致使肺脏损伤，可发生咯血、胸闷、呼吸困难并可能发生血胸、气胸等严重情况。

（2）处理。单纯肋骨骨折可用胶布固定胸壁，贴胶布时应从脊柱开始绕向胸骨，即在伤员深呼气结束时，用数条宽约 7~8 cm 的胶布，自下而上地重叠紧贴于伤处胸壁上，每条胶布的前后端应超过脊柱及胸骨中线至少 5 cm（图10-22）。固定期约为 2~3 周即可。

6. 脊柱骨折

脊柱是由 24 块脊椎骨组成的，脊椎骨中间有一根粗大的脊髓神经，从颈部往下直穿向腰部。容易发生脊柱骨折的部位多在胸、腰椎部的交界处。

判断胸、腰部脊柱骨折可根据以下几点：一是根据当时受伤情况进行初步判断；二是腰部或胸部疼痛，按压处疼痛加剧（就是骨折的地方）同时还可能摸到有一处棘突比较突出；三是用针轻刺双足，如果痛觉减退，足踝运动受限，就可能是脊髓损伤。

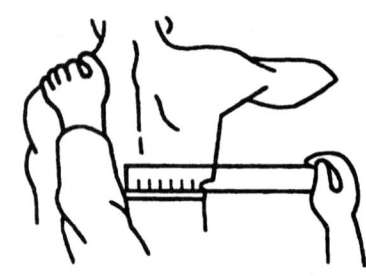

图 10-22　肋骨骨折胶布固定法

对疑为脊柱骨折的伤员，必须做全身的检查，了解有无休克及其他并发症，以便在现场先做好相应的处理，待稳定后，即转送医院进一步诊治。

对脊柱骨折伤员，搬运方法十分重要，如操作不当，即使是单纯的骨折，也可导致继发性脊髓损伤，致使发生截瘫，而对已有脊髓损伤的伤员，可能增加损伤的程度，尤其是高位的脊柱骨折。如搬运不当，甚至可能立即发生生命危险。

搬运时，必须使伤员保持伸展位。即 3 人蹲或跪在伤员一侧，伸手至水平位将伤员平放于硬木板上，伤部可用一软垫垫起，以维持伸展，并将伤员固定，然后才可搬运转送。有条件时，最好用铲式担架（图 10-23）。

图 10-23　铲式担架

四、人工呼吸

根据呼吸运动的原理，用外力使伤员的胸腔扩大和缩小，引起肺被动地收缩和舒张，从而使其恢复自主性呼吸。在施行人工呼吸前，先要将伤员迅速地搬运到附近较安全而又通风的地方。如果急救的现场是在井下，应注意顶板良好、无淋水；再将伤员领口解开，腰带放松，并注意保暖。

现场急救常用的人工呼吸法有口对口人工呼吸法、仰卧压胸法和俯卧压背法 3 种。

（一）口对口人工呼吸法（图 10-24）

1. 通畅气道

呼吸停止后，人必昏迷，无法吐出口中的异物。如果不首先清除，急于借口对口吹气，不但空气无法入肺，反而会把外物吹入肺内，造成不幸。另外，呼吸停止的人，肌肉必松弛，下颌随之下移，于是舌根向后坠落，可能会阻塞气道。故必须采取以下急救方法：

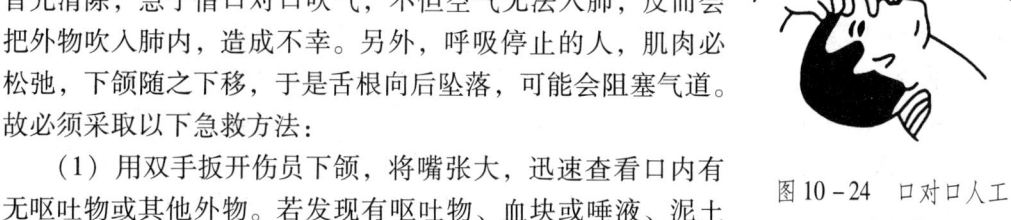

（1）用双手扳开伤员下颌，将嘴张大，迅速查看口内有无呕吐物或其他外物。若发现有呕吐物、血块或唾液、泥土等，应立即将伤员的头侧向一边，并用食指裹以毛巾、手帕或衣角，伸入口内，将外物一一掏出，动作须快，一般只需十几秒钟的时间。

图 10-24 口对口人工呼吸法

（2）解除舌下坠，应将伤员的头尽力后仰，再用另一手将头固定。头仰后，下颌和咽喉间被紧拉，舌根就被连带上提。

2. 站好位置

伤员仰卧在地上，救援者应双膝跪在伤员头侧。如果伤员躺在床上或桌面上，救援者应站在伤员的头侧。跪在伤员头前时，可用膝盖顶住伤员的头，使头保持后仰，一手捏住伤员的鼻孔，另一手托起下颌。

3. 吹气入肺

吹气前，救援者张大嘴，尽力吸气，然后俯身用自己的嘴唇包住伤员的嘴唇，使不漏气。

4. 让气流出

吹气完毕，救援者立刻将头离开伤员，松开捏鼻的手。同时，救护者可以直起身子，张大嘴巴，深吸气，为下一次吹气做好准备。如此有节律地、均匀地反复进行，每分钟约吹 14~16 次，直至伤员恢复自主性呼吸。

（二）仰卧压胸法

让伤员仰卧，救援者跪在伤员大腿内侧，两手拇指向内，其余四指向外伸开，平放在其胸部两侧乳头之下，借上半身重力压伤员胸部，挤出肺内空气，然后，救援者身体后仰，除去压力，伤员胸部依其弹性自然扩张，因而空气入肺（图 10-25），如此有节律地每分钟进行 16~20 次。

（三）俯卧压背法

此法与仰卧压胸的操作方法大致相同，只是伤员俯卧，救援者骑跨、跪在伤员大腿两侧。此法对溺水者急救较为适合，便于排出肺内水分（图 10-26）。

图 10-25　仰卧压胸法　　　　　图 10-26　俯卧压背法

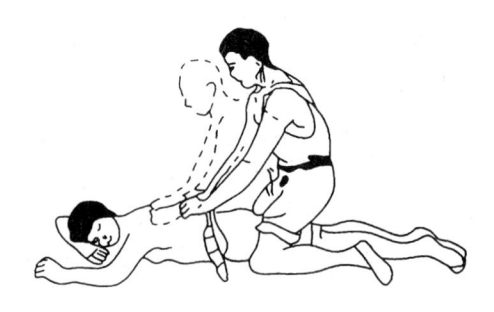

现场急救常用人工呼吸法时，应注意如下事项：

（1）施行口对口吹气时，救援者口唇要包住伤员口唇，以免漏气。吹气的大小，应注意在刚开始时吹气压力可略大些，频率稍快些；吹气10~20次后，应逐步将压力减小，以维持伤员胸部有隆起为合适。救援者与伤员的嘴间是否要放块布以免直接接触的问题，应视具体情况而定，有条件时，可放两层纱布或一块手帕隔开，但以不影响空气出入为原则。

（2）人工呼吸法适用于电休克、中毒性窒息或外伤性窒息等所引起的呼吸停止。操作时应注意心跳情况，如心跳停止，应与胸外心脏按压法同时进行。

（3）仰卧压胸法不适用胸部外伤，也不能与胸外心脏按压法同时进行；俯卧压背法对溺水伤员的急救较为适合，以便于排出肺内水分。

（4）施行人工呼吸有时要持续较长时间，甚至数小时才能把伤员救过来。施行人工呼吸时间的长短，应视伤员恢复自主呼吸或出现死亡征象而定。

五、心肺复苏

由于外伤、疾病、低温、中毒、高温、淹溺、电击等原因，致使心跳、呼吸骤停，必须在数分钟内采取急救措施，促使心脏、呼吸功能恢复从而保护和促进脑功能的恢复。这是基础生命复苏支持，即气道保持通畅、人工呼吸和人工循环，重点是维持脑的血氧供应，故又称心肺脑复苏（CPR）。

开始复苏的时间是关键：4 min 内开始复苏者，约50%可被救活；4~6 min 开始复苏者，10%可以救活；超过6 min 者存活率仅4%；10 min 以上开始复苏者，存活可能性极小。

（一）心肺复苏操作要求及方法

（1）在判定事发现场安全、配备个人防护装备后，开始施救。

（2）快速判断患者反应，确定意识状态，判断有无呼吸或呼吸异常（如仅仅为喘息），应在5~10 s内完成。判断方法：轻拍或摇动遇险者，并大声呼叫："您怎么了"。如果遇险者有头颈部创伤或怀疑有颈部损伤，只有在绝对必要时才能移动患者，对有脊髓损伤的遇险者不适当地搬动可能造成截瘫。

(3) 呼救及寻求帮助。一旦确定遇险者已昏迷，应立即呼救，招呼最近的响应者，寻求帮助拨打急救电话。注意：决不可离开遇险者去呼救。如现场只有一个施救者，则先进行 2 min 的现场心肺复苏后，再联系求救。或当有人时，请别人向急救中心求救。协助者的主要任务是协助现场心肺复苏初级救生。向急救医疗救护系统求救时，应讲清事故地点、回电号码、遇险者病情和治疗简况。

(4) 将遇险者放置心肺复苏体位。将遇险者仰卧于坚实平面如木板上，使头、颈、躯干无扭曲，平卧有利于血液回流，并泵入脑组织，以保证脑组织血供。方法：翻动遇险者时，要使头、肩、躯干、臀部同时整体转动，防止扭曲。翻动时尤其注意保护颈部，单人抢救时一手托住其颈部，另一手扶其肩部，使遇险者平稳地转动为仰卧位。注意施救者跪于遇险者肩旁，将遇险者近侧的手臂直举过头，拉直其双腿或使膝略呈屈曲状。

施救者的位置：应跪于遇险者的肩部水平，这样施救者不需移动膝部就能实施人工呼吸和胸外心脏按压，且有利于观察遇险者的胸腹部。

(5) 判断有无动脉搏动（应在 5~10 s 内完成）。由于颈动脉为中心动脉，在周围动脉搏动消失时仍可触及脉搏，且可在不脱衣服情况下检查，故十分可靠和方便。方法：用一手的食指、中指轻置遇险者喉结处，然后滑向气管旁软组织处（相当于气管和胸锁乳突肌之间）进行触摸颈动脉搏动，如图 10-27 所示。注意触摸颈动脉不能用力过大，以免推移颈动脉；不能同时触摸两侧颈动脉，以免造成头部供血中断；不要压迫气管，以免造成呼吸道阻塞；检查不应超过 10 s；颈部创伤者可触摸肱动脉或股动脉。

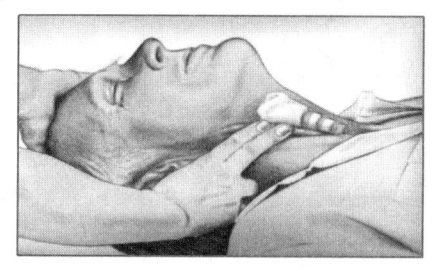

图 10-27 判断有无动脉搏动

(6) 胸外心脏按压。胸外心脏按压时，收缩压可达 100 mmHg，平均动脉压为 40 mmHg；颈动脉血流仅为正常的 1/4~1/3，这是支持大脑活动的最小循环血量。因此，进行胸外心脏按压时，患者应平卧，最好头低脚高位，以增加脑的血流供应。

定位：施救者用靠近遇险者下肢手的食指、中指并拢，指尖沿其肋弓处向上滑动（定位手），中指端置于肋弓与胸骨剑突交界即切迹处，食指在其上方与中指并排。另一只手掌根紧贴于定位手食指的上方固定不动，如图 10-28 所示；再将定位手放开，用其掌根重叠放于已固定手的手背上，两手扣在一起，固定手的手指抬起，脱离胸壁，如图 10-29 所示。

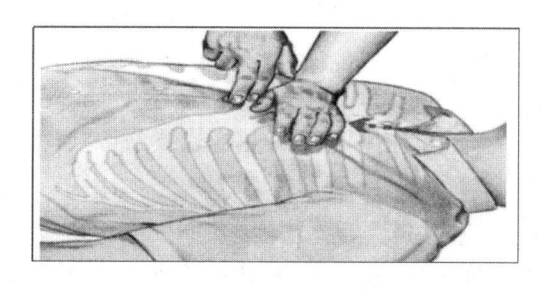

图 10-28 心肺复苏定位

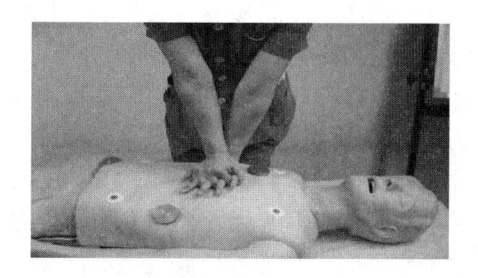

图 10-29 心肺复苏

姿势：施救者双臂伸直，肘关节固定不动，双肩在遇险者胸骨正上方，用腰部的力量垂直向下用力按压，如图 10-30 所示。

频率：100~120 次/min。

深度：成人 5~6 cm。

下压与放松时间比：1:1。

注意：按压时手指不应压在胸壁上，两手应重叠扣在一起，固定手的手指抬起，否则易造成肋骨骨折；按压位置应正确，否则易造成按压无效，剑突、肋骨骨折而致肝破裂、血气胸；按压时施力不垂直，易致压力分解，摇摆按压易造成按压无效或严重并发症；冲击式按压、抬手离胸、猛压等，易引起骨折。按压与放松要有充分时间，即胸外心脏按压时下压与放松的时间应相等。

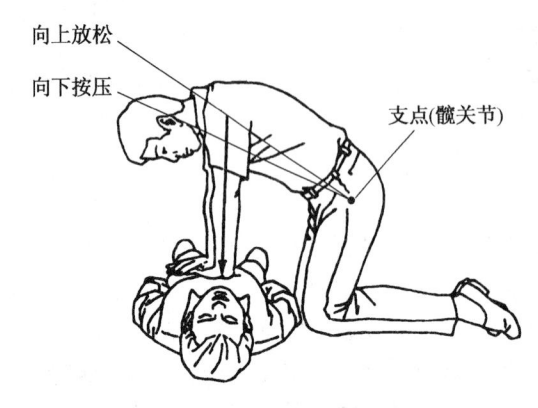

图 10-30 心肺复苏简图

（7）畅通呼吸道。凡意识丧失的遇险者，即使有微弱的自主呼吸，均可由于舌根回缩或坠落，而不同程度地堵塞呼吸道入口处，使空气难以或无法进入肺部，这时应立即通畅呼吸道。

① 仰头举颏法（或仰头举颌法）：施救者一只手的小鱼际肌放置于遇险者的前额，用力往下压，使其头后仰，另一只手的食指、中指放在下颌骨下方，将颏部向上抬起。这是一种最常用的开放呼吸道徒手操作法。但操作时应注意手指不要压迫颏下软组织，以防呼吸道受压；也不要压迫下颌，使口腔闭合。

② 下颌前移法（托颌法）：施救者位于遇险者头侧，双肘支持在遇险者仰卧平面上，双手紧推双下颌角，下颌前移，拇指牵引下唇，使口微张。此法适用于颈部有外伤者。因此法易使施救者操作疲劳，也不宜与人工呼吸相配合，故在一般情况下不予应用。

③ 清除口腔内异物：一般只适用于可见异物，且为昏迷患者。打开气道时发现异物需立即清理。施救者的拇指与食指交叉，前者抵患者下齿列，后者抵上齿列，两指交叉用力，强使口腔张开。或先用拇指及其余四指紧握下颌，并向前下方提牵，使舌离开咽喉后壁，以使异物上移或松动。然后用另一手的食指（缠纱布）沿其颊部内侧插入，在咽喉部或舌根处轻轻勾出异物。

（8）实施人工呼吸。可根据患者的具体情况，采用以下不同的人工呼吸方法：

① 口对口人工呼吸：首先要保持遇险者呼吸道通畅，施救者用按于患者前额一手的拇指与食指捏紧鼻翼下端，然后深吸一口气，张开嘴巴，双唇包绕封住遇险者的嘴外缘，施救者用力向遇险者口内吹气。吹气时间 1 s 以上，吹 2 口气应在（3~4）s 内，每次吹气量 500~1000 mL 或每次吹气时观察遇险者胸部，胸部上抬即可。开始应连续两次吹气，如只做人工呼吸，以后每隔 5 s 吹 1 次气，相当于每分钟吹气 10~12 次。吹气时应观察患者胸部有无起伏：有起伏者，人工呼吸有效，技术良好；无起伏者，口对口吹气无效，可能气道通畅不够、吹气不足或气道有阻塞，应重新开放气道或清除口腔异物。口对口吹气时，应注意每次吹气量不要过大，若超过 1200 mL 可造成胃扩张；吹气时不要按压胸部，

以免肺部受损伤或气体进入胃内。

② 口对鼻人工呼吸：当遇险者牙关紧闭、口腔严重损伤或颈部外伤时应用此法。施救者一手置于遇险者前额使其头后仰，另一手提起遇险者下颌并闭合口腔，深吸气后，用口与遇险者的鼻腔密封吹气，同时观察遇险者胸部有无起伏。呼气时应启开患者的口腔或分开双唇，以利于呼出气体。约每 5 s 吹气 1 次，相当于每分钟吹气 12 次。此法产生胃扩张的机会较少，但有鼻出血或鼻阻塞时不能使用。

（二）单人和双人现场心肺复苏操作要求

1. 单人心肺复苏

由同一个施救者顺次轮番完成胸外心脏按压和口对口人工呼吸。

施救者测定遇险者无脉搏，立即进行胸外心脏按压 30 次，频率 100～120 次/min，然后俯身打开气道，进行 2 次连续吹气，再迅速回到遇险者胸侧，重新确定按压部位，再做 30 次胸外心脏按压，如此往复进行。

进行 5 次循环（2 min 左右）后，再次检查脉搏、呼吸（要求在 5～10 s 内完成）。若无脉搏呼吸，再进行 5 次循环，如此重复操作。

2. 双人心肺复苏

由两名施救者分别进行胸外心脏按压和口对口人工呼吸。其中一人位于遇险者头侧，另一人位于遇险者胸侧。按压频率仍为 100～120 次/min，按压与人工呼吸的比值仍为 30∶2，即 30 次胸外心脏按压给以 2 次人工呼吸。位于患者头侧的施救者承担监测脉搏和呼吸，以确定复苏的效果。5 个周期按压/吹气循环后，若仍无脉搏呼吸，两名施救者进行位置交换。

（三）心肺复苏有效和终止的指征

1. 心肺复苏有效的指征

（1）瞳孔：若瞳孔由大变小，复苏有效；反之，瞳孔由小变大、固定、角膜混浊，说明复苏失败。

（2）面色：由发绀转为红润，复苏有效；变为灰白或陶土色，说明复苏无效。

（3）颈动脉搏动：按压有效时，每次按压可摸到 1 次搏动；如停止按压，脉搏仍跳动，说明心跳恢复；若停止按压，搏动消失，应继续进行胸外心脏按压。

（4）意识：可见患者有眼球活动，并出现睫毛反射和对光反射，少数患者开始出现手脚活动，说明复苏有效。

（5）自主呼吸：出现自主呼吸，复苏有效，但呼吸仍微弱者应继续口对口人工呼吸。

2. 心肺复苏终止的指征

一旦进行现场心肺复苏，急救人员应负起责任，不能无故中途辍止。若有条件确定下列指征，且进行了 30 min 以上的心肺复苏，才可考虑终止心肺复苏。

（1）脑死亡：深度昏迷，对疼痛刺激无任何反应；自主呼吸持续停止；瞳孔散大固定；脑干反射全部或大部分消失，包括头眼反射、瞳孔对光反射、角膜反射、吞咽反射、睫毛反射。

（2）无心跳和脉搏。

六、创伤性及失血性休克的急救

创伤性及失血性休克,在井下外伤中较为常见,它是伤后早期死亡的原因之一。所以,对这类休克务必提高认识,做到早期诊断、及时紧急处理。

(一)检查与识别

1. 休克的表现

(1) 收缩压低于 13 kPa,脉差在 4 kPa 以下。

(2) 伤员皮肤苍白,手足发凉,出冷汗,尿量减少。结合外伤史和临床表现即可判定为休克。

2. 休克轻重程度的估计

休克轻重程度的估计见表 10 - 1。

表 10 - 1 休克轻重程度的估计

休克分类	轻度	中度	重度
血压(收缩压)/kPa	13 以上	11 ~ 13	0 ~ 8
脉搏/(次·min^{-1})	80 ~ 100	100 ~ 120	120 以上或微弱、测不到
口唇	正常或稍发白	苍白或稍发绀	呈灰色
四肢温度	无变化或稍发凉	温而凉	冰凉
表情	正常或稍烦躁	烦躁不安或淡漠	迟钝或神志不清
尿量	正常	少	少或无尿

(二)紧急处理要点

(1) 保持安静。现场抢救时,要迅速将伤员安置到安全的地方,让其安静休息。凡有休克现象的伤员,必须遵守"先救后送"的原则,不应未经抗休克处理而急于转运。

(2) 伤员体位。采取平卧位,或头低脚高位,以增加回流到心脏的血量,改善脑部血液循环。

(3) 通畅呼吸道。注意清除伤员呼吸道的尘土、血块和分泌物。必要时,可供给氧气。

(4) 解除伤员疼痛。对有骨折的伤员,应进行骨折临时固定,以免搬动刺激神经引起疼痛,伤员肌体剧痛时,可给予适量的镇痛药。

(5) 伤口包扎止血。妥善包扎伤处,可减少出血,对腹腔脏器出血、骨盆骨折、股骨骨折而致休克者,应就地穿着抗休克裤。

(6) 防治呼吸血液循环衰竭。对出现呼吸、血液循环衰竭的伤员,除了针对伤情予以处理外,对当时出现的症状要及时抢救。伤员呼吸衰竭一般可注射兴奋剂(如尼可刹米),必要时进行口对口吹气;对血压急剧下降的伤员,可酌情使用强心剂(毛花苷 C),以及必要时进行胸外心脏按压等处理。

(7) 转送医院。转送就医应符合下列情况:①经抗休克后伤情平稳,收缩压稳定在

12 kPa 左右，脉压在 4 kPa 以上，尿量增加每小时 30 ml 以上；皮肤温度逐渐恢复，伤员安宁。②骨折已固定良好。③外出血已经得到控制。④呼吸道已保持通畅。⑤有医务人员护送，做好必要的监护，车内有必要的急救器材和药品。⑥转运前，用电话与接受治疗伤员的医院联系好，以便做好紧急抢救准备。

七、伤员搬运

经过现场急救处理的伤员，需要进一步到医院救治，但在搬运过程中，采取的方法不当，容易造成神经、血管的损伤，加重伤情，给患者增加额外的痛苦。下面介绍几种搬运方法。

（一）徒手搬运法

1. 单人徒手搬运法

单人徒手搬运法可分为扶持法、背负法、肩负法和抱持法 4 种。

（1）扶持法：对轻伤员救援者可扶持着他走，如图 10-31 所示。

（2）背负法：施救者背向伤员，让伤员伏在施救者背上，双手绕颈交叉下垂；施救者用两手自伤员大腿下抱住伤员大腿，如图 10-32a 所示。

在不能够站立的低巷道或在因伤员昏迷不能站立的情况下，施救者可躺于伤员的一侧，一手紧握伤员的肩部，另一手抱其腿部后用力翻身，使伤员负在施救者的背上，而后慢慢爬行或慢慢起身，如图 10-32b 所示。

图 10-31 扶持法

(a) 背负法

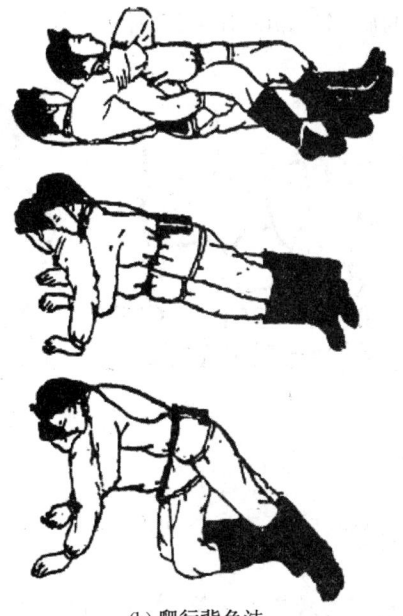

(b) 爬行背负法

图 10-32 背负法

（3）肩负法：把伤员的腹部担在施救者的右（左）肩上，右（左）手抱住伤员的双腿，左（右）手握住伤员的右（左）手，或以右（左）手将伤员的双腿与右（左）手一并抱住，如图10-33所示。

（4）抱持法：施救者一手扶伤员的脊背，一手放在伤员的大腿后面，将伤员抱起来行走，如图10-34所示。

图10-33　肩负法　　　　　　　　图10-34　抱持法

2. 双人徒手搬运法

双人徒手搬运法可分为双人抬坐法和双人抱法两种。

（1）双人抬坐法：两个施救者将双手互相交叉呈"井"字形握紧，使伤员坐在上面，双手扶住急救者的肩部，如图10-35所示。

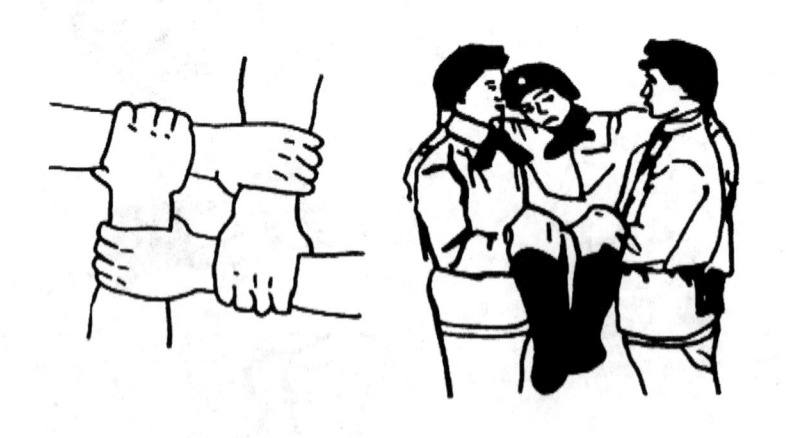

图10-35　双人抬坐法

（2）双人抱法：施救者1人抱住伤员的臀部、腿部；另1人抱住肩部、腰部，如图10-36所示。

图 10-36　双人抱法

（二）担架搬运法

对重伤员一定要用担架搬运抬送。搬运伤员的担架可用专门的医用担架，也可就地取材，用木板、竹笆、绳子、毛毯、木棍和帆布等绑扎而成。

向担架上抬放伤员时，首先把准备好的担架平放在伤员的一侧，两个施救者站在伤员的另一侧，其中一人抱住伤员的颈部及下背部，另一人抱住伤员的臀部和大腿，平稳地把伤员托起放在担架上。

如果伤员伤情很重，可 3 人站在伤员的同侧或两侧，1 人抱住伤员的上背部和颈部，1 人抱住臀部和大腿，第 3 人托住腰和后背，动作一致而平稳地把伤员托起放在担架上，如图 10-37 所示。

图 10-37　担架搬运法

搬运脊柱骨折的伤员时千万要注意，不可随便搬动和翻动伤员，也绝对不可用抬、扛、背、抱的方法搬运，还不能用帆布或用绳索等绑扎的软担架抬运，一定要用木板做的硬担架抬运，如图10-38所示。伤员放到担架上以后，要让其平卧，腰部垫上一个衣服垫，然后用三四根布带把伤员固定在木板上，以免在搬运中滚动或跌落，否则，极易造成脊柱移位或扭转，刺伤血管和神经，造成下肢瘫痪。

图10-38 搬运脊柱骨折伤员的方法

伤员搬运到井下大巷后，可连同担架一起固定在专用的人车或空矿车上，在施救者看护下立即向地面医院转送。

（三）搬运伤员的注意事项

（1）在搬运转送前，一定要先做好对伤员的检查和进行初步的急救处理，以保证转运途中的安全。

（2）要根据伤情的轻重，确定适当的搬运方法。

（3）用担架抬运伤员时，一定要使伤员脚朝前，头在后。这样后面的抬送人员能随时看到伤员的面部表情。如发现有异常变化时，能立即停下来及时抢救。

（4）搬运行进中，动作一定要轻，脚步一定要稳，步伐一定要力求迅速而一致。千万要避免摇晃和震动。如条件许可，一副担架要另派2~3人跟随，以便随时接力更换，保证搬运的速度，有医护人员跟随更好。

（5）在井下沿下山巷道向下搬运时，伤员的头要在后面，担架尽量保持前低后高，以保证平稳和使伤员舒适。如果沿上山巷道向上搬运，则应头在前，脚在后。

（6）将伤员抬运到大巷后，如有专用车辆转送，一定要把担架平稳地放在车上并固定，车辆速度不宜太快，以避免颠簸；如用空矿车运送，更要固定好担架，把伤员牢固地绑在担架和车身上，担架两侧还应有人看护，并严格控制行车速度。

（7）在抬运转送中，一定要给伤员盖好毯子或其他衣物，使其身体保温，防止受寒受冻。

（8）抬运人员在救护伤员时，一定要时刻保持沉着镇定，不论遇到什么情况，都不可惊慌失措。

第三节　自救互救与避灾方法

自救就是当井下发生灾变时，在灾区或受灾变影响区域的每个工作人员进行避灾和保护自己的行为。互救就是井下遇险人员在有效地进行自救的前提下，妥善地救援灾区其他受伤人员的行为。

一、遇险时的自救互救原则

无论是救援队员还是其他井下人员，都应掌握基本的自救互救原则。

（一）遇险自救原则

自救应遵守"报、抢、撤、避"四项原则：

（1）"报"，即及时报告灾情。发生灾变事故后，事故地点附近的人员应尽量了解或判断事故性质、地点和灾害程度，并迅速地利用最近处的电话或其他方式向矿调度室汇报，并迅速向事故可能波及的区域发出警报，使其他工作人员尽快知道灾情。在汇报灾情时，要将看到的异常现象（火烟、飞尘等）、听到的异常声响、感觉到的异常冲击如实汇报，不能凭主观想象判定事故性质。

（2）"抢"，即积极抢救。灾害事故发生后，处于灾区内以及受威胁区域的人员，应沉着冷静。根据灾情和现场条件，在保证自身安全的前提下，采取积极有效的方法和措施，及时投入现场抢救，将事故消灭在初起阶段或控制在最小范围，最大限度地减少事故造成的损失。在抢救时，必须保持统一的指挥和严密的组织，严禁冒险蛮干和惊慌失措，严禁各行其是和单独行动；要采取防止灾区条件恶化和保障救灾人员安全的措施，特别要提高警惕，避免中毒、窒息、爆炸、触电、二次突出、顶帮二次垮落等再生事故的发生。

（3）"撤"，即安全撤离。当受灾现场不具备事故抢救条件，或可能危及现场人员安全时，应由在场负责人或有经验的老工人带领，根据矿井灾害预防和处理计划中规定的撤退路线和当时当地的实际情况，尽量选择安全条件最好、距离最短的路线，迅速撤离危险区域。在撤退时，要服从领导、听从指挥，配用自救器或用湿毛巾捂住口鼻；遇有溜煤眼、积水区、垮落区等危险地段，应探明情况，谨慎通过。灾区人员撤退路线选择的正确与否决定了自救的成败。

（4）"避"，即妥善避灾。如无法撤退（通路被冒顶阻塞或在自救器有效工作时间内不能到达安全地点等）时，应迅速进入预先筑好的或在就近地点快速构筑的临时避难硐室妥善避灾，等待矿山救援队的援救，切忌盲动。

（二）遇险互救原则

互救必须遵守"三先三后"的原则：

（1）对窒息（呼吸道完全堵塞）或心跳呼吸骤停的伤员，必须先复苏，后搬运。

（2）对出血伤员，要先止血，后搬运。

（3）对骨折伤员，要先固定，后搬运。

二、瓦斯与煤尘爆炸事故时的自救与互救

1. 防止瓦斯爆炸时遭受伤害的措施

据亲身经历过瓦斯爆炸的人员回忆，瓦斯爆炸时感觉到附近空气有颤动的现象发生，有时还发出嘶嘶的空气流动声，并有耳鸣现象，一般被认为是瓦斯爆炸前的预兆。井下人员一旦发现这种情况，要沉着、冷静，采取措施进行自救。具体方法是：背向空气颤动的方向，俯卧倒地，面部贴在地面，以降低身体高度，避开冲击波的强力冲击，并闭住气暂停呼吸，用毛巾捂住口鼻，防止把火焰吸入肺部。最好用衣物盖住身体，尽量减少肉体暴露面积，以减少烧伤。爆炸后，要迅速按规定佩戴好自救器，弄清方向，沿着避灾路线，赶快撤退到新鲜风流中。若巷道破坏严重，不知撤退是否安全时，可以到棚子较完整的地点躲避等待救援。

2. 掘进工作面发生瓦斯爆炸后的自救与互救措施

如发生小型爆炸，掘进巷道和支架基本未遭破坏，遇险人员未受直接伤害或受伤不重时，应立即打开随身携带的自救器，佩戴好后迅速撤出受灾巷道到达新鲜风流中。对于附近的伤员，要协助其佩戴好自救器，帮助撤出危险区。不能行走的伤员，在靠近新鲜风流30～50 m范围内，要设法抬运到新风中，如距离远，则只能为其佩戴自救器，不可抬运。撤出灾区后，要立即向矿调度室报告。

如发生大型爆炸，掘进巷道遭到破坏，退路被阻，但遇险人员受伤不重时，应佩戴好自救器，千方百计疏通巷道，尽快撤到新鲜风流中。如巷道难以疏通，应坐在支护良好的棚子下面，或利用一切可能的条件建立临时避难硐室，相互安慰、稳定情绪，等待救助，并有规律地发出呼救信号。对于受伤严重的人员要为其佩戴好自救器，使其静卧待救。并且要利用压风管道、风筒等改善避难地点的生存条件。

3. 采煤工作面瓦斯爆炸后的自救与互救措施

如果进回风巷道没有发生垮落而被堵死，通风系统破坏不大，所产生的有害气体较易被排除。这种情况下，采煤工作面进风侧的人员一般不会受到严重伤害，应迎风撤出灾区。回风侧的人员要迅速佩用自救器，经最近的路线进入进风侧。

如果爆炸造成严重的垮落冒顶，通风系统被破坏，爆源的进回风侧都会聚积大量的一氧化碳和其他有害气体，该范围内所有人员都有发生一氧化碳中毒的可能。为此，在爆炸后，没有受到严重伤害的人员，要立即打开自救器佩戴好。在进风侧的人员要逆风撤出，在回风侧的人员要设法经最短路线，撤退到新鲜风流中。如果冒顶严重撤不出来，首先要把自救器佩用好，并协助重伤员在较安全地点待救；附近有独头巷道时，也可进入暂避，并尽可能用木料、风筒等设立临时避难场所，并把矿灯、衣物等明显的标识物，挂在避难场所外面明显的地方，然后进入室内静卧待救。

三、煤与瓦斯突出时的自救与互救

1. 发现突出预兆后现场人员的避灾措施

在采煤工作面发现有突出预兆时，要以最快的速度通知人员迅速向进风侧撤离。撤离中快速打开隔离式自救器并佩用好，迎着新鲜风流继续外撤。如果距离新鲜风流太远时，

应首先到避难所或利用压风自救系统进行自救。

掘进工作面发现煤和瓦斯突出的预兆时，必须向外迅速撤至防突反向风门之外，之后把防突风门关好，然后继续外撤。如自救器发生故障或佩用自救器不能安全到达新鲜风流时，应在撤出途中到避难所或利用压风自救系统进行自救，等待救援。

2. 发生突出事故后现场人员的避灾措施

在有煤与瓦斯突出危险的矿井，作业人员要把自己的隔离式自救器带在身上，一旦发生煤与瓦斯突出事故，立即打开外壳佩戴好，迅速外撤。在撤退途中，如果退路被堵或自救器有效时间不够，可到矿井专门设置的井下避难所或压风自救装置处暂避，也可寻找有压缩空气管路的巷道、硐室躲避。这时要把管子的螺丝接头卸开，形成正压通风，延长避难时间，并设法与外界保持联系。

四、矿井火灾事故时的自救与互救

（1）首先要尽最大的可能迅速了解或判明事故的性质、地点、范围和事故区域的巷道情况、通风系统、风流及火灾烟气蔓延的速度、方向以及与自己所处巷道位置之间的关系，并根据矿井灾害预防和处理计划及现场的实际情况，确定撤退路线和避灾自救的方法。

（2）撤退时，任何人无论在任何情况下都不要惊慌、不能狂奔乱跑。应在现场负责人及有经验的老工人带领下有组织地撤退。

（3）位于火源进风侧的人员，应迎着新鲜风流撤退。

（4）位于火源回风侧的人员在撤退途中遇到烟气有中毒危险时，应迅速戴好自救器，尽快通过捷径绕到新鲜风流中去或在烟气没有到达之前，顺着风流尽快从回风出口撤到安全地点；如果距火源较近而且越过火源没有危险时，也可迅速穿过火区撤到火源的进风侧。

（5）如果在自救器有效作用时间内不能安全撤出时，应到设有储存备用自救器的硐室换用自救器后再行撤退，或是寻找有压风管路系统的地点，以压缩空气供呼吸之用。

（6）撤退行动既要迅速果断，又要快而不乱。撤退中应靠巷道有联通出口的一侧行进，避免错过脱离危险区的机会，同时还要注意观察巷道和风流的变化情况，谨防火风压可能造成的风流逆转。人与人之间要互相照应，互相帮助。

（7）如果无论是逆风或顺风撤退，都无法躲避着火巷道或火灾烟气可能造成的危害，则应迅速进入避难硐室；没有避难硐室时应在烟气袭来之前，选择合适的地点就地利用现场条件，快速构筑临时避难硐室，进行避灾自救。

（8）逆烟流撤退具有很大的危险性，在一般情况下不要这样做。除非是在附近有脱离危险区的通风出口，而且又有脱离危险区的把握时；或是只有逆烟撤退才有争取生存的希望时，才采取这种撤退方法。

（9）撤退途中，如果有平行并列巷道或交叉巷道时，应靠有平行并列巷道和交叉巷口的一侧撤退，并随时注意这些出口的位置，尽快寻找脱险出路。在烟雾大、视线不清的情况下，要摸着巷道壁前进，以免错过联通出口。

（10）当烟雾在巷道里流动时，一般巷道上部烟雾浓度大、温度高、能见度低，对人的危害也严重，而靠近巷道底板情况要好一些，有时巷道底部还有比较新鲜的低温空气流动。为此，在有烟雾的巷道里撤退时，在烟雾不严重的情况下，即使为了加快速度也不应直立奔跑，而应尽量贴着巷道底板和巷壁，摸着铁管或管道等爬行撤退。

（11）在高温浓烟的巷道撤退还应注意利用巷道内的水浸湿毛巾、衣物或向身上淋水等办法进行降温，改善自己的感觉，或是利用随身物件等遮挡头部、面部，以防高温烟气的刺激。

（12）在撤退过程中，当发现有发生爆炸的前兆时（当爆炸发生时，巷道内的风流会有短暂的停顿或颤动，应当注意的是这与火风压可能引起的风流逆转的前兆有些相似），有可能的话要立即避开爆炸的正面巷道，进入旁侧巷道，或进入巷道内的躲避硐室；如果情况紧急，应迅速背向爆源，靠巷道的一帮就地顺着巷道爬卧，面部朝下紧贴巷道底板、用双臂护住头面部并尽量减少皮肤的外露部分；如果巷道内有水坑或水沟，则应顺势爬入水中。在爆炸发生的瞬间，要尽力屏住呼吸或是闭气将头面浸入水中，防止吸入爆炸火焰及高温有害气体，同时要以最快的动作戴好自救器。爆炸过后，应稍事观察，待没有异常变化迹象，就要辨明情况和方向，沿着安全避灾路线，尽快离开灾区，撤到有新鲜风流的安全地带。

五、矿井透水事故时的自救与互救

1. 透水后现场人员撤退时的注意事项

透水后，应在可能的情况下迅速观察和判断透水的地点、水源、涌水量、发生原因、危害程度等情况，根据灾害预防和处理计划中规定的撤退路线，迅速撤退到透水地点以上的水平，而不能进入透水点附近及下方的独头巷道。

行进中，应靠近巷道一侧，抓牢支架或其他固定物，尽量避开压力水头和泄水流，并注意防止被水中滚动的矸石和木料撞伤。

如透水破坏了巷道中的照明和路标，迷失行进方向时，遇险人员应朝着有风流通过的上山巷道方向撤退。

在撤退沿途和所经过的巷道交叉口，应留设指示行进方向的明显标志，以引起救援人员的注意。

人员撤退到竖井，需从梯子间上去时，应遵守秩序，禁止慌乱和争抢。行动中手要抓牢，脚要蹬稳，切实注意自己和他人的安全。

如唯一的出口被水封堵无法撤退时，应有组织地在独头工作面躲避，等待救援人员的营救。严禁盲目潜水逃生等冒险行为。

2. 透水后被围困时避灾自救措施

当现场人员被涌水围困无法退出时，应迅速进入预先筑好的避难硐室中避灾，或选择合适地点快速构筑临时避难硐室避灾。迫不得已时，可上巷道中的高冒空间待救。如系老窑透水，则须在避难硐室外建临时挡墙或吊挂风帘，防止被涌出的有毒有害气体伤害。进入避难硐室前，应在硐室外留设明显标志。

在避灾期间，遇险作业人员要有良好的精神心理状态，情绪安定、自信乐观、意志坚强。要做好长时间避灾的准备，除轮流担任岗哨观察水情的人员外，其余人员应静卧，以减少体力和空气消耗。

避灾时，应用敲击的方法有规律、间断的发出呼救信号，向营救人员指示躲避处的位置。

被困期间断绝食物后，即使在饥饿难忍的情况下，也应努力克制自己，决不嚼食杂物充饥。需要饮用井下水时，应选择适宜的水源，并用纱布或衣服过滤。

长时间被困在井下，发觉救护人员到来营救时，避灾人员不可过度兴奋和慌乱，以防发生意外。

六、冒顶事故时的自救与互救

1. 采煤工作面冒顶时的避灾自救措施

迅速撤退到安全地点。当发现工作地点有即将冒顶的征兆，而当时又难以采取措施防止采煤工作面顶板冒落时，最好的避灾措施是迅速离开危险区，撤退到安全地点。

遇险时要靠煤帮贴身站立或到木垛处避灾。从采煤工作面发生冒顶的实际情况来看，顶板沿煤壁冒落是很少见的，因此，当发生冒顶来不及撤退到安全地点时，遇险者应靠煤帮贴身站立或卧倒。在一般情况下不可能压垮或推倒质量合格的木垛，所以，如遇险者所在位置靠近木垛时，可撤至木垛处避灾。

遇险后立即发出呼救信号。冒顶对人员的伤害主要是砸伤、掩埋或隔堵。冒落基本稳定后，遇险者应立即采用呼叫、敲打（如敲打物料、岩块，可能造成新的冒落时，则不能敲打，只能呼叫）等方法，发出有规律、不间断的呼救信号，以便救援人员和撤出人员了解灾情，组织力量进行抢救。

遇险人员要积极配合外部的营救工作。冒顶后被煤矸、物料等埋压的人员，不要惊慌失措，在除条件允许外切忌采用猛烈挣扎的办法脱险，以免造成事故扩大。被冒顶隔堵的人员，应在遇险地点有组织地维护好自身安全，构筑脱险通道，配合外部的营救工作，为提前脱险创造良好条件。

2. 独头巷道迎头冒顶被堵人员避灾自救措施

遇险人员要正视已发生的灾害，切忌惊慌失措，坚信矿领导和同志们一定会积极进行抢救。应迅速组织起来，主动听从现场班组长和有经验老工人的指挥。团结协作，尽量减少体力和隔堵区的氧气消耗，有计划地使用饮水、食物和矿灯等，做好较长时间避灾的准备。

如人员被困地点有电话，应立即用电话汇报灾情、遇险人数和计划采取的避灾自救措施。否则，应采用敲击钢轨、管道和岩石等方法，发出有规律的呼救信号，并每隔一定时间敲击一次，不间断地发出信号，以便营救人员了解灾情，组织力量进行抢救。

维护加固冒落地点和人员躲避处的支架，并经常派人检查，以防止冒顶进一步扩大，保障被堵人员避灾时的安全。

如人员被困地点有压风管，应打开压风管给被困人员输送新鲜空气，并稀释被隔堵区域的瓦斯浓度，但要注意保暖。

七、矿山救援队员的自救互救

在抢险救灾过程中，矿山救援队员难免遇到各种各样险情，如果自救互救措施采取得当，就可能避免伤害或减轻伤害程度。如果措施采取不当，就可能造成伤害或加重伤害程度。在遇到瓦斯、煤尘、火灾、水灾、顶板事故时的应急措施基本与前面所述相同。这里，主要介绍救援队在灾区进行侦察或作业时遇到身体不适或仪器发生故障时如何自救互救。

1. 矿山救援队员的自救

呼吸器发生故障时的自救。救援人员在灾区工作时，可能遇到呼吸器发生故障，这时应沉着冷静，根据情况采取不同措施，如果是定量孔被堵或流量减小，应该按手补；如果是压力表或高压跑气，应当关住气瓶阀门，然后间断的开关气瓶阀门。这两种情况发生时都必须报告小队长，采取补救措施。

2. 矿山救援队员的互救

救援人员在灾区工作时，可能由于各种原因需要互救：

（1）身体不适时的互救。救援人员在灾区侦察时可能遇到头晕、恶心，这时千万不能慌也不能乱跑，这可能是发生中暑或是呼吸器药品吸收二氧化碳不充分造成的。正确的方法应该立即按氧气呼吸器手动补给补气，并发出求救信号，告诉队友自己的感觉。小队长可根据情况开展互救，并令全小队护送该队员退出灾区。

（2）正压呼吸器发生余压报警时的互救。如果是氧气瓶压力不足，应立即给该队员更换备用氧气瓶。如果是由于高压漏气，此时应当立即给该队员更换备用呼吸器，然后全队退出灾区。

附录1

山东煤矿兼职救护队建设与监督检查办法
（试行）

第一章 总 则

第一条 为贯彻落实"安全第一、预防为主、综合治理"方针，进一步加强和规范山东煤矿兼职救护队（以下简称兼职救护队）建设与管理，提高煤矿企业防范和应对事故灾害能力，依据《中华人民共和国安全生产法》《生产安全事故应急条例》《山东省生产安全事故应急办法》《煤矿安全规程》《矿山救护规程》等规定，制定本办法。

第二条 本办法适用于国家矿山安全监察局山东局（以下简称山东局）对山东煤矿兼职救护队建设开展的执法检查工作。

第三条 煤矿企业要按照相关法律法规及本办法规定，加强兼职救护队建设与管理，并发挥其应有作用。

第二章 组织机构与职责

第四条 煤矿要依据《煤矿安全规程》相关规定建立兼职救护队，根据矿井生产规模、自然条件和灾害情况确定队伍规模，一般不少于2个小队，每个小队不少于9人。

第五条 兼职救护队直属矿长领导，业务上受矿总工程师（技术负责人）和与煤矿签订救护服务协议的专业矿山救护队指导。

第六条 兼职救护队人员主要由生产一线班组长、业务骨干、工程技术人员和管理人员兼职组成，具备相应的身体条件和心理素质。经培训合格，持证上岗。

第七条 兼职救护队应设正、副队长各1名，设置至少1名负责装备管理和维护保养的人员，确保救援装备处于完好和备用状态。正（副）队长应熟悉矿山救援业务，具有相应的矿山专业知识，并按规定参加培训取得合格证。装备管理员应熟悉救援装备及仪器的维护保养，定期参加培训并取得合格证。

第八条 兼职救护队的主要任务：

（一）迅速参加本矿生产安全事故初期控制和处理、救助遇险人员。

（二）协助专业矿山救护队开展应急救援工作。

（三）参与本矿生产安全事故应急预案、矿井灾害预防和处理计划的编制工作，参加本矿应急救援演练。

（四）协助专业矿山救护队开展预防性安全检查和安全技术工作。

（五）参与本矿职工自救互救知识的宣传教育工作。

第九条 煤矿企业要制定兼职救护队应急制度，明确应急人员及职责、闻警集合地点及时限要求等内容。每天必须保持至少 6 名兼职救护队人员处于应急状态，确保接警后，携带氧气呼吸器等所需救援装备在 30 分钟内集合完毕，按照救援指挥部命令，参加应急救援工作。

第十条 煤矿企业每年至少组织 1 次兼职救护人员身体检查，对不适合继续从事矿山救援工作的人员及时调整工作岗位。

第三章 装备与设施

第十一条 兼职救护队使用的装备、器材、防护用品和安全检测仪器，必须符合国家标准、行业标准和矿山安全有关规定。严禁使用国家明令禁止和淘汰的产品，鼓励推广使用安全、先进适用的救援新装备、新技术。

第十二条 兼职救护队应按照相关规定配齐基本装备，根据应急救援工作实际需要，增加配备其他必要的救援装备，并根据技术和装备水平的提高不断更新。兼职救护队及救护指战员的个人基本装备配备标准见附件 1 和附件 2。

第十三条 兼职救护队应建立救援装备配备、使用和维护保养台账，做到专人管理、定期检查、物账卡相符。健全装备维护保养与管理制度，定期校正仪器仪表，定期检查、维护和保养技术装备，保持战备和完好状态。

第十四条 兼职救护队及个人装备使用前，必须按照相关规定进行检查，确认完好；使用后，必须立即进行清洗、消毒、去垢除锈、更换药品、补充备品备件，并检查其是否达到技术标准要求，保持完好状态。

第十五条 兼职救护队应设值班室（设接警电话）、学习室、装备室、修理室、装备器材库、氧气充填室和训练设施等，并配备必要的现场急救器材和训练器材。基本配备标准见附件 3。

第四章 培训与训练

第十六条 兼职救护队指战员必须经过应急救援理论及技术、技能培训，并经考核取得合格证后，方可从事矿山救护工作。

第十七条 兼职救护队指战员应掌握煤矿应急处置方法和措施，煤矿救护技术操作、装备与仪器使用管理、自救互救与现场急救知识等。

第十八条 承担兼职救护队指战员培训、复训工作的单位，应按照《矿山救援培训大纲及考核规范》等规定实施培训，严格教学、训练和管理，保证培训质量。

第十九条 兼职救护队指战员应按要求参加岗位培训、复训。岗位培训时间不少于 45 天（180 学时）；每年至少复训一次，时间不少于 14 天（60 学时）。

第二十条 兼职救护队应结合工作实际，制订学习和训练计划，报经矿长和总工程师（技术负责人）批准后实施。应在专业矿山救护队指导下，加强学习和训练，并做好记录。学习和训练要符合以下要求：

（一）每月至少 1 天集中学习安全生产应急救援法律法规和应急救援业务技术。

（二）每月至少开展 1 次模拟实战应急救援行动演练。

（三）每季度至少进行 1 次佩用氧气呼吸器的单项训练，时间不少于 3 小时。

（四）以上学习和训练记录保存 3 年及以上。

第五章　队　伍　管　理

第二十一条　煤矿企业要全面落实应急管理主体责任，参照《矿山救护队标准化考核规范》相关要求，加强兼职救护队标准化建设。建立健全兼职救护队经费投入保障、岗位责任制、应急值班、学习和训练、装备维护保养与管理、氧气充填室管理、考核奖惩等规章制度，并抓好落实。

第二十二条　煤矿企业应将兼职救护队标准化建设工作与煤矿安全生产标准化管理体系建设工作同规划、同考核、同总结、同奖惩。

第二十三条　煤矿企业应将兼职救护队建设及运行经费列入企业年度经费预算。参照专业矿山救护队指战员职业保障标准，为兼职救护队人员提供救护岗位补助、佩用氧气呼吸器工作补助、应急通讯补助及人身意外伤害保险等保障待遇。对在事故应急救援中作出贡献的给予表彰奖励。

第六章　监　督　检　查

第二十四条　兼职救护队建设检查是安全生产应急管理执法检查的一项重要内容，对检查中发现的违法行为，依法处理处罚。检查主要内容及方式方法见附件 4。

第二十五条　煤矿企业及兼职救护队有下列行为之一的，依法严肃处理。

（一）未按照法律法规规定建立兼职救护队的。

（二）在协助专业矿山救护队开展安全技术工作中，出现违章指挥、违章操作等行为，造成严重影响的。

（三）参与矿山事故救援时，响应命令不及时、推诿拖延、临阵退缩或者拒不执行救援命令的。

（四）在矿山事故救援中，玩忽职守、贻误战机、谎报灾情、隐瞒事实真相，造成严重后果的。

（五）矿山事故救援结束后，经事故调查组调查评估，认定兼职救护队存在严重问题的。

第七章　附　　　则

第二十六条　本办法自印发之日起执行。

附件：1. 兼职救护队基本装备配备标准
　　　2. 兼职救护队指战员个人基本配备标准
　　　3. 兼职救护队急救器材基本配备清单
　　　4. 兼职救护队建设监督检查清单

附件1

兼职救护队基本装备配备标准

类别	装备名称	要求及说明	单位	数量
通信器材	灾区电话		套	1
个体防护	4 h氧气呼吸器	正压	台	1
	2 h氧气呼吸器	正压	台	1
	自救器	隔绝式压缩氧,额定防护时间不低于30 min	台	20
	自动苏生器		台	2
灭火器材	干粉灭火器		台	10
	风障	≥4 m×4 m	块	2
检测仪器	氧气呼吸器校验仪		台	2
	多种气体检定器	配CO、O_2、H_2S、H_2检定管各30支	台	2
	瓦斯检定器	量程为10%、100%的各1台	台	2
	便携式氧气检测仪	数字显示,带报警功能	台	1
	温度计		支	2
工具备品	引路线		m	1000
	采气样工具	包括球胆4个	套	1
	氧气充填泵	氧气充填室配备	台	1
	氧气瓶	容积40 L,压力≥10 MPa	个	5
		4 h氧气呼吸器配套	个	20
		2 h氧气呼吸器配套	个	5
		自动苏生器配套气瓶	个	2
	救生索	长30 m,抗拉强度3000 kg	条	1
	担架	含1副负压担架,铝合金管、棉质	副	2
	保温毯	棉质	条	2
	绝缘手套		副	1
	刀锯		把	1
	防爆工具	锤、斧、镐、锹、钎、起钉器等	套	1
	电工工具		套	1
药剂	氢氧化钙		t	0.5

附件 2

兼职救护队指战员个人基本装备配备标准

类别	装备名称	要求及说明	单位	数量
个体防护	4 h氧气呼吸器	正压	台	1
	自救器	隔绝式压缩氧,额定防护时间不低于30 min	台	1
	救援防护服	带反光标志,防静电	套	1
	胶靴	防砸、防扎、绝缘、抗静电	双	1
	毛巾	棉质	条	1
	安全帽	阻燃、抗静电、绝缘、抗冲击	顶	1
	矿灯	双光源,本质安全型,配灯带	盏	1
检测仪器	温度计		支	1
装备工具	手表(计时器)	机械式,副小队长及以上指挥员配备	块	1
	手套	布手套、线手套、防割刺手套、医用手套各1副	副	4
	背包	装救援防护服,棉质或者其他防静电布料	个	1
	联络绳	长2 m	根	1
	氧气呼吸器工具		套	1
	记录工具	记录笔、本、粉笔各1个	套	1

附件 3

兼职救护队急救器材基本配备清单

器材名称	单位	数量	备注	器材名称	单位	数量	备注
模拟人	套	1		口式呼吸面罩	个	5	口对口人工呼吸用面罩
背夹板	副	4		医用手套	副	20	
负压夹板	套	3	或者充气夹板	开口器	个	6	
颈托	副	6	大、中、小号各2副	夹舌器	个	6	
聚酯夹板	副	10	或者木夹板	伤病卡	张	100	
止血带	个	20		相关药剂		若干	碘伏、消炎药等
三角巾	块	20		急救箱	个	1	
绷带	m	50		防护眼镜	副	3	
剪子	个	5		医用消毒大单	条	2	
镊子	个	10					

附件4

兼职救护队建设监督检查清单

检查项目	检查内容	检查依据	处罚依据	检查方式
（一）组织机构及人员	1. 兼职救护队建立情况	《中华人民共和国安全生产法》(2021) 第八十二条第一款"危险物品的生产、经营、储存单位以及矿山、金属冶炼、城市轨道交通运营、建筑施工单位应当建立应急救援组织；生产经营规模较小的，可以不建立应急救援组织，但应当指定兼职应急救援人员。" 《生产安全事故应急条例》(国务院令第708号) 第十条第一款"易燃易爆物品、危险化学品等危险物品的生产、经营、储存、运输单位，矿山、金属冶炼、城市轨道交通运营、建筑施工单位，以及宾馆、商场、娱乐场所、旅游景区等人员密集经营单位，应当建立应急救援队伍；其中，小型企业或者微型经营单位，可以不建立应急救援队伍，但应当指定兼职应急救援人员，并且可以与邻近的应急救援队伍签订应急救援协议。" 《煤矿安全规程》第六百七十六条"所有煤矿必须设立矿山救护队。井工煤矿企业应当设立矿山救护队，不具备设立矿山救护队条件的煤矿企业，应当设立兼职矿山救护队，并与就近的救护队签订救护协议；否则，不得生产。矿山救护队到达服务煤矿的时间应当不超过30 min。" 《山东省生产安全事故应急办法》(山东省人民政府令第341号) 第十八条第一款"高危行业人员密集单位应当依托本单位有关规定设立专职矿山救护队或兼职矿山救护队，并按照有关规定报送县级以上人民政府应急管理部门和其他有关部门备案。" 《煤矿企业安全生产许可证实施办法》(国家安全监管总局令第86号) 第六条第（七）项"煤矿企业取得安全生产许可证，应当具备下列安全生产条件：(七) 制定应急救援预案，并按照规定设立矿山救护队，配备救护装备；不具备单独设立矿山救护队条件的企业，所	《安全生产违法行为行政处罚办法》第四十六条第一项"危险物品的生产、经营、储存单位以及矿山、金属冶炼、城市轨道交通运营、建筑施工单位有下列行为之一的，责令改正，并可以处1万元以上3万元以下的罚款：(一) 未建立应急救援组织或者经营规模较小、未指定兼职应急救援人员的；" 《煤矿企业安全生产许可证实施办法》第三十八条"安全生产许可证颁发管理机关应当加强对取得安全生产许可证的煤矿企业的监督检查，发现其不再具备本实施办法规定的安全生产条件的，应当责令限期整改，暂扣安全生产许可证；经整改仍不具备本实施办法规定的安全生产条件的，依法吊销安全生产许可证。" 《山东省生产安全事故应急办法》第三十三条第三项"生产经营单位违反本法规定，有下列情形之一的，由县级以上人民政府负有安全生产监督管理职责的部门责令限期改正，对生产经营单位处1万元以上5万元以下的罚款；逾期未改正的，对生产经营单位处5万元以上10万元以下的罚款，对其直接负责的主管人员和其他直接责任人员处1万元以上2万元以下的罚款：(三) 未建立应急救援队伍或者未组织开展应急演练的。"	检查救护协议；兼职救护队建立文件等。

(续)

检查项目		检查内容	检查依据	处罚依据	检查方式
（一）组织机构及人员	1. 兼职救护队建立情况		属煤矿应当设立兼职救护队，并与邻近的救护队签订救护协议；"《矿山救护规程》(AQ 1008—2007) 4.4 "矿山企业（包括生产建设和建设中的企业）(以下同) 均应设立矿山救护队，地方政府或矿山企业或矿山灾害、矿山生产规模、企业划分救护服务区域，组建矿山救护大队或矿山救护中队。生产经营规模较小，不具备单独建立矿山救护大队条件的，矿山企业应当立兼职矿山救护队，并与就近的取得矿山救护资质的救护队签订有偿服务救护协议。煤矿行业管理部门规划、批准，合理布局矿山救护大（中）队。矿山救护队驻地至服务矿井的距离，以行车时间不超过 30 min 为限。年生产规模 60×10⁴ t（含）以上的高瓦斯矿井和距离救护队服务半径超过 100 km 的矿井必须独立设置的矿山救护队。"		
	2. 兼职救护队人员编制		《矿山救护规程》5.1.4 "兼职矿山救护队 a) 兼职矿山救护队应根据矿山的生产规模、自然条件、灾害情况确定编制，原则上应由 2 个以上小队组成，每个小队由 9 人以上组成。"		查看兼职救护队人员花名册。
（二）仪器装备及基础设施	3. 救援装备		《生产安全事故应急预案条例》第十一条第三款 "应急救援队伍应当配备必要的应急救援装备和物资。"《煤矿企业安全生产许可证实施办法》（国家安全监管总局令第 86 号，根据国家安全监管总局令第 89 号修正）第六条第七项 "煤矿企业取得安全生产许可证，应当具备下列安全生产条件：(七) 制定应急救援预案，并按照规定设立矿山救护队，配备救护装备；不具备单独设立矿山救护队的，所属煤矿应当设立兼职救护队，与邻近的救护队签订救护协议。"《煤矿安全规程》第七百零二条 "救援装备、器材、物资、防护用品和安全检测仪器、仪表，必须符合国家标准或者行业标准，满足应急救援工作的特殊需求。"	《安全生产违法行为行政处罚办法》（国家安全监管总局令第 15 号公布，根据国家安全监管总局令第 77 号修正）第四十六条第二项 "危险物品的生产、经营、储存单位以及矿山、金属冶炼单位有下列行为之一的，责令改正，并可以处 1 万元以上 3 万元以下的罚款：(二) 未配备必要的应急救援器材、设备，并进行经常性维护、保养，保证正常运转的。"	查看本办法附件 1-3。

269

(续)

检查项目	检查内容	检 查 依 据	处 罚 依 据	检查方式
	3. 救援装备	《矿山救护规程》7.3 "救护队应根据技术和装备水平的提高不断更新装备，并及时对其进行维护和保养，以确保矿山救护设备和器材始终处于良好状态。各级矿山救护队、兼职矿山救护队指战员的基本装备配备标准，见表4、表5、表6、表7和表8。"		
	4. 基础设施	《矿山救护规程》7.6 "兼职矿山救护应有下列建筑设施：电话接警值班室、夜间值班休息室、办公室、学习室、修理室、装备室、氧气充填室、设备器材库等。"		
(二) 仪器装备及基础设施	5. 救援装备维护保养	《安全生产法》第八十二条第二款 "危险物品的生产、经营、储存、运输单位以及矿山、金属冶炼、城市轨道交通运营、建筑施工单位应当配备必要的应急救援器材、设备和物资，并进行经常性维护、保养，保证正常运转。" 《生产安全事故应急条例》第十三条第一款 "易燃易爆物品、危险化学品等危险物品的生产、经营、储存、运输单位，矿山、金属冶炼、城市轨道交通运营、建筑施工单位，以及宾馆、商场、娱乐场所、旅游景区等人员密集场所经营单位，应当根据本单位可能发生的生产安全事故的特点和危害，配备必要的灭火、排水、通风以及危险物品稀释、掩埋、收集等应急救援器材、设备和物资，并进行经常性维护、保养，保证正常运转。" 《煤矿安全规程》第七百条 "矿山救护队技术装备、救援车辆和设施必须由专人管理，定期检查、维护和保养，保证设备和设施完好状态。技术装备不得露天存放，救援车辆必须专车专用。" 《矿山救护规程》6.2 技术装备管理 6.2.5 "各种仪器仪表、须按国家计量标准要求定期校正，小队和个人装备使用后，必须立即进行清洗、消毒、去垢除锈、更换药品、补充备品备件，并检查其是否达到技术标准要求，保持完好状态。"	《生产安全事故应急条例》第三十一条 "生产经营单位未对应急救援器材、设备和物资进行经常性维护、保养，导致发生生产安全事故或者发生生产安全事故后未采取相应的应急救援措施，造成严重后果的，由县级以上人民政府负有安全生产监督管理职责的部门依照《中华人民共和国突发事件应对法》有关规定追究法律责任。" 《安全生产违法行为行政处罚办法》第四十六条第二项 "矿山、金属冶炼单位有下列行为之一的，责令改正，并可以1万元以上3万元以下的罚款：(二) 未配备必要的应急救援器材、设备和物资，并进行经常性维护、保养，保证正常运转的。"	查看救援装备、仪器维修保养记录。对氧气呼吸器、自动苏生器、光学瓦斯检定器进行气密性检查。

270

附录1 山东煤矿兼职救护队建设与监督检查办法（试行）

（续）

检查项目	检查内容	检 查 依 据	处 罚 依 据	检查方式
（二）仪器装备及基础设施	5. 救援装备维护保养	《矿山救护规程》7.3 救护队应根据技术水平的提高不断更新装备，并及时对其进行维护和保养，以确保矿山救护队设备和器材始终处于良好状态。各级矿山救护队、兼职矿山救护队及救援指战员的基本装备配备标准，见表4、表5、表6、表7和表8。		
	6. 设备检测	《安全生产法》第三十七条"生产经营单位使用的危险物品的容器、运输工具，以及涉及人身安全、危险性较大的海洋石油开采特种设备和矿山井下特种设备，必须按照国家有关规定，由专业生产单位生产，并经具有专业资质的检验、检测机构检测、检验合格，取得安全使用证或者安全标志，方可投入使用。使用单位对检测、检验结果负责。"《矿山救护规程》6.2.6 "必须保证使用的氧气瓶、氧气和二氧化碳吸收剂的质量，具体要求：e）使用的氧气瓶，须按国家压力容器规定标准，每3年进行除锈清洗，水压试验，达不到标准的氧气瓶不能使用；"《气瓶 安全技术监察规程》（TSG R0006—2014）7.4.1.2 "溶解乙炔气瓶、呼吸器用复合气瓶检验每3年检验1次。"《呼吸器用复合气瓶定期检验与评定》（GB 24161—2009）4.2.1 "复合气瓶定期检验周期一般每三年检验一次。"	《安全生产法》第九十九条第六项"生产经营单位有下列行为之一的，责令限期改正，处五万元以下的罚款；逾期未改正的，处五万元以上二十万元以下的罚款，对其直接负责的主管人员和其他直接责任人员处一万元以上二万元以下的罚款；情节严重的，责令停产停业整顿，构成犯罪的，依照刑法有关规定追究刑事责任：（六）危险物品的容器、运输工具，以及涉及人身安全、危险性较大的海洋石油开采特种设备和矿山井下特种设备未经具有专业资质的机构检测、检验合格，取得安全使用证或者安全标志，投入使用的；"	检查氧气呼吸器、自动苏生器的氧气瓶检测标志、证书。
（三）培训与训练	7. 救护培训	《安全生产法》第二十八条第一款"生产经营单位应当对从业人员进行安全生产教育和培训，保证从业人员具备必要的安全生产知识，熟悉有关的安全生产规章制度和安全操作规程，掌握本岗位的安全操作技能，了解事故应急处理措施，知悉自身在安全生产方面的权利和义务。未经安全生产教育和培训合格的从业人员，不得上岗作业。"《生产安全事故应急条例》第十一条"应急救援队伍的	《安全生产法》第九十七条第三项"生产经营单位有下列行为之一的，责令限期改正，处十万元以下的罚款；逾期未改正的，处十万元以上二十万元以下的罚款，对其直接负责的主管人员处一万元以上五万元以下的罚款：（三）未按照规定对从业人员、被派遣劳动者、实习学生进行安全生产教育和培训，"	查看培训计划、培训证书。

(续)

检查项目	检查内容	检 查 依 据	处 罚 依 据	检查方式
（三）培训与训练	7. 救护培训	的应急救援人员应当具备必要的专业知识、技能、身体素质和心理素质。应急救援队伍建立单位或者兼职应急救援人员所在单位应当按照应急救援人员国家培训标准对应急救援人员进行培训；应急救援队伍经培训合格后，方可参加应急救援工作。应急救援队应当配备必要的应急救援装备和物资，并定期组织救援、生产安全事故应急预案演练。"《生产安全事故应急条例》第十五条"生产经营单位应当对从业人员进行安全生产教育和培训，保证从业人员具备必要的安全生产知识，熟悉有关的安全生产规章制度和安全操作规程，掌握本岗位的安全操作技能，了解事故应急处理措施，知悉自身在安全生产方面的权利和义务。未经安全生产教育和培训合格的从业人员，不得上岗作业。"《矿山救护规程》8.1.1 "企业有关负责人和救护管理人员应该经过救护知识的专业培训，矿山救护队指战员、兼职矿山救护队员，必须经过救援理论及实际技能培训，并经考核取得合格证后，方可从事矿山救护工作。"《矿山救护规程》8.2.2 "模拟实战演习d）兼职矿山救护队每季度至少进行一次佩用呼吸器训练。"	或者未按照规定如实告知有关的安全生产事项的；"《生产安全事故应急条例》第三十条"生产经营单位未制定生产安全事故应急预案、未定期组织应急预案演练、未对从业人员进行应急教育和培训，生产经营单位发生生产安全事故时不立即组织抢救的，由县级以上人民政府负有安全生产监督管理职责的部门依照《中华人民共和国安全生产法》有关规定追究法律责任。"《生产安全培训规定》（国家安监总局令第3号，根据国家安监总局令第63号、第80号修正）第四条第五款"生产经营单位从业人员应当接受安全培训，熟悉有关安全生产规章制度和安全操作规程，具备必要的安全生产知识，掌握本岗位的安全操作技能，增强职业危害和事故应急处理能力。未经安全生产培训合格的从业人员，不得上岗作业。"	
	8. 应急演练	《山东省生产安全事故应急办法》第十九条第一款"应急救援队伍应根据应急救援行动方案，定期组织训练、应急救援队伍应每月至少开展1次救援行动演练。"	《山东省生产安全事故应急办法》第三十三条第（三）项"生产经营单位违反本办法规定，有下列情形之一的，由县级以上人民政府负有安全生产监督管理职责的部门责令限期改正，逾期未改正的，对生产经营单位处1万元以上5万元以下的罚款，对其直接负责的主管人员和其他直接责任人员处5万元以上10万元以下的罚款；情节严重的，对生产经营单位处5万元以上10万元以下的罚款，对其直接负责的主管人员和其他直接责任人员处1万元以上2万元以下的罚款：（三）未建立应急救援队伍或者未组织开展应急演练的；"	查看兼职救护队伍行动演练、佩用呼吸器训练的单项演习训练计划、方案，记录及图像资料。

272

(续)

检查项目	检查内容	检 查 依 据	处 罚 依 据	检查方式
（四）队伍管理	9. 应急值班	《山东省生产安全事故应急办法》第二十一条第一款"县级以上人民政府及有关部门、应急救援队伍和高危生产经营单位应当建立应急值班制度，配备应急值班人员"。		查看值班制度、值班记录。
	10. 应急保障	《煤矿安全规程》第六百七十二条"煤矿企业应当落实应急管理主体责任，建立健全事故预警、信息报告、现场处置、应急投入、救援装备物资储备、安全避险设施管理和使用等规章制度，主要负责人是应急管理和事故救援工作的第一责任人。" 《国务院办公厅关于加强基层应急救援队伍建设的意见》（国办发〔2009〕59号）"三、完善应急救援队伍建设。煤矿和非煤矿山、危险化学品单位应依法建立专职或兼职应急救援队伍。不具备单独建队条件的小型企业，除建立兼职救援队伍的企业应签订救援协议，或者联合建立专业应急救援队，还应与邻近煤矿或其他矿山、危险化学品专业应急救援队伍在矿山、危险化学品企业、乡级人民政府或应急救援队伍在事故发生时要及时开展应急救援抢险救援，平时开展队伍管理。加强应急救援队伍参加社会化应急救援工作。要组织重点区域、危险化学品调运机制，组织队伍参加社会化应急救援，应急救援队伍建设及演练工作经费在企业安全生产费用中列支，在矿山、危险化学品工业集中的地方，当地政府可给予适当经费补助。" 《矿山救护队伍标准化管理办法》（应急〔2022〕122号）第十四条"省级标准化管理部门应根据本办法制定矿山救护队标准化定级实施细则。同时，可参照《矿山救护队标准化考核规范》和本办法加强兼职矿山救护队的管理工作。"		查看兼职救护队经费投入保障，学习和训练费用及制定制度落实情况。

273

附录 2

山东煤矿兼职救护队标准化定级管理办法
（试行）

第一章 总　　则

第一条　为进一步规范和加强山东煤矿兼职救护队（以下简称兼职救护队）建设，提高兼职救护队整体建设水平和应急处置能力，依据《矿山救护队标准化考核规范》《矿山救护队标准化定级管理办法》要求，制定本办法。

第二条　本办法适用于国家矿山安全监察局山东局（以下简称山东局）对山东煤矿兼职救护队开展的标准化定级检查工作。

第二章 组 织 管 理

第三条　山东局矿山救援管理机构负责山东煤矿兼职救护队标准化定级组织管理工作，建立专家库，组织业务培训，开展定级检查。

第四条　兼职救护队标准化定级检查内容包括：救护队伍与人员（7 分）、救护培训与训练（8 分）、救援装备与设施（20 分）、业务工作（20 分）、救援准备（5 分）、医疗急救（12 分）、技术操作（18 分）、综合体质（5 分）和综合管理（5 分）共九项，满分为 100 分。检查内容及扣分办法见附件。

第五条　兼职救护队标准化定级分为 3 个等级，评定得分 90 分及以上为一级、评定得分 80 分及以上为二级、评定得分 60 分及以上为三级。评定得分 60 分以下的不达标。

第六条　兼职救护队有下列行为之一的，"一票否决"不达标。

（一）未按要求开展佩用氧气呼吸器单项训练的。

（二）基本装备配备不能满足每人 1 台呼吸器和自救器的。

第七条　兼职救护队标准化定级有效期三年（以公告确认的等级时间计算），并实行动态管理。第一年组织定级检查，公告定级结果；第二、三年抽查检查兼职救护队运行情况，抽查检查结果作为下次等级评定的重要参考。对评定为一级的兼职救护队，有效期内至少检查一次；对评定为二级的兼职救护队，有效期内至少检查二次；对评定为三级的兼职救护队，有效期内至少检查三次。

第八条　兼职救护队应每半年组织一次标准化自评，并邀请签订救护服务协议的专业矿山救护队进行业务指导。

第三章 定 级 程 序

第九条　兼职救护队标准化定级按照"自评申报、组织评定、公示、公告"的程序进行。

（一）自评申报。定级当年3月底前，兼职救护队应完成标准化自评，准备相关材料备查，兼职救护队依托单位应通过电话或传真向山东局矿山救援管理机构申请现场评定。需准备下列材料，并对其真实性负责：

1. 兼职救护队依托单位意见。
2. 兼职救护队标准化自评报告。
3. 队伍组织机构及在册人员统计表。
4. 队伍规章制度。
5. 兼职救护队队长、副队长及装备管理员的任命文件。
6. 主要救护装备清单台账及维护保养记录。
7. 兼职救护队指战员培训情况登记表及培训证书。
8. 兼职救护队指战员体检情况统计表、工伤保险和人身意外伤害保险登记表及保单。
9. 兼职救护队学习、训练计划及记录，参加事故抢险救援及处置情况总结报告。
10. 依托单位应急预案、灾害预防和处理计划等。

（二）组织评定。采取现场考核、检查抽查等方式，检查相关资料，组织考核定级。

（三）公示。在山东局官方网站公示兼职救护队定级检查结果，公示时间不少于5个工作日。

（四）公告。对公示无异议的，在山东局官方网站进行公告。

第四章 监 督 管 理

第十条 山东局矿山救援管理机构加强兼职救护队标准化等级运行情况的动态管理和监督检查，每年跟进检查、动态指导兼职救护队标准化建设，发现等级不符的问题，组织重新评定等级。

第十一条 对评定不达标的兼职救护队，责令限期整改，整改完成后，重新申请定级。整改期间，兼职救护队依托单位要召请专业矿山救护队派驻1个小队承担相应职责。

第十二条 兼职救护队有下列行为的，每项扣10分，并组织重新评定等级。

（一）参与矿山事故救援时，响应命令不及时、推诿拖延、临阵退缩或者拒不执行救援命令的。

（二）在矿山事故救援中，玩忽职守、贻误战机、谎报灾情、隐瞒事实真相，造成严重后果的。

（三）矿山事故救援结束后，经事故调查组调查评估，认定兼职救护队存在严重问题的。

（四）评定为不达标，且逾期未整改的。

（五）在协助专业矿山救护队开展安全技术工作中，出现违章指挥、违章操作等行为，造成严重影响的。

（六）监察执法发现的影响兼职救护队评定等级的其他严重问题。

第十三条 对定级检查中发现的违法行为，由山东局矿山救援管理机构移交相关监察执法处，依法处理处罚。

第十四条 对在定级周期内未出现降级及处理处罚等问题的一级兼职救护队,兼职救护队依托单位应给予表彰奖励。

第五章 附 则

第十五条 本办法自2023年4月1日起实施。

附件:兼职救护队标准化定级检查明细表

附件

兼职救护队标准化定级检查明细表

被检队伍:

序号	检查项目	检查内容及方法	评分办法	扣分	得分
一	救护队伍与人员（7分）	根据矿井生产规模、自然条件和灾害情况确定队伍规模,一般不少于2个小队,每个小队不少于9人	不符合规定,该项不得分		
		兼职救护人员主要由生产一线班组长、业务骨干、工程技术人员和管理人员兼职组成,具备相应的身体条件和心理素质。经培训合格,持证上岗	1人不符合要求扣1分		
		兼职救护队应设正、副队长各1名,设置至少1名负责装备管理和维护保养的人员,确保救援装备处于完好和备用状态。队长、副队长应熟悉矿山救援业务,具有相应矿山专业知识,能够熟练佩用氧气呼吸器,并按规定参加培训取得合格证。装备管理员必须熟悉救援装备及仪器的维护保养,定期参加培训并取得合格证	未明确正、副队长各扣1分,未设装备管理员,该项不得分		
		兼职救护队指战员每年至少进行1次体检,对不适合继续从事矿山救援工作的人员及时调整	1人不符合扣1分		
二	培训与训练（8分）	兼职救护队指战员,必须经过救护理论及技术、技能培训,新队员岗位培训时间不少于45天（180学时）;指战员每年至少复训一次,时间不少于14天（60学时）,并经考核取得合格证	未按规定参加培训或未达到培训学时,每人每次扣2分		
		兼职救护队要定期组织指战员参加业务知识学习,按规定要求参加相关培训	不符合扣1分		

(续)

序号	检查项目		检查内容及方法	评分办法	扣分	得分
二	培训与训练（8分）		兼职救护队每月至少开展1次模拟实战应急救援行动演练；每季度至少进行1次佩用氧气呼吸器的单项训练，时间不少于3 h	未按要求组织开展演练的，每次扣2分；未按要求开展佩用氧气呼吸器的单项训练的，"一票否决"不达标		
			兼职救护队指战员应熟悉矿井灾害情况、井下避灾路线，参与煤矿应急演练，掌握应急预案启动程序和要求、事故灾害应急处置措施	1项不符合扣1分		
三	救援装备与设施（20分）	装备设施（8分）	兼职救护队基本装备配备和指战员个人基本装备配备应符合标准规定	未按要求配备救护队基本装备和个人基本装备，每项扣0.5分。不能满足每人1台呼吸器和自救器的，"一票否决"不达标。		
			兼职救护队应有下列设施：值班室（设接警电话）、学习室、装备室、修理室、装备器材库、氧气充填室和训练设施等	未按要求设置，每项扣2分		
		技术装备维护保养（12分）	正压氧气呼吸器：按照氧气呼吸器说明书的规定标准，检查其性能	按要求对个人和队伍装备的维护保养情况进行全面检查，发现1台（件、处）不合格扣1分		
			自动苏生器：自动肺工作范围在12~16次/min，氧气瓶压力在15 MPa以上，附件、工具齐全，系统完好，不漏气；气密性检查方法：打开氧气瓶，关闭分配阀开关，再关闭氧气瓶，观看氧气压力下降值，大于0.5 MPa/min为不合格			
			氧气呼吸器校验仪：按说明书检查其性能			
			光学瓦斯检定器：整机气密、光谱清晰、性能良好、附件齐全、吸收剂符合要求			
			多种气体检定器：气密、推拉灵活、附件齐全、检定管在有效期内			
			灾区电话：性能完好、通话清晰			
			氧气充填泵：专人管理、工具齐全，按规程操作，氧气压力达到20 MPa时，不漏油、不漏气、不漏水和无杂音，运转正常			
			装备库：装备要摆放整齐，挂牌管理，无脏乱现象。装备要有保养制度，放在固定地点，专人管理，保持完好			
			装备、工具：应有专人保养，达到"全、亮、准、尖、利、稳"的规定要求			
			救护队的装备及材料应保持战备状态，账、卡、物相符，专人管理，定期检查，保持完好			

(续)

序号	检查项目		检查内容及方法	评分办法	扣分	得分
四	业务工作（20分）	业务知识（5分）	兼职救护队应制定业务理论知识学习计划，每月至少1天集中学习安全生产应急救援法律法规和应急救援业务技术，并组织指战员进行业务理论知识考核	无业务理论学习、考核记录，每缺一项扣1分		
			定级考核时，业务理论知识考核按百分制出题，由煤矿总工程师（技术负责人）、兼职救护队队长、装备管理员和不少于1个小队人员参加考试	缺1人扣1分；80分及以上为合格，不合格1人扣0.5分		
		仪器操作（15分）	抽查不少于6名队员及1名装备管理员，队员随机被抽查3种及以上（装备管理员被抽查6种及以上）仪器进行考核。单个队员进行全部10种仪器考核时，按逐小项检查扣分方式计算；未进行全部10种仪器考核时，按抽小项检查扣分方式计算。被抽查人员中未参加考核的按扣该项标准分计算，被抽查人员的平均扣分为仪器操作扣分。仪器部件名称及有关操作内容以仪器说明书为准，应知部分每种仪器至少提2个问题			
			a）4 h正压氧气呼吸器（3分）： 1）应知：仪器的构造、性能、各部件名称、作用和氧气循环系统 2）应会：能按说明书正确完成常规拆卸、清洗、药品更换、组装，15 min完成	应知：提问每错1题扣0.2分 应会：超时扣0.4分，程序错误扣0.5分		
			b）4 h正压氧气呼吸器更换氧气瓶（1分）： 更换氧气瓶：60 s按程序完成	操作不正确扣1分，超时扣0.4分		
			c）4 h正压氧气呼吸器更换2 h正压氧气呼吸器（2分）： 1）应知：仪器的构造、性能、各部件名称、作用和氧气循环系统 2）应会：能将4 h正压氧气呼吸器更换成2 h正压氧气呼吸器，30 s完成	应知：提问每错1题扣0.2分 应会：操作不正确扣0.5分，超时扣0.4分		
			d）自动苏生器（2分）： 1）应知：仪器的构造、性能、使用范围、主要部件名称和作用 2）应会：苏生器准备，60 s完成	应知：提问每错1题扣0.2分 应会：操作不正确扣0.5分，超时扣0.4分		
			e）氧气呼吸器校验仪（2分）： 1）应知：仪器的构造、性能、各部件名称、作用，检查氧气呼吸器各项性能指标 2）应会：正确检查氧气呼吸器	应知：提问每错1题扣0.2分 应会：检查不正确每项扣0.5分		
			f）光学瓦斯检定器（1分）： 1）应知：仪器的构造、性能、各部件名称、作用，吸收剂名称 2）应会：正确检查甲烷和二氧化碳	应知：提问每错1题扣0.2分 应会：操作或读数不正确扣0.5分		

(续)

序号	检查项目		检查内容及方法	评分办法	扣分	得分
四	业务工作 (20分)	仪器操作 (15分)	g) 多种气体检定器（1分）： 1) 应知：仪器的构造、性能、各部件名称、作用 2) 应会：正确检查一氧化碳三量（常量、微量、浓量）及其他气体	应知：提问每错1题扣0.2分 应会：正确读数、换算，不正确扣0.5分		
			h) 氧气便携仪（1分）： 1) 应知：仪器的构造、性能、各部件名称及作用 2) 应会：正确检查氧气含量	应知：提问每错1题扣0.2分 应会：不正确扣0.5分		
			i) 压缩氧自救器（1分）： 1) 应知：自救器的构造、原理、作用性能、使用条件及注意事项 2) 应会：正确佩用	应知：提问每错1题扣0.2分 应会：不正确扣0.5分		
			j) 灾区电话（1分）： 1) 应知：灾区电话的构造、性能、各部件名称及作用 2) 应会：正确使用	应知：提问每错1题扣0.2分 应会：不正确扣0.5分		
五	救援准备 (5分)	救援准备 (5分)	兼职救护队指战员应保持通信联络畅通。接到事故通知时，按规定记录事故内容，包括：事故地点、类别、时间、遇险人数、通知人姓名（联系电话），并立即通知兼职救护队指战员，迅速参加救援	记录内容错误、不全或缺项，每处扣0.2分		
			闻警集合：接警后，根据事故类别带齐救援装备（参照《矿山救护规程》矿山救护小队进入灾区侦察时所携带的基本装备配备标准），统一穿防护服，迅速集合。队长清点人数，报告事故情况，简单布置任务。定级考核时从接警至任务布置完毕，5 min完成，集结人数不少于6人	未穿防护服，每人次扣0.5分；小队和个人装备每缺少1件扣0.5分；集结超时，扣1分；6人以下该项不得分		
			入井准备的顺序为：救护队携带装备到达井口（行进距离不少于100 m），队长宣布"战前检查"，正确进行战前检查（包括氧气呼吸器自检和互检），120 s完成。检查完毕后，队长进行报告，报告词是"报告：××兼职救护队实到×人，装备齐全，仪器良好，最低气压×××，请指示，队长×××"	未进行战前检查、战前检查超时，各扣1分；报告词内容错误，扣0.2分		

（续）

序号	检查项目		检查内容及方法	评分办法	扣分	得分
六	医疗急救（12分）	急救器材（2分）	兼职救护队医疗急救器材基本配备应符合标准和规定	未按要求配备基本医疗急救器材，每项扣0.5分		
		心肺复苏基本知识及操作（5分）	以小队为单位，按规定人数随机确定一组人员，进行心肺复苏基本知识及操作、伤员急救包扎转运2个小项考核，按逐小项检查扣分方式计算			
			a）掌握心肺复苏（CPR）基本知识，能够正确对模拟人进行心肺复苏操作	心肺复苏基本知识回答不正确，1处扣0.4分		
			1）判定事发现场安全、配备个人防护装备后，开始施救	未检查现场安全，扣0.4分		
			2）快速判断伤员反应，确定意识状态，判断有无呼吸或呼吸异常（如仅仅为喘息），在5～10 s内完成。方法：轻拍或摇动伤员，并大声呼叫："您怎么了。"如果伤员有头颈部创伤或怀疑有颈部损伤，必要时才能移动伤员，对有脊髓损伤的伤员不要随意搬动	未佩戴防护用品，扣0.4分。伤员昏迷体位放置不正确，扣0.2分		
			3）呼救及寻求帮助	未呼救及寻求帮助，扣0.4分		
			4）将伤员放置心肺复苏体位。将伤员仰卧于坚实平面，施救队员跪于伤员肩旁	伤员心肺复苏体位不正确，扣0.2分		
			5）判断有无动脉搏动，在5～10 s内完成。用一手的食指、中指轻置伤员喉结处，然后滑向同侧气管旁软组织处（相当于气管和胸锁乳突肌之间）触摸颈动脉搏动	未对伤员进行脉搏判断，或判断方法不正确，扣0.2分		
			6）胸外心脏按压。①定位：队员用靠近伤员下肢手的食指、中指并拢，指尖沿其肋弓处向上滑动（定位手），中指端置于肋弓与胸骨剑突交界即切迹处，食指在其上方与中指并排。另一只手掌根紧贴于定位手食指的上方固定不动；再将定位手放开，用其掌根重叠放于已固定手的手背上，两手扣在一起，固定手的手指抬起，脱离胸壁。②姿势：队员双臂伸直，肘关节固定不动，双肩在伤员胸骨正上方，用腰部的力量垂直向下用力按压。③频率：100～120次/min。深度：成人50～60 mm。下压与放松时间比为1:1	胸外按压的位置、幅度及按压方法不正确，扣0.2分。胸外按压的次数、频率不正确，扣0.2分		

280

（续）

序号	检查项目		检查内容及方法	评分办法	扣分	得分
六	医疗急救（12分）	心肺复苏基本知识及操作（5分）	7）畅通呼吸道。①仰头举颏法（或仰头举颌法）：队员1只手的小鱼际肌放置于伤员的前额，用力往下压，使其头后仰，另1只手的食指、中指放在下颌骨下方，将颏部向上抬起。②下颌前移法（托颌法）：队员位于伤员头侧，双肘支持在伤员仰卧平面上，双手紧推双下颌角，下颌前移，拇指牵引下唇，使口微张	未开放伤员呼吸道或开放方式不正确，扣0.2分		
			8）开放气道时还应查看口腔内有无异物，若有异物，吹气前应先清除异物	未检查伤员口中异物或清理异物方式不正确，扣0.2分		
			9）如果最初有颈动脉搏动而无呼吸或经CPR急救后出现颈动脉搏动而仍无呼吸，则应开始进行人工呼吸，人工呼吸的频率应为10~12次/min（不包括初始2次吹气）	未判断伤员有无呼吸或判断不正确，扣0.2分		
			b）单人心肺复苏要求如下。 1）由同一个队员顺次轮番完成胸外心脏按压和口对口人工呼吸	人工呼吸的吹气幅度、吹气频率不正确，扣0.2分		
			2）队员测定伤员无脉搏，立即进行胸外心脏按压30次，频率100~120次/min，然后俯身打开气道，进行2次连续吹气，再迅速回到伤员胸侧，重新确定按压部位，再做30次胸外心脏按压，如此循环操作			
			3）进行5次循环（2 min左右）后，再次检查脉搏、呼吸（要求在5~10 s内完成）。若无脉搏呼吸，再进行5次循环，如此重复操作			
			c）双人心肺复苏要求如下。 1）由两名队员分别进行胸外心脏按压和口对口人工呼吸			
			2）其中1人位于伤员头侧，1人位于胸侧。按压频率仍为100~120次/min，按压与人工呼吸的比值仍为30:2，即30次胸外心脏按压给以2次人工呼吸			
			3）位于伤员头侧的队员承担监测脉搏和呼吸，以确定复苏的效果。5个周期按压和吹气循环后，若仍无脉搏呼吸，两名施救者进行位置交换			

（续）

序号	检查项目	检查内容及方法	评分办法	扣分	得分
六	医疗急救（12分）	掌握现场急救基本常识，能够对伤员受何种伤害、伤害部位、伤害程度进行正确的分析判断，并熟练掌握各种现场急救方法和处理技术。主要内容包括：能正确对伤员进行伤情检查和诊断，掌握止血、包扎、骨折固定以及伤员搬运等现场急救处理技术。由3人组成1个医疗急救小组，对指定的伤情进行处置，处置在20 min内完成			
	伤员急救包扎转运（5分）	a）检查事故现场，确保自身安全。施救前佩用个人防护装备	操作队员和伤员不按要求着装或佩带装备，每少1件扣0.4分。 超过时间扣0.4分。 未检查现场安全，伤员矿工帽、矿灯、高筒胶鞋未脱下，每处扣0.4分。 止血方法不正确，每处扣0.2分。 伤口处理不正确，每处扣0.2分。 创伤处理顺序不正确，或处理方式不正确，每处扣0.2分。 对骨折处理不正确，每处扣0.2分		
		b）初步评估伤员。如果伤员无反应，应进行心肺复苏（仅告知检查组，不进行具体操作）；如果有大出血，应同时控制大出血			
		c）处理大出血。发现大出血应立即处置：用厚敷料直接压迫伤口，同时按压伤口外近心端的动脉止血点，并抬高伤肢，然后再用绷带加压包扎伤口。根据检查组提示，必要时在相应肢体近心端绑扎止血带			
		d）详细评估伤员。检查头部（头皮、头发里伤口）—面部—颈部—胸部—腹部—腰部—骨盆—生殖器（检查生殖器区明显的外伤）—下肢（检查下肢是否瘫痪，询问伤员让其活动肢体，触摸伤员双足询问有无感觉）—上肢（检查上肢是否瘫痪，询问伤员让其活动肢体并与伤员握手检查其握力，触摸伤员双手询问有无感觉）—翻身检查背部（当检查后背伤时，3人同处一侧要统一口令，遵从1人指挥；1人位于伤员肩膀一侧，1人位于伤员臀部一侧，1人位于伤员膝盖一侧，同时轻轻翻转伤员）。检查伤员背部翻身后应检查伤员头枕部、颈后及脊柱区、肩胛区和臀部。最后检查手腕或颈部的标牌			
		e）抗休克处理。轻轻松开伤员颈部，胸部及腰部过紧衣物（扣子、拉链、腰带等），保证伤员呼吸和血液循环更畅通。对无头颈或胸部伤的休克伤员一般采取头低脚高位，应将脚端垫高，以促进血液供应重要脏器；对有头颈或胸部伤的伤员，若无休克表现应垫高头端，若有休克表现则应保持平卧位。尽量保持伤员体温，盖保温毯。保持伤员情绪稳定，安抚伤员			
		f）处理创伤。处理顺序：先处理烧烫伤，再处理创伤，最后处理骨折。用消毒纱布或敷料包扎伤口，烧烫伤应注意纱布是否需要湿润，注意手指间、足趾间及耳背等处必要的隔离，扭挫伤应冷敷或抬高伤肢，胸部穿透伤应封闭伤口，注意绷带的使用及正确使用三角吊带			

（续）

序号	检查项目		检查内容及方法	评分办法	扣分	得分
六	医疗急救（12分）	伤员急救包扎转运（5分）	g）处理骨折的方法如下。 1）对于扭伤、拉伤急救，应抬高受伤部位，使肢体处于放松状态。用冰袋减轻肿胀疼痛感，（使用冰袋时不能直接接触皮肤，把冰袋裹上毛巾或其他软布）。如扭伤部位在踝部，用绷带"8"字包扎踝关节			
			2）若受伤肢体有严重的肿胀并有青紫瘀斑，则应怀疑骨折需按骨折对待			
			3）处置颈椎损伤，应采用合适颈托；骨盆骨折用带状三角巾包扎固定；四肢骨折用夹板固定			
			4）如怀疑头颅骨折，除包扎头部伤口外，还应抬高头端			
			5）对于四肢骨折（除有肿胀、青紫瘀斑外还有伤肢的畸形和反常活动），夹板固定前均应专人用手固定骨折处两端保持肢体不动			
			6）四肢骨折如为开放性骨折，应先包扎伤口，用敷料、纱布、绷带（最少包扎两圈）或带状三角巾包扎（如有动脉出血应先止血），然后再用夹板固定			
			7）如为脊柱骨折，应3人共同将伤员用平托法或滚身法抬上背夹板，若存在颈椎伤，则需专人扶伤员头部（或抬人前佩戴颈托）			
			h）转运伤员的方法如下。 1）检查担架可靠性，1名队员俯卧担架上，两臂自然下垂，两名队员抬起担架测试			
			2）3人搬动伤员时，均应位于伤员受轻伤的一侧，单膝着地，1人位于伤员肩膀一侧抬伤员头颈部和肩膀（若有颈椎损伤，应有专人扶伤员头部固定颈椎或提前佩戴颈托），1人位于伤员臀部一侧抬伤员臀部和背部，1人位于伤员膝盖一侧抬伤员膝盖和踝。统一遵从1人指挥，按照口令慢慢抬起，动作协调一致，发出口令同时轻轻移动到担架上，盖好保温毯			
			3）可自行活动的伤员不需担架；休克或不能行走的伤员均应抬上担架，上肢有伤或昏迷伤员应悬吊固定上肢			
			4）搬运顺序为先运送重伤员，再运送轻伤员			

(续)

序号	检查项目	检查内容及方法	评分办法	扣分	得分
七	技术操作 (18分)	a) 以小队为单位，随机确定2个及以上小项进行考核。进行全部3个小项考核时，按逐小项检查扣分方式计算，未进行全部3个小项考核时，按抽小项检查扣分方式计算，扣分为兼职救护队技术操作扣分。 b) 所有技术操作项目佩用氧气呼吸器，正确使用音响信号；暂不使用的装备、工具可放置在基地，工作结束后带回。 c) 在灾区工作时，氧气呼吸器发生故障应立即处理。当处理不了时，全小队退出灾区，处理后再进入灾区。操作中出现工伤事故，不能坚持工作时，全小队退出灾区，安置伤员后，再进入灾区继续操作；少于6人时，不得继续操作。 d) 挂风障、建造砖密闭墙（断面为4 m²的不燃性梯形巷道内进行）、安装局部通风机和接风筒等项目连续操作，每项之间允许休息时间不应超过10 min			
		挂风障 (6分)	a) 用4根方木架设带底梁的梯形框架，在框架中间用方木打一立柱。架腿、立柱应坐在底梁上。中柱上下垂直，边柱紧靠两帮	不按规定结构操作扣0.5分。少1根立柱或结构不牢，该项无分。 每少1根压条扣0.5分。每少1个钉子、钉子未钉在骨架上、钉帽未接触到压板，每处扣0.5分。		
			b) 风障四周用压条压严，钉在骨架上。中间立柱处，竖立1根压条，每根压条不少于3个钉子，压条两端与钉子间距不应大于100 mm。同一根压条上的钉子分布均匀（相差不应超过150 mm）	钉子距压条端大于100 mm，每处扣0.3分。 压条搭接或压条接头处间隙大于50 mm，每处扣0.3分。 中柱与两边柱的边距差50 mm，中柱上下垂度超过50 mm、边柱与帮缝大于20 mm、长度大于300 mm、障面孔隙大于2000 mm²，每处扣0.3分（从压条距顶、帮、底的空隙宽度大于20 mm处始量长度，计算面积）。 障面不平整，折叠宽度大于15 mm，每处扣0.3分。 同一根压条上，相邻两个钉子的间距不符合要求，每处扣0.3分。 超时扣1分。 未佩用氧气呼吸器、呼吸器故障、工伤、退出灾区不能完成任务，出现任一情况该项不得分；音响信号使用不正确，每次扣0.3分，丢失工具1件扣0.3分；与前项间隔的休息时间超时扣0.5分		
			c) 同一根压条上的钉子分布大致均匀，底压条上相邻两钉的间距不小于1000 mm，其余各根压条上相邻两钉的间距不小于500 mm。钉子应全部钉入骨架内，跑钉、弯钉允许补钉			
			d) 结构牢固，四周严密			
			e) 4 min 完成			

（续）

序号	检查项目		检查内容及方法	评分办法	扣分	得分
七	技术操作 (18分)	建造砖密闭墙 (6分)	a) 密闭墙牢固、墙面平整、浆饱、不漏风，不透光，结构合理，接顶充实，30 min完成	墙体不牢（用1只手推晃动、位移）；结构不合理（不按一横一竖施工或竖砖使用大半头）；墙面透光；接顶不实（接顶宽度少于墙厚的2/3，连续长度达到120 mm）；使用可燃性材料接顶；封顶前墙面内侧仍有人员。出现以上任一情况，该项无分。 墙面平整以砖墙最上和最下两层砖所构成的平面为基准面，墙面任何砖块凹凸，超过基准面的正负20 mm，每处扣0.3分。 检查方法：分别连接上宽、下宽各三分之一处，形成2条线，在2条线上每层砖各查1次。 前倾、后仰大于100 mm扣1分。 砖缝应符合要求。每有1处大缝、窄缝、对缝各扣0.3分，墙面泥浆抹面扣0.5分。 超过时间扣1分。 未佩用氧气呼吸器、呼吸器故障、工伤、退出灾区不能完成任务，出现任一情况该项不得分；音响信号使用不正确，每次扣0.3分，丢失工具1件扣0.3分；与前项间隔的休息时间超时扣0.5分		
			b) 墙厚370 mm左右，结构为（砖）一横一竖，不准事先把地找平。按普通密闭施工，可不设放水沟和管孔			
			c) 前倾、后仰不大于100 mm（从最上一层砖两端的三分之一处挂2条垂线，分别测量2条垂线上最上及最下一层砖至垂线的距离，存在距离差即为前倾、后仰）			
			d) 砖墙完成后，除两帮和顶可抹不大于100 mm宽的泥浆外，墙面应整洁，砖缝线条应清晰，符合要求			
		安装局部通风机和接风筒 (6分)	a) 安装和接线正确	安装与接线不正确，每处扣0.5分。 接头漏风，每处扣0.5分。 事先做好线头，不使用挡板、密封圈，该项无分。 不带风连接风筒，该项无分；未逐节连接风筒，扣0.5分。 不采用双反压边接头，吊环错距大于20mm，每处扣0.3分。 未接地线或接错，该项无分		
			b) 风筒接口严密不漏风			
			c) 现场做接线头，局部通风机动力线接在防爆开关上，操作人员不限，使用挡板、密封圈			

（续）

序号	检查项目	检查内容及方法	评分办法	扣分	得分
七	技术操作(18分)	安装局部通风机和接风筒(6分)	d) 带风逐节连接5节风筒，每节长度为10 m，直径不小于400 mm；采用双反压边接头，吊环向上一致	超过时间扣1分。未佩用氧气呼吸器、呼吸器故障、工伤、退出灾区不能完成任务，出现任一情况该项不得分；音响信号使用不正确，每次扣0.3分，丢失工具1件扣0.3分；与前项间隔的休息时间超时扣0.5分		
			e) 8 min 完成			
八	综合体质(5分)		以小队为单位，每个队员进行全部4个小项检查，按逐小项检查扣分方式计算。参加考核队员人数达不到要求，该项不得分			
		综合体质(5分)	引体向上：正手握杠，下颌过杠，连续6次	每人次不合格扣0.5分		
			哑铃：8 kg（2个），上、中、下各15次	每人次不合格扣0.5分		
			俯卧撑：20个	每人次不合格扣0.5分		
			跑步：2 km，11 min 完成	每人次不合格扣0.5分		
九	综合管理(5分)	日常管理	兼职救护队实行队长负责制，做好各项日常工作管理和学习训练。兼职救护队及其依托煤矿应加强队伍建设和常态化管理，定期组织标准化自评	未落实队长负责制的，扣0.5分。未定期组织标准化自评扣1分		
		值班室管理	电话值班室应配备直通井下固定电话机、事故记录图板、事故通知记录簿、值班图表、计时钟表、采掘工程平面图或通风系统图、井下避灾路线图等物品，图纸要及时更新	值班室配备的上述物品，每缺一种扣0.5分。图纸未及时更新，扣0.5分		
		规章制度	兼职救护队应建立以下制度：应急值班工作制度、学习和训练制度、装备维护保养与管理制度、材料装备库房管理制度、氧气充填室管理制度、档案管理制度、评比检查、会议制度等	每缺少一项制度扣0.1分		
		各种记录	兼职救护队应建立以下记录簿：值班记录、学习和训练记录、技术装备维护保养记录、事故接警及应急救援记录、材料装备台账、会议记录等	缺一种记录簿或登记不全扣0.1分		

(续)

序号	检查项目		检查内容及方法	评分办法	扣分	得分
九	综合管理（5分）	计划管理	应制定年度、半年工作计划，计划内容包括队伍建设、学习培训与训练、应急演练、装备管理和维护保养等。按照计划认真落实，并分别形成工作总结	计划和总结缺一项，每项扣0.1分		
		内务管理	加强值班室、学习室、装备室、修理室、装备器材库、氧气充填室等管理，保持室内卫生整洁，物品陈设整齐、无脏乱杂物	发现一项（处）不符合要求扣0.1分		
	合　计					

参 考 文 献

[1] 应急管理部,国家矿山安全监察局.煤矿安全规程[M].北京:应急管理出版社,2022.

[2] 应急管理部,国家矿山安全监察局.矿山救援规程[M].北京:应急管理出版社,2024.

[3] 应急管理部信息研究院.矿山救援队指挥员[M].北京:应急管理出版社,2024.

[4] 应急管理部信息研究院.矿山救援队队员[M].北京:应急管理出版社,2024.

[5] 黄喜贵.矿山救护队员[M].北京:煤炭工业出版社,2006.

[6] 宁尚根.矿井反风技术[M].北京:煤炭工业出版社,2010.

[7] 宁尚根.矿井通风与安全[M].北京:中国劳动人事出版社,2006.

[8] 宁尚根,宁昭曦.煤矿岗位安全管理[M].北京:应急管理出版社,2019.

[9] 宁尚根.煤矿安全风险分级管控与事故隐患排查治理双重预防机制构建与实施指南[M].徐州:中国矿业大学出版社,2018.

[10] 雷榕,齐方忠.消防救援心理学[M].北京:应急管理出版社,2022.

[11] 曾凡付.矿山救护体能训练[M].北京:煤炭工业出版社,2018.

[12] 国家安全生产应急救援指挥中心.矿山事故应急救援典型案例及处置要点[M].北京:煤炭工业出版社,2018.

[13] 国家安全生产应急救援指挥中心.煤矿企业应急管理与救援[M].北京:煤炭工业出版社,2011.

[14] 宁尚根,郭百堂.煤矿安全生产标准化管理体系基本要求及评分方法达标指南[M].北京:应急管理出版社,2024.

[15] 王成帅,王红贤.煤炭行业应急救援员行动指南[M].北京:应急管理出版社,2023.